Aufgaben und Lösungen zur Höheren Mathematik 3

Klaus Höllig · Jörg Hörner

Aufgaben und Lösungen zur Höheren Mathematik 3

4. Auflage

 Springer Spektrum

Klaus Höllig
Universität Stuttgart
Stuttgart, Deutschland

Jörg Hörner
Fachbereich Mathematik
Universität Stuttgart
Stuttgart, Deutschland

ISBN 978-3-662-68150-3   ISBN 978-3-662-68151-0 (eBook)
https://doi.org/10.1007/978-3-662-68151-0

Die Deutsche Nationalbibliothek verzeichnet diese Publikation in der Deutschen Nationalbibliografie; detaillierte bibliografische Daten sind im Internet über http://dnb.d-nb.de abrufbar.

Planung/Lektorat: Andreas Rüdinger
Springer Spektrum ist ein Imprint der eingetragenen Gesellschaft Springer-Verlag GmbH, DE und ist ein Teil von Springer Nature.
Die Anschrift der Gesellschaft ist: Heidelberger Platz 3, 14197 Berlin, Germany

Das Papier dieses Produkts ist recyclebar.

Vorwort

Studierende der Ingenieur- und Naturwissenschaften haben bereits zu Beginn ihres Studiums ein sehr umfangreiches Mathematikprogramm zu absolvieren. Die *Höhere Mathematik*, die für die einzelnen Fachgebiete in den ersten drei Semestern gelesen wird, umfasst im Allgemeinen die Gebiete

- Vektorrechnung und Lineare Algebra,
- Analysis von Funktionen einer und mehrerer Veränderlicher,
- Differentialgleichungen,
- Vektoranalysis,
- Komplexe Analysis.

Dieser Unterrichtsstoff aus unterschiedlichen Bereichen der Mathematik stellt hohe Anforderungen an die Studierenden. Aufgrund der knapp bemessenen Zeit für die Mathematik-Vorlesungen haben wir deshalb begleitend zu unseren Lehrveranstaltungen umfangreiche zusätzliche Übungs- und Lehrmaterialien bereitgestellt, die inzwischen teilweise bundesweit genutzt werden. Als Bestandteil dieser Angebote enthält das Buch *Aufgaben und Lösungen zur Höheren Mathematik* [1] eine umfassende Sammlung von Aufgaben, die üblicherweise in Übungen oder Klausuren gestellt werden. Studierenden wird durch die exemplarischen Musterlösungen die Bearbeitung von Übungsaufgaben wesentlich erleichtert. Für alle typischen Fragestellungen werden in dem Buch die anzuwendenden Lösungstechniken illustriert. Des Weiteren sind die gelösten Aufgaben zur Vorbereitung auf Prüfungen und zur Wiederholung geeignet.

Die Aufgabensammlung wird durch das Angebot von *Mathematik-Online* auf der Web-Seite

$$\text{https://mo.mathematik.uni-stuttgart.de}$$

ergänzt. Im Lexikon von *Mathematik-Online* werden relevante Definitionen und Sätze detailliert erläutert. Dort finden sich auch Beispiele für die verwendeten Methoden. Darüber hinaus existieren für viele Aufgaben des Buches bereits Varianten mit interaktiver Lösungskontrolle, mit denen Studierende ihre Beherrschung der Lösungstechniken testen können.

Auch im Nebenfach soll das Mathematik-Studium Freude bereiten! Ein besonderer Anreiz ist der „sportliche Aspekt" mathematischer Probleme, die nicht durch unmittelbare Anwendung von Standardtechniken gelöst werden können. Das Buch enthält auch einige solcher Aufgaben, die wir teilweise in kleinen Wettbewerben

---

[1] seit der zweiten Auflage gegliedert in drei Bände

parallel zu Vorlesungen („Die am schnellsten per E-Mail eingesendete korrekte Lösung gewinnt …") verwendet haben. Einige dieser Aufgaben werden ebenfalls als *Aufgaben der Woche* auf der oben erwähnten Web-Seite veröffentlicht (Anklicken des Logos von *Mathematik-Online*).

Die Aufgabensammlung des Buches basiert teilweise auf Vorlesungen zur *Höheren Mathematik* für Elektrotechniker, Kybernetiker, Mechatroniker und Physiker des ersten Autors. Beim letzten Zyklus, der im Wintersemester 2012/2013 begann, haben Dr. Andreas Keller[2] und Dr. Esfandiar Nava Yazdani bei Übungen und Vortragsübungen mitgewirkt. Beide Mitarbeiter haben eine Reihe von Aufgaben und Lösungen zu dem Buch beigetragen.

Die Arbeit an *Mathematik-Online* und an *Aufgaben und Lösungen zur Höheren Mathematik* hat uns nicht nur viel Freude bereitet, sondern auch die Durchführung unserer Lehrveranstaltungen für Ingenieure und Naturwissenschaftler erheblich erleichtert. In den nachfolgenden *Hinweisen für Dozenten* geben wir einige Anregungen, wie das Buch in Verbindung mit den im Internet bereitgestellten Materialien optimal genutzt werden kann. Um die Verwendung der verschiedenen Angebote noch effektiver zu gestalten, werden wir weiterhin unsere Projekte in der Lehre unter Einbeziehung neuer Medien mit großem Engagement verfolgen. Wir bedanken uns dabei herzlich für die Unterstützung des Landes Baden-Württemberg und der Universität Stuttgart, die maßgeblich zum Erfolg unserer Internet-Angebote beigetragen hat. Herrn Dr. Andreas Rüdinger vom Springer-Verlag danken wir für seine Initiative, unsere Online-Angebote durch ein Lehrbuch zu ergänzen, und für die ausgezeichnete Betreuung in allen Phasen dieses Projektes gemeinsam mit seinem Team.

Stuttgart, Dezember 2016
Klaus Höllig und Jörg Hörner

[2]seit 2017 Professor an der Hochschule für angewandte Wissenschaften in Würzburg

Vorwort zur zweiten Auflage

Die zweite Auflage ist mit mehr als 100 zusätzlichen Aufgaben umfangreicher. Deshalb erschien eine Aufteilung in drei Bände, die sich an einem üblichen dreisemestrigen Vorlesungszyklus orientiert, sinnvoll. Dieser dritte Band behandelt die Themen

- Vektoranalysis,
- Differentialgleichungen,
- Fourier-Analysis,
- Komplexe Analysis,
- Anwendungen mathematischer Software.

Mathematische Grundlagen, Vektorrechnung, Differentialrechnung und Integralrechnung sowie Lineare Algebra, Differentialrechnung in mehreren Veränderlichen und mehrdimensionale Integration sind Gegenstand der Bände eins und zwei.

Mit den zusätzlichen Aufgaben möchten wir Dozenten eine größere Auswahlmöglichkeit geben, insbesondere auch mehr Flexibilität, um gegebenenfalls den Schwierigkeitsgrad zu variieren. Studierende sollen für die meisten typischen Klausur- und Übungsaufgaben ein ähnliches Beispiel finden. Schreiben Sie uns (AuLzHM@gmail.com), wenn Sie einen Aufgabentyp vermissen! Weitere zusätzliche Aufgaben mit Lösungen werden wir dann zunächst im Internet, begleitend zu unseren Büchern, bereitstellen.

Neu in der zweiten Auflage sind Aufgaben, die mit Hilfe von MATLAB® [3] und Maple™ [4] gelöst werden sollen. Diese Aufgaben wurden bewusst sehr elementar konzipiert, um

- Studierende auch ohne Programmierkenntnisse mit numerischer und symbolischer Software vertraut zu machen

und

- Dozenten die Einbeziehung mathematischer Software in ihre Vorlesungen ohne nennenswerten Mehraufwand zu ermöglichen.

Die Programmieraufgaben sind auf die theoretischen Aufgaben abgestimmt, insbesondere um Lösungen zu verifizieren und um bestimmte Aspekte von Problemstellungen zu illustrieren.

---

[3] MATLAB® is a registered trademark of The MathWorks, Inc.
[4] Maple™ is a trademark of Waterloo Maple, Inc.

Zu einigen Themen stehen auf der Web-Seite

$$\text{https://pnp.mathematik.uni-stuttgart.de/imng/TCM/}$$

MATLAB® -Demos zur Verfügung, die Methoden und Lehrsätze veranschaulichen und mit den Aufgaben verlinkt sind.

Wie bereits bei der Vorbereitung der ersten Auflage haben wir ausgezeichnet mit Herrn Dr. Andreas Rüdinger, dem für Springer Spektrum verantwortlichen Editorial Director, und der Projekt-Managerin, Frau Janina Krieger, die uns bei der Neuauflage bei allen technischen und gestalterischen Fragen betreut hat, zusammengearbeitet. Insbesondere wurden alle unsere Anregungen und Wünsche sehr wohlwollend und effektiv unterstützt. Dafür bedanken wir uns herzlich und freuen uns darauf, in Abstimmung mit dem Springer-Verlag auch die begleitenden Internetangebote zu *Aufgaben und Lösungen zur Höheren Mathematik* weiterzuentwickeln.

Stuttgart, Dezember 2018
Klaus Höllig und Jörg Hörner

Vorwort zur dritten Auflage

Es hat den Autoren viel Freude bereitet, Ergänzungen an dem kombinierten Buch- und Internetprojekt vorzunehmen. Dabei waren die Anregungen und die Unterstützung von Herrn Dr. Andreas Rüdinger und Frau Iris Ruhmann sehr willkommen und hilfreich. Während der Produktionsphase der Neuauflage hat uns Frau Anja Groth ausgezeichnet betreut. Wir danken diesem Team des Springer-Verlags herzlich dafür. Darüber hinaus möchten wir Elisabeth Höllig für ihre Mitwirkung bei einem „nicht-mathematischen" Korrekturlesen des neuen Materials danken.

In der Neuauflage haben wir die Aufgabensammlung durch eine stichwortartige Formelsammlung ergänzt. Die Formulierungen enthalten gerade soviel Detail, wie Studierende benötigen sollten, um sich an die für die Aufgaben relevanten mathematischen Sachverhalte zu erinnern. Diese kompakte Form der Darstellung erleichtert ebenfalls eine Klausurvorbereitung, bei der man in der elektronischen Version des Bandes via Links auf ausführliche Beschreibungen im Internet zurückgreifen kann.

Die Neuauflage enthält wiederum weitere zusätzliche Aufgaben, um möglichst jeden Standardaufgabentyp zu berücksichtigen. Wie bisher haben wir Wert darauf gelegt, dass die überwiegende Zahl der Aufgaben „varianten-geeignet" ist, d.h. sich gut für die Abfolge „Vorlesungsbeispiel → Übung → Klausur" eignet.

Wir freuen uns, wenn „Aufgaben und Lösungen zur Höheren Mathematik" gerade in der aktuell schwierigen Situation einen Beitrag zur Erleichterung der Lehre und einem erfolgreichen Studium leisten kann.

Stuttgart, Mai 2021
Klaus Höllig und Jörg Hörner

Vorwort zur vierten Auflage

Um uns zu wiederholen: Unser Buchprojekt wurde weiterhin durch Dr. Andreas Rüdinger, dem verantwortlichen Editorial Director von Springer Spektrum, ausgezeichnet betreut - herzlichen Dank dafür! Wir danken ebenfalls Anja Groth (Springer) und Elisabeth Höllig für ein „nicht-mathematisches" Korrekturlesen der vierten Auflage.

Neu sind Tests mit detaillierten Lösungshilfen am Ende der Kapitel. Insgesamt enthalten diese Tests über 100 zusätzliche Aufgaben. Diese Aufgaben stehen auch als *elektronische Zusatzmaterialien* (ESM) zur Verfügung. Damit haben Studierende die Möglichkeit, Ergebnisse zu den Aufgaben interaktiv zu überprüfen. Darüber hinaus wurden eine Reihe weiterer Aufgaben ergänzt, insbesondere zu Anwendungen von MATLAB® und Maple™ .

Stuttgart, Juli 2023

Klaus Höllig und Jörg Hörner

Hinweise für Dozenten

Die drei Bände von *Aufgaben und Lösungen zur Höheren Mathematik* umfassen die folgenden Komponenten:

- Aufgaben mit detaillierten Lösungsskizzen,
- Tests mit Lösungshinweisen und Lösungskontrolle,
- eine stichwortartige Formelsammlung,
- Vortragsfolien mit Beschreibungen von Definitionen und Lehrsätzen als ergänzendes, im E-Book verlinktes Internetmaterial.

Aufgaben Die Aufgaben sind für Studierende eine Hilfe bei der Bearbeitung von Übungsaufgaben und zur Vorbereitung auf Prüfungen. Die Lösungen sind stichwortartig beschrieben, in einer Form, wie sie bei Klausuren gefordert oder bei Handouts verwendet wird. Damit sind sie ebenfalls als Beamer-Präsentationen geeignet und wurden entsprechend aufbereitet. Diese Präsentationsfolien stehen als Zusatzmaterialien für Dozenten (→ *sn.pub/lecturer-material*) zur Verfügung. Über einen Index können Dozenten eine Auswahl treffen und die Aufgaben als Beispiele in ihre Vorlesungen integrieren oder in Vortragsübungen verwenden.

Vortragsfolien Die Aufgabenfolien enthalten Links auf die Vortragsfolien zu relevanten Definitionen und Lehrsätzen. Ein Dozent kann damit zunächst wichtige Begriffe und Methoden wiederholen, bevor er mit der Präsentation einer Musterlösung beginnt. Die vollständige Sammlung *Vortragsfolien zur Höheren Mathematik* ist über einen Index auf der Web-Seite

$$\texttt{https://vhm.mathematik.uni-stuttgart.de}$$

verfügbar. Sie kann nicht nur in Verbindung mit dem Buch genutzt werden, sondern auch um Beamer-Präsentationen für Vorlesungen zusammenzustellen und Handouts für Studierende zu generieren.

Tests Mit den Tests am Ende der einzelnen Kapitel können Studierende ihre Beherrschung der erlernten Techniken überprüfen. Die Testaufgaben sind zumeist Varianten der Aufgaben des jeweiligen Kapitels. Sie stehen ebenfalls als *elektronische Zusatzmaterialien* (ESM) zur Verfügung. Studierende können mit Hilfe interaktiver PDF-Dateien ihre Ergebnisse der Testaufgaben überprüfen. Bei Fehlern kann eine Lösung noch einmal kontrolliert werden, gegebenenfalls mit Hilfe der Lösungshinweise.

Formelsammlung Die Formelsammlung dient Studierenden zum bequemen Nachschlagen von Definitionen und Sätzen, die bei den Lösungen der Aufgaben verwendet werden. Die Beschreibungen haben den Stil von „Merkblättern", wie man sie sich gegebenenfalls für Klausuren zusammenstellen würde. Die Formulierungen enthalten gerade soviel Detail, wie genügen sollte, um sich an die genauen mathematischen Sachverhalte zu erinnern.

Nutzt man alle in Verbindung mit den drei Bänden des Buches *Aufgaben und Lösungen zur Höheren Mathematik* angebotenen Ressourcen, so reduziert sich der Aufwand für die Vorbereitung von Lehrveranstaltungen zur *Höheren Mathematik* erheblich:

- Beamer-Präsentationen für die Vorlesungen können aus den *Vortragsfolien zur Höheren Mathematik* ausgewählt werden.
- Mit den Folien lassen sich Handouts für Studierende zur Wiederholung und Nachbereitung des Unterrichtsstoffes generieren.
- Vortragsübungen können mit Hilfe der im Dozenten-Bereich zur Verfügung stehenden Aufgabenfolien gehalten werden.
- Mit der Verwendung von Varianten zu den Aufgaben des Buches in den Gruppenübungen wird durch die publizierten Musterlösungen die Bearbeitung von Übungsblättern erleichtert.
- Tests mit interaktiver Lösungskontrolle bieten Studierenden eine optimale Vorbereitung auf Klausuren in Übungen und Prüfungen.

In der Vergangenheit haben wir bereits sehr von unseren Lehrmaterialien, die über einen Zeitraum von mehr als zwanzig Jahren entwickelt wurden, profitiert. Wir hoffen, dass andere Dozenten einen ähnlichen Nutzen aus den Angeboten für die *Höhere Mathematik* ziehen werden und dadurch viel redundanten Vorbereitungsaufwand vermeiden können.

Hinweise für Studierende

Wie lernt man am effektivsten? Wie bereitet man sich optimal auf Klausuren vor? Jeder wird eine etwas andere Strategie verfolgen. Ein Prinzip ist jedoch, etwas humorvoll formuliert, unstrittig:

$$\textbf{Prüfungsnote} \times \textbf{Vorbereitungszeit} \quad \rightarrow \quad \min{}^5 .$$

Die eigene Studienzeit, obwohl lange zurückliegend, noch in guter Erinnerung, möchten die Autoren folgende Empfehlungen geben, wie man „Aufgaben und Lösungen zur Höheren Mathematik" am besten nutzen kann.

Zu einem Thema sollte man sich zunächst den entsprechenen Abschnitt in der Formelsammlung ansehen. So kann man entscheiden, ob man eventuell einige Definitionen, Methoden und Lehrsätze wiederholen möchte. Beim anschließenden Lesen der Aufgaben haben natürlich solche Aufgaben Priorität, die man als schwierig empfindet und nicht selbst auf Anhieb lösen kann. Sind verwendete Techniken noch etwas unklar, bieten die in den Verweisen verlinkten Vortragsfolien eine Möglichkeit zur Nacharbeitung des relevanten Vorlesungsstoffs. Der komplette Foliensatz zu einem Thema lässt sich als Handout ausdrucken (Download von der Web-Seite `https://vhm.mathematik.uni-stuttgart.de`), wenn man nicht immer nur vor dem Bildschirm arbeiten möchte. Zum Abschluss der Vorbereitung ist es sinnvoll, mit Hilfe der Tests am Ende der Kapitel zu prüfen, ob man die typischen für das jeweilige Thema relevanten Fragestellungen gut beherrscht. Idealerweise sollte man dabei **nicht** die Lösungshinweise zu Hilfe nehmen. Die Tests stehen ebenfalls als *Electronic Supplementary Material* (ESM) zur Verfügung, mit der Möglichkeit, die berechneten Ergebnisse interaktiv zu überprüfen. Detaillierte Lösungen zu einigen der Testaufgaben und zu weiteren Aufgaben zur Prüfungsvorbereitung finden Sie auf der Web-Seite `https://mathtraining.online`.

Die ergänzenden Materialien zu den drei Bänden von *Aufgaben und Lösungen zur Höheren Mathematik* sind auch auf der Web-Seite

`https://pnp.mathematik.uni-stuttgart.de/imng/Hoellig/AuLzHM_Info.pdf`

zusammengestellt. Dort finden Sie gegebenenfalls auch Hinweise auf Korrekturen.

Mit über 1000 Aufgaben haben wir versucht, alle relevanten Prüfungsthemen abzudecken. Vermissen Sie denoch einen Aufgabentyp $\rightarrow$ schreiben Sie uns (`AuLzHM@gmail.com`)!

---

[5]Natürlich unter der Nebenbedingung „Prüfung bestanden!"; der „Artur Fischer Preis" wurde am Fachbereich Physik der Universität Stuttgart auf der Basis einer ähnlichen Zielfunktion vergeben (M.Sc. Note $\times$ Gesamtstudienzeit).

Auch beim intensiven Lernen muss die Freude an dem Studienfach und der sportliche Aspekt des Problemlösens nicht zu kurz kommen. Die (ziemlich schwierigen)
Sternaufgaben sind dafür gedacht, etwas Faszination für die Mathematik zu wecken.
Damit wünschen die Autoren viel Erfolg im Studium und dass ihr Buch dabei hilft,
einen möglichst niedrigen Wert des oben erwähnten Produktes zu erzielen!

Inhaltsverzeichnis

Einleitung

Grundlage für die Aufgaben der drei Bände von *Aufgaben und Lösungen zur Höheren Mathematik* bildet der Stoff, der üblicherweise Bestandteil der Mathematik-Grundvorlesungen in den Natur- und Ingenieurwissenschaften ist. Die Reihenfolge der Themen entspricht einem typischen dreisemestrigen Vorlesungszyklus *Höhere Mathematik* für Fachrichtungen, die ein umfassendes Mathematikangebot benötigen:

- Band 1: Mathematische Grundlagen, Vektorrechnung, Differentialrechnung, Integralrechnung, Anwendungen mathematischer Software.
- Band 2: Lineare Algebra, Differentialrechnung in mehreren Veränderlichen, Mehrdimensionale Integration, Anwendungen mathematischer Software.
- **Band 3:** Vektoranalysis, Differentialgleichungen, Fourier-Analysis, Komplexe Analysis, Anwendungen mathematischer Software.

Die Lineare Algebra beinhaltet die Vektorrechnung in allgemeinerem Kontext und kann auch vor der Analysis einer Veränderlichen unterrichtet werden. Bei der oben gewählten Themenfolge wird eine kurze Einführung in das Rechnen mit Vektoren in der Ebene und im Raum vorgezogen, um möglichst früh wesentliche Hilfsmittel bereitzustellen. Die Themen des dritten Bandes sind weitgehend unabhängig voneinander; ihre Reihenfolge richtet sich nach den Prioritäten der involvierten Fachrichtungen.

Aufgaben

Der überwiegende Teil der Aufgabensammlung besteht aus Standardaufgaben, d.h. Aufgaben, die durch unmittelbare Anwendung der in Vorlesungen behandelten Lehrsätze und Techniken gelöst werden können. Solche Aufgaben werden teilweise in fast identischer Form in vielen Varianten sowohl in Übungen als auch in Prüfungsklausuren gestellt und sind daher für Studierende besonders wichtig. Die folgende Aufgabe zu Differentialgleichungen ist ein typisches Beispiel.

6.7 Separable Differentialgleichung

Bestimmen Sie die Lösung $y(x)$ des Anfangswertproblems

$$(1 + x^2)y' = (4 - x)y^3, \quad y(0) = 5.$$

Verweise: Separable Differentialgleichung, Elementare rationale Integranden

© Springer-Verlag GmbH Deutschland, ein Teil von Springer Nature 2023
K. Höllig und J. Hörner, *Aufgaben und Lösungen zur Höheren Mathematik 3*,
https://doi.org/10.1007/978-3-662-68151-0_1

Verweise

Die Verweise beziehen sich auf die *Vortragsfolien zur Höheren Mathematik* , die in der elektronischen Version des Bandes direkt verlinkt sind. In dieser Sammlung von Beamer-Präsentationen werden relevante Begriffe bzw. Sätze beschrieben und mit Beispielen veranschaulicht. Studierende können damit zunächst die benötigten mathematischen Grundlagen anhand der entsprechenden Vortragsfolien nochmals wiederholen. Beispielsweise führt der erste Verweis, „Separable Differentialgleichung", bei oben stehender Aufgabe auf eine pdf-Datei, die mit folgender Seite beginnt.

Separable Differentialgleichung

Eine separable Differentialgleichung

$$y' = p(x)g(y)\,,$$

lässt sich durch Trennung der Variablen und separates Bilden von Stammfunktionen lösen:

$$\int \frac{dy}{g(y)} = \int p(x)\,dx\,.$$

Die Integrationskonstante kann dabei durch eine Anfangsbedingung

$$y(x_0) = y_0$$

festgelegt werden.

Separable Differentialgleichung   1-1

Die Seite beschreibt, wie man durch Trennung der Variablen die Differentialgleichung unmittelbar integrieren und eine implizite Lösungsdarstellung erhalten kann. Auf den darauf folgenden Seiten wird die Anwendung der Methode anhand eines Beispiels erläutert und damit auf die Aufgabenlösung hingeführt.

Die über die Web-Seite

http://vhm.mathematik.uni-stuttgart.de

verfügbare Sammlung deckt das gesamte Themenspektrum der *Höheren Mathematik* ab und kann auch begleitend zu Vorlesungen verwendet werden.

Sternaufgaben

Die Aufgabensammlung enthält auch einige Aufgaben, deren Lösung eine Reihe von nicht nahe liegenden Ideen erfordert. Solche Aufgaben sind mit einem Stern gekennzeichnet. Sie können in Vorlesungen als Beispiele verwendet werden und dienen in Übungen als Anreiz, um Faszination für Mathematik zu wecken. Auch Studierenden, die Mathematik nur als „Nebenfach" hören, soll das Erlernen mathematischer Techniken Freude bereiten und nicht nur als „lästiges Muss" empfunden werden. Ein Beispiel ist die folgende Aufgabe zum Residuenkalkül für komplexe Kurvenintegrale.

16.9 Komplexe Kurvenintegrale längs unterschiedlicher Wege ⋆

Berechnen Sie

$$\int_C \frac{dz}{z^4 - 1}$$

über die abgebildeten Wege C.

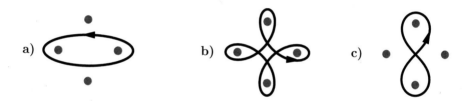

Die markierten Punkte sind die vierten Wurzeln aus 1.

Verweise: Residuensatz, Residuum

Auch bei diesen Aufgaben sind gegebenenfalls Verweise zu Themen aus den *Vortragsfolien zur Höheren Mathematik* vorhanden, die für die Lösung hilfreich sein können.

Lösungen

Die Lösungen zu den Aufgaben des Buches sind stichwortartig formuliert, in einer Form, wie sie etwa in Klausuren verlangt wird oder zur Generierung von Folien geeignet ist. Der stichwortartige Stil beschränkt sich auf das mathematisch Wesentliche und macht die Argumentation übersichtlich und leicht verständlich. Typische Beispiele sind Formulierungen wie

      Fourier-Transformation   ⤳   ...,

      Satz von Stokes   ⟹   ...,

die anstelle der entsprechenden vollständigen Sätze

      „Mit Hilfe der Fourier-Transformation erhält man ...",

      „Aus dem Satz von Stokes folgt ..."

treten. Die gewählte Darstellungsform der Lösungen ist ebenfalls für Beamer-Präsentationen geeignet, wie nachfolgend näher erläutert ist.

Mathematische Software

Ein Kapitel des Bandes enthält Aufgaben, die mit MATLAB® oder Maple™ gelöst werden sollen. Ohne dass nennenswerte Programmierkenntnisse vorausgesetzt werden, können Studierende anhand sehr elementarer Problemstellungen mit numerischer und symbolischer Software vertraut werden. Es ist faszinierend, was heutige Computer-Programme leisten und wie komfortabel sie zu handhaben sind.

Zu einigen Themen stehen auf der Web-Seite

https://pnp.mathematik.uni-stuttgart.de/imng/TCM/

MATLAB® -Demos zur Verfügung. Beispielsweise zeigt die folgende Abbildung die Benutzeroberfläche eines Demos zu Fourier-Reihen.

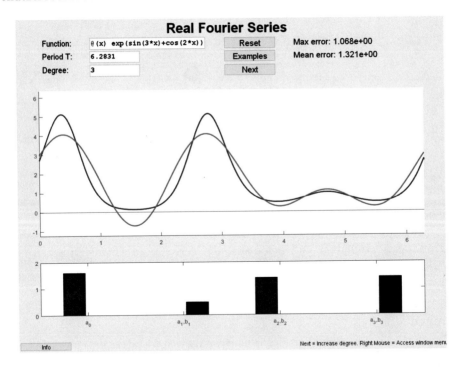

Durch Variieren der Parameter lassen sich typische Effekte illustrieren; im gezeigten Fall die relativ gute Approximation bereits mit trigonometrischen Polynomen sehr kleinen Grades.

Tests

Mit den Tests am Ende der einzelnen Kapitel können Studierende ihre Beherrschung der erlernten Techniken überprüfen. Die Testaufgaben sind zumeist Varianten der Aufgaben des jeweiligen Kapitels, so dass das Lösen eigentlich keine Probleme bereiten sollte. Man kann jedoch gegebenenfalls die anschließenden Lösungshinweise bei der Bearbeitung zu Hilfe nehmen.

Interaktive Versionen der Tests sind als elektronische Zusatzmaterialien (ESM) ver-linkt. Bei diesen PDF-Dateien lassen sich die berechneten Ergebnisse eintragen, und man erhält unmittelbar eine Rückmeldung, ob die Lösungen korrekt sind.

Präsentationsfolien

Begleitend zum Buch sind die Aufgaben und Lösungen ebenfalls als Beamer-Präsentationen formatiert. Diese Präsentationsfolien stehen Dozenten als Zusatz-materialien zur Verfügung (→ *sn.pub/lecturer-material*). Über einen Index lässt sich eine Auswahl treffen, und die Aufgaben können als Beispiele in Vorlesungen integriert oder in Vortragsübungen verwendet werden. Das Layout dieser Präsenta-tionsfolien ist anhand eines Beispiels aus der Vektoranalysis illustriert.

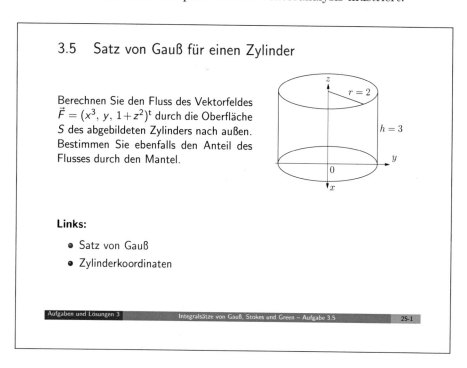

Die Links entsprechen den Verweisen in der Buch-Version der Aufgaben. Durch Anklicken kann unmittelbar auf die entsprechenden Inhalte der *Vortragsfolien zur Höheren Mathematik* zugegriffen werden.

Formelsammlung

Die zur Lösung der Aufgaben benötigten Definitionen, Sätze und Formeln sind stichwortartig entsprechend den einzelnen Themen im letzten Teil des Buches zu-sammengestellt. Die Beschreibungen haben den Stil von „Merkblättern", die man[6]

---

[6]wenn der Dozent die Verwendung solcher Hilfsmittel erlaubt . . .

in eine Klausur mitnehmen könnte. Die Formulierungen enthalten gerade soviel Detail, wie genügen sollte, um sich an die genauen mathematischen Sachverhalte zu erinnern. Ist dies bei der Vorbereitung für eine Klausur nicht ausreichend, so kann man im E-Book über einen Link auf eine ausführliche Erläuterung mit Beispielen zugreifen. Ein „Durchblättern" der als „Gedächtnisstützen" gedachten, sehr kompakt gehaltenen Formulierungen ist somit ein guter Test, welche Sachverhalte man sich noch einmal genauer ansehen sollte.

Aufgabenvarianten

Es ist geplant, die Aufgabensammlung durch Varianten zu ergänzen, die teilweise mit Hilfe geeigneter Computer-Programme erzeugt werden. Beispielsweise können in der Aufgabe 6.7 die polynomialen Faktoren in Klammern sowie der Exponent von y und die Anfangsbedingung variiert werden. Diese Aufgabenvarianten lassen sich in Übungen und Tests verwenden, die Aufgaben in den Bänden des Buches sind dann als vorbereitende Beispiele geeignet. Die Erstellung von in dieser Weise auf die Aufgabensammlung abgestimmten Übungsblättern reduziert sich so im Wesentlichen auf die Auswahl von Aufgaben- und Variantennummern.

Aufgabenvorschläge

Schreiben Sie uns, wenn Sie einen Aufgabentyp vermissen (AuLzHM@gmail.com). Für zum Standard-Übungs- bzw. -Prüfungsstoff passende Vorschläge, die insbesondere auch für Varianten geeignet sind, werden wir eine entsprechende Aufgabe mit Lösung konzipieren und zur Verfügung stellen.

Notation

In den Aufgaben und Lösungen wird die Notation von *Mathematik-Online* verwendet (siehe https://mo.mathematik.uni-stuttgart.de/notationen/). Dabei wurde ein Kompromiss zwischen formaler Präzision und einfacher Verständlichkeit gewählt. Exemplarisch illustriert dies das folgende Beispiel:

$$u'' + \omega_0^2 u = c \cos t \ .$$

Die gewählte Beschreibung einer Differentialgleichung ist leichter lesbar als die formalere Notation

$$u''(t) + \omega_0^2 u(t) = c \cos(t) \ .$$

Dies ist insbesondere dann der Fall, wenn die Bedeutung aus dem Kontext klar ersichtlich ist, etwa in der Formulierung

„Bestimmen Sie eine Lösung $u(t)$ der Differentialgleichung …".

Dabei wird wiederum auf die präzisere Formulierung „$u : t \mapsto u(t), t \in \mathbb{R}$" zu Gunsten einer leichteren Lesbarkeit verzichtet.

Literatur

Zur *Höheren Mathematik* existieren bereits zahlreiche Lehrbücher; die bekanntesten deutschsprachigen Titel sind in der Literaturliste am Ende des Buches angegeben. Einige dieser Lehrbücher enthalten ebenfalls Aufgaben, teilweise auch mit

Lösungen. Naturgemäß bestehen gerade bei Standardaufgaben große Überschneidungen, bis hin zu identischen Formulierungen wie beispielsweise „Bestimmen Sie die Laplace-Transformierte der Funktion ......". Ein wesentlicher neuer Aspekt des Buches ist zum Einen die enge Abstimmung auf ein umfangreiches Internet-Angebot mit den damit verbundenen Vorteilen für Studierende und Dozenten. Zum Anderen haben wir die Mehrzahl der Aufgaben so konzipiert, dass sie sich für computergenerierte Varianten eignen und damit sehr effektiv im Übungsbetrieb eingesetzt werden können.

Teil I

Vektoranalysis

1 Skalar- und Vektorfelder

Übersicht

© Springer-Verlag GmbH Deutschland, ein Teil von Springer Nature 2023
K. Höllig und J. Hörner, *Aufgaben und Lösungen zur Höheren Mathematik 3*,
https://doi.org/10.1007/978-3-662-68151-0_2

1.1 Niveaulinien, Gradient und Laplace-Operator für ein ebenes Skalarfeld

Zeichnen Sie die Niveaulinien des Skalarfeldes

$$U(x_1, x_2) = \frac{1}{|\vec{x} - \vec{a}|} - \frac{1}{|\vec{x} + \vec{a}|}$$

und berechnen Sie $\operatorname{grad} U$ und ΔU.

Verweise: Skalarfeld, Gradient, Laplace-Operator

Lösungsskizze

Visualisierung der Niveaulinien für $\vec{a} = (1, 1)^{\mathrm{t}}$ mit dem MATLAB-Befehl `contour`

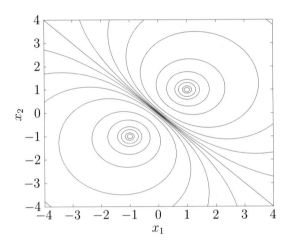

Verschiebung vertauscht mit Differentiation   ⤳   Betrachtung von

$$\varphi(r) = \frac{1}{r}, \quad r = |\vec{x}| = \sqrt{x_1^2 + x_2^2}$$

Kettenregel $\implies$ $\partial_\nu \varphi(r) = \varphi'(r)\, x_\nu / r$

Anwendung auf die Berechnung von Gradient und Laplace-Operator

$$\partial_\nu \frac{1}{r} = -\frac{1}{r^2} \frac{x_\nu}{r} \quad \implies \quad \operatorname{grad}(1/r) = -(x_1, x_2)^{\mathrm{t}} / r^3$$

und

$$\begin{aligned}
\Delta(1/r) &= \operatorname{div} \operatorname{grad}(1/r) = \partial_1(-x_1/r^3) + \partial_2(-x_2/r^3) \\
&= -1/r^3 - x_1(-3/r^4)x_1/r - 1/r^3 - x_2(-3/r^4)x_2/r = 1/r^3
\end{aligned}$$

Einsetzen von $r = |\vec{x} \pm \vec{a}|$ ⤳

$$\operatorname{grad} U = -\frac{\vec{x} - \vec{a}}{|\vec{x} - \vec{a}|^3} + \frac{\vec{x} + \vec{a}}{|\vec{x} + \vec{a}|^3}, \quad \Delta U = \frac{1}{|\vec{x} - \vec{a}|^3} - \frac{1}{|\vec{x} + \vec{a}|^3}$$

1.2 Differentialgleichung für die Feldlinien eines ebenen Vektorfeldes, Existenz eines Potentials

Bestimmen Sie die Feldlinien des Vektorfeldes $\vec{F} = (y^2/4,\ xy/3)^{\mathrm{t}}$ und fertigen Sie eine Skizze an. Existiert ein Potential?

Verweise: Vektorfeld, Separable Differentialgleichung

Lösungsskizze

(i) Feldlinien $t \mapsto (x(t),\ y(t))^{\mathrm{t}}$:

Tangentenvektoren $(x'(t),\ y'(t))^{\mathrm{t}} \parallel \vec{F}$, d.h.

$$(x',\ y')^{\mathrm{t}} = \lambda(F_x,\ F_y)^{\mathrm{t}} = \lambda(y^2/4,\ xy/3)^{\mathrm{t}}$$

⤳   Differentialgleichung

$$\frac{\mathrm{d}y}{\mathrm{d}x} = \frac{\mathrm{d}y/\mathrm{d}t}{\mathrm{d}x/\mathrm{d}t} = \frac{F_y}{F_x} = \frac{4x}{3y} \quad \Leftrightarrow \quad 3y\,\mathrm{d}y = 4x\,\mathrm{d}x$$

separabel: getrennte Integration beider Seiten   ⤳   implizite Lösungsdarstellung

$$\frac{3}{2}y^2 = 2x^2 + C \quad \Leftrightarrow \quad 3y^2 - 4x^2 = \tilde{C} \quad \text{(Hyperbeln)}$$

(ii) Skizze:

$\vec{F} = (y^2/4,\ xy/3)^{\mathrm{t}}$ an einigen Punkten:

x	y	F_x	F_y
0	1	1/4	0
0	2	1	0
1	1	1/4	1/3
1	2	1	2/3
2	1	1/4	2/3
2	2	1	4/3

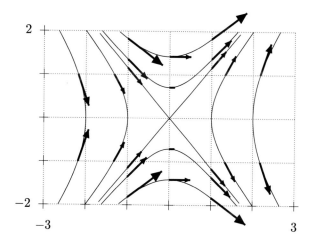

(iii) Potential:

kein Potential, da die notwendige Bedingung

$$0 \overset{!}{=} \operatorname{rot}\vec{F} = \partial_y F_x - \partial_x F_y = y/2 - y/3$$

nicht erfüllt ist ($\operatorname{rot}\vec{F} \neq 0$)

1.3 Darstellung eines Vektorfeldes sowie Berechnung von Divergenz und Rotation

Berechnen Sie die Divergenz und Rotation des Vektorfeldes

$$\vec{F} = \frac{1}{1+z^2} \begin{pmatrix} -y \\ x \\ z \end{pmatrix}$$

und skizzieren Sie die xy-Komponenten des Feldes.

Verweise: Vektorfeld, Divergenz, Rotation

Lösungsskizze

(i) Skizze:

Visualisierung von $(F_x, F_y) = c\,(-y,\, x)$ mit dem MATLAB-Befehl `quiver`

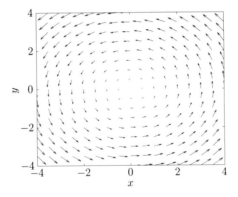

(ii) Divergenz:

$$\begin{aligned} \operatorname{div} \vec{F} &= \partial_x F_x + \partial_y F_y + \partial_z F_z \\ &= 0 + 0 + \partial_z \frac{z}{1+z^2} = \frac{1-z^2}{(1+z^2)^2} \end{aligned}$$

(iii) Rotation:

$$\begin{aligned} \operatorname{rot} \vec{F} &= (\partial_y F_z - \partial_z F_y,\ \partial_z F_x - \partial_x F_z,\ \partial_x F_y - \partial_y F_x)^{\mathrm{t}} \\ &= \left(0 - \frac{-2xz}{(1+z^2)^2},\ \frac{2yz}{(1+z^2)^2} - 0,\ \frac{1}{1+z^2} - \frac{-1}{1+z^2}\right)^{\mathrm{t}} \\ &= \frac{1}{(1+z^2)^2}\left(2xz,\ 2yz,\ 2(1+z^2)\right)^{\mathrm{t}} \end{aligned}$$

1.4   Skalarfeld in Zylinderkoordinaten

Stellen Sie das Skalarfeld

$$U = \frac{xyz}{\sqrt{x^2 + y^2}}$$

in Zylinderkoordinaten dar und berechnen Sie $\operatorname{grad} U$ und ΔU.

Verweise: Zylinderkoordinaten, Differentialoperatoren in Zylinderkoordinaten

Lösungsskizze

Zylinderkoordinaten

$$x = \varrho \cos \varphi, \; y = \varrho \sin \varphi, \quad \varrho = \sqrt{x^2 + y^2}$$

zugeordnete orthonormale Basis

$$\vec{e}_\varrho = (\cos \varphi, \sin \varphi, 0)^{\mathrm{t}}, \; \vec{e}_\varphi = (-\sin \varphi, \cos \varphi, 0)^{\mathrm{t}}, \; \vec{e}_z = (0, 0, 1)^{\mathrm{t}}$$

Koordinatentransformation des Feldes

$$\frac{xyz}{\sqrt{x^2 + y^2}} = U(x, y, z) = \Phi(\varrho, \varphi, z) = \varrho \underbrace{\cos \varphi \sin \varphi}_{\frac{1}{2} \sin(2\varphi)} z$$

Anwendung der Formeln für Differentialoperatoren $\rightsquigarrow$

$$\begin{aligned}
\operatorname{grad} U &= \partial_\varrho \Phi \vec{e}_\varrho + \frac{1}{\varrho} \partial_\varphi \Phi \vec{e}_\varphi + \partial_z \Phi \vec{e}_z \\
&= \frac{1}{2} \sin(2\varphi) z \vec{e}_\varrho + \cos(2\varphi) z \vec{e}_\varphi + \frac{1}{2} \varrho \sin(2\varphi) \vec{e}_z
\end{aligned}$$

und

$$\begin{aligned}
\Delta U &= \frac{1}{\varrho} \partial_\varrho (\varrho \partial_\varrho \Phi) + \frac{1}{\varrho^2} \partial_\varphi^2 \Phi + \partial_z^2 \Phi \\
&= \frac{\sin(2\varphi) z}{2\varrho} - \frac{2 \sin(2\varphi) z}{\varrho} + 0 = -\frac{3}{2} \frac{\sin(2\varphi) z}{\varrho}
\end{aligned}$$

gegebenenfalls Rücktransformation auf kartesische Koordinaten
benutze: $\vec{e}_\varrho = (x, y, 0)^{\mathrm{t}}/\varrho, \; \vec{e}_\varphi = (-y, x, 0)^{\mathrm{t}}/\varrho$ sowie
$\frac{1}{2} \sin(2\varphi) = \cos \varphi \sin \varphi = xy/\varrho^2, \; \cos(2\varphi) = \cos^2 \varphi - \sin^2 \varphi = (x^2 - y^2)/\varrho^2$
$\implies$

$$\begin{aligned}
\operatorname{grad} U &= \frac{xyz}{\varrho^3} \begin{pmatrix} x \\ y \\ 0 \end{pmatrix} + \frac{x^2 z - y^2 z}{\varrho^3} \begin{pmatrix} -y \\ x \\ 0 \end{pmatrix} + \frac{xy}{\varrho} \begin{pmatrix} 0 \\ 0 \\ 1 \end{pmatrix} \\
&= (x^2 + y^2)^{-3/2} \left(y^3 z, \; x^3 z, \; x^3 y + xy^3 \right)^{\mathrm{t}}
\end{aligned}$$

und

$$\Delta U = -3xyz \, (x^2 + y^2)^{-3/2}$$

1.5   Vektorfeld in Zylinderkoordinaten

Stellen Sie das Vektorfeld

$$\vec{F} = \frac{1}{x^2 + y^2} \left(x - 2y,\ 2x + y,\ z^2 \right)^{\mathrm{t}}$$

in Zylinderkoordinaten dar und berechnen Sie div $\vec{F}$ und rot $\vec{F}$.

Verweise: Vektorfelder in Zylinderkoordinaten, Divergenz, Rotation

Lösungsskizze

Zylinderkoordinaten

$$x = \varrho \cos \varphi,\ y = \varrho \sin \varphi, \quad \varrho = \sqrt{x^2 + y^2}$$

zugeordnete orthonormale Basis

$$\vec{e}_\varrho = (\cos \varphi,\ \sin \varphi,\ 0)^{\mathrm{t}},\ \vec{e}_\varphi = (- \sin \varphi,\ \cos \varphi,\ 0)^{\mathrm{t}},\ \vec{e}_z = (0,\ 0,\ 1)^{\mathrm{t}}$$

Koordinatentransformation des Feldes

$$\vec{F} = \frac{1}{\varrho} \begin{pmatrix} \cos \varphi - 2 \sin \varphi \\ \sin \varphi + 2 \cos \varphi \\ z^2/\varrho \end{pmatrix} = \Psi_\varrho \vec{e}_\varrho + \Psi_\varphi \vec{e}_\varphi + \Psi_z \vec{e}_z$$

Skalarprodukte mit den Basisvektoren $\rightsquigarrow$ Feldkomponenten von $\vec{\Psi}$

$$\Psi_\varrho = \langle \vec{F}, \vec{e}_\varrho \rangle = \frac{1}{\varrho}, \quad \Psi_\varphi = \langle \vec{F}, \vec{e}_\varphi \rangle = \frac{2}{\varrho}, \quad \Psi_z = \langle \vec{F}, \vec{e}_z \rangle = \frac{z^2}{\varrho^2}$$

Anwendung der Formeln für Differentialoperatoren $\rightsquigarrow$

$$\begin{aligned} \operatorname{div} \vec{F} &= \varrho^{-1} \partial_\varrho (\varrho \Psi_\varrho) + \varrho^{-1} \partial_\varphi \Psi_\varphi + \partial_z \Psi_z \\ &= 0 + 0 + 2z/\varrho^2 = 2z/\varrho^2 \end{aligned}$$

und

$$\begin{aligned} \operatorname{rot} \vec{F} &= (\varrho^{-1} \partial_\varphi \Psi_z - \partial_z \Psi_\varphi) \vec{e}_\varrho + (\partial_z \Psi_\varrho - \partial_\varrho \Psi_z) \vec{e}_\varphi \\ &\quad + \varrho^{-1} (\partial_\varrho (\varrho \Psi_\varphi) - \partial_\varphi \Psi_\varrho) \vec{e}_z \\ &= 0 \cdot \vec{e}_\varrho + (0 - (-2z^2/\varrho^3)) \vec{e}_\varphi + 0 \cdot \vec{e}_z = 2z^2/\varrho^3\ \vec{e}_\varphi \end{aligned}$$

gegebenenfalls Rücktransformation auf kartesische Koordinaten

$$\operatorname{div} \vec{F} = \frac{2z}{x^2 + y^2}, \quad \operatorname{rot} \vec{F} = \frac{2z^2}{(x^2 + y^2)^2} \underbrace{\begin{pmatrix} -y \\ x \\ 0 \end{pmatrix}}_{\varrho \vec{e}_\varphi}$$

1.6 Rechenregeln für Gradient, Rotation und Divergenz

Die Matrizen

$$(\vec{F}|\partial_1\vec{F}\ \partial_2\vec{F}\ \partial_3\vec{F}) = \begin{pmatrix} 0 & 1\ 0\ 2 \\ 4 & 0\ 3\ 0 \\ 0 & 5\ 0\ 6 \end{pmatrix}, \quad (\vec{G}|\partial_1\vec{G}\ \partial_2\vec{G}\ \partial_3\vec{G}) = \begin{pmatrix} 1 & 0\ 4\ 0 \\ 0 & 3\ 0\ 6 \\ 2 & 0\ 5\ 0 \end{pmatrix}$$

enthalten die Werte und partiellen Ableitungen zweier Vektorfelder $(F_1, F_2, F_3)^t$ und $(G_1, G_2, G_3)^t$ an einem Punkt (x_1, x_2, x_3). Bestimmen Sie $\text{grad}(\vec{F}\cdot\vec{G})$, $\text{rot}(3\vec{F}+2\vec{G})$ und $\text{div}(\vec{F}\times\vec{G})$ an der gleichen Stelle.

Verweise: Rechenregeln für Differentialoperatoren

Lösungsskizze

(i) $\vec{D} = \text{grad}(\vec{F}\cdot\vec{G})$:

$$D_i = \partial_i\sum_{k=1}^{3}F_kG_k = \sum_k(\partial_iF_k)G_k + \sum_k F_k(\partial_iG_k) = \partial_i\vec{F}\cdot\vec{G} + \vec{F}\cdot\partial_i\vec{G}$$

Einsetzen der Werte (Spalte 1) und partiellen Ableitungen (Spalten 2-4) an der Stelle x $\rightsquigarrow$

$$\begin{aligned} D_1 &= (1, 0, 5)^t \cdot (1, 0, 2)^t + (0, 4, 0)^t \cdot (0, 3, 0)^t = 11 + 12 = 23 \\ D_2 &= (0\cdot1 + 3\cdot0 + 0\cdot2) + (0\cdot4 + 4\cdot0 + 0\cdot5) = 0 \\ D_3 &= (2\cdot1 + 0\cdot0 + 6\cdot2) + (0\cdot0 + 4\cdot6 + 0\cdot0) = 38 \end{aligned}$$

(ii) $\vec{D} = \text{rot}(3\vec{F} + 2\vec{G})$:

Linearität $\implies$ $\vec{D} = 3\,\text{rot}\,\vec{F} + 2\,\text{rot}\,\vec{G}$

$\text{rot}\,\vec{H} = (\partial_2H_3 - \partial_3H_2, \partial_3H_1 - \partial_1H_3, \partial_1H_2 - \partial_2H_1)^t$, Einsetzen der Werte mit $H = F$ und $H = G$ $\rightsquigarrow$

$$\begin{aligned} \text{rot}\,\vec{F} &= (0 - 0, 2 - 5, 0 - 0)^t = (0, -3, 0)^t \\ \text{rot}\,\vec{G} &= (5 - 6, 0 - 0, 3 - 4)^t = (-1, 0, -1)^t \end{aligned}$$

und $\vec{D} = 3(0, -3, 0)^t + 2(-1, 0, -1)^t = (-2, -9, -2)^t$

(iii) $d = \text{div}(\vec{F}\times\vec{G})$:

$H_i = (\vec{F}\times\vec{G})_i = \sum_{j,k}\varepsilon_{i,j,k}F_jG_k$, Antisymmetrie des ε-Tensors $\implies$

$$\begin{aligned} d &= \sum_i\partial_iH_i = \sum_{i,j,k}\varepsilon_{i,j,k}\left((\partial_iF_j)G_k + F_j(\partial_iG_k)\right) \\ &= \sum_k G_k\sum_{i,j}\varepsilon_{k,i,j}\partial_iF_j - \sum_j F_j\sum_{i,k}\varepsilon_{j,i,k}\partial_iG_k = \vec{G}\cdot\text{rot}\,\vec{F} - \vec{F}\cdot\text{rot}\,\vec{G} \end{aligned}$$

Einsetzen der Werte aus (ii) $\rightsquigarrow$

$$d = (1, 0, 2)^t \cdot (0, -3, 0)^t - (0, 4, 0)^t \cdot (-1, 0, -1)^t = 0 - 0 = 0$$

1.7 Differentiation von Skalar-, Vektor- und Spatprodukten

Berechnen Sie für die spiralförmige Bahnkurve

$$C : t \mapsto \vec{r}(t) = (\cos(2t),\, \sin(2t),\, t)^{\mathrm{t}}$$

$\vec{v} = \vec{r}\,'$ sowie $\vec{a} = \vec{v}\,'$ und leiten Sie die Produkte $\vec{r} \cdot \vec{v}$, $\vec{r} \times \vec{v}$, $[\vec{r},\, \vec{v},\, \vec{a}]$ ebenfalls nach t ab.

Verweise: Weg, Produktregel

Lösungsskizze

erste und zweite Ableitungen von $\vec{r} = (\cos(2t),\, \sin(2t),\, t)^{\mathrm{t}}$

$$\vec{v} = \frac{\mathrm{d}\vec{r}}{\mathrm{d}t} = (-2\sin(2t),\, 2\cos(2t),\, 1)^{\mathrm{t}}$$

$$\vec{a} = \frac{\mathrm{d}\vec{v}}{\mathrm{d}t} = (-4\cos(2t),\, -4\sin(2t),\, 0)^{\mathrm{t}}$$

Ableitung der verschiedenen Produkte mit der Produktregel: Summe der Produkte, bei denen jeweils nur einer der Faktoren abgeleitet wird

Verwendung der Abkürzungen $C := \cos(2t)$, $S := \sin(2t)$ sowie $C' = -2S$, $S' = 2C$

(i) Skalarprodukt:

$$
\begin{aligned}
(\vec{r} \cdot \vec{v})' &= \vec{r}\,' \cdot \vec{v} + \vec{r} \cdot \vec{v}\,' = \vec{v} \cdot \vec{v} + \vec{r} \cdot \vec{a} \\
&= ((-2S)^2 + (2C)^2 + 1^2) + (C(-4C) + S(-4S) + 0) = 1
\end{aligned}
$$

(ii) Vektorprodukt:

$$
\begin{aligned}
(\vec{r} \times \vec{v})' &= \vec{r}\,' \times \vec{v} + \vec{r} \times \vec{v}\,' = \vec{v} \times \vec{v} + \vec{r} \times \vec{a} \\
&= (0,\, 0,\, 0)^{\mathrm{t}} + \vec{r} \times \underbrace{(-4C,\, -4S,\, -4t + 4t)^{\mathrm{t}}}_{= -4\vec{r} + (0,\, 0,\, 4t)^{\mathrm{t}}} \\
&\underset{\vec{r} \times \vec{r} = \vec{O}}{=} (C,\, S,\, t)^{\mathrm{t}} \times (0,\, 0,\, 4t)^{\mathrm{t}} = 4t\,(S,\, -C,\, 0)^{\mathrm{t}}
\end{aligned}
$$

(iii) Spatprodukt:

$$p := [\vec{r},\, \vec{v},\, \vec{a}]' = \left\{ [\vec{v},\, \vec{v},\, \vec{a}] + [\vec{r},\, \vec{a},\, \vec{a}] \right\} + [\vec{r},\, \vec{v},\, \vec{a}\,']$$

$\{\ldots\} = 0$, da Spatprodukte mit zwei gleichen (oder linear abhängigen) Vektoren verschwinden

$\vec{a}\,' = (8S,\, -8C,\, 0) = -4\vec{v} + (0,\, 0,\, 4)^{\mathrm{t}}$, $[\vec{r},\, \vec{v},\, (-4\vec{v})] = 0 \implies$

$$
p = \begin{pmatrix} C \\ S \\ t \end{pmatrix} \cdot \left(\begin{pmatrix} -2S \\ 2C \\ 1 \end{pmatrix} \times \begin{pmatrix} 0 \\ 0 \\ 4 \end{pmatrix} \right) = \begin{pmatrix} C \\ S \\ t \end{pmatrix} \cdot \begin{pmatrix} 8C \\ 8S \\ 0 \end{pmatrix} \underset{C^2 + S^2 = 1}{=} 8
$$

1.8 Produktregeln für Differentialoperatoren

Berechnen Sie für

$$U = y^2 - xy, \quad \vec{F} = (0, -yz, z^2)^{\mathrm{t}}$$

$\operatorname{grad}(U \operatorname{div} \vec{F})$, $\operatorname{div}(\vec{F} \times \operatorname{grad} U)$ und $\operatorname{rot}(U \operatorname{rot} \vec{F})$.

Verweise: Rechenregeln für Differentialoperatoren, Gradient, Divergenz, Rotation

Lösungsskizze

(i) Separate Differentiation der Felder:

$$
\begin{aligned}
\operatorname{grad} U &= (\partial_x U, \partial_y U, \partial_z U)^{\mathrm{t}} \\
&= (-y, 2y - x, 0)^{\mathrm{t}} \\
\operatorname{div} \vec{F} &= \partial_x F_x + \partial_y F_y + \partial_z F_z \\
&= 0 - z + 2z = z \\
\operatorname{rot} \vec{F} &= (\partial_y F_z - \partial_z F_y, \partial_z F_x - \partial_x F_z, \partial_x F_y - \partial_y F_x)^{\mathrm{t}} \\
&= (y, 0, 0)^{\mathrm{t}}
\end{aligned}
$$

(ii) $\operatorname{grad}(UV) = V \operatorname{grad} U + U \operatorname{grad} V$:
Einsetzen von $V = \operatorname{div} \vec{F} \quad \leadsto$

$$
\begin{aligned}
\operatorname{grad}(U \operatorname{div} \vec{F}) &= z(-y, 2y - x, 0)^{\mathrm{t}} + (y^2 - 2xy)(0, 0, 1)^{\mathrm{t}} \\
&= (-yz, 2yz - xz, y^2 - 2xy)^{\mathrm{t}}
\end{aligned}
$$

(iii) $\operatorname{div}(\vec{F} \times \vec{G}) = \vec{G} \cdot \operatorname{rot} \vec{F} - \vec{F} \cdot \operatorname{rot} \vec{G}$:
$\vec{G} = \operatorname{grad} U \implies \operatorname{rot} \operatorname{grad} \vec{U} = \vec{0} \ \forall \ \vec{U}$ und

$$
\begin{aligned}
\operatorname{div}(\vec{F} \times \operatorname{grad} U) &= (-y, 2y - x, 0)^{\mathrm{t}} \cdot (y, 0, 0)^{\mathrm{t}} \\
&= -y^2
\end{aligned}
$$

(iv) $\operatorname{rot}(U\vec{G}) = U \operatorname{rot} \vec{G} - \vec{G} \times \operatorname{grad} U$:
Einsetzen von $\vec{G} = \operatorname{rot} \vec{F} \quad \leadsto$

$$
\begin{aligned}
\operatorname{rot}(U \operatorname{rot} \vec{F}) &= (y^2 - xy) \operatorname{rot}(y, 0, 0)^{\mathrm{t}} - (y, 0, 0)^{\mathrm{t}} \times (-y, 2y - x, 0)^{\mathrm{t}} \\
&= (y^2 - xy)(0, 0, -1)^{\mathrm{t}} - (0, 0, 2y^2 - xy)^{\mathrm{t}} \\
&= (0, 0, 2xy - 3y^2)^{\mathrm{t}}
\end{aligned}
$$

1.9   Differentialoperatoren in Kugelkoordinaten

Bestimmen Sie für $f(r) = \ln r$ und $\vec{r} = (x, y, z)^{\mathrm{t}} = r\vec{e}_r$

$$\operatorname{grad} f, \quad \Delta f, \quad \operatorname{div}(f\vec{r}), \quad \operatorname{rot}(f\vec{r}).$$

Verweise: Differentialoperatoren in Kugelkoordinaten

Lösungsskizze

Differentiation von $r = |\vec{r}| = \sqrt{x^2 + y^2 + z^2}$ mit der Kettenregel

$$\partial_x r = \frac{1}{2}(x^2 + y^2 + z^2)^{-1/2}(2x) = x/r, \quad \partial_y r = y/r, \quad \partial_z r = z/r$$

(i) Gradient $\operatorname{grad} f = (\partial_x f, \partial_y f, \partial_z f)^{\mathrm{t}}$:

$$\partial_x \ln r = \frac{\partial \ln r}{\partial r} \frac{\partial r}{\partial x} = \frac{1}{r} \frac{x}{r} = \frac{x}{r^2}$$

analoge Berechnung von $\partial_y \ln r$ und $\partial_z \ln r \quad \leadsto$

$$\operatorname{grad} \ln r = (x, y, z)^{\mathrm{t}}/r^2 = \vec{r}/r^2 = \vec{e}_r/r$$

(ii) Laplace-Operator $\Delta f = \partial_x^2 f + \partial_y^2 f + \partial_z^2 f$:

Produkt- und Kettenregel $\quad \leadsto$

$$\partial_x^2 \ln r = \partial_x(x/r^2) = r^{-2} - 2(xr^{-3})(x/r) = r^{-2} - 2x^2 r^{-4}$$

Addition der entsprechenden Ausdrücke für $\partial_y^2 \ln r$ und $\partial_z^2 \ln r \quad \leadsto$

$$\Delta \ln r = 3r^{-2} - \underbrace{(2x^2 + 2y^2 + 2z^2)}_{2r^2} r^{-4} = \frac{1}{r^2}$$

(iii) Divergenz $\operatorname{div} \vec{F} = \partial_x F_x + \partial_y F_y + \partial_z F_z$:

$\operatorname{div}(f\vec{G}) = \operatorname{grad} f \cdot \vec{G} + f \operatorname{div} \vec{G}$ mit $f = \ln r$ und $\vec{G} = \vec{r} \quad \leadsto$

$$\operatorname{div}(\ln r\, \vec{r}) = \frac{\vec{r}}{r^2} \cdot \vec{r} + \ln r\,(\partial_x x + \partial_y y + \partial_z z) = 1 + 3\ln r$$

(iv) Rotation $\operatorname{rot} \vec{F} = (\partial_y F_z - \partial_z F_y, \partial_z F_x - \partial_x F_z, \partial_x F_y - \partial_y F_x)^{\mathrm{t}}$:

$\operatorname{rot}(f\vec{G}) = f \operatorname{rot} \vec{G} + \operatorname{grad} f \times \vec{G}$ mit $f = \ln r$ und $\vec{G} = \vec{r} \quad \leadsto$

$$\operatorname{rot}(\ln r\, \vec{r}) = \ln r\,(\partial_y z - \partial_z y, \partial_z x - \partial_x z, \partial_x y - \partial_y x) + \frac{\vec{r}}{r^2} \times \vec{r} = \vec{0}$$

Alternative Lösung

Verwendung der Formeln für Differentialoperatoren in Kugelkoordinaten:

$$\operatorname{grad} f(r) = \partial_r f(r)\,\vec{e}_r, \qquad \Delta f(r) = r^{-2}\partial_r(r^2 \partial_r f(r))$$

$$\operatorname{div}(f(r)\vec{e}_r) = r^2 \partial_r(r^2 f(r)), \quad \operatorname{rot}(f(r)\vec{e}_r) = \vec{0}$$

1.10 Gradient und Laplace-Operator in Kugelkoordinaten

Berechnen Sie für das Skalarfeld

$$U = \frac{z\sqrt{x^2 + y^2}}{\sqrt{x^2 + y^2 + z^2}}$$

$\operatorname{grad} U$ und ΔU durch Transformation auf Kugelkoordinaten.

Verweise: Differentialoperatoren in Kugelkoordinaten, Gradient, Laplace-Operator

Lösungsskizze

(i) Kugelkoordinaten:

$$x = rSc, \; y = rSs, \; z = rC, \quad r = \sqrt{x^2 + y^2 + z^2}$$

mit $C = \cos\vartheta$, $S = \sin\vartheta$, $c = \cos\varphi$, $s = \sin\varphi$,
zugeordnete orthonormale Basis

$$\vec{e}_r = (Sc, \, Ss, \, C)^{\mathrm{t}}, \, \vec{e}_\vartheta = (Cc, \, Cs, \, -S)^{\mathrm{t}}, \, \vec{e}_\varphi = (-s, \, c, \, 0)^{\mathrm{t}}$$

Koordinatentransformation des Feldes

$$\frac{z\sqrt{x^2 + y^2}}{\sqrt{x^2 + y^2 + z^2}} = U(x,y,z) = \Phi(r,\vartheta,\varphi) = \frac{(rC)(rS)}{r} = \frac{1}{2}r\sin(2\vartheta)$$

⤳   Anwendung der Formeln für Differentialoperatoren

(ii) Gradient:

$$\begin{aligned}
\operatorname{grad} U &= \partial_r \Phi \vec{e}_r + \frac{1}{r}\partial_\vartheta \Phi \vec{e}_\vartheta + \frac{1}{rS}\partial_\varphi \Phi \vec{e}_\varphi \\
&= \frac{1}{2}\sin(2\vartheta)\vec{e}_r + \cos(2\vartheta)\vec{e}_\vartheta
\end{aligned}$$

Einsetzen von $\sin(2\vartheta)/2 = CS$, $\cos(2\vartheta) = C^2 - S^2$ und Vereinfachung   ⤳

$$\operatorname{grad} U = (\cos^3\vartheta\cos\varphi, \, \cos^3\vartheta\sin\varphi, \, \sin^3\vartheta)^{\mathrm{t}}$$

(iii) Laplace-Operator:

$$\begin{aligned}
\Delta U &= \frac{1}{r^2}\partial_r(r^2\partial_r\Phi) + \frac{1}{r^2 S}\partial_\vartheta(S\partial_\vartheta\Phi) + \frac{1}{r^2 S^2}\partial_\varphi^2\Phi \\
&= \frac{1}{r^2}\partial_r\left(r^2\frac{1}{2}\sin(2\vartheta)\right) + \frac{1}{r^2\sin\vartheta}\partial_\vartheta(\sin(\vartheta)r\cos(2\vartheta)) \\
&= \frac{1}{r}\sin(2\vartheta) + \frac{1}{r^2\sin\vartheta}(r\cos\vartheta\cos(2\vartheta) - 2r\sin\vartheta\sin(2\vartheta))
\end{aligned}$$

Vereinfachung mit dem Additionstheorem für Kosinus   ⤳

$$\Delta U = \frac{\cos\vartheta\cos(2\vartheta) - \sin\vartheta\sin(2\vartheta)}{r\sin\vartheta} = \frac{\cos(3\vartheta)}{r\sin\vartheta}$$

1.11   Divergenz und Rotation in Kugelkoordinaten ⋆

Berechnen Sie für das Vektorfeld

$$\vec{F} = \frac{z}{x^2 + y^2 + z^2}(-y,\, x,\, z)^{\mathrm{t}}$$

div $\vec{F}$ und rot $\vec{F}$ durch Transformation auf Kugelkoordinaten.

Verweise: Differentialoperatoren in Kugelkoordinaten, Divergenz, Rotation

Lösungsskizze

(i) Kugelkoordinaten:

$$x = rSc,\; y = rSs,\; z = rC,\quad r = \sqrt{x^2 + y^2 + z^2}$$

mit $C = \cos\vartheta$, $S = \sin\vartheta$, $c = \cos\varphi$, $s = \sin\varphi$

Einsetzen $\rightsquigarrow$

$$\vec{F} = C(-Ss,\, Sc,\, C)^{\mathrm{t}} = \vec{\Psi}(r,\vartheta,\varphi) = \Psi_r \vec{e}_r + \Psi_\vartheta \vec{e}_\vartheta + \Psi_\varphi \vec{e}_\varphi$$

Skalarprodukte von $\vec{\Psi}$ mit den orthonormalen Basisvektoren

$$\vec{e}_r = (Sc,\, Ss,\, C)^{\mathrm{t}},\; \vec{e}_\vartheta = (Cc,\, Cs,\, -S)^{\mathrm{t}},\; \vec{e}_\varphi = (-s,\, c,\, 0)^{\mathrm{t}}$$

$\rightsquigarrow$ Feldkomponenten

$$\Psi_r = \langle \vec{\Psi}, \vec{e}_r \rangle = C^3,\quad \Psi_\vartheta = -C^2 S,\quad \Psi_\varphi = CS$$

nur von ϑ abhängig, Ableitungen nach r und φ verschwinden

$\rightsquigarrow$ Anwendung der Formeln für Differentialoperatoren

(ii) Divergenz:

$$\begin{aligned}
\operatorname{div} \Psi &= \frac{1}{r^2}\partial_r(r^2 \Psi_r) + \frac{1}{rS}\partial_\vartheta(S\Psi_\vartheta) + \frac{1}{rS}\partial_\varphi \Psi_\varphi \\
&= \frac{2C^3}{r} + \frac{\partial_\vartheta(-C^2 S^2)}{rS} + 0 = \frac{2\cos\vartheta \sin^2\vartheta}{r}
\end{aligned}$$

(iii) Rotation:

$$\begin{aligned}
\operatorname{rot} \vec{\Psi} &= \frac{1}{rS}(\partial_\vartheta(S\Psi_\varphi) - \partial_\varphi \Psi_\vartheta)\vec{e}_r + \frac{1}{rS}(\partial_\varphi \Psi_r - S\partial_r(r\Psi_\varphi))\vec{e}_\vartheta \\
&\quad + \frac{1}{r}(\partial_r(r\Psi_\vartheta) - \partial_\vartheta \Psi_r)\vec{e}_\varphi \\
&= \frac{\partial_\vartheta(CS^2)}{rS}\vec{e}_r - \frac{CS^2}{rS}\vec{e}_\vartheta + \frac{-C^2 S - \partial_\vartheta(C^3)}{r}\vec{e}_\varphi \\
&= \frac{-\sin^2\vartheta + 2\cos^2\vartheta}{r}\vec{e}_r - \frac{\cos\vartheta \sin\vartheta}{r}\vec{e}_\vartheta + \frac{2\cos^2\vartheta \sin\vartheta}{r}\vec{e}_\varphi
\end{aligned}$$

2 Arbeits- und Flussintegral

Übersicht

© Springer-Verlag GmbH Deutschland, ein Teil von Springer Nature 2023
K. Höllig und J. Hörner, *Aufgaben und Lösungen zur Höheren Mathematik 3*,
https://doi.org/10.1007/978-3-662-68151-0_3

2.1   Kurven- und Arbeitsintegral für eine Schraubenlinie

Berechnen Sie für die Schraubenlinie $C : t \mapsto \vec{r}(t) = (R\cos t,\ R\sin t,\ t),\ 0 \leq t \leq 2n\pi$, und das Vektorfeld $\vec{F} = (zy,\ -zx,\ z^2)^{\mathrm{t}}$

$$\text{a)}\quad \int_C |\vec{F}|\,\mathrm{d}C \qquad\qquad \text{b)}\quad \int_C \vec{F}\cdot\mathrm{d}\vec{r}.$$

Verweise: Kurvenintegral, Arbeitsintegral, Weg

Lösungsskizze

Tangentenvektor der Schraubenlinie C

$$\vec{r}'(t) = (-R\sin t,\ R\cos t,\ 1),\quad |\vec{r}'(t)| = \sqrt{R^2 + 1}$$

Vektorfeld entlang von C

$$\vec{F}(\vec{r}(t)) = (tR\sin t,\ -tR\cos t,\ t^2)^{\mathrm{t}},\quad |\vec{F}(\vec{r}(t))| = t\sqrt{R^2 + t^2}$$

a) Kurvenintegral:

$$\int_C f\,\mathrm{d}C = \int_a^b f(\vec{r}(t))|\vec{r}'(t)|\,\mathrm{d}t$$

Einsetzen von $f = |\vec{F}|$ $\leadsto$

$$\int_0^{2n\pi} t\sqrt{R^2 + t^2}\sqrt{R^2 + 1}\,\mathrm{d}t = \sqrt{R^2 + 1}\left[\frac{1}{3}(R^2 + t^2)^{3/2}\right]_{t=0}^{2n\pi}$$

$$= \frac{\sqrt{R^2 + 1}}{3}\left((R^2 + (2n\pi)^2)^{3/2} - R^3\right)$$

b) Arbeitsintegral:

$$\int_C \vec{F}\cdot\mathrm{d}\vec{r} = \int_a^b \vec{F}(\vec{r}(t))\cdot\vec{r}'(t)\,\mathrm{d}t$$

Einsetzen $\leadsto$

$$\int_0^{2n\pi} \begin{pmatrix} tR\sin t \\ -tR\cos t \\ t^2 \end{pmatrix}\cdot\begin{pmatrix} -R\sin t \\ R\cos t \\ 1 \end{pmatrix}\,\mathrm{d}t$$

$$= \int_0^{2n\pi} -tR^2 + t^2\,\mathrm{d}t = -\frac{(2n\pi)^2 R^2}{2} + \frac{(2n\pi)^3}{3}$$

2.2 Arbeitsintegral längs geradliniger Wege

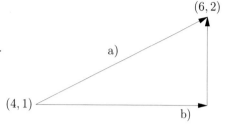

Berechnen Sie $\int_C 3y\,dx + 5x\,dy$ für die abgebildeten Wege von $(4, 1)$ nach $(6, 2)$.

Verweise: Arbeitsintegral, Weg

Lösungsskizze

Arbeitsintegral eines Vektorfeldes $\vec{F} = (F_x, F_y)^t$ entlang eines Weges $C : t \mapsto (x(t), y(t))$, $a \le t \le b$

$$\int_C F_x\,dx + F_y\,dy = \int_a^b F_x(x(t), y(t))x'(t) + F_y(x(t), y(t))y'(t)\,dt$$

a) Geradliniger Weg:

$$C : t \mapsto (4, 1) + t(6 - 4, 2 - 1) = (\underbrace{4 + 2t}_{x(t)}, \underbrace{1 + t}_{y(t)}), \quad 0 \le t \le 1$$

$F_x = 3y$, $F_y = 5x$, $x'(t) = 2$, $y'(t) = 1$ $\quad\rightsquigarrow$

$$\int_C 3y\,dx + 5x\,dy = \int_0^1 3(1 + t) \cdot 2 + 5(4 + 2t) \cdot 1\,dt$$

$$= \int_0^1 26 + 16t\,dt = 34$$

b) Horizontaler und vertikaler Weg:

(i) horizontal $(4, 1) \to (6, 1)$: $dy = 0$, $x(t) = t$, $dx = dt$ $\quad\rightsquigarrow$

$$I_h = \int_4^6 3y\,dx = \int_4^6 3 \cdot 1\,dt = 6$$

(ii) vertikal $(6, 1) \to (6, 2)$: $dx = 0$, $y(t) = t$, $dy = dt$ $\quad\rightsquigarrow$

$$I_v = \int_1^2 5x\,dy = \int_1^2 5 \cdot 6\,dt = 30$$

Summe über die Teilwege $\quad\rightsquigarrow\quad \int_C 3y\,dx + 5x\,dy = I_h + I_v = 36$

2.3   Arbeitsintegral längs verschiedener Wege

Parametrisieren Sie die abgebildeten Wege C

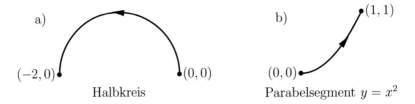

a)   b) $(1,1)$

$(-2,0)$ $(0,0)$ $(0,0)$

Halbkreis   Parabelsegment $y = x^2$

und berechnen Sie jeweils das Arbeitsintegral $\int_C \vec{F} \cdot d\vec{r}$ für $\vec{F} = (1+x, x+y^2)^t$.

Verweise: Arbeitsintegral, Weg

Lösungsskizze

Arbeitsintegral entlang eines Weges $C : t \mapsto \vec{r}(t)$, $a \leq t \leq b$

$$\int_C \vec{F} \cdot d\vec{r} = \int_a^b \vec{F}(\vec{r}(t))\, \vec{r}'(t)\, dt$$

a) Halbkreis:

Parametrisierung des Weges

$$C : t \mapsto \vec{r}(t) = (-1,0) + (\cos t, \sin t) = (\cos t - 1, \sin t), \quad 0 \leq t \leq \pi$$

Vektorfeld entlang von C

$$\vec{F}(\vec{r}(t)) = (1+x, x+y^2)^t\big|_{\vec{r}(t)} = (\cos t, \cos t - 1 + \sin^2 t)^t$$

$\vec{r}'(t) = (-\sin t, \cos t) \quad \rightsquigarrow$

$$I_H = \int_0^\pi \begin{pmatrix} \cos t \\ \cos t - 1 + \sin^2 t \end{pmatrix} \cdot \begin{pmatrix} -\sin t \\ \cos t \end{pmatrix} dt$$

$$= \int_0^\pi (-\sin t \cos t + \cos^2 t - \cos t + \cos t \sin^2 t)\, dt = \pi/2$$

b) Parabelsegment:

Parametrisierung des Weges

$$C : t \mapsto \vec{r}(t) = (t, t^2), \quad 0 \leq t \leq 1$$

$\rightsquigarrow$ Arbeitsintegral

$$I_P = \int_0^1 \underbrace{\begin{pmatrix} 1 + x(t) \\ x(t) + y(t)^2 \end{pmatrix}}_{\vec{F}(\vec{r}(t))} \cdot \vec{r}'(t)\, dt = \int_0^1 \begin{pmatrix} 1 + t \\ t + t^4 \end{pmatrix} \cdot \begin{pmatrix} 1 \\ 2t \end{pmatrix} dt$$

$$= \int_0^1 (1 + t + 2t^2 + 2t^5)\, dt = 5/2$$

2.4 Arbeitsintegrale für einen Weg auf der Sphäre

Zeigen Sie, dass die Kurve

$$\Gamma : t \mapsto (\sin t \cos t, \sin^2 t, \cos t)^{\mathrm{t}}, \quad 0 \le t \le \pi,$$

auf der Einheitssphäre liegt und berechnen Sie für das Vektorfeld $\vec{F} = (1, xz, y^3)^{\mathrm{t}}$

$$\text{a)} \quad \int_{\Gamma} \mathrm{d}x - F_y \, \mathrm{d}z \qquad \text{b)} \quad \int_{\Gamma} \vec{F} \cdot \mathrm{d}\vec{r}$$

Verweise: Arbeitsintegral, Weg

Lösungsskizze

Parametrisierung des Weges und des Tangentenvektors

$$\vec{r} = (x, y, z)^{\mathrm{t}} = (sc, s^2, c)^{\mathrm{t}}$$
$$\vec{r}' = (x', y', z')^{\mathrm{t}} = (c^2 - s^2, 2sc, -s)^{\mathrm{t}}$$

mit $c = \cos t$, $s = \sin t$

$\Gamma \subset$ Einheitssphäre:

$$1 \overset{!}{=} |\vec{r}|^2 = s^2 c^2 + s^4 + c^2 = s^2 \underbrace{(c^2 + s^2)}_{=1} + c^2 = s^2 + c^2 = 1 \quad \checkmark$$

a) $I = \int_{\Gamma} \mathrm{d}x - F_y \, \mathrm{d}z$, $F_y = xz$:

$\mathrm{d}x = x' \, \mathrm{d}t = (c^2 - s^2) \, \mathrm{d}t$, $\mathrm{d}z = z' \, \mathrm{d}t = (-s) \, \mathrm{d}t \quad \rightsquigarrow$

$$I = \int_0^{\pi} (c^2 - s^2) - \underbrace{(sc)(c)}_{xz}(-s) \, \mathrm{d}t =: I_1 + I_2$$

$I_1 = 0$, da $\int_0^{\pi} \cos^2(kt) \, \mathrm{d}t = \int_0^{\pi} \sin^2(kt) \, \mathrm{d}t = \pi/2$

Additionstheorem, $\sin(2t) = 2 \sin t \cos t \quad \rightsquigarrow$

$$I = I_2 = \int_0^{\pi} s^2 c^2 \, \mathrm{d}t = \int_0^{\pi} \frac{1}{4} \sin^2(2t) \, \mathrm{d}t = \frac{\pi}{8}$$

b) $I = \int_{\Gamma} \vec{F} \cdot \mathrm{d}\vec{r}$, $\vec{F} = (1, xz, y^3)^{\mathrm{t}}$:

$\mathrm{d}\vec{r} = \vec{r}' \, \mathrm{d}t = (c^2 - s^2, 2sc, -s) \, \mathrm{d}t \quad \rightsquigarrow$

$$I = \int_0^{\pi} (1, (cs)c, (s^2)^3)^{\mathrm{t}} \cdot (c^2 - s^2, 2sc, -s)^{\mathrm{t}} \, \mathrm{d}t$$

$$= \int_0^{\pi} (c^2 - s^2) + (2c^3 s^2) + (-s^7) \, \mathrm{d}t =: I_1 + I_2 + I_3$$

$I_1 = 0$ und $I_2 = 0$, da $c^3 s^2$ ungerade bzgl. $[0, \pi] \quad \rightsquigarrow$

$$I = I_3 = \int_0^{\pi} \underbrace{(1 - c^2)^3}_{s^2}(-s) \, \mathrm{d}t = \int_0^{\pi} (1 - 3c^2 + 3c^4 - c^6)(-s) \, \mathrm{d}t$$

$$= \left[c - c^3 + \frac{3}{5} c^5 - \frac{1}{7} c^7 \right]_0^{\pi} = -2 + 2 - \frac{6}{5} + \frac{2}{7} = -\frac{32}{35}$$

2.5   Flächeninhalt und Flussintegral

Bestimmen Sie für die durch

$$S : \begin{pmatrix} u \\ v \end{pmatrix} \mapsto \begin{pmatrix} x \\ y \\ z \end{pmatrix} = \begin{pmatrix} e^u \cos v \\ e^u \sin v \\ e^u \end{pmatrix}, \quad u \in [0,1], \ v \in [0,\pi],$$

parametrisierte Fläche S und das Vektorfeld $\vec{F} = (1,\, 0,\, z)^{\mathrm{t}}$

    a)   den Flächeninhalt   b) $\displaystyle\iint_S \vec{F} \cdot \mathrm{d}\vec{S}$.

Verweise: Flächenintegral, Flussintegral

Lösungsskizze

Normale

$$\vec{n} = \begin{pmatrix} x_u \\ y_u \\ z_u \end{pmatrix} \times \begin{pmatrix} x_v \\ y_v \\ z_v \end{pmatrix} = \begin{pmatrix} e^u \cos v \\ e^u \sin v \\ e^u \end{pmatrix} \times \begin{pmatrix} -e^u \sin v \\ e^u \cos v \\ 0 \end{pmatrix}$$

$$= e^{2u}(-\cos v,\, -\sin v,\, 1)^{\mathrm{t}}$$

skalares und vektorielles Flächenelement

$$\mathrm{d}S = |\vec{n}|\, \mathrm{d}u \mathrm{d}v = \sqrt{2}\, e^{2u}\, \mathrm{d}u \mathrm{d}v, \quad \mathrm{d}\vec{S} = \vec{n}\, \mathrm{d}u \mathrm{d}v$$

a) Flächeninhalt:

$$\text{area } S = \iint_S 1\, \mathrm{d}S = \int_0^{\pi} \int_0^1 \sqrt{2} e^{2u} \mathrm{d}u\, \mathrm{d}v$$

$$= \pi \left[\frac{\sqrt{2}}{2} e^{2u} \right]_0^1 = \frac{\pi(e^2 - 1)}{\sqrt{2}}$$

b) Fluss:

Vektorfeld auf S (Einsetzen der Parametrisierung): $\vec{F} = (1,\, 0,\, z)^{\mathrm{t}} = (1,\, 0,\, e^u)^{\mathrm{t}}$

$\rightsquigarrow$ Fluss von $\vec{F}$ durch S

$$\iint_S \vec{F} \cdot \mathrm{d}\vec{S} = \int_0^{\pi} \int_0^1 \begin{pmatrix} 1 \\ 0 \\ e^u \end{pmatrix} \cdot e^{2u} \begin{pmatrix} -\cos v \\ -\sin v \\ 1 \end{pmatrix} \mathrm{d}u\, \mathrm{d}v$$

$$= \int_0^{\pi} \int_0^1 -e^{2u} \cos v + e^{3u}\, \mathrm{d}u \mathrm{d}v$$

Produktform der Integranden $\rightsquigarrow$

$$\left[-\frac{1}{2} e^{2u} \right]_0^1 [\sin v]_0^{\pi} + \left[\frac{1}{3} e^{3u} \right]_0^1 \pi = \frac{\pi(e^3 - 1)}{3}$$

2.6   Fluss- und Flächenintegral für ein Dreieck

Berechnen Sie für das Dreieck S mit den Eckpunkten $(1, 0, -1)$, $(0, 2, -1)$, $(2, 0, 0)$ und das Skalarfeld $U = xy^2 + z^3$ folgende Integrale:

$$\text{a)} \quad \left| \iint\limits_S \operatorname{grad} U \cdot \mathrm{d}\vec{S} \right| \qquad\qquad \text{b)} \quad \iint\limits_S \Delta U \, \mathrm{d}S$$

Verweise: Flussintegral, Flächenintegral

Lösungsskizze

Parametrisierung über dem Standarddreieck $D : 0 \le s \le 1,\, 0 \le t \le 1 - s$

$$(s, t) \mapsto p(s, t) \;=\; \begin{pmatrix} x \\ y \\ z \end{pmatrix} = s \begin{pmatrix} 1 \\ 0 \\ -1 \end{pmatrix} + t \begin{pmatrix} 0 \\ 2 \\ -1 \end{pmatrix} + (1 - s - t) \begin{pmatrix} 2 \\ 0 \\ 0 \end{pmatrix}$$

$$= (2 - s - 2t,\, 2t,\, -s - t)^{\mathrm{t}}$$

Normale: Vektorprodukt der das Dreieck aufspannenden Vektoren bzw.

$$\vec{n} = \partial_s p \times \partial_t p = (-1,\, 0,\, -1)^{\mathrm{t}} \times (-2,\, 2,\, -1)^{\mathrm{t}} = (2,\, 1,\, -2)^{\mathrm{t}}$$

(Vorzeichen von der Wahl der Parametrisierung abhängig $\to$ Vorzeichen des Flusses/Flussrichtung, irrelevant für den Betrag des Flusses)

a)   Flussintegral $\Phi = |\iint\limits_S \operatorname{grad} U \cdot \mathrm{d}\vec{S}|$ mit $U = xy^2 + z^3$:

$$\operatorname{grad} U = \begin{pmatrix} \partial_x U \\ \partial_y U \\ \partial_z U \end{pmatrix} = \begin{pmatrix} y^2 \\ 2xy \\ 3z^2 \end{pmatrix} = \begin{pmatrix} 4t^2 \\ 8t - 4st - 8t^2 \\ 3s^2 + 6st + 3t^2 \end{pmatrix}$$

$\mathrm{d}\vec{S} = (2,\, 1,\, -2)^{\mathrm{t}} \, \mathrm{d}s\mathrm{d}t$, Einsetzen, Bilden des Skalarproduktes $\rightsquigarrow$

$$\Phi = \left| \int_0^1 \int_0^{1-s} \underbrace{(8t^2) + (8t - 4st - 8t^2) + (-6s^2 - 12st - 6t^2)}_{8t - 6s^2 - 16st - 6t^2} \, \mathrm{d}t\mathrm{d}s \right|$$

$$= \left| \int_0^1 4(1 - s)^2 - 6s^2(1 - s) - 8s(1 - s)^2 - 2(1 - s)^3 \, \mathrm{d}s \right| = \frac{1}{3}$$

b)   Flächenintegral $I = \iint\limits_S \Delta U \, \mathrm{d}\vec{S}$ mit $U = xy^2 + z^3$:

$\Delta U = \partial_x^2 U + \partial_y^2 U + \partial_z^2 U = 2x + 6z$, $\mathrm{d}S = |\vec{n}| \, \mathrm{d}s\mathrm{d}t = 3 \, \mathrm{d}s\mathrm{d}t$

Einsetzen $\rightsquigarrow$

$$I = \int_0^1 \int_0^{1-s} \underbrace{[2(2 - s - 2t) + 3(-s - t)]}_{12 - 15s - 21t} \, 3 \, \mathrm{d}s\mathrm{d}t$$

$$= \int_0^1 12(1 - s) - 15s(1 - s) - \frac{21}{2}(1 - s)^2 \, \mathrm{d}s = 0$$

2.7 Flussintegrale für Parallelogramme

Berechnen Sie die Flüsse des Vektorfeldes $\vec{F} = (2z, 0, xy)^t$ durch die Parallelogramme

a) $S: u(3, 1, 1)^t + v(1, 3, 1)^t, \quad 0 \leq u, v \leq 1$
b) $S: z = 3x - y, \quad 0 \leq x, y \leq 1$

mit jeweils positiv gewählter z-Komponente der Normalen.

Verweise: Flussintegral, Fluss durch einen Funktionsgraph

Lösungsskizze

a) Parametrisiertes Parallelogramm:

$$S: x = 3u + v, \ y = u + 3v, \ z = u + v, \quad 0 \leq u, v \leq 1$$

Normalenvektor

$$\vec{n} = (3, 1, 1)^t \times (1, 3, 1)^t = (-2, -2, 8)^t$$

Fluss von $\vec{F} = (2z, 0, xy)^t$ durch S

$$\iint_S \vec{F} \cdot d\vec{S} = \int_0^1 \int_0^1 \begin{pmatrix} 2z \\ 0 \\ xy \end{pmatrix} \cdot \begin{pmatrix} -2 \\ -2 \\ 8 \end{pmatrix} \, du dv$$

Einsetzen der Parametrisierung

$$\vec{F}|_S = (2(u + v), 0, (3u + v)(u + 3v))^t$$

$\rightsquigarrow$

$$\int_0^1 \int_0^1 2(u + v)(-2) + 0 + (3u + v)(u + 3v)(8) \, du dv = 32$$

benutzt: $\int_0^1 \int_0^1 u^m v^n \, du dv = \int_0^1 u^m \, du \int_0^1 v^n \, dv = (m + 1)^{-1}(n + 1)^{-1}$

b) Parallelogramm als Funktionsgraph:

$$S: z = g(x, y) = 3x - y, \quad 0 \leq x, y \leq 1$$

Fluss von $(F_x, F_y, F_z)^t = (2z, 0, xy)^t$ durch S

$$\int_0^1 \int_0^1 -F_x \partial_x g - F_y \partial_y g + F_z \, dx dy$$

Einsetzen und Bilden der partiellen Ableitungen $\quad \rightsquigarrow \quad$ Integrand

$$-(2\underbrace{(3x - y)}_{z})(3) - 0(-1) + xy = -18x + 6y + xy$$

sukzessive Integration bzgl. x und y $\quad \rightsquigarrow$

$$\int_0^1 \int_0^1 -18x + 6y + xy \, dx dy = \int_0^1 -9 + 6y + \frac{y}{2} \, dy = -\frac{23}{4}$$

2.8 Fluss durch einen Funktionsgraph

Bestimmen Sie den Fluss des Vektorfeldes $\vec{F} = (z,\, 0,\, xy)^{\mathrm{t}}$ durch den über dem Rechteck $[0,3] \times [-1,1]$ liegenden Graph der Funktion

$$z = f(x,y) = 3x + 2y - xy$$

nach oben.

Verweise: Fluss durch einen Funktionsgraph

Lösungsskizze

Parametrisierung des Funktionsgraphen

$$S:\ (x,y) \mapsto s(x,y) = (x,\ y,\ \underbrace{3x + 2y - xy}_{z = f(x,y)})^{\mathrm{t}}$$

Normalenvektor

$$\vec{n} = \partial_x s \times \partial_y s = \begin{pmatrix} 1 \\ 0 \\ 3-y \end{pmatrix} \times \begin{pmatrix} 0 \\ 1 \\ 2-x \end{pmatrix} = \begin{pmatrix} y-3 \\ x-2 \\ 1 \end{pmatrix}$$

z-Komponente positiv $\rightsquigarrow$ Fluss nach oben

Feldkomponente in Normalenrichtung

$$\vec{F} \cdot \vec{n} = \underbrace{(3x + 2y - xy)}_{z}(y-3) + 0 + xy \cdot 1$$

$$= -9x + y(7x - 6) + y^2(2 - x)$$

$\mathrm{d}\vec{S} = \vec{n}\,\mathrm{d}y\mathrm{d}x$ $\rightsquigarrow$ Flussintegral

$$\iint\limits_S \vec{F} \cdot \mathrm{d}\vec{S} = \int_0^3 \int_{-1}^1 -9x + y(7x - 6) + y^2(2 - x)\,\mathrm{d}y\mathrm{d}x$$

inneres Integral für den mittleren Summanden null aus Symmetriegründen (ungerade Funktion auf symmetrischem Intervall)

$\rightsquigarrow$

$$\int_0^3 2(-9x) + 0 + \frac{2}{3}(2 - x)\,\mathrm{d}x = -80$$

2.9 Fluss durch eine Sphäre

Berechnen Sie den Fluss des Vektorfeldes $\vec{F} = (x, y^2, z^3)^t$ durch die Sphäre S : $x^2 + y^2 + z^2 = 4$ nach außen.

Verweise: Fluss durch eine Sphäre

Lösungsskizze

Fluss durch eine Sphäre (nur abhängig von der radialen Feldkomponente):

$$\Phi = \iint\limits_S \vec{F} \cdot d\vec{S} = \iint\limits_S F_r\, dS, \quad F_r = \vec{F} \cdot \vec{e}_r$$

mit $\vec{e}_r = (x, y, z)^t/r$, $r = \sqrt{x^2 + y^2 + z^2}$, dem radialen Basisvektor
radiale Komponente von $\vec{F} = (x, y^2, z^3)^t$:

$$F_r = (x, y^2, z^3)^t \cdot (x, y, z)^t/r = (x^2 + y^3 + z^4)/r$$

Kugelkoordinaten, Flächenelement für eine Sphäre mit Radius R

$$x = r\sin\vartheta\cos\varphi,\ y = r\sin\vartheta\sin\varphi,\ z = r\cos\vartheta, \quad dS = R^2\sin\vartheta\,d\varphi d\vartheta$$

$\rightsquigarrow \quad F_r = (r\sin\vartheta\cos\varphi)^2/r + y^3/r + (r\cos\vartheta)^4/r$

Integral über y^3/r null (ungerade Funktion auf symmetrischem Integrationsbereich)

$\rightsquigarrow$

$$\Phi = \int_0^\pi \int_0^{2\pi} \left(\frac{(R\sin\vartheta\cos\varphi)^2}{R} + \frac{(R\cos\vartheta)^4}{R} \right) R^2 \sin\vartheta\,d\varphi d\vartheta =: \Phi_1 + \Phi_2$$

$$\Phi_1 = R^3 \int_0^\pi \underbrace{\sin^3\vartheta}_{(1-\cos^2\vartheta)\sin\vartheta}\, d\vartheta \int_0^{2\pi} \cos^2\varphi\,d\varphi$$

$$= R^3 \left[-\cos\vartheta + \frac{1}{3}\cos^3\vartheta \right]_0^\pi \pi = R^3\left((2/3) - (-2/3)\right)\pi = \frac{4}{3}\pi R^3$$

$$\Phi_2 = 2\pi R^5 \int_0^\pi \cos^4\vartheta\sin\vartheta\,d\vartheta$$

$$= 2\pi R^5 \left[-\frac{1}{5}\cos^5\vartheta \right]_0^\pi = 2\pi R^5 \left(1/5 - (-1/5)\right) = \frac{4}{5}\pi R^5$$

Einsetzen von $R = 2$ $\rightsquigarrow$

$$\Phi = \Phi_1 + \Phi_2 = \frac{4}{3}\pi 2^3 + \frac{4}{5}\pi 2^5 = \frac{544}{15}\pi \approx 113.9350$$

2.10 Fluss durch die Oberfläche eines Hohlzylinders

Bestimmen Sie den Fluss des Vektorfeldes

$$\vec{F} = \varrho^2 \vec{r}, \quad \varrho = \sqrt{x^2 + y^2}, \ \vec{r} = (x, y, z)^t,$$

durch die Oberfläche des Hohlzylinders $V: R \leq \varrho \leq 2R, 0 \leq z \leq H$.

Verweise: Fluss durch einen Zylinder

Lösungsskizze

Darstellung des Vektorfeldes in Zylinderkoordinaten

$$\vec{F} = \underbrace{\varrho^3}_{F_\varrho} \vec{e}_\varrho + \underbrace{\varrho^2 z}_{F_z} \vec{e}_z, \quad \vec{e}_\varrho = \frac{1}{\varrho}(x, y, 0)^t, \quad \vec{e}_z = (0, 0, 1)^t$$

(i) Fluss durch den äußeren Mantel S_{2R}:

Normale $\vec{n} = \vec{e}_\varrho \quad \Longrightarrow$

$$\vec{F} \cdot \vec{n} = F_\varrho = (2R)^3 \quad \text{(konstant)}$$

$\leadsto$ Fluss

$$\iint\limits_{S_{2R}} \vec{F} \cdot d\vec{S} = F_\varrho \, \text{area} \, S_{2R} = (2R)^3 \, (2\pi(2R)H) = 32\pi R^4 H$$

analog: $\iint_{S_R} \vec{F} \cdot d\vec{S} = -2\pi R^4 H$ für den inneren Mantel
(negatives Vorzeichen aufgrund der Änderung der Normalenrichtung)

(ii) Fluss durch den Zylinderboden und -deckel:

$\vec{F}_z = 0$ für $z = 0 \quad \Longrightarrow \quad$ Fluss durch den Boden null

Fluss durch den Deckel S_H (Normale $\vec{e}_z$):
Berechnung mit Polarkoordinaten ($dxdy = \varrho \, d\varrho \, d\varphi$)

$$\iint\limits_{S_H} \vec{F} \cdot d\vec{S} = \iint\limits_{S_H} \underbrace{\varrho^2 H}_{F_z} dS$$

$$= 2\pi \int_R^{2R} (\varrho^2 H)\varrho \, d\varrho = \frac{15}{2}\pi R^4 H$$

(iii) Gesamtfluss:

$$32\pi R^4 H - 2\pi R^4 H + \frac{15}{2}\pi R^4 H = \frac{75}{2}\pi R^4 H$$

2.11   Flussintegral für ein Paraboloid ★

Bestimmen Sie den Fluss des Vektorfeldes $\vec{F} = (0, x^3 + y^3, z^2)^t$ durch das Paraboloid

$$S : z = x^2 + y^2, \, 0 \le z \le 1,$$

nach unten.

Verweise: Fluss durch einen Zylinder

Lösungsskizze

Rotationsfläche   ⇝   Berechnung des Flusses in Zylinderkoordinaten

$$x = \varrho \cos \varphi, \, y = \varrho \sin \varphi, \quad \varrho = \sqrt{x^2 + y^2}$$

Parametrisierung des Paraboloids: $\varrho = \sqrt{z}$ ⇝

$$S : (\sqrt{z} \cos \varphi, \sqrt{z} \sin \varphi, z)^t, \quad 0 \le \varphi \le 2\pi, \, 0 \le z \le 1$$

Normalenvektor

$$\vec{n} = \begin{pmatrix} -\sqrt{z} \sin \varphi \\ \sqrt{z} \cos \varphi \\ 0 \end{pmatrix} \times \begin{pmatrix} \frac{1}{2\sqrt{z}} \cos \varphi \\ \frac{1}{2\sqrt{z}} \sin \varphi \\ 1 \end{pmatrix} = \begin{pmatrix} \sqrt{z} \cos \varphi \\ \sqrt{z} \sin \varphi \\ -\frac{1}{2} \end{pmatrix}$$

Feldkomponente in Normalenrichtung

$$\vec{F} = \begin{pmatrix} 0 \\ (\sqrt{z})^3 (\cos^3 \varphi + \sin^3 \varphi) \\ z^2 \end{pmatrix} \implies \vec{F} \cdot \vec{n} = z^2 (\cos^3 \varphi + \sin^3 \varphi) \sin \varphi - \frac{z^2}{2}$$

⇝   Flussintegral

$$\iint_S \vec{F} \cdot \mathrm{d}\vec{S} = \int_0^1 \int_0^{2\pi} z^2 (\cos^3 \varphi \sin \varphi + \sin^4 \varphi - 1/2) \, \mathrm{d}\varphi \mathrm{d}z$$

$$= \int_0^1 z^2 \, \mathrm{d}z \int_0^{2\pi} \cos^3 \varphi \sin \varphi + \sin^4 \varphi - 1/2 \, \mathrm{d}\varphi$$

$$= \frac{1}{3} \left(0 + \frac{3\pi}{4} - \pi \right) = -\frac{\pi}{12}$$

benutzt:

$\int \cos^3 \varphi \sin \varphi \, \mathrm{d}\varphi = -\frac{1}{4} \cos^4 \varphi + C$

$\sin^4 \varphi = \sin^2 \varphi (1 - \cos^2 \varphi) = \sin^2 \varphi - (\sin(2\varphi)/2)^2$

$\int_0^{2\pi} \sin^2 (k\varphi) \, \mathrm{d}\varphi = \pi$

3 Integralsätze von Gauß, Stokes und Green

Übersicht

© Springer-Verlag GmbH Deutschland, ein Teil von Springer Nature 2023
K. Höllig und J. Hörner, *Aufgaben und Lösungen zur Höheren Mathematik 3*,
https://doi.org/10.1007/978-3-662-68151-0_4

3.1   Arbeits- und Flussintegrale längs verschiedener Wege

Berechnen Sie die Rotation und die Divergenz des
Vektorfeldes $\vec{F} = (x - \mathrm{e}^{x-y}, \, y + \mathrm{e}^{x-y})^{\mathrm{t}}$ sowie

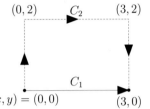

a) $\displaystyle\int_{C_k} \vec{F} \cdot \mathrm{d}\vec{r}$ b) $\displaystyle\int_{C_k} \vec{F} \times \mathrm{d}\vec{r}$

für die abgebildeten Wege C_k, $k = 1, 2$.
Verweise: Satz von Green, Satz von Gauß in der Ebene

Lösungsskizze

Rotation und Divergenz:
$\vec{F} = (x - \mathrm{e}^{x-y}, \, y + \mathrm{e}^{x-y})^{\mathrm{t}}$

$$\mathrm{rot}\,\vec{F} = \partial_x F_y - \partial_y F_x = \mathrm{e}^{x-y} - \mathrm{e}^{x-y} = 0$$
$$\mathrm{div}\,\vec{F} = \partial_x F_x + \partial_y F_y = (1 - \mathrm{e}^{x-y}) + (1 - \mathrm{e}^{x-y}) = 2 - 2\mathrm{e}^{x-y}$$

a) Arbeitsintegrale:

Satz von Green für das von den Wegen C_k berandete Rechteck A $\Longrightarrow$

$$0 = \iint_A \mathrm{rot}\,\vec{F}\,\mathrm{d}A = \int_{C_1 - C_2} \vec{F} \cdot \mathrm{d}\vec{r},$$

d.h. die beiden Arbeitsintegrale stimmen überein
⇝   betrachte nur den Weg $C_1 : \vec{r}(t) = (t, 0), \, 0 \leq t \leq 3$

$$\int_{C_1} \vec{F} \cdot \mathrm{d}\vec{r} = \int_0^3 \begin{pmatrix} t - \mathrm{e}^{t-0} \\ 0 + \mathrm{e}^{t-0} \end{pmatrix} \cdot \begin{pmatrix} 1 \\ 0 \end{pmatrix} \mathrm{d}t = \int_0^3 t - \mathrm{e}^t \, \mathrm{d}t = \frac{11}{2} - \mathrm{e}^3$$

b) Flussintegrale:

$\vec{F} = (t - \mathrm{e}^t, \, \mathrm{e}^t)$, $\mathrm{d}\vec{r} = (1, 0)^{\mathrm{t}}\mathrm{d}t$ für C_1 ⇝

$$\Psi_1 = \int_{C_1} \vec{F} \times \mathrm{d}\vec{r} = \int_0^3 -F_y \, \mathrm{d}t = \int_0^3 -\mathrm{e}^t \, \mathrm{d}t = 1 - \mathrm{e}^3$$

Berechnung des Flussintegrals für C_2 mit Hilfe des Satzes von Gauß in der Ebene

$$\Psi_1 - \Psi_2 = \iint_A \mathrm{div}\,\vec{F}\,\mathrm{d}A \underset{\text{Gauß}}{=} \int_0^3 \int_0^2 2 - 2\mathrm{e}^{x-y} \, \mathrm{d}y\mathrm{d}x$$

$$= (3 \cdot 2) \cdot 2 - 2 \int_0^3 \mathrm{e}^x \, \mathrm{d}x \int_0^2 \mathrm{e}^{-y} \, \mathrm{d}y = 14 - 2\mathrm{e}^3 + 2\mathrm{e} - 2\mathrm{e}^{-2}$$

⇝ $\Psi_2 = (1 - \mathrm{e}^3) - (14 - 2\mathrm{e}^3 + 2\mathrm{e} - 2\mathrm{e}^{-2}) = -13 + \mathrm{e}^3 - 2\mathrm{e} + 2\mathrm{e}^{-2}$

3.2 Arbeitsintegrale und Satz von Green

Berechnen Sie Rotation der Vektorfelder

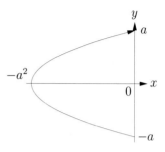

a) $\vec{F} = (y^2 \sin x,\ x^2 + \cos y)^t$

b) $\vec{G} = (-y \sin x,\ y + \cos x)^t$

sowie die Arbeitsintegrale für den abgebildeten parabelförmigen Weg.

Verweise: Arbeitsintegral, Satz von Green

Lösungsskizze

a) $\vec{F} = (y^2 \sin x,\ x^2 + \cos y)^t$:

$$\operatorname{rot} \vec{F} = \partial_x F_y - \partial_y F_x = 2x - 2y \sin x \neq 0$$

Arbeitsintegral wegabhängig $\rightsquigarrow$ direkte Berechnung

Parametrisierung der Parabel $C : x = -a^2 + y^2$

$$\vec{r}(t) = (-a^2 + t^2,\ t)^t, \quad \mathrm{d}\vec{r} = (2t,\ 1)^t\, \mathrm{d}t$$

$\rightsquigarrow$ Arbeitsintegral

$$I_F \;=\; \int_C \vec{F} \cdot \mathrm{d}\vec{r} = \int_{-a}^{a} \underbrace{\begin{pmatrix} t^2 \sin(-a^2 + t^2) \\ (-a^2 + t^2)^2 + \cos t \end{pmatrix}}_{\vec{F}(\vec{r}(t))} \cdot \begin{pmatrix} 2t \\ 1 \end{pmatrix}\, \mathrm{d}t$$

$$= \int_{-a}^{a} 2t^3 \sin(-a^2 + t^2) + (-a^2 + t^2)^2 + \cos t\, \mathrm{d}t$$

erster Integrand ungerade $\rightsquigarrow$ $\int_{-a}^{a} \dots = 0$ und

$$I_F = 2a^5 - \frac{4}{3}a^5 + \frac{2}{5}a^5 + 2\sin a = \frac{16}{15}a^5 + 2\sin a$$

b) $\vec{G} = (-y \sin x,\ y + \cos x)^t$:

$\operatorname{rot} \vec{G} = -\sin x - (-\sin x) = 0$ $\implies$ Wegunabhängigkeit des Arbeitsintegrals aufgrund des Satzes von Green

$$\int_{\Gamma - C} \vec{G} \cdot \mathrm{d}\vec{r} = \iint_A \operatorname{rot} \vec{G}\, dA = 0$$

mit A dem von dem geradlinigen Weg $\Gamma : (-a, 0) \to (a, 0)$ und dem Weg C berandeten Bereich

$$\implies \quad I_G = \int_C \vec{G} \cdot \mathrm{d}\vec{r} = \int_\Gamma \vec{G} \cdot \mathrm{d}\vec{r} = \int_{-a}^{a} \underbrace{\begin{pmatrix} 0 \\ t + 1 \end{pmatrix}}_{\vec{G}(0, t)} \cdot \begin{pmatrix} 0 \\ 1 \end{pmatrix}\, \mathrm{d}t = 2a$$

3.3   Satz von Green für ein Dreieck

Illustrieren Sie den Satz von Green für das Dreieck mit den Eckpunkten $(0,0)$, $(3,0)$, $(0,2)$ und das Vektorfeld $\vec{F}(x,y) = (e^y, x)^t$, indem Sie alle auftretenden Integrale berechnen.

Verweise: Satz von Green

Lösungsskizze

(i) Satz von Green:

$$\iint\limits_{D} \operatorname{rot} \vec{F}(x,y)\,\mathrm{d}x\mathrm{d}y = \int\limits_{C} \vec{F} \cdot \mathrm{d}\vec{r}$$

$\vec{F} = (F_x, F_y)^t$, $\operatorname{rot} \vec{F} = \partial_x F_y - \partial_y F_x$

$C = C_1 + C_2 + C_3$ orientierter Rand von D

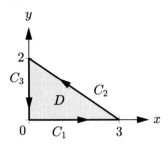

(ii) Integral über D:

$D: 0 \leq x \leq 3$, $0 \leq y \leq 2 - 2x/3$, $\operatorname{rot} \vec{F}(x,y) = \partial_x x - \partial_y e^y = 1 - e^y$ ⤳

$$\iint\limits_{D} \operatorname{rot} \vec{F} = \int_0^3 \int_0^{2-2x/3} 1 - e^y \,\mathrm{d}y\mathrm{d}x = \operatorname{area} D - \int_0^3 [e^y]_{y=0}^{y=2-2x/3} \,\mathrm{d}x$$

$$= 3 - \int_0^3 e^{2-2x/3} - 1 \,\mathrm{d}x = 3 - \left[-\frac{3}{2}e^{2-2x/3} \right]_{x=0}^{x=3} + 3$$

$$= 6 + \frac{3}{2}e^0 - \frac{3}{2}e^2 = (15 - 3e^2)/2$$

(iii) Integral über C:

kanonische Parametrisierung eines geradlinigen Weges $a \to b$: $t \mapsto (1-t)a + tb$, $0 \leq t \leq 1$

- $C_1: t \mapsto \vec{r}(t) = (3t, 0)^t$, $0 \leq t \leq 1$, $\mathrm{d}\vec{r} = (3,0)^t \mathrm{d}t$ ⤳

$$\int\limits_{C_1} \vec{F} \cdot \mathrm{d}\vec{r} = \int_0^1 \begin{pmatrix} e^0 \\ 3t \end{pmatrix} \cdot \begin{pmatrix} 3 \\ 0 \end{pmatrix} \mathrm{d}t = \int_0^1 3 \,\mathrm{d}t = 3$$

- $C_2: t \mapsto \vec{r}(t) = (3 - 3t, 2t)^t$, $0 \leq t \leq 1$, $\mathrm{d}\vec{r} = (-3, 2)^t \mathrm{d}t$ ⤳

$$\int\limits_{C_2} \vec{F} \cdot \mathrm{d}\vec{r} = \int_0^1 \begin{pmatrix} e^{2t} \\ 3 - 3t \end{pmatrix} \cdot \begin{pmatrix} -3 \\ 2 \end{pmatrix} \mathrm{d}t = \int_0^1 -3e^{2t} + 6 - 6t \,\mathrm{d}t$$

$$= (-\frac{3}{2}e^2 + \frac{3}{2}) + 6 - 3 = -\frac{3}{2}e^2 + \frac{9}{2}$$

- C_3: $\mathrm{d}\vec{r} \parallel (0,1)^t$, $\vec{F}(0,y) = (e^y, 0)^t$ $\implies$ $\mathrm{d}\vec{r} \perp \vec{F}$ auf C_3 $\implies$ $\int\limits_{C_3} \vec{F} \cdot \mathrm{d}\vec{r} = 0$

(iv) Vergleich:

$\iint\limits_{D} \operatorname{rot} \vec{F}(x,y) = (15 - 3e^2)/2$, $\sum_{k=1}^3 \int\limits_{C_k} \vec{F} \cdot \mathrm{d}\vec{r} = 3 + (-\frac{3}{2}e^2 + \frac{9}{2}) + 0$ ✓

3.4 Fluss eines ebenen Vektorfeldes

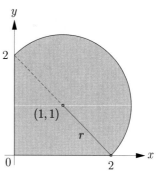

Berechnen Sie den Fluss des Vektorfeldes $\vec{F} = (xy,\, x - y)^{\mathrm{t}}$ durch den Rand des abgebildeten Bereiches, der aus einem Halbkreis und zwei Geradensegmenten besteht, nach außen.

Verweise: Flussintegral, Satz von Gauß in der Ebene

Lösungsskizze

direkte und alternative Berechnung des Flusses mit dem Satz von Gauß in der Ebene

$$\Phi = \int_C \vec{F} \times \mathrm{d}\vec{r} = \iint_A \operatorname{div} \vec{F}\,\mathrm{d}A, \quad C : \text{orientierter Rand von } A$$

Zerlegung von $\vec{F}$ in geeignete Komponenten

$$\vec{F} = \vec{G} + \vec{H} = (xy,\, 0)^{\mathrm{t}} + (0,\, x - y)^{\mathrm{t}}$$

(i) Fluss von $\vec{G}$ (direkte Berechnung):
$\vec{G} = \vec{0}$ auf geradlinigen Randsegmenten $\quad\rightsquigarrow\quad$ nur Fluss durch den Halbkreis

$$C : \vec{r}(\varphi) = \begin{pmatrix} x(\varphi) \\ y(\varphi) \end{pmatrix} = \begin{pmatrix} 1 + \sqrt{2}\cos\varphi \\ 1 + \sqrt{2}\sin\varphi \end{pmatrix}, \quad -\pi/4 \leq \varphi \leq 3\pi/4,$$

zu berechnen

$$\Phi_G = \int_{-\pi/4}^{3\pi/4} \underbrace{\begin{pmatrix} (1 + \sqrt{2}\cos\varphi)(1 + \sqrt{2}\sin\varphi) \\ 0 \end{pmatrix}}_{\vec{G}(\vec{r}(\varphi))} \times \underbrace{\begin{pmatrix} -\sqrt{2}\sin\varphi \\ \sqrt{2}\cos\varphi \end{pmatrix}}_{\mathrm{d}\vec{r}(\varphi)/\mathrm{d}\varphi} \mathrm{d}\varphi$$

$$= \int_{-\pi/4}^{3\pi/4} \sqrt{2}\cos\varphi + 2\cos\varphi\sin\varphi + 2\cos^2\varphi + 2\sqrt{2}\cos^2\varphi\sin\varphi\,\mathrm{d}\varphi$$

$$= 2 + 0 + \pi + \frac{2}{3} = \frac{8}{3} + \pi$$

(ii) Fluss von $\vec{H}$ (Berechnung mit Satz von Gauß in der Ebene):
$\operatorname{div} \vec{H} = -1$ (konstant) $\quad\Longrightarrow$

$$\Phi_H = -1\,\operatorname{area} A = -(2 + \pi(\sqrt{2})^2/2) = -2 - \pi$$

(iii) Gesamtfluss: $\Phi_G + \Phi_H = \frac{8}{3} + \pi + (-2 - \pi) = \frac{2}{3}$

3.5 Fläche mit polynomialem Rand

Berechnen Sie den Inhalt der Fläche A, deren Rand durch

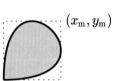

$$(x(t),\, y(t)) = (t(1-t)^2,\, t^2(1-t)), \quad 0 \le t \le 1,$$

parametrisiert ist. Bestimmen Sie ebenfalls das kleinste achsenparallele Rechteck, das A enthält.

Verweise: Satz von Green, Volumenberechnung mit Hilfe des Satzes von Gauß

Lösungsskizze

(i) Flächeninhalt:

Satz von Green: $\iint\limits_A \operatorname{rot} \vec{F}\, dA = \int\limits_C \vec{F} \cdot d\vec{r}$

Anwendung mit $\vec{F} = (-y,\, x)^{\mathrm{t}}$, $\operatorname{rot} \vec{F} = \partial_x x - \partial_y(-y) = 2 \quad \Longrightarrow$

$$2\,\mathrm{area}\,A = \int_C \vec{F} \cdot d\vec{r} = \int_0^1 -y(t)x'(t) + x(t)y'(t)\, dt$$

mit $C: t \mapsto \vec{r}(t) = (x(t), y(t))^{\mathrm{t}}$, $0 \le t \le 1$, der Randkurve von A

Einsetzen von

$$\begin{aligned} x(t) &= t(1-t)^2, & x'(t) &= (1-t)^2 - 2t(1-t) \\ y(t) &= t^2(1-t), & y'(t) &= 2t(1-t) - t^2 \end{aligned}$$

mit $s := 1-t \quad \rightsquigarrow$

$$\begin{aligned} \mathrm{area}\,A &= \frac{1}{2}\int_0^1 (-t^2 s)(s^2 - 2ts) + (ts^2)(2ts - t^2)\, dt \\ &= \frac{1}{2}\int_0^1 t^2 s^3 + t^3 s^2\, dt \underset{s+t=1}{=} \int_0^1 (t^2 s^2)/2\, dt \end{aligned}$$

zweimalige partielle Integration (keine Randterme, da ts bei 0 und 1 null ist) $\quad \rightsquigarrow$

$$\mathrm{area}\,A \underset{ds^2/dt=-2s}{=} -\int (t^3/3)(-s)\, dt$$

$$= \int_0^1 (t^4/12)(1)\, dt = \left[\frac{t^5}{5 \cdot 12}\right]_0^1 = \frac{1}{60}$$

(ii) Begrenzendes Rechteck R:

maximale x-Koordinate

$$0 \stackrel{!}{=} x'(t) = (1-t)^2 - 2t(1-t) \underset{/(1-t)}{\Leftrightarrow} 0 \stackrel{!}{=} (1-t) - 2t,$$

d.h. $t = 1/3$ und $x_{\mathrm{m}} := \max_{0 \le t \le 1} x(t) = x(1/3) = 4/27$

Symmetrie $\Longrightarrow \quad y_{\mathrm{m}} := \max_{0 \le t \le 1} y(t) = y(2/3) = x_{\mathrm{m}}$

$\Longrightarrow \quad R = [0, 4/27] \times [0, 4/27]$

3.6 Querschnitt eines Joukowsky-Tragflügels

Mit der Joukowsky-Transformation J können Tragflügel-Profile als konformes Bild von Kreisen erzeugt werden.

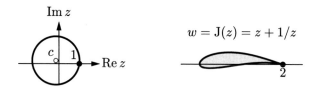

$$w = \text{J}(z) = z + 1/z$$

Berechnen Sie numerisch den Umfang und den Flächeninhalt des abgebildeten Profil-Querschnitts mit $c = -0.15 + 0.15\mathrm{i}$ dem Mittelpunkt des generierenden Kreises.

Verweise: Konforme Abbildung, Satz von Gauß in der Ebene

Lösungsskizze

(i) Parametrisierung der Profilkurve:

Anwendung der Joukowsky-Transformation auf die Parametrisierung $t \mapsto z(t) = c + r\mathrm{e}^{\mathrm{i}t}$ des Kreises $(r = |c - 1|)$ ⤳

$$w(t) = z(t) + 1/z(t) = u(t) + \mathrm{i}v(t), \ w'(t) = (1 - 1/z(t)^2)z'(t), \quad 0 \le t \le 2\pi\,,$$

mit $z'(t) = \mathrm{i}r\mathrm{e}^{\mathrm{i}t}$ und $u = \text{Re}\,w$, $v = \text{Im}\,w$

(ii) Umfang L:

Berechnung von $\int_0^{2\pi} |w'(t)|\,\mathrm{d}t$ mit MATLAB® für die gegebenen Daten ⤳

```
>> c = -0.15+0.15*i; r = abs(c-1);
>> z = @(t) c+r*exp(i*t); dz = @(t) i*r*exp(i*t);
>> w = @(t) z(t)+1./z(t); dw = @(t) (1-1./z(t).^2).*dz(t);
>> adw = @(t) abs(dw(t));
>> L = integral(adw,0,2*pi)
   L = 8.5209
```

(ii) Flächeninhalt A:

Anwendung des Satzes von Gauß in der Ebene auf das Vektorfeld $\vec{F} = (u, 0)^{\mathrm{t}}$ mit $\text{div}\,\vec{F} = 1$ ⤳ Berechnung des Flächeninhalts des Tragflügelquerschnitts als Fluss durch die Randkurve $t \mapsto (u(t), v(t))$:

$$A = \left| \int_0^{2\pi} u(t)v'(t)\,\mathrm{d}t \right| \qquad \text{alternativ:} \ \left| \int_0^{2\pi} v(t)u'(t)\,\mathrm{d}t \right|$$

Berechnung des Integrals mit MATLAB® ⤳

```
>> udv = @(t) real(w(t)).*imag(dw(t));
>> A = integral(udv,0,2*pi)
   A = 1.7252
```

3.7 Satz von Gauß und Flussintegrale für ein Prisma

Berechnen Sie die Flüsse des Vektorfeldes $\vec{F} = (1,\, xy,\, z^2)^{\mathrm{t}}$ durch die begrenzenden Flächen des Prismas

$$V : x + 2y \le 4,\, x, y \ge 0,\, 0 \le z \le 3\,,$$

nach außen.

Verweise: Satz von Gauß, Flussintegral

Lösungsskizze

(i) Gesamtfluss:

Satz von Gauß $\implies$

$$\Phi = \iint\limits_{S} \vec{F} \cdot \mathrm{d}\vec{S} = \iiint\limits_{V} \operatorname{div} \vec{F} \, \mathrm{d}V\,, \quad S = \partial V$$

$$\operatorname{div} \underbrace{(1,\, xy,\, z^2)^{\mathrm{t}}}_{\vec{F}} = x + 2z \quad \rightsquigarrow$$

$$\begin{aligned}
\Phi &= \int_0^4 \int_0^{2-x/2} \int_0^3 x + 2z \, \mathrm{d}z\mathrm{d}y\mathrm{d}x \\
&= \int_0^4 \int_0^{2-x/2} 3x + 9 \, \mathrm{d}y\mathrm{d}x \\
&= \int_0^4 -\frac{3x^2}{2} + \frac{3x}{2} + 18 \, \mathrm{d}x = 52
\end{aligned}$$

(ii) Horizontale Flächen S_ν (Dreiecke):

- Boden S_1: Normale $(0, 0, -1)^{\mathrm{t}}$, Fluss $\Phi_1 = 0$, da $F_z = 0$
- Deckel S_2: Normale $(0, 0, 1)^{\mathrm{t}}$, $F_z = z^2|_{z=3} = 9 \quad \rightsquigarrow$

$$\Phi_2 = \operatorname{area}(S_2)\, F_z = 4 \cdot 9 = 36$$

(iii) Vertikale Flächen S_ν (Rechtecke):

- Rechteck S_3 in der yz-Ebene: Normale $(-1, 0, 0)^{\mathrm{t}}$, $F_x = 1 \quad \rightsquigarrow$

$$\Phi_3 = \operatorname{area}(S_3)\, (-F_x) = -6$$

- Rechteck S_4 in der xz-Ebene: Normale $(0, -1, 0)^{\mathrm{t}}$, Fluss $\Phi_4 = 0$, da $F_y = 0$
- verbleibendes Rechteck S_5 mit schräger Grundseite:
  Berechnung des Flusses als Differenz zum Gesamtfluss

$$\Phi_5 = \Phi - \Phi_1 - \Phi_2 - \Phi_3 - \Phi_4 = 52 - 0 - 36 - (-6) - 0 = 22$$

3.8 Satz von Gauß für einen Zylinder

Berechnen Sie den Fluss des Vektorfeldes $\vec{F} = (x^3,\, y,\, 1+z^2)^{\mathrm{t}}$ durch die Oberfläche S des abgebildeten Zylinders nach außen. Bestimmen Sie ebenfalls den Anteil des Flusses durch den Mantel.

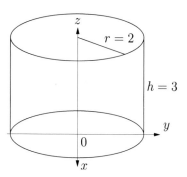

Verweise: Satz von Gauß, Zylinderkoordinaten

Lösungsskizze

(i) Gesamtfluss Φ:

Satz von Gauß, $\iint_S \vec{F}\,\mathrm{d}\vec{S} = \iiint_V \operatorname{div}\vec{F}\,\mathrm{d}V$, mit

$$\vec{F} = (x^3,\, y,\, 1+z^2)^{\mathrm{t}}, \quad \operatorname{div}\vec{F} = 3x^2 + 1 + 2z$$

Berechnung des Volumenintegrals in Zylinderkoordinaten

$$x = \varrho\cos\varphi, \quad \varrho = \sqrt{x^2+y^2}, \quad \mathrm{d}x\mathrm{d}y\mathrm{d}z = \varrho\,\mathrm{d}\varrho\,\mathrm{d}\varphi\,\mathrm{d}z$$

Integrationsbereich $V : 0 \le \varrho \le 2,\, 0 \le z \le 3 \quad \rightsquigarrow$

$$\begin{aligned}
\Phi &= \int_0^3 \int_0^{2\pi} \int_0^2 (3\varrho^2\cos^2\varphi + 1 + 2z)\,\varrho\,\mathrm{d}\varrho\,\mathrm{d}\varphi\,\mathrm{d}z \\
&= 3\int_0^2 3\varrho^3\,\mathrm{d}\varrho \int_0^{2\pi}\cos^2\varphi\,\mathrm{d}\varphi + \operatorname{vol}V + \operatorname{area}B \int_0^3 2z\,\mathrm{d}z \\
&= 3\cdot\left(3\cdot\frac{2^4}{4}\right)\cdot\pi + 2^2\cdot\pi\cdot 3 + \left(2^2\cdot\pi\right)\cdot\left(2\frac{3^2}{2}\right) = 84\pi
\end{aligned}$$

mit B dem Boden des Zylinders

(ii) Fluss durch den Mantel Φ_M:

Gesamtfluss Φ minus Flüsse durch Boden und Deckel

$$\Phi_M = \Phi - \Phi_B - \Phi_D$$

■ Boden: $\vec{n} = (0,\, 0,\, -1)^{\mathrm{t}}$, $F_z = (1+z^2)_{|z=0} = 1 \quad \rightsquigarrow$

$$\Phi_B = \operatorname{area}B \cdot (-1) = -4\pi$$

■ Deckel: $\vec{n} = (0,\, 0,\, 1)^{\mathrm{t}}$, $F_z = (1+z^2)_{|z=3} = 10 \quad \rightsquigarrow$

$$\Phi_D = (4\pi)\cdot 10 = 40\pi$$

$\Longrightarrow$

$$\Phi_M = 84\pi - (-4\pi) - 40\pi = 48\pi$$

3.9 Volumen und Fluss in Zylinderkoordinaten

Beschreiben Sie den Körper

$$V: \quad x^2 + y^2 \leq 4, \quad 0 \leq x \leq z \leq y,$$

in Zylinderkoordinaten. Berechnen Sie sein Volumen sowie den Fluss des Vektorfeldes $\vec{F} = (z, xz, xyz)^{\mathrm{t}}$ durch seine Oberfläche S nach außen.

Verweise: Zylinderkoordinaten, Satz von Gauß

Lösungsskizze

(i) Beschreibung von V in Zylinderkoordinaten:

$$x = \varrho \cos \varphi, \; y = \varrho \sin \varphi, \; \varrho = \sqrt{x^2 + y^2}$$

$x^2 + y^2 = \varrho^2 \leq 4 \quad \wedge \quad 0 \leq x \leq y \quad \rightsquigarrow$

Sektor zwischen der ersten Winkelhalbierenden und der y-Achse, d.h.

$$0 \leq \varrho \leq 2, \quad \pi/4 \leq \varphi \leq \pi/2$$

$x \leq z \leq y \quad \Leftrightarrow$

$$\varrho \cos \varphi \leq z \leq \varrho \sin \varphi$$

(ii) Volumen:

$\mathrm{d}x\mathrm{d}y\mathrm{d}z = \varrho\mathrm{d}\varrho\mathrm{d}\varphi\mathrm{d}z$, Vertauschen der Integrationsreihenfolge $\quad \Longrightarrow$

$$V = \int_{\pi/4}^{\pi/2} \int_0^2 \int_{\varrho \cos \varphi}^{\varrho \sin \varphi} \varrho\mathrm{d}z\mathrm{d}\varrho\mathrm{d}\varphi = \int_{\pi/4}^{\pi/2} \int_0^2 \varrho^2 (\sin \varphi - \cos \varphi) \,\mathrm{d}\varrho\mathrm{d}\varphi$$

$$= \int_{\pi/4}^{\pi/2} \frac{8}{3} (\sin \varphi - \cos \varphi) \,\mathrm{d}\varphi = \frac{8}{3} \left[- \cos \varphi - \sin \varphi\right]_{\pi/4}^{\pi/2} = \frac{8}{3}(\sqrt{2} - 1)$$

(iii) Fluss:

Satz von Gauß, $\iint_S \vec{F} \cdot \mathrm{d}\vec{S} = \iiint_V \operatorname{div} \vec{F} \,\mathrm{d}V$, mit

$$\vec{F} = (z, xz, xyz)^{\mathrm{t}}, \quad \operatorname{div} \vec{F} = 0 + 0 + xy = \varrho^2 \cos \varphi \sin \varphi$$

$\Longrightarrow$

$$\Phi = \int_{\pi/4}^{\pi/2} \int_0^2 \int_{\varrho \cos \varphi}^{\varrho \sin \varphi} \varrho^2 \cos \varphi \sin \varphi \,\mathrm{d}z(\varrho\mathrm{d}\varrho)\mathrm{d}\varphi$$

sukzessive Integration $\quad \rightsquigarrow$

$$\Phi = \int_{\pi/4}^{\pi/2} \int_0^2 \varrho^4 (\cos \varphi \sin^2 \varphi - \cos^2 \varphi \sin \varphi) \,\mathrm{d}\varrho\mathrm{d}\varphi$$

$$= \left[\frac{1}{5}\varrho^5\right]_0^2 \left[\frac{1}{3} \sin^3 \varphi + \frac{1}{3} \cos^3 \varphi\right]_{\pi/4}^{\pi/2} = \frac{16}{15} \left(2 - \sqrt{2}\right)$$

3.10 Flächen- und Flussintegral für eine Halbkugelschale

Berechnen Sie für das Vektorfeld $\vec{F} = (xy^2,\, y^2 - x,\, z^3)^{\mathrm{t}}$ die Integrale

$$\text{a)} \quad \iint\limits_{S} \operatorname{div} \vec{F}\, \mathrm{d}S \qquad \text{b)} \quad \iint\limits_{S} \operatorname{rot} \vec{F} \cdot \mathrm{d}\vec{S}$$

über die Halbkugelschale $S: x^2 + y^2 + z^2 = R^2$, $z \geq 0$ mit nach außen gerichteter Normale.

Verweise: Flächenintegral, Satz von Stokes

Lösungsskizze
Kugelkoordinaten

$$x = r \sin\vartheta \cos\varphi, \quad y = r \sin\vartheta \sin\varphi, \quad z = r \cos\vartheta, \qquad r = \sqrt{x^2 + y^2 + z^2}$$

Flächenelement: $R^2 \sin\vartheta \mathrm{d}\vartheta \mathrm{d}\varphi$ ($r = R$, $0 \leq \vartheta \leq \pi/2$ für die Halbkugelschale)

a) Flächenintegral:
$\vec{F} = (xy^2,\, y^2 - x,\, z^3)^{\mathrm{t}}$, $\operatorname{div} \vec{F} = y^2 + 2y + 3z^2 \quad \rightsquigarrow$

$$I = \iint\limits_{S} \operatorname{div} \vec{F}\, \mathrm{d}S = \int_0^{\pi/2} \int_0^{2\pi} \left(R^2 \sin^2\vartheta \sin^2\varphi + 3R^2 \cos^2\vartheta \right) R^2 \sin\vartheta \mathrm{d}\varphi \mathrm{d}\vartheta,$$

da das Integral über $2y$ aus Symmetriegründen verschwindet
$\int_0^{2\pi} \sin^2\varphi\, \mathrm{d}\varphi = \pi$, $\sin^3\vartheta = \sin\vartheta(1 - \cos^2\vartheta) \quad \rightsquigarrow$

$$I = R^4\pi \int_0^{\pi/2} \sin^3\vartheta + 6\cos^2\vartheta \sin\vartheta\, \mathrm{d}\vartheta = R^4\pi \int_0^{\pi/2} \sin\vartheta + 5\cos^2\vartheta \sin\vartheta\, \mathrm{d}\vartheta$$

$$= R^4\pi \left[-\cos\vartheta - \frac{5}{3}\cos^3\vartheta \right]_0^{\pi/2} = \frac{8}{3}R^4\pi$$

b) Vektorielles Flächenintegral:
Satz von Stokes $\Longrightarrow$

$$I = \iint\limits_{S} \operatorname{rot} \vec{F} \cdot \mathrm{d}\vec{S} = \int_{C} \vec{F} \cdot \mathrm{d}\vec{r}$$

mit $\vec{r}(\varphi) = (R\cos\varphi,\, R\sin\varphi,\, 0)^{\mathrm{t}}$, $0 \leq \varphi \leq 2\pi$, einer Parametrisierung des Randes C der Halbkugel

$$\vec{F} \cdot \mathrm{d}\vec{r} = (R^3 \cos\varphi \sin^2\varphi,\, R^2 \sin^2\varphi - R\cos\varphi,\, 0)^{\mathrm{t}} \cdot (-R\sin\varphi,\, R\cos\varphi,\, 0)^{\mathrm{t}}\, \mathrm{d}\varphi$$

$$= -R^4 \cos\varphi \sin^3\varphi + R^3 \sin^2\varphi \cos\varphi - R^2 \cos^2\varphi\, \mathrm{d}\varphi$$

$\int_0^{2\pi} u\, \mathrm{d}\varphi = 0$ für Funktionen u mit 2π-periodischer Stammfunktion $\quad \rightsquigarrow$

$$I = \int_0^{2\pi} -R^2 \cos^2\varphi\, \mathrm{d}\varphi = -R^2\pi$$

3.11   Sätze von Gauß und Stokes für einen Kegel

Bestimmen Sie für das Vektorfeld $\vec{F} = (x + 4y,\ 3y - x,\ \sqrt{z})^{\mathrm{t}}$

$$\text{a)} \quad \iint\limits_{M} \vec{F} \cdot \mathrm{d}\vec{M} \qquad\qquad \text{b)} \quad \iint\limits_{M} \mathrm{rot}\,\vec{F} \cdot \mathrm{d}\vec{M}$$

für den Mantel M des Kegels $V:\ \sqrt{x^2 + y^2} = 2z,\ 0 \le z \le 1$, mit nach außen gerichteter Normale.

Verweise: Flächenintegral, Satz von Stokes, Satz von Gauß

Lösungsskizze

Parametrisierung des Kegels in Zylinderkoordinaten

$$0 \le \varrho = \sqrt{x^2 + y^2} \le 2z, \quad 0 \le z \le 1$$

begrenzender Kreis C der Grundfläche $K:\ \varrho \le 2,\ z = 1$

$$C:\ \vec{r}(t) = (2\cos\varphi,\ -2\sin\varphi,\ 1)^{\mathrm{t}}, \quad 0 \le \varphi \le 2\pi$$

Wahl der Orientierung, so dass das Kreuzprodukt aus dem Tangentenvektor des Kreises und der Normalen des Kegelmantels vom Mantel weg zeigt

a) Fluss von $\vec{F}$:

Satz von Gauß, $\iint_{S} \vec{F} \cdot \mathrm{d}\vec{S} = \iiint_{V} \mathrm{div}\,\vec{F}\,\mathrm{d}V$ mit S der Kegeloberfläche

$\mathrm{div}\,\vec{F} = 1 + 3 + 1/(2\sqrt{z})$, $\mathrm{d}V = \varrho\,\mathrm{d}\varrho\,\mathrm{d}\varphi\,\mathrm{d}z \quad \rightsquigarrow \quad$ Gesamtfluss

$$\Phi = \int_{0}^{1} \int_{0}^{2\pi} \int_{0}^{2z} \left(4 + \frac{1}{2\sqrt{z}} \right) \varrho\,\mathrm{d}\varrho\,\mathrm{d}\varphi\,\mathrm{d}z$$

$$= 4\,\mathrm{vol}\,V + 2\pi \int_{0}^{1} \frac{1}{2\sqrt{z}} 2z^2\,\mathrm{d}z = 4 \cdot \frac{1}{3}(\pi 2^2) \cdot 1 + 2\pi \cdot \frac{2}{5} = \frac{92}{15}\pi$$

Fluss durch die Grundfläche K mit Normale $(0,\ 0,\ 1)^{\mathrm{t}}$

$$\Phi_K = F_{z|z=1}\,\mathrm{area}\,K = \sqrt{1} \cdot (\pi 2^2) = 4\pi$$

$\rightsquigarrow \quad$ Fluss durch den Mantel $\Phi_M = \Phi - \Phi_K = \frac{32}{15}\pi$

b) Fluss von $\mathrm{rot}\,\vec{F}$:

Satz von Stokes, $\iint_{S} \mathrm{rot}\,\vec{F} \cdot \mathrm{d}\vec{S} = \int_{C} \vec{F} \cdot \mathrm{d}\vec{r} \quad \rightsquigarrow \quad$ Fluss

$$\Psi = \int_{0}^{2\pi} \underbrace{\begin{pmatrix} (2\cos\varphi) + 4(-2\sin\varphi) \\ 3(-2\sin\varphi) - (2\cos\varphi) \\ 1 \end{pmatrix}}_{\vec{F}(\vec{r}(\varphi))} \cdot \underbrace{\begin{pmatrix} -2\sin\varphi \\ -2\cos\varphi \\ 0 \end{pmatrix}}_{\mathrm{d}\vec{r}(\varphi)/\mathrm{d}\varphi} \mathrm{d}\varphi$$

$$= \int_{0}^{2\pi} 8\cos\varphi\sin\varphi + 16\sin^2\varphi + 4\cos^2\varphi\,\mathrm{d}\varphi = 0 + 16\pi + 4\pi = 20\pi$$

3.12 Fluss- und Flächenintegral für einen Kegelmantel

Berechnen Sie für das Vektorfeld $\vec{F} = z(y, -x, 1)^{\mathrm{t}}$ und den Kegelmantel $S : x^2 + y^2 = z^2$, $0 \le z \le 2$

a) $\left| \iint\limits_{S} \operatorname{rot} \vec{F} \cdot \mathrm{d}\vec{S} \right|$ b) $\iint\limits_{S} \left| \operatorname{rot} \vec{F} \right| \mathrm{d}S$

Verweise: Satz von Stokes, Arbeitsintegral, Flächenintegral

Lösungsskizze

$$\vec{F} = (zy, -zx, z)^{\mathrm{t}}, \quad \operatorname{rot} \vec{F} = (x, y, -2z)^{\mathrm{t}}$$

a) Flussintegral:

Satz von Stokes $\implies$

$$\Phi = \iint\limits_{S} \operatorname{rot} \vec{F} \cdot \mathrm{d}\vec{S} = \int\limits_{C} \vec{F} \cdot \mathrm{d}\vec{r}$$

mit

$$C : \vec{r} = (2\cos\varphi, -2\sin\varphi, 2)^{\mathrm{t}}, \, 0 \le \varphi \le 2\pi\,,$$

dem orientierten Rand von S (Orientierung irrelevant für Berechnung von $|\Phi|$)
$\vec{F}_{|C} = (-4\sin\varphi, -4\cos\varphi, 2)^{\mathrm{t}}$, $\mathrm{d}\vec{r} = (-2\sin\varphi, -2\cos\varphi, 0)^{\mathrm{t}}\mathrm{d}\varphi$ $\rightsquigarrow$

$$\Phi = \int_{0}^{2\pi} 8\sin^2\varphi + 8\cos^2\varphi \, \mathrm{d}\varphi = 16\pi$$

b) Flächenintegral:

Parametrisierung des Kegelmantels

$$S : (\varphi, z)^{\mathrm{t}} \mapsto s(\varphi, z) = (z\cos\varphi, z\sin\varphi, z)^{\mathrm{t}}$$

Normale

$$\vec{n} = \partial_\varphi s \times \partial_z s = \begin{pmatrix} -z\sin\varphi \\ z\cos\varphi \\ 0 \end{pmatrix} \times \begin{pmatrix} \cos\varphi \\ \sin\varphi \\ 1 \end{pmatrix} = \begin{pmatrix} z\cos\varphi \\ z\sin\varphi \\ -z \end{pmatrix}$$

Flächenelement: $\mathrm{d}S = |\vec{n}|\mathrm{d}\varphi\mathrm{d}z$, $|\vec{n}| = z\sqrt{\cos^2\varphi + \sin^2\varphi + 1} = z\sqrt{2}$
$\operatorname{rot} \vec{F}_{|S} = (z\cos\varphi, z\sin\varphi, -2z)^{\mathrm{t}}$ $\rightsquigarrow$

$$\iint\limits_{S} |\operatorname{rot} \vec{F}| \, \mathrm{d}S = \int_{0}^{2\pi} \int_{0}^{2} \left(z\sqrt{5} \right) \left(z\sqrt{2} \right) \, \mathrm{d}z\mathrm{d}\varphi = \frac{16}{3}\pi\sqrt{10}$$

3.13   Fluss durch ein sphärisches Dreieck

Bestimmen Sie die Rotation des Vektorfeldes

$$\vec{F} = \left(y^{3+z},\, z^2,\, x^{1+y}\right)^{\mathrm{t}}$$

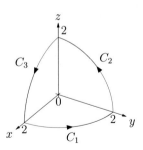

für (x, y, z) im positiven Oktanten und berech-
nen Sie den Fluss von $\operatorname{rot}\vec{F}$ durch das abgebildete sphärische Dreieck in Richtung der äußeren
Kugelnormale.

Verweise: Satz von Stokes, Arbeitsintegral

Lösungsskizze

Rotation von $\vec{F} = (y^{3+z},\, z^2,\, x^{1+y})^{\mathrm{t}}$

$$\left(x^{1+y}\ln x - 2z,\ y^{3+z}\ln y - (1+y)x^y,\ -(3+z)y^{2+z}\right)^{\mathrm{t}}$$

Satz von Stokes $\Longrightarrow$

$$\iint\limits_{S} \operatorname{rot}\vec{F} \cdot \mathrm{d}\vec{S} = \int\limits_{C} \vec{F} \cdot \mathrm{d}\vec{r}$$

mit $C = C_1 + C_2 + C_3$ der orientierten Randkurve (3 Viertelkreise) von S

(i) Randkurve in der yz-Ebene ($x = 0$):

Parametrisierung $\vec{r}$ und Vektorfeld $\vec{F}_{|\vec{r}}$ ($? \,\widehat{=}\,$ irrelevante Komponente)

$$C_1 : \vec{r} = (0,\, 2\cos\varphi,\, 2\sin\varphi)^{\mathrm{t}}, \quad \vec{F}(\vec{r}(\varphi)) = \left(?,\, 4\sin^2\varphi,\, 0\right)^{\mathrm{t}}$$

$\leadsto$ Arbeitsintegral

$$A_1 = \int_0^{\pi/2} \begin{pmatrix} ? \\ 4\sin^2\varphi \\ 0 \end{pmatrix} \cdot \underbrace{\begin{pmatrix} 0 \\ -2\sin\varphi \\ 2\cos\varphi \end{pmatrix}}_{\mathrm{d}\vec{r}} \mathrm{d}\varphi = \int_0^{\pi/2} -8\sin^3\varphi\, \mathrm{d}\varphi = -\frac{16}{3}$$

(ii) Randkurven in der zx- und xy-Ebene ($y = 0$, $z = 0$):

$$C_2 : \vec{r} = (2\sin\varphi,\, 0,\, 2\cos\varphi)^{\mathrm{t}}, \quad \vec{F}(\vec{r}(\varphi)) = (0,\, ?,\, 2\sin\varphi)^{\mathrm{t}}$$

$\mathrm{d}r = (?, 0, -2\sin\varphi)^{\mathrm{t}}\, \mathrm{d}\varphi \quad \leadsto \quad A_2 = \int_0^{\pi/2} -4\sin^2\varphi\, \mathrm{d}\varphi = -\pi$

$$C_3 : \vec{r} = (2\cos\varphi,\, 2\sin\varphi,\, 0)^{\mathrm{t}}, \quad \vec{F}(\vec{r}(\varphi)) = \left(8\sin^3\varphi,\, 0,\, ?\right)^{\mathrm{t}}$$

$\mathrm{d}r = (-2\sin\varphi, ?, 0)^{\mathrm{t}}\, \mathrm{d}\varphi \quad \leadsto \quad A_3 = \int_0^{\pi/2} -16\sin^4\varphi\, \mathrm{d}\varphi = -3\pi$

Gesamtfluss: $A_1 + A_2 + A_3 = -16/3 - \pi - 3\pi = -16/3 - 4\pi$

3.14 Fluss durch eine Halbkugelschale

Bestimmen Sie die Flüsse von $\vec{F} = (y, xy, \sin z)^t$ und rot $\vec{F}$ durch die Halbkugel-schale $S : x^2 + y^2 + z^2 = 9$, $z \geq 0$ nach oben.

Verweise: Satz von Gauß, Satz von Stokes

Lösungsskizze

(i) Fluss von $\vec{F} = (y, xy, \sin z)^t$:

$\vec{F}_{|z=0} = (y, xy, 0)^t \perp (0, 0, -1)^t$

$\implies$ Fluss durch den Boden der Halbkugel $V : r \leq 3$, $z \geq 0$ null

$\implies$ $\Phi = \iint_S \vec{F} \cdot d\vec{S} =$ Fluss durch die gesamte Oberfläche der Halbkugel V

Satz von Gauß $\implies$

$$\Phi = \iiint_V \operatorname{div} \vec{F} \, dV = \iiint_V x + \cos z \, dV$$

Integral über x aus Symmetriegründen null, Kugelkoordinaten $\rightsquigarrow$

$$\Phi = \int_0^3 \int_0^{\pi/2} \int_0^{2\pi} \cos(\underbrace{r \cos \vartheta}_{z}) \underbrace{r^2 \sin \vartheta \, d\varphi \, d\vartheta \, dr}_{dV}$$

$$= 2\pi \int_0^3 [-r \sin(r \cos \vartheta)]_{\vartheta=0}^{\pi/2} \, dr$$

$$= 2\pi \int_0^3 r \sin r \, dr = \underset{\text{part. Int.}}{\ldots} = 2\pi(\sin 3 - 3 \cos 3)$$

(ii) Fluss von rot $\vec{F} = (0, 0, y - 1)^t$:

Satz von Stokes $\implies$

$$\Phi = \iint_S \operatorname{rot} \vec{F} \cdot d\vec{S} = \int_C \vec{F} \cdot d\vec{r}$$

mit $C : \vec{r} = (3 \cos \varphi, 3 \sin \varphi, 0)$ der orientierten Randkurve von S

$\vec{F}_{|C} = (3 \sin \varphi, 9 \cos \varphi \sin \varphi, 0)^t$, $d\vec{r} = (-3 \sin \varphi, 3 \cos \varphi, 0)$ $\rightsquigarrow$

$$\Phi = \int_0^{2\pi} -9 \sin^2 \varphi + 27 \cos^2 \varphi \sin \varphi \, d\varphi$$

$$= -9\pi + [-9 \cos^3 \varphi]_0^{2\pi} = -9\pi$$

Alternative Lösung

direkte Berechnung

Fluss von $(0, 0, y)^t$ durch S aus Symmetriegründen null, $d\vec{S} = (?, ?, \cos \vartheta)^t \, dS$ $\rightsquigarrow$

$$\Phi = \iint_S (0, 0, -1)^t \cdot d\vec{S} = -\int_0^{2\pi} \int_0^{\pi/2} \cos \vartheta \underbrace{9 \sin \vartheta \, d\vartheta \, d\varphi}_{dS} = -2\pi \left[\frac{9}{2} \sin^2 \vartheta\right]_0^{\frac{\pi}{2}}$$

3.15 Arbeits- und Flussintegrale für einen Zylinder

Bestimmen Sie die Rotation des Vektorfeldes

$$\vec{F} = \left(\frac{y}{3+z}, \frac{x^2}{1+z}, z^4 \right)^t$$

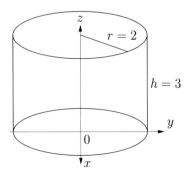

und berechnen Sie den Fluss von rot $\vec{F}$ durch den Boden, die Deckfläche und den Mantel des Zylinders $Z : x^2 + y^2 \le 4$, $0 \le z \le 3$ nach außen.

Verweise: Satz von Stokes, Arbeitsintegral

Lösungsskizze

$$\operatorname{rot} \vec{F} = \left(\frac{x^2}{(1+z)^2}, -\frac{y}{(3+z)^2}, \frac{2x}{1+z} - \frac{1}{3+z} \right)^t$$

Berechnung der Flüsse von rot $\vec{F}$ mit dem Satz von Stokes:

$$A = \int_C \vec{F} \cdot d\vec{r} = \iint_S \operatorname{rot} \vec{F} \cdot d\vec{S}$$

mit C dem orientierten Rand von S (Kreuzprodukt der Tangente von C und der Normale von S zeigt von der Fläche weg)
Vektorfeld auf den Kreisen $C : \vec{r}(\varphi) = (2\cos\varphi, 2\sin\varphi, z)^t$ in Zylinderkoordinaten

$$\vec{F} = \left(\frac{2\sin\varphi}{3+z}, \frac{4\cos^2\varphi}{1+z}, z^4 \right)^t$$

(i) Boden ($z = 0$):

$$A_0 = \int_0^{2\pi} \begin{pmatrix} \frac{2\sin\varphi}{3} \\ \frac{4\cos^2\varphi}{1} \\ 0 \end{pmatrix} \cdot \underbrace{\begin{pmatrix} -2\sin\varphi \\ 2\cos\varphi \\ 0 \end{pmatrix}}_{d\vec{r}(\varphi)} d\varphi$$

$$= \int_0^{2\pi} -\frac{4}{3}\sin^2\varphi + 8\cos^3\varphi \, d\varphi = -\frac{4}{3}\pi + \left[8\sin\varphi - \frac{8}{3}\sin^3\varphi \right]_0^{2\pi} = -\frac{4}{3}\pi$$

$\Longrightarrow$ Fluss durch den Boden (Normale nach unten): $\Phi_0 = -A_0 = 4\pi/3$
(ii) Deckfläche ($z = 3$):
$\vec{F}_{|C_1} = (2\sin\varphi/6, \, 4\cos^2\varphi/4, \, 81)^t$ $\rightsquigarrow$ analoge Berechnung

$$A_1 = -2\pi/3 = \Phi_1 \quad \text{(Fluss durch die Deckfläche)}$$

(iii) Fluss durch den Mantel:
orientierter Rand $C_0 - C_1$ $\Longrightarrow$ Fluss $\Phi = A_0 - A_1 = -2\pi/3$

3.16 Greensche Formeln für einen Tetraeder ⋆

Berechnen Sie für den Tetraeder $V : x, y, z \geq 0$, $x+y+z \leq \pi$ sowie die Skalarfelder
$U = xyz$ und $W = \sin(x + y + z)$ die Integrale

$$\text{a)} \quad \iint\limits_S U \operatorname{grad} W \cdot \mathrm{d}\vec{S} \qquad \text{b)} \quad \iiint\limits_V U \Delta W \, \mathrm{d}V$$

wobei die Normale der Oberfläche S von V nach außen gerichtet ist.

Verweise: Flussintegral, Greensche Formeln

Lösungsskizze

a) Flussintegral:

$U = 0$ auf den Koordinatenebenen

$\Longrightarrow \quad$ nur Fluss Φ durch $S_\star : x + y + z = \pi$, $x, y, z \geq 0$, zu berechnen

Parametrisierung von $S_\star$ und vektorielles Flächenelement

$$(x, y) \mapsto \begin{pmatrix} x \\ y \\ \pi - x - y \end{pmatrix}, \quad \mathrm{d}\vec{S}_\star = \underbrace{\begin{pmatrix} 1 \\ 0 \\ -1 \end{pmatrix} \times \begin{pmatrix} 0 \\ 1 \\ -1 \end{pmatrix}}_{(1,\,1,\,1)^{\mathrm{t}}} \mathrm{d}x\mathrm{d}y$$

$U_{|S_\star} = xy(\pi - x - y)$, $\operatorname{grad} W_{|S_\star} = \cos(x + y + z)(1, 1, 1)^{\mathrm{t}}{}_{|S_\star} = -(1, 1, 1)^{\mathrm{t}} \quad \leadsto$

$$\Phi = \iint\limits_{S_\star} U \left[\operatorname{grad} W \cdot \mathrm{d}\vec{S}_\star \right] = \int_0^\pi \int_0^{\pi-x} xy(\pi - x - y)\,[-3\,\mathrm{d}y\mathrm{d}x]$$

$$= -3 \int_0^\pi x(\pi - x)^3/2 - x(\pi - x)^3/3 \, \mathrm{d}x = -\pi^5/40$$

b) Volumenintegral:

Anwendung der zweiten Greenschen Formel

$$\iiint\limits_V U \Delta W \, \mathrm{d}V - \iiint\limits_V W \underbrace{\Delta U}_{=0} \, \mathrm{d}V = \iint\limits_S U \operatorname{grad} W \cdot \mathrm{d}\vec{S} - \iint\limits_S W \operatorname{grad} U \cdot \mathrm{d}\vec{S}$$

$W_{|S} = 0 \quad \Longrightarrow \quad$ berechne letztes Integral Ψ nur für die Koordinatenebenen

Symmetrie $\quad \leadsto \quad$ beispielsweise Integration über das Dreieck in der xy-Ebene

$$\frac{1}{3}\Psi = \int_0^\pi \int_0^{\pi-x} \sin(x + y + 0) \begin{pmatrix} yz \\ zx \\ xy \end{pmatrix} \cdot \begin{pmatrix} 0 \\ 0 \\ -1 \end{pmatrix} \mathrm{d}y\mathrm{d}x$$

$$\underset{\text{part. Int.}}{=} \int_0^\pi \left([xy\cos(x + y)]_{y=0}^{\pi-x} - \int_0^{\pi-x} x\cos(x + y)\,\mathrm{d}y \right) \mathrm{d}x$$

$$= \int_0^\pi -x(\pi - x) + x\sin x \, \mathrm{d}x = -\pi^3/6 + \pi$$

$\leadsto \quad \iiint U \Delta W = 0 + \Phi - \Psi = -\pi^5/40 + \pi^3/2 - 3\pi$

4 Potential und Vektorpotential

Übersicht

© Springer-Verlag GmbH Deutschland, ein Teil von Springer Nature 2023
K. Höllig und J. Hörner, *Aufgaben und Lösungen zur Höheren Mathematik 3*,
https://doi.org/10.1007/978-3-662-68151-0_5

4.1 Existenz und Konstruktion von Potentialen für ebene Vektorfelder

Untersuchen Sie, ob die Vektorfelder

$$\text{a)} \quad \vec{F} = \frac{1}{x^2 + y^2} \begin{pmatrix} y \\ x \end{pmatrix} \qquad \text{b)} \quad \vec{F} = \frac{1}{x^2 - y^2} \begin{pmatrix} x \\ -y \end{pmatrix}$$

Potentiale besitzen und konstruieren Sie diese gegebenenfalls.

Verweise: Potential, Konstruktion eines Potentials

Lösungsskizze

notwendig für die Existenz eines Potentials U mit $\vec{F} = \text{grad}\, U$:
Integrabilitätsbedingung $\partial_x F_y = \partial_y F_x$
hinreichend auf einem einfach zusammenhängenden Gebiet

a) $F_x = y/(x^2 + y^2)$, $F_y = x/(x^2 + y^2)$:
definiert für $(x, y) \neq (0, 0)$

$$\partial_x F_y = \frac{(x^2 + y^2) - x(2x)}{(x^2 + y^2)^2} = \frac{y^2 - x^2}{(x^2 + y^2)^2}$$

$$\partial_y F_x = \frac{(x^2 + y^2) - y(2y)}{(x^2 + y^2)^2} = \frac{x^2 - y^2}{(x^2 + y^2)^2}$$

kein Potential, da $\partial_x F_y \neq \partial_y F_x$

b) $F_x = x/(x^2 - y^2)$, $F_y = -y/(x^2 - y^2)$:
definiert für $|x| \neq |y|$ (Winkelhalbierende)

$$\partial_x F_y = \frac{2xy}{(x^2 - y^2)^2} = \partial_y F_x$$

Integrabilitätsbedingung erfüllt $\Longrightarrow$ Existenz eines Potentials U auf jedem
der vier durch die Winkelhalbierenden begrenzten Teilgebiete
Konstruktion von U durch Integration der Gleichungen

$$\text{grad}\, U = \vec{F} \quad \Leftrightarrow \quad \partial_x U = F_x, \ \partial_y U = F_y$$

Integration der ersten Gleichung   ⤳

$$U = \int \frac{x}{x^2 - y^2} \, \mathrm{d}x = \frac{1}{2} \ln |x^2 - y^2| + C(y)$$

Einsetzen in die zweite Gleichung   ⤳

$$F_y \overset{!}{=} \partial_y \left(\frac{1}{2} \ln |x^2 - y^2| + C(y) \right) = \frac{-y}{x^2 - y^2} + C'(y) \,,$$

⤳ $C'(y) = 0$, d.h. $C(y) = \text{const}$

4.2 Vektorfeld zu gegebenen Arbeitsintegralen

Geben Sie ein Vektorfeld $\vec{F}$ an, für das die Arbeitsintegrale über die abgebildeten Wege die angegebenen Werte besitzen.

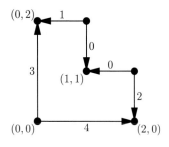

Verweise: Potential

Lösungsskizze

Summe der Arbeitsintegrale auf den Teilwegen bei gleicher Orientierung null
⇝   Vektorfeld $\vec{F}$ besitzt Potential: $\vec{F} = \operatorname{grad} U$

Interpolation von fünf Potentialdifferenzen (eine Differenz ist redundant)
⇝   Ansatz

$$U(x,y) = \text{const} + ax + by + cx^2 + \mathrm{d}xy + ey^2 \,,$$

wobei const $= 0$ gewählt werden kann; ein Potential ist nur bis auf eine Integrationskonstante eindeutig bestimmt

Einsetzen der Werte der Arbeitsintegrale in die entsprechenden Potentialdifferenzen
⇝   lineares Gleichungssystem

$$
\begin{aligned}
4 &= U(2,0) - U(0,0) &= 2a + 4c \\
3 &= U(0,2) - U(0,0) &= 2b + 4e \\
2 &= U(2,0) - U(2,1) &= -b - 2d - e \\
1 &= U(0,2) - U(1,2) &= -a - c - 2d \\
0 &= U(1,1) - U(2,1) &= -a - 3c - d
\end{aligned}
$$

Zeile 1 + Zeile 4 + Zeile 5   ⇝ $5 = -3d$
Zeile 4 - Zeile 5   ⇝ $1 = 2c - d$
Zeile 2 + 2 × Zeile 3   ⇝ $7 = 2e - 4d$
sukzessive Elimination   ⇝

$$a = \frac{8}{3}, \; b = \frac{7}{6}, \; c = -\frac{1}{3}, \; d = -\frac{5}{3}, \; e = \frac{1}{6}$$

und

$$U(x,y) = \frac{8}{3}x + \frac{7}{6}y - \frac{1}{3}x^2 - \frac{5}{3}xy + \frac{1}{6}y^2$$

⇝   eine mögliche Wahl für das gesuchte Vektorfeld

$$\vec{F} = \operatorname{grad} U = \begin{pmatrix} \frac{8}{3} - \frac{2}{3}x - \frac{5}{3}y \\ \frac{7}{6} - \frac{5}{3}x + \frac{1}{3}y \end{pmatrix}$$

4.3   Bestimmung eines Vektorfeldes und dessen Potentials

Bestimmen Sie die Koeffizienten $a_{j,k}$ des abgebildeten linearen Vektorfeldes

$$\vec{F} = \begin{pmatrix} a_{1,1}x + a_{1,2}y \\ a_{2,1}x + a_{2,2}y \end{pmatrix},$$

geben Sie die Divergenz und die Rotation von
$\vec{F}$ an und berechnen Sie das Arbeitsintegral für
den eingezeichneten Weg. Welche Punkte sind
von $(1,2)$ ohne Arbeit erreichbar?

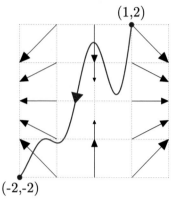

(1,2)

(-2,-2)

Verweise: Vektorfeld, Arbeitsintegral, Konstruktion eines Potentials

Lösungsskizze

(i) Koeffizienten von $\vec{F} = (a_{1,1}x + a_{1,2}y, \, a_{2,1}x + a_{2,2}y)^{\text{t}}$:

$$\vec{F}(1,0) = \begin{pmatrix} a_{1,1} \\ a_{2,1} \end{pmatrix} \overset{!}{=} \begin{pmatrix} 1 \\ 0 \end{pmatrix} \quad \Longrightarrow \quad a_{1,1} = 1, \, a_{2,1} = 0$$

$$\vec{F}(0,1) = \begin{pmatrix} a_{1,2} \\ a_{2,2} \end{pmatrix} \overset{!}{=} \begin{pmatrix} 0 \\ -1/2 \end{pmatrix} \quad \Longrightarrow \quad a_{1,2} = 0, \, a_{2,2} = -1/2$$

d.h. $\vec{F} = (F_x, \, F_y)^{\text{t}} = (x, \, -y/2)^{\text{t}}$

(ii) Divergenz und Rotation:

$$\operatorname{div} \vec{F} = \partial_x F_x + \partial_y F_y = 1 - 1/2 = 1/2$$
$$\operatorname{rot} \vec{F} = \partial_x F_y - \partial_y F_x = 0 - 0 = 0$$

$$\Longrightarrow \quad \exists \text{ Potential } U \text{ mit } \vec{F} = \operatorname{grad} U = (\partial_x F_x, \, \partial_y F_y)^{\text{t}}$$

(iii) Konstruktion des Potentials durch komponentenweise Integration:

$$x = F_x = \partial_x U \quad \Longrightarrow \quad U = x^2/2 + c(y)$$
$$-y/2 = F_y = \partial_y U = c'(y) \quad \Longrightarrow \quad c(y) = -y^2/4 + C$$

$\rightsquigarrow \quad U = x^2/2 - y^2/4 + C$

(iv) Arbeitsintegral für $\Gamma : (1,2) \to (-2,-2)$ als Potentialdifferenz:

$$U(-2,-2) - U(1,2) = (4/2 - 4/4 + C) - (1/2 - 4/4 + C) = 3/2$$

(x,y) ohne Arbeit erreichbar, falls Potentialdifferenz $= 0$, d.h.

$$U(x,y) = U(1,2) \quad \Leftrightarrow \quad x^2/2 - y^2/4 + C = 1/2 - 1 + C$$

bzw. $y^2/2 - x^2 = 1$ (Hyperbel mit Brennpunkten $(0, \pm\sqrt{2+1})$)

4.4 Konstruktion eines wirbelfreien Vektorfeldes aus Feldlinien, Potential

Bestimmen Sie ein wirbelfreies nur von x abhängiges Vektorfeld mit den Feldlinien

$$P : p(x, y) = y - x - x^3/3 = C$$

und skizzieren Sie die Äquipotentiallinien.

Verweise: Vektorfeld, Rotation, Konstruktion eines Potentials

Lösungsskizze

(i) Vektorfeld $\vec{F}(x) = (F_x(x),\, F_y(x))^t$:

$\vec{F}$ tangential zu den Feldlinien, Feldlinien $\perp$ grad $p = (-1 - x^2,\, 1)^t$ $\implies$

$$\vec{F} = \lambda(x, y)\,(1,\, 1 + x^2)^t$$

Wirbelfreiheit $\Leftrightarrow$

$$0 = \operatorname{rot}\vec{F} = \partial_y F_x - \partial_x F_y = \partial_y \lambda - ((1 + x^2)\partial_x \lambda + 2x\lambda)$$

$\vec{F}$ nur von x abhängig $\implies$ $\lambda(x, y) = \lambda(x),\ \partial_y \lambda = 0$ und

$$\lambda'(x) = -\frac{2x}{1 + x^2}\,\lambda(x)$$

Integration dieser homogenen linearen Differentialgleichung $\rightsquigarrow$

$$\lambda(x) = \exp\left(\int -\frac{2x}{1 + x^2}\,\mathrm{d}x\right) = c\exp(-\ln|1 + x^2|) = \frac{c}{1 + x^2}$$

und bei Wahl von $c = 1$

$$\vec{F} = \left(\frac{1}{1 + x^2},\, 1\right)^t$$

(ii) Potential U und Äquipotentiallinien:

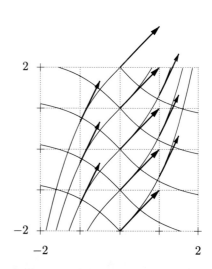

$\vec{F} = \operatorname{grad} U$ $\Leftrightarrow$

$$\frac{1}{1 + x^2} = \partial_x U, \quad 1 = \partial_y U$$

und

$$U = y + \arctan(x) + C$$

4.5   Potential für ein Vektorfeld mit Parametern

Für welche Werte der Parameter α und β besitzt das Vektorfeld

$$\vec{F} = (2x - 3y^2z,\, 1 + \alpha xyz,\, \beta xy^2 + 3z^2)^{\mathrm{t}}$$

ein Potential und wie lautet es?

Verweise: Potential, Konstruktion eines Potentials

Lösungsskizze

(i) Existenz eines Potentials U:

notwendig

$$\mathrm{rot} \underbrace{\begin{pmatrix} 2x - 3y^2z \\ 1 + \alpha xyz \\ \beta xy^2 + 3z^2 \end{pmatrix}}_{\vec{F}} = \begin{pmatrix} 2\beta xy - \alpha xy \\ -3y^2 - \beta y^2 \\ \alpha yz + 6yz \end{pmatrix} \overset{!}{=} \vec{0}$$

Koeffizientenvergleich $\implies$ $\alpha = -6,\ \beta = -3,$

d.h. $\exists\, U$ mit $\mathrm{grad}\, U = \vec{F}$ für

$$\vec{F} = (2x - 3y^2z,\, 1 - 6xyz,\, 3z^2 - 3xy^2)^{\mathrm{t}}$$

(ii) Konstruktion von U:

Hakenintegral $\leadsto$

$$U(x,y,z) = U(x_0, y_0, z_0) + \int_{x_0}^{x} F_x(\xi, y_0, z_0)\, \mathrm{d}\xi + \int_{y_0}^{y} F_y(x, \eta, z_0)\, \mathrm{d}\eta + \int_{z_0}^{z} F_z(x, y, \zeta)\, \mathrm{d}\zeta$$

$U(x_0, y_0, z_0) = C$ (Integrationskonstante) und Wahl von $x_0 = y_0 = z_0 = 0$ $\leadsto$

$$\begin{aligned}
U &= C + \int_0^x 2\xi\, \mathrm{d}\xi + \int_0^y 1\, \mathrm{d}\eta + \int_0^z 3\zeta^2 - 3xy^2\, \mathrm{d}\zeta \\
  &= C + x^2 + y + z^3 - 3xy^2z
\end{aligned}$$

Alternative Lösung

sukzessive Integration der Gleichungen

$$\begin{aligned}
\partial_x U &= F_x = 2x - 3y^2z \\
\partial_y U &= F_y = 1 - 6xyz \\
\partial_z U &= F_z = 3z^2 - 3xy^2
\end{aligned}$$

$\leadsto$ $U = \int F_x\, \mathrm{d}x = \left[x^2 - 3xy^2z\right] + \varphi(x,y), \quad \varphi(x,y) = \int F_y - \partial_y[\ldots]\, \mathrm{d}y + \psi(z),$

usw.

4.6 Wegunabhängigkeit und Wert eines Arbeitsintegrals für ein lineares Vektorfeld

Begründen Sie, warum das Arbeitsintegral

$$\int_C (2x+y)\,\mathrm{d}x + (x-3z)\,\mathrm{d}y + (4-3y)\,\mathrm{d}z$$

wegunabhängig ist und bestimmen Sie seinen Wert für einen Weg C von $(0,-1,2)$ nach $(-1,2,0)$.

Verweise: Arbeitsintegral, Existenz eines Potentials

Lösungsskizze

(i) Wegunabhängigkeit:

Arbeitsintegral $\int_C F_x\,\mathrm{d}x + F_y\,\mathrm{d}y + F_z\,\mathrm{d}z$ für ein lineares Vektorfeld

$$\vec{F} = \underbrace{\begin{pmatrix} 2 & 1 & 0 \\ 1 & 0 & -3 \\ 0 & -3 & 0 \end{pmatrix}}_{A} \begin{pmatrix} x \\ y \\ z \end{pmatrix} + \underbrace{\begin{pmatrix} 0 \\ 0 \\ 4 \end{pmatrix}}_{b} = A \begin{pmatrix} x \\ y \\ z \end{pmatrix} + b$$

wegunabhängig, da $A = A^{\mathrm{t}}$ (symmetrisch) $\implies$

$$\operatorname{rot}\vec{F} = \begin{pmatrix} a_{3,2} - a_{2,3} \\ a_{1,3} - a_{3,1} \\ a_{2,1} - a_{1,2} \end{pmatrix} = \begin{pmatrix} 0 \\ 0 \\ 0 \end{pmatrix}$$

(ii) Potential:

Symmetrie von A $\implies$ $\vec{F} = \operatorname{grad} U$ mit

$$U = \frac{1}{2}\begin{pmatrix} x & y & z \end{pmatrix} A \begin{pmatrix} x \\ y \\ z \end{pmatrix} + b^{\mathrm{t}} \begin{pmatrix} x \\ y \\ z \end{pmatrix} + c$$

$$= \frac{1}{2}(a_{1,1}x^2 + a_{2,2}y^2 + a_{3,3}z^2) + (a_{1,2}xy + a_{1,3}xz + a_{2,3}yz)$$
$$+ (b_1 x + b_2 y + b_3 z) + c$$

im betrachteten Fall

$$U = x^2 + xy - 3yz + 4z + c$$

(iii) Wert für den Weg C : $(0,-1,2) \to (-1,2,0)$:

$$\int_C \vec{F}\cdot \mathrm{d}r = \underbrace{\left[x^2 + xy - 3yz + 4z + c \right.}_{U}\Big]^{(-1,2,0)}_{(0,-1,2)}$$

$$= (1 - 2 - 0 + 0 + c) - (0 - 0 + 6 + 8 + c) = -15$$

4.7 Potential und Arbeitsintegral für ein radialsymmetrisches Vektorfeld ★

Zeigen Sie, dass das Vektorfeld $\vec{F} = e^{-3r}\vec{r}$ die Integrabilitätsbedingung erfüllt, und berechnen Sie $\int_C \vec{F} \cdot d\vec{r}$ für einen Weg C von $(0,0,0)$ nach (p_1, p_2, p_3), sowohl mit Hilfe eines Potentials als auch auf direktem Weg.

Verweise: Arbeitsintegral, Potential, Konstruktion eines Potentials

Lösungsskizze

(i) Integrabilitätsbedingung $\operatorname{rot} \vec{F} = \vec{0}$:

$$\operatorname{rot}(g\vec{H}) = \operatorname{grad} g \times \vec{H} + g \operatorname{rot} \vec{H}, \quad \operatorname{grad} g(r) = g'(r)\vec{e}_r \text{ mit } \vec{e}_r = \vec{r}/r$$

Einsetzen von $g = e^{-3r}$, $\vec{H} = \vec{r}$ $\rightsquigarrow$

$$\operatorname{rot}\left(e^{-3r}\vec{r}\right) = -3e^{-3r}\vec{e}_r \times \vec{r} + e^{-3r}\operatorname{rot}\vec{r} = \vec{0},$$

da $\vec{e}_r \parallel \vec{r}$ und $\operatorname{rot}\vec{r} = \vec{0}$

(ii) Potential U ($\operatorname{grad} U = \vec{F}$):

Integrabilitätsbedingung $\implies$ Existenz eines Potentials, da $\vec{F}$ global definiert ist

$$\operatorname{grad} U = U'(r)\vec{e}_r = U'(r)\frac{1}{r}\vec{r}, \ \vec{F} = e^{-3r}\vec{r} \implies U'(r) = re^{-3r}$$

Bilden der Stammfunktion mit partieller Integration

$$U(r) = \int re^{-3r}\,dr = -\frac{r}{3}e^{-3r} - \int -\frac{1}{3}e^{-3r}\,dr = -\left(\frac{r}{3} + \frac{1}{9}\right)e^{-3r} + C$$

(iii) Arbeitsintegral:

■ Berechnung als Potentialdifferenz

$$\int_C \vec{F} \cdot d\vec{r} = [U]_{(0,0,0)}^{(p_1,p_2,p_3)} = \left[-\left(\frac{r}{3} + \frac{1}{9}\right)e^{-3r} + C\right]_0^{|p|}$$

$$= -\left(\frac{|p|}{3} + \frac{1}{9}\right)e^{-3|p|} + \frac{1}{9}$$

■ Direkte Berechnung für einen geradlinigen Weg (wegunabhängig)

$$C : \vec{r}(t) = tp, \ 0 \leq t \leq 1, \quad d\vec{r} = \vec{r}'(t)\,dt = p\,dt$$

$\rightsquigarrow$

$$\int_C \vec{F} \cdot d\vec{r} = \int_0^1 e^{-3|tp|}(tp) \cdot p\,dt = |p|^2 \int_0^1 te^{-3t|p|}\,dt$$

und $\int_0^1 te^{-\lambda t}\,dt = [-te^{-\lambda t}/\lambda]_0^1 + \int_0^1 e^{-\lambda t}/\lambda\,dt = \cdots$ mit $\lambda = 3|p|$ führt zum gleichen Ergebnis

4.8 Vektorpotential und Flussintegral

Bestimmen Sie für das Vektorfeld

$$\vec{F} = (x, -4y, 3z - 2x)^{\mathrm{t}}$$

ein Vektorpotential der Form $\vec{A} = (0, v, w)^{\mathrm{t}}$, das für $x = 0$ verschwindet, und berechnen Sie für das Dreieck S mit den Eckpunkten $(1, 0, 0)$, $(0, 2, 0)$, $(0, 0, 3)$ den Betrag des Flusses von $\vec{F}$ durch S.

Verweise: Vektorpotential, Konstruktion eines Vektorpotentials, Satz von Stokes

Lösungsskizze

(i) Vektorpotential:

$$\mathrm{rot}\underbrace{\begin{pmatrix} 0 \\ v \\ w \end{pmatrix}}_{\vec{A}} = \begin{pmatrix} \partial_y w - \partial_z v \\ -\partial_x w \\ \partial_x v \end{pmatrix} \overset{!}{=} \underbrace{\begin{pmatrix} x \\ -4y \\ 3z - 2x \end{pmatrix}}_{\vec{F}}$$

Integration der letzten beiden Komponenten   ⤳

$$v = 3zx - x^2 + \varphi(y, z), \quad w = 4xy + \psi(y, z)$$

$\varphi = \psi = 0$ wegen $\vec{A}(0, y, z) = 0$ ⤳   ebenfalls Übereinstimmung der ersten Komponente

(ii) Fluss von $\vec{F}$:

$$\text{Satz von Stokes} \quad \Longrightarrow \quad \Phi = \left| \iint_S \underbrace{\vec{F}}_{\mathrm{rot}\,\vec{A}} \cdot \mathrm{d}\vec{S} \right| = \left| \sum_{k=1}^{3} \underbrace{\int_{C_k} \vec{A} \cdot \mathrm{d}\vec{r}}_{I_k} \right|$$

mit C_k, $k = 1, 2, 3$, den Rändern des Dreiecks S (konsistent orientiert)
C_1: $(1, 0, 0) \to (0, 2, 0)$, $\vec{r} = (1, 0, 0) + t(-1, 2, 0)$, $\mathrm{d}\vec{r} = (-1, 2, 0)\,\mathrm{d}t$

$$I_1 = \int_0^1 \underbrace{\begin{pmatrix} 0 \\ 3 \cdot 0 \cdot (1 - t) - (1 - t)^2 \\ ? \end{pmatrix}}_{\vec{A}(1-t,\,2t,\,0)} \cdot \begin{pmatrix} -1 \\ 2 \\ 0 \end{pmatrix} \mathrm{d}t$$

$$= \int_0^1 -2(1 - t)^2 \, \mathrm{d}t = -2/3$$

C_2: $(0, 2, 0) \to (0, 0, 3)$, $\vec{A}_{|C_2} = \vec{0}$ wegen $x = 0$ ⤳ $I_2 = 0$
C_3: $(0, 0, 3) \to (1, 0, 0)$, $\vec{A}_{|C_3} = (0, ?, 0)^{\mathrm{t}} \perp \mathrm{d}\vec{r} = (1, 0, -3)\,\mathrm{d}t$ ⤳ $I_3 = 0$

Addition   ⤳ $|\Phi| = |-2/3 + 0 + 0| = 2/3$

4.9 Vektorpotential und Fluss durch eine Kugelkappe

Bestimmen Sie für das Vektorfeld

$$\vec{F} = (2x - 2z,\ x - 3y,\ z)^{\mathrm{t}}$$

ein Vektorpotential der Form $\vec{A} = (u,\ v,\ 0)^{\mathrm{t}}$ und berechnen Sie den Fluss von $\vec{F}$ durch die Kugelkappe $S : x^2 + y^2 + z^2 = 4,\ z \geq 1$, nach oben.

Verweise: Vektorpotential, Konstruktion eines Vektorpotentials, Satz von Stokes

Lösungsskizze

(i) Vektorpotential:

$$\mathrm{rot}\ \underbrace{\begin{pmatrix} u \\ v \\ 0 \end{pmatrix}}_{\vec{A}} = \begin{pmatrix} -\partial_z v \\ \partial_z u \\ \partial_x v - \partial_y u \end{pmatrix} \overset{!}{=} \underbrace{\begin{pmatrix} 2x - 2z \\ x - 3y \\ z \end{pmatrix}}_{\vec{F}}$$

Integration der ersten beiden Komponenten $\rightsquigarrow$

$$v = -2xz + z^2 + \psi(x,y), \quad u = xz - 3yz + \varphi(x,y)$$

konsistent mit dritter Komponente für die einfachste Wahl $\varphi = \psi = 0$

(ii) Fluss:

$\vec{F} = \mathrm{rot}\ \vec{A}$, Satz von Stokes $\implies$

$$\Phi = \iint_S \vec{F} \cdot \mathrm{d}\vec{S} = \int_C \vec{A} \cdot \mathrm{d}\vec{r}$$

mit $C : \vec{r} = (R\cos\varphi,\ R\sin\varphi,\ 1)^{\mathrm{t}}$ der Randkurve der Kugelkappe

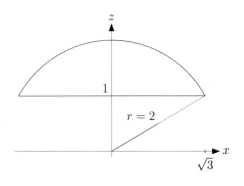

Satz des Pythagoras $\implies$
$R = \sqrt{2^2 - 1^2} = \sqrt{3}$
$\vec{A} = (xz - 3yz,\ -2xz + z^2,\ 0)^{\mathrm{t}}$ mit $x = R\cos\varphi,\ y = R\sin\varphi,\ z = 1$ auf C $\rightsquigarrow$

$$\Phi = \int_0^{2\pi} \begin{pmatrix} \sqrt{3}\cos\varphi - 3\sqrt{3}\sin\varphi \\ -2\sqrt{3}\cos\varphi + 1 \\ 0 \end{pmatrix} \cdot \underbrace{\begin{pmatrix} -\sqrt{3}\sin\varphi \\ \sqrt{3}\cos\varphi \\ 0 \end{pmatrix}}_{\mathrm{d}\vec{r}} \mathrm{d}\varphi$$

$$= \int_0^{2\pi} -3\cos\varphi\sin\varphi + 9\sin^2\varphi - 6\cos^2\varphi + \sqrt{3}\cos\varphi\,\mathrm{d}\varphi$$

$$= 0 + 9\pi - 6\pi + 0 = 3\pi$$

4.10 Potentiale des quellen- und des wirbelfreien Anteils eines linearen Vektorfeldes

Zerlegen Sie das Vektorfeld

$$\vec{F} = (x - 2y + 3z, \; -4x + 5y - 6z, \; 7x - 8y + 9z)^{\mathrm{t}}$$

in einen wirbel- und quellenfreien Anteil, und berechnen Sie jeweils ein zugehöriges Potential.

Verweise: Potential , Vektorpotential

Lösungsskizze

Zerlegung $\vec{F} = \vec{G} + \vec{H}$ mit rot $\vec{G} = \vec{0}$, div $\vec{H} = 0$ des linearen Vektorfeldes

$$\vec{F} = \underbrace{\begin{pmatrix} 1 & -2 & 3 \\ -4 & 5 & -6 \\ 7 & -8 & 9 \end{pmatrix}}_{=A} \begin{pmatrix} x \\ y \\ z \end{pmatrix}$$

durch Aufspaltung von A in einen symmetrischen und schiefsymmetrischen Anteil

$$A = \frac{1}{2}(A + A^{\mathrm{t}}) + \frac{1}{2}(A - A^{\mathrm{t}}) = \underbrace{\begin{pmatrix} 1 & -3 & 5 \\ -3 & 5 & -7 \\ 5 & -7 & 9 \end{pmatrix}}_{=S} + \underbrace{\begin{pmatrix} 0 & 1 & -2 \\ -1 & 0 & 1 \\ 2 & -1 & 0 \end{pmatrix}}_{=B}$$

$\rightsquigarrow \quad \vec{F} = S\vec{r} + B\vec{r}, \; \vec{r} = (x, \, y, \, z)^{\mathrm{t}}$ bzw.

$$\begin{pmatrix} x - 2y + 3z \\ -4x + 5y - 6z \\ 7x - 8y + 9z \end{pmatrix} = \underbrace{\begin{pmatrix} x - 3y + 5z \\ -3x + 5y - 7z \\ 5x - 7y + 9z \end{pmatrix}}_{=\vec{G}} + \underbrace{\begin{pmatrix} y - 2z \\ -x + z \\ 2x - y \end{pmatrix}}_{=\vec{H}}$$

grad $\left(\frac{1}{2} \vec{r}^{\mathrm{t}} S \vec{r}\right) = S\vec{r} \quad \rightsquigarrow \quad$ Potential für $\vec{G}$

$$U = \frac{1}{2} \vec{r}^{\mathrm{t}} S \vec{r} = \frac{1}{2}x^2 + \frac{5}{2}y^2 + \frac{9}{2}z^2 - 3xy + 5xz - 7yz$$

$B\vec{r} = \vec{b} \times \vec{r}$ mit $\vec{b} = (-1, \, -2, \, -1)^{\mathrm{t}}$ und rot$((\vec{b} \cdot \vec{r})\vec{r}) = \vec{b} \times \vec{r} = B\vec{r} \quad \rightsquigarrow \quad$ Potential für $\vec{H}$

$$\vec{A} = (-x - 2y - z) \begin{pmatrix} x \\ y \\ z \end{pmatrix} = \begin{pmatrix} -x^2 - 2xy - xz \\ -xy - 2y^2 - yz \\ -xz - 2yz - z^2 \end{pmatrix}$$

4.11 Potentiale und Vektorpotentiale

Konstruieren Sie, falls möglich, Potentiale oder/und Vektorpotentiale für die Vektorfelder

$$
\text{a)} \quad \vec{F} = \begin{pmatrix} \sin x - \cos y \\ x \sin y + z \cos y \\ \sin y - \cos z \end{pmatrix}
\qquad
\text{b)} \quad \vec{G} = \begin{pmatrix} z \cos y + x \sin z \\ \cos x - \sin z \\ \cos z - x \sin y \end{pmatrix}
$$

Verweise: Konstruktion eines Potentials, Konstruktion eines Vektorpotentials

Lösungsskizze

a) $\vec{F} = (\sin x - \cos y,\ x \sin y + z \cos y,\ \sin y - \cos z)^{\mathrm{t}}$:

$$
\operatorname{rot} \vec{F} = (\cos y - \cos y,\ 0,\ \sin y - \sin y)^{\mathrm{t}} = \vec{0}
$$
$$
\operatorname{div} \vec{F} = \cos x + x \cos y - z \sin y + \sin z \neq 0
$$

$\Longrightarrow$ Existenz eines Potentials U mit $\vec{F} = \operatorname{grad} U$

$F_x = \sin x - \cos y = \partial_x U \quad \Longrightarrow$

$$
U = -\cos x - x \cos y + \varphi(y, z)
$$

Einsetzen in $F_y = \partial_y U$ $\rightsquigarrow$

$$
x \sin y + z \cos y = x \sin y + \partial_y \varphi(y, z), \quad \text{d.h. } \varphi(y, z) = z \sin y + \psi(z)
$$

Einsetzen in $F_z = \partial_z U$ $\rightsquigarrow$

$$
\sin y - \cos z = \partial_z \varphi(y, z) = \sin y + \partial_z \psi(z), \quad \text{d.h. } \psi(z) = -\sin z + c
$$

insgesamt: $U = -\cos x - x \cos y + z \sin y - \sin z + c$

b) $\vec{G} = (z \cos y + x \sin z,\ \cos x - \sin z,\ \cos z - x \sin y)^{\mathrm{t}}$:

$$
\operatorname{rot} \vec{G} = (-x \cos y + \cos z,\ \ldots,\ \ldots)^{\mathrm{t}} \neq \vec{0}, \quad \operatorname{div} \vec{G} = \sin z + 0 - \sin z = 0
$$

$\Longrightarrow$ Existenz eines Vektorpotentials $\vec{A}$ mit $\operatorname{rot} \vec{A} = \vec{G}$

Ansatz $\vec{A} = (u, 0, v)^{\mathrm{t}}$ $\rightsquigarrow$ $\operatorname{rot} \vec{A} = (\partial_y v,\ \partial_z u - \partial_x v,\ -\partial_y u)^{\mathrm{t}}$

Integration der ersten und dritten Komponente von $\vec{G} = \operatorname{rot} \vec{A}$ $\rightsquigarrow$

$$
v = \int z \cos y + x \sin z \, \mathrm{d}y = z \sin y + xy \sin z + \psi(x, z)
$$
$$
u = -\int \cos z - x \sin y \, \mathrm{d}y = -y \cos z - x \cos y + \varphi(x, z)
$$

Einsetzen in die zweite Komponente $(G_y = \partial_z u - \partial_x v)$ $\rightsquigarrow$

$$
\cos x - \sin z = y \sin z + \partial_z \varphi - y \sin z - \partial_x \psi
$$

$\rightsquigarrow$ wähle beispielsweise $\varphi = \cos z$, $\psi = -\sin x$

insgesamt: $\vec{A} = (-y \cos z - x \cos y + \cos z,\ 0,\ z \sin y + xy \sin z - \sin x)^{\mathrm{t}}$

4.12 Vektorpotential für ein Vektorfeld mit Parametern

Für welche Werte der Parameter α, β, γ besitzt das Vektorfeld

$$\vec{F} = (\alpha e^{2x} + xe^z,\ e^{\beta y} + ye^{2x},\ \gamma e^z - 3ze^{3y})^t$$

ein Vektorpotential, und wie lautet es?

Verweise: Vektorpotential, Konstruktion eines Vektorpotentials

Lösungsskizze

(i) Existenz eines Vektorpotentials $\vec{A}$:

notwendig

$$\operatorname{div}\vec{F} = 2\alpha e^{2x} + e^z + \beta e^{\beta y} + e^{2x} + \gamma e^z - 3e^{3y} \stackrel{!}{=} 0$$

Koeffizienten- und Exponentenvergleich

$\implies\quad \alpha = -\frac{1}{2},\ \beta = 3,\ \gamma = -1$

$\operatorname{div}\vec{F} = 0$ ebenfalls hinreichend, da $\vec{F}$ auf ganz $\mathbb{R}^3$ definiert ist

$\implies\quad \exists \vec{A}$ mit $\operatorname{rot}\vec{A} = \vec{F}$

(ii) Konstruktion von $\vec{A}$:

Ansatz $\vec{A} = (u,\ v,\ 0)^t \quad \leadsto$

$$\begin{pmatrix} -\frac{1}{2}e^{2x} + xe^z \\ e^{3y} + ye^{2x} \\ -e^z - 3ze^{3y} \end{pmatrix} = \vec{F} = \operatorname{rot}\vec{A} = \begin{pmatrix} -\partial_z v \\ \partial_z u \\ \partial_x v - \partial_y u \end{pmatrix}$$

Integration der ersten beiden Komponenten $\quad\implies$

$$v = \frac{1}{2}ze^{2x} - xe^z + \varphi(x,y), \quad u = ze^{3y} + yze^{2x} + \psi(x,y)$$

konsistent mit dritter Komponente für $\varphi = \psi = 0$

Alternative Lösung

Anwendung der Formel

$$\vec{A} = \begin{pmatrix} 0 \\ \int_{x_0}^{x} F_z(\xi,y,z)\,\mathrm{d}\xi - \int_{z_0}^{z} F_x(x_0,y,\zeta)\,\mathrm{d}\zeta \\ -\int_{x_0}^{x} F_y(\xi,y,z)\,\mathrm{d}\xi \end{pmatrix}$$

$x_0 = 0 = z_0 \quad \leadsto$

$$A_y = \int_0^x -e^z - 3ze^{3y}\,\mathrm{d}\xi - \int_0^z -\frac{1}{2}\,\mathrm{d}\zeta = -xe^z - 3xze^{3y} + \frac{1}{2}z$$

$$A_z = -\int_0^x e^{3y} + ye^{2\xi}\,\mathrm{d}\xi = -xe^{3y} - \frac{1}{2}ye^{2x} + \frac{1}{2}y$$

anderes Vektorpotential; $\vec{A}$ nur bis auf Addition eines Gradientenfeldes bestimmt

4.13   Quellenfreies Vektorpotential $\star$

Bestimmen Sie für

$$\vec{F} = (4xyz,\ y^2 z,\ -3yz^2)^{\mathrm{t}}$$

ein quellenfreies Vektorpotential.

Verweise: Vektorpotential, Konstruktion eines Vektorpotentials

Lösungsskizze

(i) Konstruktion eines Vektorpotentials $\vec{A}$:
notwendig und hinreichend ($\vec{F}$ ist global definiert)

$$\operatorname{div}\vec{F} = 4yz + 2yz - 6yz = 0 \quad \checkmark$$

Ansatz $\vec{A} = (0,\ u,\ v)^{\mathrm{t}}$ $\rightsquigarrow$

$$\begin{pmatrix} 4xyz \\ y^2 z \\ -3yz^2 \end{pmatrix} = \vec{F} = \operatorname{rot}\vec{A} = \begin{pmatrix} \partial_y v - \partial_z u \\ -\partial_x v \\ \partial_x u \end{pmatrix}$$

Integration der dritten und zweiten Komponente $\rightsquigarrow$

$$\begin{aligned} u &= -3xyz^2 + \varphi(y, z) \\ v &= -xy^2 z + \psi(y, z) \end{aligned}$$

konsistent mit erster Komponente für $\varphi = 0 = \psi$

$$\partial_y v - \partial_z u = -2xyz - (-6xyz) \overset{!}{=} 4xyz = F_x \quad \checkmark$$

(ii) Quellenfreies Vektorpotential $\vec{B}$:
rot grad $U = \vec{0}$ $\Longrightarrow$ Addition eines Gradientienfeldes möglich,
d.h. $\vec{B} = \vec{A} + \operatorname{grad} U$
Quellenfreiheit $\Longrightarrow$

$$\begin{aligned} 0 &\overset{!}{=} \operatorname{div}\vec{B} = \operatorname{div}\vec{A} + \Delta U \\ &= 0 - 3xz^2 - xy^2 + \left(\partial_x^2 U + \partial_y^2 U + \partial_z^2 U\right) \end{aligned}$$

mögliche Wahl

$$U = xz^4/4 + xy^4/12, \quad \operatorname{grad} U = (z^4/4 + y^4/12,\ xy^3/3,\ xz^3)^{\mathrm{t}}$$

und

$$\vec{B} = \vec{A} + \operatorname{grad} U = \begin{pmatrix} z^4/4 + y^4/12 \\ -3xyz^2 + xy^3/3 \\ -xy^2 z + xz^3 \end{pmatrix}$$

5 Tests

Übersicht

Ergänzende Information Die elektronische Version dieses Kapitels enthält Zusatzmaterial, auf das über folgenden Link zugegriffen werden kann https://doi.org/10.1007/978-3-662-68151-0_6.

5.1   Skalar- und Vektorfelder

Aufgabe 1:
Bestimmen Sie die Feldlinien des Vektorfeldes $\vec{F} = (-y/2, x/3)^{\mathrm{t}}$ und fertigen Sie mit MATLAB® eine Skizze an.

Aufgabe 2:
Berechnen Sie die Divergenz, die Rotation und den Vektorgradienten des Vektorfeldes $\vec{F} = (x^2 y, x + z^3, y^4 z)^{\mathrm{t}}$ an der Stelle $(0, -1, 2)$.

Aufgabe 3:
Berechnen Sie $\Delta U(1, 1)$ für das Skalarfeld $U = \dfrac{x/y}{x^2 + y^2}$.

Aufgabe 4:
Transformieren Sie das Skalarfeld $U = \dfrac{x^2 + y^2 + 1}{x^2 + y^2 + z^2}$ auf Kugelkoordinaten und berechnen Sie $\Delta U(2, 1, 0)$.

Aufgabe 5:
Berechnen Sie für das Vektorfeld

$$\vec{F} = \begin{pmatrix} 0 \\ 1 \end{pmatrix} + \begin{pmatrix} 2 & 3 \\ 4 & 5 \end{pmatrix} \begin{pmatrix} x \\ y \end{pmatrix}$$

die Divergenz des normierten Feldes $\vec{F}/|\vec{F}|$ im Ursprung $(x, y) = (0, 0)$.

Aufgabe 6:
Stellen Sie das Vektorfeld $\vec{F} = (2xz, 2yz, z^2 - x^2 - y^2)^{\mathrm{t}}$ in Kugelkoordinaten dar.

Aufgabe 7:
Bestimmen Sie die glatte radialsymmetrische Lösung u der Poisson-Gleichung

$$\Delta u(r) = r^{2n}, \quad r = \sqrt{x^2 + y^2 + z^2},$$

mit den Randwerten $u(1) = 0$.

Aufgabe 8:
Bestimmen Sie für das in Zylinderkoordination (ϱ, φ, z) gegebene Vektorfeld $\vec{F} = \varrho z \, \vec{e}_\varphi$ und das Skalarfeld $U = \cos \varphi$ die Rotation des Vektorfeldes $U\vec{F}$.

Lösungshinweise

Aufgabe 1:
Die Feldlinien $(x(t), y(t))$ sind tangential zu dem Vektorfeld $\vec{F}$, d.h.

$$\begin{pmatrix} x' \\ y' \end{pmatrix} \parallel \begin{pmatrix} F_x(x,y) \\ F_y(x,y) \end{pmatrix} \quad \Longleftrightarrow \quad \begin{pmatrix} x'(t) \\ y'(t) \end{pmatrix} = s(t) \begin{pmatrix} F_x(x(t), y(t)) \\ F_y(x(t), y(t)) \end{pmatrix} .$$

Mit Hilfe von $\mathrm{d}y/\mathrm{d}x = (\mathrm{d}y/\mathrm{d}t)/(\mathrm{d}x/\mathrm{d}t)$ lässt sich der Parameter t eliminieren, und durch Lösen der resultierenden separablen Differentialgleichung für $y(x)$ erhält man eine implizite Darstellung der Feldlinien.

Aufgabe 2:
Die Definitionen der Differentialoperatoren sind

$$\operatorname{div} \vec{F} = \partial_x F_x + \partial_y F_y + \partial_z F_z, \quad \operatorname{rot} \vec{F} = \begin{pmatrix} \partial_y F_z - \partial_z F_y \\ \partial_z F_x - \partial_x F_z \\ \partial_x F_y - \partial_y F_x \end{pmatrix}$$

$$\operatorname{grad} \vec{F} = \begin{pmatrix} \operatorname{grad} F_x & \operatorname{grad} F_y & \operatorname{grad} F_z \end{pmatrix} = \begin{pmatrix} \partial_x F_x & \partial_x F_y & \partial_x F_z \\ \partial_y F_x & \partial_y F_y & \partial_y F_z \\ \partial_z F_x & \partial_z F_y & \partial_z F_z \end{pmatrix}$$

mit F_x, F_y, F_z den Komponenten des Vektorfeldes $\vec{F}$.

Aufgabe 3:
Transformieren Sie U auf Polarkoordinaten $x = \varrho \cos\varphi$, $y = \varrho \sin\varphi$, $\varrho = \sqrt{x^2 + y^2}$, und benutzen Sie die Formel

$$\Delta U = \partial_x^2 U + \partial_y^2 U = \frac{1}{\varrho} \partial_\varrho (\varrho \partial_\varrho U) + \frac{1}{\varrho^2} \partial_\varphi^2 U .$$

Aufgabe 4:
Benutzen Sie die Umrechnungsformeln $(x, y, z) \widehat{=} (r, \vartheta, \varphi)$ mit

$$x = \varrho \cos\varphi, \ y = \varrho \sin\varphi, \ z = r\cos\vartheta, \quad r = \sqrt{x^2 + y^2 + z^2}, \ \varrho = r\sin\vartheta$$

sowie

$$\Delta U = \partial_x^2 U + \partial_y^2 U + \partial_z^2 U = \frac{1}{r^2} \partial_r (r^2 \partial_r U) + \frac{1}{r\varrho} \partial_\vartheta \left(\frac{\varrho}{r} \partial_\vartheta U \right) + \frac{1}{\varrho^2} \partial_\varphi^2 U .$$

Aufgabe 5:

Berechnen Sie zur Bestimmung von $\mathrm{div}(U\vec{F})$ mit $U = 1/|\vec{F}|$ zunächst $U(0,0)$, $\mathrm{grad}\, U(0,0)$ sowie $\vec{F}(0,0)$, $\mathrm{div}\,\vec{F}(0,0)$, und wenden Sie dann die Produktregel

$$\mathrm{div}(U\vec{F}) = U\,\mathrm{div}\,\vec{F} + \mathrm{grad}\, U \cdot \vec{F}$$

an.

Aufgabe 6:

Drücken Sie zunächst x, y, z mit den Umrechnungsformeln

$$x = rSc,\ y = rSs,\ z = rC, \quad C = \cos\vartheta,\ S = \sin\vartheta,\ c = \cos\varphi,\ s = \sin\varphi$$

durch die Kugelkoordinaten r, ϑ, φ aus. Bestimmen Sie dann die Koeffizienten in der Darstellung $\vec{F} = F_r\vec{e}_r + F_\vartheta\vec{e}_\vartheta + F_\varphi\vec{e}_\varphi$ als Skalarprodukte von $\vec{F}$ mit den orthonormalen Basisvektoren

$$\vec{e}_r = (Sc, Ss, C)^{\mathrm{t}},\ \vec{e}_\vartheta = (Cc, Cs, -S)^{\mathrm{t}},\ \vec{e}_\varphi = (-s, c, 0)^{\mathrm{t}}.$$

Benutzen Sie zur Vereinfachung, dass $C^2 + S^2 = c^2 + s^2 = 1$.

Aufgabe 7:

Mit der Form des Laplace-Operators für radialsymmetrische trivariate Funktionen erhalten Sie das Randwertproblem

$$\frac{1}{r^2}\frac{\mathrm{d}}{\mathrm{d}r}\left(r^2\frac{\mathrm{d}}{\mathrm{d}r}u(r)\right) = r^{2n}, \quad u(1) = 0\,,$$

das sich durch zweimalige Integration lösen lässt. Beachten Sie dabei, dass für eine glatte Lösung keine singulären Terme (negative Potenzen von r) auftreten dürfen.

Aufgabe 8:

Wenden Sie die Regel

$$\mathrm{rot}(U\vec{F}) = U\,\mathrm{rot}\,\vec{F} - \vec{F} \times \mathrm{grad}\, U \tag{1}$$

sowie die Darstellung von Differentialoperatoren in Zylinderkoordinaten,

$$\mathrm{grad}\, U = \partial_\varrho U \vec{e}_\varrho + \frac{1}{\varrho}\partial_\varphi U \vec{e}_\varphi + \partial_z U \vec{e}_z\,,$$

$$\mathrm{rot}\,\vec{F} = (\frac{1}{\varrho}\partial_\varphi F_z - \partial_z F_\varphi)\vec{e}_\varrho + (\partial_z F_\varrho - \partial_\varrho F_z)\vec{e}_\varphi + \frac{1}{\varrho}(\partial_\varrho(\varrho F_\varphi) - \partial_\varphi F_\varrho)\vec{e}_z\,,$$

an. Berücksichtigen Sie, dass eine Reihe von Termen entfallen, da entweder die Feldkomponenten null sind oder nicht von allen Variablen abhängen.

5.2 Arbeits- und Flussintegral

Aufgabe 1:
Berechnen Sie $\int_C \vec{F} \cdot d\vec{r}$ für die entgegen dem Uhrzeigersinn durchlaufene Ellipse C mit Halbachsenlängen a und b in x- bzw. y-Richtung und das Vektorfeld $\vec{F} = (-2y, 3x)^t$.

Aufgabe 2:
Berechnen Sie das Arbeitsintegral des Vektorfeldes $(e^z, e^y, e^x)^t$ über den stückweise geradlinigen Weg $C : (0,0,0) \to (1,0,0) \to (1,1,0) \to (1,1,1)$, der über drei Kanten des Einheitswürfels verläuft.

Aufgabe 3:
Bestimmen Sie den Betrag des Flusses des radialen Vektorfeldes $\vec{F} = \vec{r} = r\vec{e}_r$ durch das Dreieck mit den Eckpunkten $(1,0,1)$, $(1,1,0)$, $(0,1,1)$.

Aufgabe 4:
Berechnen Sie den Fluss des Vektorfeldes $\vec{F} = (x, 2y, 3z)^t$ durch den Graph der Funktion $f(x,y) = xy$, $0 \leq x, y \leq 1$, nach oben.

Aufgabe 5:
Berechnen Sie den Fluss des Vektorfeldes $\vec{F} = (0, 0, z)^t$ durch die Hemisphäre $S :$ $x^2 + y^2 + z^2 = 1$, $z \geq 0$, nach oben.

Aufgabe 6:
Berechnen Sie den Fluss des Vektorfeldes $\vec{F} = (a, b, c)^t$ durch das Rechteck mit Eckpunkten $(0,0,0)$, $(0,2,0)$, $(1,0,3)$, $(1,2,3)$ nach oben.

Aufgabe 7:
Berechnen Sie den Fluss des Vektorfeldes $\vec{F} = (zx, zy, 0)^t$ durch das Hyperboloid $S : 0 \leq z = \sqrt{3 + x^2 + y^2} \leq 2$ nach oben.

Lösungshinweise

Aufgabe 1:
Parametrisieren Sie die Ellipse durch $C : t \mapsto \vec{r}(t) = (a\cos t, b\sin t)^{\mathrm{t}}$, und verwenden Sie bei der Berechnung des Arbeitsintegrals $\int_C \vec{F} \cdot \mathrm{d}\vec{r} = \int_0^{2\pi} \vec{F}(\vec{r}(t)) \cdot \vec{r}\,'(t)\,\mathrm{d}t$, dass $\int_0^{2\pi} \sin^2 t\,\mathrm{d}t = \int_0^{2\pi} \cos^2 t\,\mathrm{d}t = \pi$.

Aufgabe 2:
Berücksichtigen Sie, dass bei einem geradlinigen, achsenparallelen Weg für das Arbeitsintegral nur die der Richtung entsprechende Feldkomponente relevant ist. Beispielsweise gilt für $C : t \mapsto r(t) = (1, t, 0)^{\mathrm{t}}$, $0 \le t \le 1$, wegen $\vec{r}\,'(t) = (0, 1, 0)^{\mathrm{t}}$

$$\int_C \vec{F} \cdot \mathrm{d}\vec{r} = \int_0^1 \underbrace{F_y(x(t), y(t), z(t))}_{y-\text{Feldkomponente}}\,\mathrm{d}t = \int_0^1 F_y(1, t, 0)\,\mathrm{d}t\,.$$

Aufgabe 3:
Für Punkte P in einem Dreieck S mit Normalenvektor $\vec{n}$ ist $\vec{p} \cdot \vec{n}$ konstant. Folglich lässt sich der Fluss

$$\iint_S \vec{r} \cdot \vec{n}^\circ\,\mathrm{d}S$$

als Produkt der Dreiecksfläche mit $\vec{p} \cdot \vec{n}^\circ$ für einen beliebigen Punkt $P \in S$ berechnen.

Aufgabe 4:
Die Parametrisierung $(x, y) \mapsto (x, y, f(x, y))$ führt auf die Formel

$$\Phi = \iint_D -F_x \partial_x f - F_y \partial_y f + F_z\,\mathrm{d}D$$

für den Fluss eines Vektorfeldes $\vec{F}$ durch den Graphen von f.

Aufgabe 5:
Verwenden Sie Kugelkoordinaten und für den Fluss Φ des Vektorfeldes $\vec{F}$ durch die Hemisphäre $S : x^2 + y^2 + z^2 = 1$, $z \ge 0$, die Formel

$$\Phi = \int_0^{2\pi} \int_0^{\pi/2} F_r \sin\vartheta\,\mathrm{d}\vartheta\mathrm{d}\varphi$$

mit $F_r = \vec{F} \cdot \vec{e}_r$ der radialen Feldkomponente.

Aufgabe 6:
Benutzen Sie, dass für ein von zwei Vektoren $\vec{u}$ und $\vec{v}$ aufgespanntes Rechteck R die Feldkomponente $\vec{F} \cdot \vec{n}^\circ$ in Richtung der Normalen $\vec{n} = \vec{u} \times \vec{v}$ konstant ist und dass $\mathrm{area}\,R = |\vec{n}|$.

Aufgabe 7:

Parametrisieren Sie das Hyperboloid in Polarkoordinaten ($x = r\cos\varphi$, $y = r\sin\varphi$):

$$S : (r, \varphi)^{\mathrm{t}} \mapsto p(r, \varphi) \in \mathbb{R}^3 \,.$$

Bestimmen Sie dann die Normale $\vec{n} = \partial_r p \times \partial_\varphi p$ und berechnen Sie den Fluss definitionsgemäß via

$$\int_{r_{\min}}^{r_{\max}} \int_0^{2\pi} \vec{F}(p(r, \varphi)) \cdot \vec{n}(r, \varphi) \, \mathrm{d}\varphi \mathrm{d}r \,.$$

5.3   Integralsätze von Gauß, Stokes und Green

Aufgabe 1:
Berechnen Sie das Arbeitsintegral für das Vektorfeld $\vec{F} = (101x + 2y, 3x - 99y)^{\mathrm{t}}$ und einen entgegen dem Uhrzeigersinn durchlaufenen Kreis mit Radius $1/\sqrt{\pi}$.

Aufgabe 2:
Berechnen Sie den Fluss des Vektorfeldes $\vec{F} = (x^2 y, xy^2)^{\mathrm{t}}$ durch den Rand des Quadrates $[0, 1]^2$ nach außen.

Aufgabe 3:
Berechnen Sie $\int_C \vec{F} \cdot \mathrm{d}\vec{r}$ für das Vektorfeld

$$\vec{F} = (xe^{r^2}, ye^{r^2})^{\mathrm{t}}, \quad r^2 = x^2 + y^2,$$

und den abgebildeten Weg.

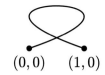

$$(0,0) \quad (1,0)$$

Aufgabe 4:
Berechnen Sie den Flächeninhalt des abgebildeten, in Polarkoordinaten durch

$$A : 0 \le \varphi \le 2\pi,\ 0 \le r \le \cos^2 \varphi$$

beschriebenen Bereichs A.

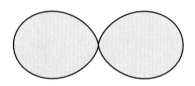

Aufgabe 5:
Berechnen Sie $\iiint\limits_{r \le 3} \Delta \ln(1 + r)\, \mathrm{d}x\mathrm{d}y\mathrm{d}z,\ r = \sqrt{x^2 + y^2 + z^2}$.

Aufgabe 6:
Berechnen Sie den Fluss des Vektorfeldes $\vec{F} = (x - y, x + z, y - z)^{\mathrm{t}}$ durch das Paraboloid $P : x^2 + y^2 = z \le 4$ nach unten.

Aufgabe 7:
Berechnen Sie den Fluss der Rotation des Vektorfeldes $\vec{F} = (y \sin z, 0, x \cos z)^{\mathrm{t}}$ durch den Zylindermantel $M : x^2 + y^2 = R^2,\ 0 \le z \le H$ nach außen.

Aufgabe 8:
Berechnen Sie $\iint\limits_{\mathbb{R}^2} (\operatorname{grad} r^2)^{\mathrm{t}} \operatorname{grad} e^{-r^2}\, \mathrm{d}x\mathrm{d}y,\ r = \sqrt{x^2 + y^2}$.

Lösungshinweise

Aufgabe 1:

Wenden Sie den Satz von Green an:

$$\int_C \vec{F} \cdot d\vec{r} = \iint_A \operatorname{rot} \vec{F} \, dA \, ,$$

mit A der von C berandeten Kreisscheibe. Beachten Sie, dass die Rotation eines zweidimensionalen Vektorfeldes $\vec{F}$ als $\operatorname{rot} \vec{F} = \partial_x F_y - \partial_y F_x$ definiert ist.

Aufgabe 2:

Wenden Sie den Satz von Gauß an:

$$\int_C \vec{F} \times d\vec{r} = \iint_A \operatorname{div} \vec{F} \, dA \, ,$$

mit C der entgegen dem Uhrzeigersinn durchlaufenen Randkurve des Quadrates A.

Aufgabe 3:

Ein radialsymmetrisches Vektorfeld

$$\vec{F} = u(r) \, \vec{e}_r, \quad \vec{e}_r = \vec{r}/|r| = (x,y)^t / \sqrt{x^2 + y^2}$$

besitzt ein radialsymmetrisches Potential $U(r)$, d.h. $\operatorname{grad} U = \vec{F}$ mit U der Stammfunktion von u, und

$$\int_C \vec{F} \cdot d\vec{r} = [U]_A^B = U(B) - U(A)$$

für einen Weg C von A nach B.

Aufgabe 4:

Verwenden Sie die auf dem Satz von Gauß basierende Formel für den Flächeninhalt eines durch eine geschlossene Kurve $C : t \mapsto (x(t), y(t))^t$ entgegen dem Uhrzeigersinn umrundeten Bereichs A:

$$\operatorname{area} A = \int_C x(t) y'(t) \, dt \quad \text{bzw.} = - \int_C y(t) x'(t) \, dt \, .$$

Parametrisieren Sie die Randkurve in Polarkoordinaten,

$$x(\varphi) = r(\varphi) \cos \varphi, \quad y(\varphi) = r(\varphi) \sin \varphi \, ,$$

und benutzen Sie zur Berechnung des resultierenden trigonometrischen Integrals die Formeln von Euler-Moivre, $\cos \varphi = (e^{i\varphi} + e^{-i\varphi})/2$, $\sin \varphi = (e^{i\varphi} - e^{-i\varphi})/(2i)$, sowie dass $\int_0^{2\pi} e^{i\ell\varphi} \, d\varphi = 0$ für $\ell \neq 0$.

Aufgabe 5:

Verwenden Sie den Satz von Gauß:

$$\iiint\limits_{r\leq 3} \operatorname{div}\vec{F}\,\mathrm{d}V = \iint\limits_{r=3} \vec{F}\cdot\mathrm{d}\vec{S}$$

mit $\vec{F} = \operatorname{grad}\ln(1+r)$ und $\operatorname{div}\vec{F} = \Delta\ln(1+r)$. Benutzen Sie bei der Integration, dass der Fluss des radialsymmetrischen Vektorfeldes $\vec{F}$ auf der Sphäre $S : r = 3$ konstant ist.

Aufgabe 6:

Weisen Sie nach, dass $\operatorname{div}\vec{F} = 0$, und folgern Sie aus dem Satz von Gauß, dass Sie den Fluss durch das Paraboloid durch den Fluss durch die Kreisscheibe K : $x^2 + y^2 \leq 4 = z$ ersetzen können.

Aufgabe 7:

Wenden Sie den Satz von Stokes an:

$$\iint\limits_{M} \operatorname{rot}\vec{F}\cdot\mathrm{d}\vec{M} = \int\limits_{C_1+C_2} \vec{F}\cdot\mathrm{d}\vec{r}$$

mit C_k den Kreisen, die den Rand des Zylindermantels bilden. Berücksichtigen Sie bei den Parametrisierungen von C_k die Orientierung, d.h. das Kreuzprodukt des Normalenvektors von M und des Tangentenvektors von C_k sollte ins Innere von M zeigen.

Aufgabe 8:

Integrieren Sie partiell:

$$\iint\limits_{\mathbb{R}^2} \sum_{k=1}^{2} \partial_k f\,\partial_k g = -\iint\limits_{\mathbb{R}^2} \sum_{k=1}^{2} \partial_k^2 f\,g\,,$$

wobei bei hinreichend starkem Abklingen einer der Funktionen f oder g kein Randterm auftritt. Berechnen Sie das resultierende Integral einer radialsymmetrischen Funktion $h(r)$ mit Hilfe von Polarkoordinaten:

$$\iint\limits_{\mathbb{R}^2} h(r)\,\mathrm{d}x\mathrm{d}y = 2\pi\int_0^\infty h(r)\,r\mathrm{d}r\,.$$

5.4 Potential und Vektorpotential

Aufgabe 1:
Bestimmen Sie ein Potential U für das Vektorfeld $\vec{F} = (3x^2 - y, -x + 2y^3)^{\mathrm{t}}$.

Aufgabe 2:
Für welche Werte der Parameter a, b, c besitzt das Vektorfeld $\vec{F} = (ay + 3z, 2x + bz, cx + y)^{\mathrm{t}}$ ein Potential U und wie lautet es?

Aufgabe 3:
Bestimmen Sie die Feld- und Äquipotentiallinien des Vektorfeldes $\vec{F} = (y^2, 2xy)^{\mathrm{t}}$.

Aufgabe 4:
Berechnen Sie für das verschobene radiale Vektorfeld $\vec{F} = \vec{r} + \vec{a}$ das Arbeitsintegral vom Ursprung O zu einem Punkt B.

Aufgabe 5:
Bestimmen Sie für das Vektorfeld $\vec{F} = (y^2 + xz, x^2 - yz, 0)^{\mathrm{t}}$ ein Vektorpotential der Form $\vec{A} = (0, 0, w)^{\mathrm{t}}$.

Aufgabe 6:
Berechnen Sie den Betrag des Flusses des Vektorfeldes $\vec{F} = (2y + 2z, -1, 1)^{\mathrm{t}}$ durch eine Fläche S, die durch den Kreis $C : t \mapsto (3\cos t, 3\sin t, 0)^{\mathrm{t}}$ berandet wird.

Aufgabe 7:
Für welche Werte der Parameter a, b, c ist das Vektorfeld $\vec{F} = (x + 2y, ax + by + cz, 3y + 4z)^{\mathrm{t}}$ quellen- und wirbelfrei?

Lösungshinweise

Aufgabe 1:

Integrieren Sie zunächst die erste Komponente der Gleichung

$$\vec{F} = (3x^2 - y, -x + 2y^3)^t = \operatorname{grad} U = (\partial_x U, \partial_y U)^t.$$

Setzen Sie den so gewonnenen Ausdruck für U, der eine von y abhängige Integrationskonstante $c(y)$ enthält, in die zweite Komponente der Gleichung ein, um c zu bestimmen.

Aufgabe 2:

Die Parameter können aus der notwendigen und für ein global definiertes Vektorfeld auch hinreichenden Bedingung für die Existenz eines Potentials,

$$\operatorname{rot} \vec{F} = (\partial_y F_z - \partial_z F_y, \partial_z F_x - \partial_x F_z, \partial_x F_y - \partial_y F_x)^t = (0,0,0)^t,$$

bestimmt werden. Das Potential lässt sich mit dem Ansatz

$$U = u_{1,1}x^2 + u_{1,2}xy + u_{1,3}xz + u_{2,2}y^2 + u_{2,3}yz + u_{3,3}z^2 + C$$

durch Koeffizientenvergleich in der Identität $\operatorname{grad} U = \vec{F}$ ermitteln.

Aufgabe 3:

Division der Komponenten der Differentialgleichung

$$\begin{pmatrix} x' \\ y' \end{pmatrix} = \vec{F}(x,y) = \begin{pmatrix} y^2 \\ 2xy \end{pmatrix}$$

für die Feldlinien führt aufgrund von $(\mathrm{d}y/\mathrm{d}t)/(\mathrm{d}x/\mathrm{d}t) = \mathrm{d}y/\mathrm{d}x$ auf eine separable Differentialgleichung für y als Funktion von x und nach Integration auf eine implizite Darstellung der Feldlinien.

Zur Bestimmung eines Potentials U und damit der Äquipotentiallinien U_C : $U(x,y) = C$ integrieren Sie die erste Komponente der Gleichung $\operatorname{grad} U = (F_x, F_y)$ und bestimmen die von y abhängige Integrationskonstante durch Einsetzen in die zweite Komponente $\partial_y U = F_y$.

Aufgabe 4:

Berechnen Sie das Arbeitsintegral als Potentialdifferenz. Das Potential U eines radialen Vektorfeldes $\vec{F} = u(r)\vec{e}_r$, $\vec{e}_r = \vec{r}/r$ erhält man durch Bilden der Stammfunktion von u. Eine Verschiebung, $\vec{F}(\vec{r}) \to \vec{F}(\vec{r}+\vec{a})$, resultiert in eine Verschiebung des Potentials, $U(\vec{r}) \to U(\vec{r}+\vec{a})$.

Aufgabe 5:

Integrieren Sie die erste Komponente der Gleichung

$$\begin{pmatrix} y^2 + xz \\ x^2 - yz \\ 0 \end{pmatrix} = \vec{F} = \operatorname{rot} \vec{A} = \begin{pmatrix} \partial_y A_z - \partial_z A_y \\ \partial_z A_x - \partial_x A_z \\ \partial_x A_y - \partial_y A_x \end{pmatrix} = \begin{pmatrix} w_y \\ -w_x \\ 0 \end{pmatrix}.$$

Dadurch wird w bis auf Addition einer Funktion $c(x,y)$ bestimmt, die durch Einsetzen in die zweite Komponente ermittelt werden kann.

Aufgabe 6:

Konstruieren Sie ein Vektorpotential $\vec{A}$ für $\vec{F}$ und wenden Sie den Satz von Stokes an:

$$\left| \iint_S \vec{F} \cdot \mathrm{d}\vec{S} \right| = \left| \iint_S \operatorname{rot} \vec{A} \cdot \mathrm{d}\vec{S} \right| = \left| \int_C \vec{A} \cdot \mathrm{d}\vec{r} \right|.$$

Nutzen Sie aus, dass Sie eine Komponente des Vektorpotentials null setzen können, um die Konstruktion zu vereinfachen.

Aufgabe 7:

Quellenfreiheit eines Vektorfeldes $\vec{F}$ ist äquivalent zu $\operatorname{div} \vec{F} = 0$ und Wirbelfreiheit zu $\operatorname{rot} \vec{F} = (0,0,0)^{\mathrm{t}}$.

Teil II

Differentialgleichungen

6 Differentialgleichungen erster Ordnung

Übersicht

© Springer-Verlag GmbH Deutschland, ein Teil von Springer Nature 2023
K. Höllig und J. Hörner, *Aufgaben und Lösungen zur Höheren Mathematik 3*,
https://doi.org/10.1007/978-3-662-68151-0_7

6.1 Anfangswertprobleme verschiedenen Typs

Bestimmen Sie die Lösungen $y(x)$ der Anfangswertprobleme
a) $y' = -3y + 2$, $y(1) = 0$
b) $y^2 y' = x^3$, $y(0) = 1$
c) $(y + 2x)\mathrm{d}x + x\mathrm{d}y = 0$, $y(3) = 1$

Verweise: Lineare Differentialgleichung erster Ordnung, Separable Differentialgleichung, Exakte Differentialgleichung

Lösungsskizze

a) $y' = -3y + 2$, $y(1) = 0$ (linear):

$y = y_p + y_h$ (Summe aus einer speziellen (partikulären) Lösung und der allgemeinen Lösung der homogenen Differentialgleichung)

- Ansatz $y_p(x) = a$ für eine partikuläre Lösung $\leadsto$ $0 = -3a + 2$, d.h. $a = 2/3$
- Lösung der homogenen Differentialgleichung $y' = -3y$: $y_h(x) = ce^{-3x}$

Anfangsbedingung $\Longrightarrow$ $0 = y(1) = 2/3 + ce^{-3x}\big|_{x=1} = 2/3 + ce^{-3}$, d.h.
$c = -(2/3)e^3$ und somit $y(x) = (2/3)\left(1 - e^{3-3x}\right)$

b) $y^2 y' = x^3$, $y(0) = 1$ (separabel):
$y'(x) = \mathrm{d}y/\mathrm{d}x$, Bilden von Stammfunktionen $\leadsto$

$$\int y^2 \, \mathrm{d}y = \int x^3 \, \mathrm{d}x \quad \Longleftrightarrow \quad y^3/3 = x^4/4 + c$$

Anfangsbedingung $y(0) = 1$ $\Longrightarrow$ $1/3 = 0/4 + c$, d.h. $c = 1/3$ und somit
$y(x) = \sqrt[3]{3x^4/4 + 1}$

c) $(y + 2x)\mathrm{d}x + x\mathrm{d}y = 0$, $y(3) = 1$:
$\partial_y(y + 2x) = \partial_x x$ $\Longrightarrow$ $F(x,y) = 0$ mit $y + 2x = \partial_x F$, $x = \partial_y F$ (exakt)
Integration von $\partial_x F$ $\leadsto$

$$F(x,y) = \int F_x(x,y) \, \mathrm{d}x = xy + x^2 + c(y)$$

Einsetzen in $x = \partial_y F$ $\Longrightarrow$ $x = x + c'(y)$, d.h. $c(y) = C$ und somit $F(x,y) = xy + x^2 + C$

Anfangsbedingung $y(3) = 1$ $\Longrightarrow$ $3 + 9 + C = 0$, d.h. $C = -12$ und somit
$F(x,y) = xy + x^2 - 12$ bzw. $y(x) = 12/x - x$

Probe mit Maple™ , exemplarisch für b)

```
> with(DEtools):    # Einbinden relevanter Funktionen
> DG := y(x)^2*diff(y(x),x) = x^3:
> dsolve({y(0)=1,DG});
```

$\leadsto$ gleiches Ergebnis $y(x) = \dfrac{(6x^4 + 8)^{1/3}}{2}$

6.2 Richtungsfeld einer Differentialgleichung

Skizzieren Sie das Richtungsfeld der Differentialgleichung

$$y' = \frac{1}{10}(3 - x)(y^2 - 1)$$

für $x \geq 0$ sowie den qualitativen Verlauf der Lösungskurven zu den Anfangswerten $y(0) = -2$, $y(0) = 0$ und $y(0) = 3/2$. In welchen Bereichen sind Lösungen fallend bzw. wachsend? Gibt es konstante Lösungen?

Verweise: Differentialgleichung erster Ordnung

Lösungsskizze
Richtungsfeld

$$(x, y) \mapsto y'(x) = \frac{1}{10}(3 - x)(y(x)^2 - 1)$$

einige Werte

$$(1, 2) \mapsto (3 - 1) \cdot (2^2 - 1)/10 = 3/5, \quad (2, 1) \mapsto (3 - 2) \cdot (1^2 - 1)/10 = 0$$

fallend $\Leftrightarrow$ $(3 - x)(y^2 - 1) < 0$, d.h.

$$0 \leq x < 3 \wedge |y| < 1 \quad \text{oder} \quad x > 3 \wedge |y| > 1$$

wachsend $\Leftrightarrow$ $(3 - x)(y^2 - 1) > 0$, d.h.

$$0 \leq x < 3 \wedge |y| > 1 \quad \text{oder} \quad x > 3 \wedge |y| < 1$$

konstante Lösungen für $|y(0)| = 1$, denn $y(x)^2 - 1 = 0 \; \forall x$
Skizze

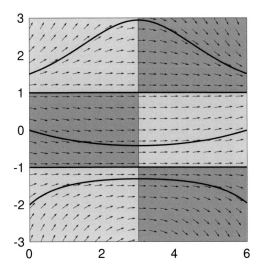

6.3   Lineare Differentialgleichung erster Ordnung

Bestimmen Sie die allgemeine Lösung $y(x)$ der Differentialgleichung

$$y' = \frac{y}{x+3} - x$$

für $x > -3$ sowie die Lösung zu dem Anfangswert $y(-2) = 1$.

Verweise: Lineare Differentialgleichung erster Ordnung

Lösungsskizze

lineare Differentialgleichung erster Ordnung

$$y' = p(x)y + q(x)$$

mit $p(x) = 1/(x+3)$ und $q(x) = -x$

(i) Lösung der homogenen Differentialgleichung ($q = 0$):

$$y_h = c\exp(P(x)), \quad c \in \mathbb{R}$$

mit P einer beliebigen Stammfunktion von p

$$P(x) = \int \frac{\mathrm{d}x}{x+3} = \ln(x+3) + C \quad \underset{C=0}{\Longrightarrow} \quad y_h = c(x+3)$$

(ii) Partikuläre Lösung:

$$\begin{aligned}
y_p &= \int_{x_0}^{x} \exp(P(x) - P(s))q(s)\,\mathrm{d}s \\
&= \int_{-2}^{x} \exp(\ln(x+3) - \ln(s+3))(-s)\,\mathrm{d}s = -(x+3)\int_{-2}^{x} \frac{s}{s+3}\,\mathrm{d}s
\end{aligned}$$

$s/(s+3) = 1 - 3/(s+3) \quad \rightsquigarrow$

$$y_p = -(x+3)\left[s - 3\ln(s+3)\right]_{-2}^{x} = (x+3)(3\ln(x+3) - x - 2)$$

für $x > -3$

(iii) Allgemeine Lösung:

$$y(x) = y_p(x) + y_h(x) = (x+3)(3\ln(x+3) - x - 2 + c), \quad c \in \mathbb{R}$$

(iv) Anfangswertproblem:

$1 = y(-2)$, $y_p(-2) = 0$ nach Konstruktion $\quad \Longrightarrow$

$$1 = y_h(-2) = c(-2+3),$$

d.h. $c = 1$ und

$$y(x) = (x+3)(3\ln(x+3) - x - 1), \qquad x > -3$$

6.4 Lineare Differentialgleichung erster Ordnung mit spezieller rechter Seite

Bestimmen Sie die Lösung $y(x)$ des Anfangswertproblems

$$y' - 2y = 5\sin(4x), \quad y(0) = 3.$$

Verweise: Lineare Differentialgleichung erster Ordnung

Lösungsskizze

inhomogene lineare Differentialgleichung $\rightsquigarrow$ Zerlegung der Lösung in homogenen und partikulären Anteil

$$y(x) = y_h(x) + y_p(x)$$

(i) Lösung y_h der homogenen Differentialgleichung $y' - 2y = 0$:

$$y_h = c\,e^{2x}, \quad c \in \mathbb{R}$$

(ii) Partikuläre Lösung y_p der inhomogenen Differentialgleichung $y' - 2y = 5\sin(4x)$:
Ansatz $y_p = a\cos(4x) + b\sin(4x)$ $\rightsquigarrow$

$$(-4a\sin(4x) + 4b\cos(4x)) - 2(a\cos(4x) + b\sin(4x)) = 5\sin(4x)$$

Koeffizientenvergleich von Kosinus und Sinus $\rightsquigarrow$ lineares Gleichungssystem

$$4b - 2a = 0, \quad -4a - 2b = 5$$

mit der Lösung $a = -1$, $b = -1/2$, d.h.

$$y_p = -\cos(4x) - \frac{1}{2}\sin(4x)$$

(iii) Anfangswertproblem:
allgemeine Lösung

$$y(x) = y_h(x) + y_p(x) = c\,e^{2x} - \cos(4x) - \frac{1}{2}\sin(4x)$$

Einsetzen in die Anfangsbedingung $y(x)_{|x=0} = 3$ $\rightsquigarrow$

$$3 \stackrel{!}{=} c \cdot 1 - 1 - 0,$$

d.h. $c = 4$

6.5   Parameterabhängige lineare Differentialgleichung erster Ordnung

Bestimmen Sie die allgemeine Lösung $y(x)$ der Differentialgleichung

$$y' - 5y = x + e^{\lambda x}$$

in Abhängigkeit von dem Parameter $\lambda \in \mathbb{R}$.

Verweise: Methode der unbestimmten Koeffizienten für lineare Dgl. erster Ordnung

Lösungsskizze

lineare Differentialgleichung erster Ordnung mit konstantem Koeffizient

$$y' - py = f$$

mit $p = 5$, $f = x + e^{\lambda x} = f_1 + f_2$
allgemeine Lösung

$$y = ce^{5x} + y_{1,p} + y_{2,p}$$

mit $y_{k,p}$ einer partikulären Lösung zu f_k

Bestimmung von $y_{k,p}$ mit Hilfe der Methode der unbestimmten Koeffizienten

(i) $f_1 = x$:
Ansatz $y_{1,p} = ax + b$ $\rightsquigarrow$ $y'_{1,p} = a$ und

$$a - 5(ax + b) = x \quad \Leftrightarrow \quad -5ax + (a - 5b) = x + 0$$

Koeffizientenvergleich $\rightsquigarrow$ $a = -1/5$, $b = a/5 = -1/25$

(ii) $f_2 = e^{\lambda x}$; $\lambda \neq p = 5$ (keine Resonanz):
Ansatz $y_{2,p} = ae^{\lambda x}$ $\rightsquigarrow$ $y'_{2,p} = \lambda ae^{\lambda x}$ und

$$\lambda ae^{\lambda x} - 5ae^{\lambda x} = e^{\lambda x} \quad \Leftrightarrow \quad a(\lambda - 5)e^{\lambda x} = e^{\lambda x}$$

$\Longrightarrow a = 1/(\lambda - 5)$

(iii) $f_2 = e^{\lambda x}$; $\lambda = p = 5$ (Resonanz):
Ansatz $y_{2,p} = axe^{5x}$ $\rightsquigarrow$ $y'_{2,p} = ae^{5x} + 5axe^{5x}$ und

$$ae^{5x} + 5axe^{5x} - 5axe^{5x} = e^{5x} \quad \Leftrightarrow \quad ae^{5x} = e^{5x}$$

$\Longrightarrow a = 1$

(iv) Allgemeine Lösung durch Superposition:
$\lambda \neq 5$:

$$y(x) = ce^{5x} - \frac{1}{5}x - \frac{1}{25} + \frac{1}{\lambda - 5}e^{\lambda x}$$

$\lambda = 5$:

$$y(x) = ce^{5x} - \frac{1}{5}x - \frac{1}{25} + xe^{5x}$$

jeweils mit $c \in \mathbb{R}$

6.6 Bernoullische Differentialgleichung

Bestimmen Sie die Lösung $y(x)$ des Anfangswertproblems

$$y' + 2y = \mathrm{e}^x y^3, \quad y(0) = 1 \,.$$

Verweise: Bernoullische Differentialgleichung, Lineare Differentialgleichung erster Ordnung

Lösungsskizze

Bernoullische Differentialgleichung

$$y' + py = qy^k$$

mit $p = 2$, $q = \mathrm{e}^x$, $k = 3$

(i) Vereinfachung durch Substitution:

$z = y^{1-k} = y^{-2} \quad \leadsto$

$$\begin{aligned}
z' &= -2y^{-3}y' \\
&= -2y^{-3}(-2y + \mathrm{e}^x y^3) \\
&= 4z - 2\mathrm{e}^x
\end{aligned}$$

(ii) Lineare Differentialgleichung erster Ordnung:

$$z' = 4z - 2\mathrm{e}^x$$

allgemeine Lösung

$$z = c\mathrm{e}^{4x} + z_p, \quad c \in \mathbb{R}$$

Ansatz für die partikuläre Lösung

$$z_p = a\mathrm{e}^x$$

Einsetzen in die Differentialgleichung $\quad \leadsto$

$$z_p' = a\mathrm{e}^x \overset{!}{=} 4a\mathrm{e}^x - 2\mathrm{e}^x = 4z_p - 2\mathrm{e}^x \,,$$

d.h. $a = 2/3$ und

$$z = c\mathrm{e}^{4x} + \frac{2}{3}\mathrm{e}^x$$

(iii) Anfangswertproblem:

$y(0) = 1 \quad \Longrightarrow \quad z(0) = y(0)^{-2} = 1$ und

$$1 = z(0) = c + \frac{2}{3} \,,$$

d.h. $c = 1/3$ und $z(x) = \frac{1}{3}\mathrm{e}^{4x} + \frac{2}{3}\mathrm{e}^x$

(iv) Rücksubstitution:

$y = z^{-1/2} \quad \leadsto$

$$y(x) = \left((\mathrm{e}^{4x} + 2\mathrm{e}^x)/3\right)^{-1/2} = 3/\sqrt{3\mathrm{e}^{4x} + 6\mathrm{e}^x}$$

6.7   Separable Differentialgleichung

Bestimmen Sie die Lösung $y(x)$ des Anfangswertproblems

$$(1 + x^2)y' = (4 - x)y^3, \quad y(0) = 5.$$

Verweise: Separable Differentialgleichung, Elementare rationale Integranden

Lösungsskizze

separable Differentialgleichung

$$g(y)y' = h(x)$$

mit $h(x) = (4 - x)/(1 + x^2)$ und $g(y) = y^{-3}$, d.h.

$$\frac{y'}{y^3} = \frac{4 - x}{1 + x^2}$$

Trennung der Variablen $\rightsquigarrow$ separate Integration beider Seiten

$$\int \frac{y'}{y^{-3}}\, dx = G(y) = -\frac{1}{2}y^{-2} + c_1 \quad \text{(Kettenregel)}$$

$$-\frac{1}{2}\int \frac{2x - 8}{1 + x^2}\, dx = H(x) = -\frac{1}{2}\left(\ln(1 + x^2) - 8\arctan(x)\right) + c_2$$

mit G, H Stammfunktionen von g, h und $c_1, c_2 \in \mathbb{R}$
implizite Form der allgemeinen Lösung

$$G(y) = H(x) \quad \Leftrightarrow \quad y^{-2} = \ln(1 + x^2) - 8\arctan(x) + c$$

mit $c = 2(c_1 - c_2)$
Anfangsbedingung $(x, y) = (0, 5)$ $\implies$

$$\frac{1}{25} = 0 - 8 \cdot 0 + c,$$

d.h. $c = 1/25$
explizite Form der Lösung durch Auflösen nach y

$$y(x) = \left(\ln(1 + x^2) - 8\arctan(x) + 1/25\right)^{-1/2}$$

(Singularität der Lösung an der Nullstelle $x \approx 1/200$ des Arguments der Wurzel)

6.8 Allgemeine Lösung und Skizze von Lösungen für eine separable Differentialgleichung

Lösen Sie die Differentialgleichung

$$y' = (1 - 2y)^3/4$$

und skizzieren Sie typische Lösungen $y(x)$ im Bereich $[0,6] \times [-1,2]$, indem Sie zunächst die Tangenten an den Gitterpunkten $\{0, 1, 2, \ldots\} \times \{-1, -\frac{1}{2}, 0, \ldots\}$ einzeichnen.

Verweise: Separable Differentialgleichung

Lösungsskizze

(i) Allgemeine Lösung:

Umformung $\rightsquigarrow$ separable Differentialgleichung $f(y)y' = g(x)$ (keine explizite x-Abhängigkeit auf der linken Seite)

$$4(1 - 2y)^{-3}\, y' = 1$$

Integration mit Hilfe der Kettenregel

$$\frac{\mathrm{d}}{\mathrm{d}x} F(y(x)) = f(y(x))y'(x), \quad f = F'$$

$\rightsquigarrow$ Integration von $f(y) = 4(1 - 2y)^{-3}$ nach y und von $g(x) = 1$ nach x:

$$(1 - 2y)^{-2} = x + c \text{ mit } c \in \mathbb{R} \quad \underset{\text{Umformung}}{\Leftrightarrow} \quad y = \frac{1}{2} \pm \frac{1}{2\sqrt{x + c}}$$

(ii) Tangentenfeld und typische Lösungen:

Steigung y' unabhängig von der x-Koordinate $\rightsquigarrow$ Werte

$$(1 - 2y)^3/4 = \frac{27}{4}, \frac{8}{4}, 1, 0, -1, -\frac{8}{4}, -\frac{27}{4} \text{ für } y = -1, -1/2, \ldots, 2$$

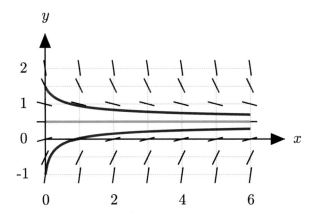

Lösungen monoton wachsend (fallend) für Anfangswerte $< 1/2$ $(> 1/2)$
konstante Lösung $y(x) = 1/2$
asymptotisches Verhalten: $y(x) \to 1/2$ für $x \to \infty$

6.9   Ähnlichkeitsdifferentialgleichung

Skizzieren Sie das Richtungsfeld der Differentialgleichung

$$y' = \frac{y}{x} - \frac{x^2}{y^2}$$

und bestimmen Sie die allgemeine Lösung $y(x)$, sowie die Lösung zum Anfangswert $y(1) = \sqrt[3]{4}$.

Verweise: Ähnlichkeitsdifferentialgleichung, Separable Differentialgleichung

Lösungsskizze

Ähnlichkeitsdifferentialgleichung $y' = f(y/x)$ mit $f(z) = z - 1/z^2$

(i) Richtungsfeld:

Steigung konstant entlang von Ursprungsgeraden $g : y = sx$

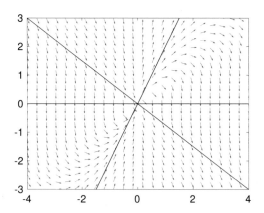

(ii) Allgemeine Lösung:

Substitution $y(x) = xz(x)$ $\rightsquigarrow$ separable Differentialgleichung

$$z + xz' = z - 1/z^2 \quad \Leftrightarrow \quad z^2 z' = -1/x$$

Integration $\rightsquigarrow$

$$z^3/3 = -\ln|x| + c, \quad c \in \mathbb{R}$$

dritte Wurzel (nur für nichtnegative Argumente definiert) $\rightsquigarrow$

$$z(x) = \sigma \sqrt[3]{|C - 3\ln|x||}, \quad C = 3c,$$

mit $\sigma \in \{-1, 1\}$ dem Vorzeichen von $C - 3\ln|x|$

Rücksubstitution $\rightsquigarrow$

$$y(x) = xz(x) = \sigma x \sqrt[3]{|C - 3\ln|x||}, \quad C \in \mathbb{R}$$

Anfangswertproblem

$$\sqrt[3]{4} = y(1) = \sigma \cdot 1 \cdot \sqrt[3]{|C - 3 \cdot 0|} \quad \Longrightarrow \quad C = 4, \sigma = 1$$

6.10 Exakte Differentialgleichung

Bestimmen Sie die allgemeine Lösung $y(x)$ der Differentialgleichung

$$(x + y^2) + (y + 2xy)y' = 0$$

sowie die Lösung zum Anfangswert $y(2) = 2$.

Verweise: Exakte Differentialgleichung

Lösungsskizze

exakte Differentialgleichung

$$p\,dx + q\,dy = 0, \quad p_y = q_x$$

mit $p = x + y^2$ und $q = y + 2xy$
implizite Darstellung der Lösung

$$F(x, y) = c, \quad F_x = p, \, F_y = q$$

(i) Bestimmung eines Potentials F:
Prüfen der Integrabilitätsbedingung

$$p_y = (x + y^2)_y = 2y = (y + 2xy)_x = q_x \quad \checkmark$$

Integration von $F_x = p = x + y^2 \quad \leadsto$

$$F = \frac{1}{2}x^2 + xy^2 + \varphi(y)$$

Einsetzen in $F_y = q \quad \leadsto$

$$2xy + \varphi'(y) = y + 2xy\,,$$

d.h. $\varphi'(y) = y$ und somit $\varphi(y) = y^2/2 + C$, $F(x, y) = \frac{1}{2}x^2 + xy^2 + \frac{1}{2}y^2 + C$
(ii) Allgemeine und spezielle Lösung:
Lösungskurven $\hat{=}$ Niveaulinien von F, d.h.

$$\frac{1}{2}x^2 + xy^2 + \frac{1}{2}y^2 = c, \quad c \in \mathbb{R}$$

Anfangswert $y(2) = 2 \quad \Longrightarrow$

$$c = \frac{1}{2} \cdot 4 + 2 \cdot 4 + \frac{1}{2} \cdot 4 = 12$$

$\leadsto$ implizite Form der speziellen Lösung

$$\frac{1}{2}x^2 + xy^2 + \frac{1}{2}y^2 = 12$$

explizite Darstellung durch Auflösen nach y

$$y(x) = \sqrt{\frac{12 - x^2/2}{x + 1/2}}\,, \quad -1/2 < x \le \sqrt{2 \cdot 12} = 2\sqrt{6}$$

6.11   Integrierender Faktor

Bestimmen Sie die Lösung $y(x)$ des Anfangswertproblems

$$2yy' = 1 + x - y^2, \quad y(0) = 2$$

mit Hilfe eines integrierenden Faktors.

Verweise: Integrierender Faktor, Exakte Differentialgleichung

Lösungsskizze

Differentialgleichung erster Ordnung

$$p\,dx + q\,dy = 0$$

mit $p = 1 + x - y^2$, $q = -2y$

Multiplikation mit integrierendem Faktor $a \quad \rightsquigarrow \quad$ exakte Differentialgleichung

$$(ap)\,dx + (aq)\,dy \quad \text{mit} \quad (ap)_y = (aq)_x$$

(i) Bestimmung von a:

Integrabilitätsbedingung im konkreten Fall

$$(ap)_y = a_y(1 + x - y^2) - 2ay \overset{!}{=} -2ya_x = (aq)_x$$

Wahl von $a = a(x) \quad \rightsquigarrow \quad a_y = 0$ und

$$a = a_x \quad \Leftarrow \quad a(x) = e^x$$

resultierende exakte Differentialgleichung

$$\underbrace{(1 + x - y^2)e^x}_{F_x}\,dx + \underbrace{(-2y)e^x}_{F_y}\,dy = 0$$

mit impliziter Darstellung der Lösungen: $F(x, y) = c$

(ii) Lösung des Anfangswertproblems durch Bestimmung von F:

Integration von $F_y = -2ye^x \quad \rightsquigarrow$

$$F = -y^2 e^x + \varphi(x)$$

Vergleich mit F_x

$$(1 + x - y^2)e^x = F_x \overset{!}{=} (-y^2 e^x + \varphi(x))_x = -y^2 e^x + \varphi'(x)$$

$$\Longrightarrow \quad \varphi'(x) = (1 + x)e^x \text{ und}$$

$$\varphi(x) = \int (1 + x)e^x\,dx = (1 + x)e^x - \int e^x\,dx = xe^x + C$$

implizite Darstellung der allgemeinen Lösung (Niveaulinien von F)

$$F(x, y) = (x - y^2)e^x + C = 0$$

Anfangswert $(x, y) = (0, 2) \quad \Longrightarrow \quad C = 4$

explizite Form durch Auflösen nach y

$$y(x) = \sqrt{x + 4e^{-x}}$$

6.12 Substitution bei einer Differentialgleichung erster Ordnung ⋆

Bestimmen Sie die allgemeine Lösung $y(x)$ der Differentialgleichung

$$y' = \sqrt{2y - 4x + 3} + 2$$

sowie die Lösung zu dem Anfangswert $y(1) = 1$.

Verweise: Lineare Differentialgleichung erster Ordnung, Separable Differentialgleichung

Lösungsskizze

Substitution

$$u(x) = 2y(x) - 4x + 3 \quad \Leftrightarrow \quad y(x) = \frac{1}{2}u(x) + 2x - \frac{3}{2}$$

$u' = 2y' - 4 \quad \leadsto \quad$ transformierte Differentialgleichung

$$u' = 2\big(\underbrace{\sqrt{u} + 2}_{y'}\big) - 4 = 2\sqrt{u}$$

separabel $\quad \leadsto \quad$ Trennung der Variablen

$$\frac{1}{2}u^{-1/2}u' = 1$$

Integration (Kettenregel, innere Ableitung u') $\quad \leadsto$

$$u(x)^{1/2} = x + C \quad \Leftrightarrow \quad u(x) = (x + C)^2 \,,$$

mit einer beliebigen Integrationskonstante $C \in \mathbb{R}$ und $x \geq -C$, denn $x + C$ ist als Resultat einer Wurzel nicht negativ

Rücksubstitution $\quad \leadsto \quad$ allgemeine Lösung

$$y(x) = \frac{1}{2}(x + C)^2 + 2x - \frac{3}{2}$$

Einsetzen des Anfangswertes ($x = 1$, $y(1) = 1$) $\quad \Longrightarrow$

$$1 = \frac{1}{2}(1 + C)^2 + 2 - \frac{3}{2} = 1 + C + C^2/2$$

mit den Lösungen $C = -2$ und $C = 0$

$C = -2$ ist für $x \approx 1$ wegen der Einschränkung $x \geq -C$ nicht zulässig $\quad \leadsto$

$$y_{\mathrm{p}}(x) = \frac{1}{2}x^2 + 2x - \frac{3}{2}, \quad x \geq 0$$

als Lösung des Anfangswertproblems

Probe

$$y'_{\mathrm{p}} - 2 = x, \quad \sqrt{2y_{\mathrm{p}} - 4x + 3} = \sqrt{x^2 + 4x - 3 - 4x + 3} = |x| \quad \checkmark \quad (x \geq 0)$$

6.13   Fehler des Euler-Verfahrens

Das Euler-Verfahren approximiert die Lösung des Modellproblems $y' = -15y + 15$, $y(0) = 0$, durch $y_E(nh)$, $n = 0, 1, \ldots$, mit

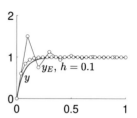

$$y_E(nh + h) = y_E(nh) + h(-15y_E(nh) + 15).$$

Zeigen Sie: $y_E(1) - y(1) = O(h)$. Wie klein muss die Schrittweite h mindestens gewählt werden, damit die unerwünschten Oszillationen[1] nicht auftreten?

Verweise: Lineare Differentialgleichung erster Ordnung

Lösungsskizze

(i) Exakte Lösung: $y = y_h + y_p$ mit $y_h(x) = ce^{-15x}$, $y_p(x) = 1$
Anfangsbedingung $y(0) = 0 \implies c = -1$, d.h. $y(x) = 1 - e^{-15x}$

(ii) Eulers Approximation: sukzessive Berechnung der Näherungswerte   ↝

$$
\begin{aligned}
y_E(0) &= 0 \\
y_E(h) &= y_E(0) + h(-15y_E(0) + 15) = y_E(0)\underbrace{(1 - 15h)}_{\lambda} + 15h = 15h \\
y_E(2h) &= y_E(h)\lambda + 15h = 15\lambda h + 15h \\
&\cdots \\
y_E(Nh) &= 15h(\lambda^{N-1} + \cdots \lambda + 1) = 15h\frac{\lambda^N - 1}{\lambda - 1}
\end{aligned}
$$

$N = 1/h$, Einsetzen und $e^{a+\delta} = e^a + O(\delta)$, $\ln(1 + \delta) = \delta + O(\delta^2)$ ↝

$$
\begin{aligned}
\lambda^N &= (1 - 15h)^{1/h} = e^{\ln(1-15h)/h} \\
&= e^{(-15h+O(h^2))/h} = e^{-15+O(h)} = e^{-15} + O(h)
\end{aligned}
$$

und folglich

$$y_E(1) - y(1) = 15h\frac{(e^{-15} + O(h)) - 1}{(1 - 15h) - 1} - (1 - e^{-15}) = O(h)$$

(iii) Monotonie der Approximation:

$0 = y_E(0) < y_E(h) = 15h \checkmark$, $15h = y_E(h) \overset{!}{<} y_E(2h) = 15(1 - 15h)h + 15h \iff$
$h < 1/15$
Diese Bedingung impliziert die Positivität des Faktors $(1 - 15h)$ in der Euler-Rekursion und ist deshalb auch für die weiteren Näherungen hinreichend.

---

[1]Schnelle Änderungen in der Lösung (sogenannte „Boundary Layer") bereiten auch bei weniger elementaren, praxisrelevanten Verfahren Probleme.

6.14 Riccatische Differentialgleichung

Bestimmen Sie die allgemeine Lösung der Differentialgleichung

$$y'(x) = -y(x) + xy(x)^2 - 1/x^2 \,.$$

Verweise: Bernoullische Differentialgleichung, Lineare Differentialgleichung erster Ordnung

Lösungsskizze

allgemeine Form einer Riccatischen Differentialgleichung

$$y'(x) = a(x)y(x) + b(x)y(x)^2 + f(x)$$

Substitution $y(x) = y_p(x) + 1/z(x)$ mit einer partikulären Lösung y_p [2] $\leadsto$

$$z' = -(a + 2by_p)z - b \quad \text{(lineare Differentialgleichung)}$$

(i) Partikuläre Lösung und Substitution:
$$y_p(x) = \frac{1}{x}: \quad \frac{\mathrm{d}}{\mathrm{d}x}\frac{1}{x} \overset{!}{=} -\frac{1}{x} + x\frac{1}{x^2} - \frac{1}{x^2} \quad \checkmark$$

Einsetzen der Substitution $y(x) = 1/x + 1/z(x)$ $\leadsto$

$$-\frac{1}{x^2} - \frac{z'}{z^2} = -\frac{1}{x} - \frac{1}{z} + x\left(\frac{1}{x^2} + \frac{2}{xz} + \frac{1}{z^2}\right) - \frac{1}{x^2} \quad \Longleftrightarrow \quad z'(x) = -z(x) - x$$

(ii) Lösen der linearen Differentialgleichung und Rücksubstitution:
Ansatz $z_p(x) = c_1 + c_2 x$ für eine partikuläre Lösung $\leadsto$

$$c_2 = -c_1 - c_2 x - x, \quad \text{d.h.} c_2 = -1, c_1 = 1, z_p(x) = 1 - x$$

Addition der allgemeinen Lösung $z_h(x) = ce^{-x}$ der homogenen Differentialgleichung
$z' = -z$ $\leadsto$
$$z(x) = z_p(x) + z_h(x) = 1 - x + ce^{-x}$$

und nach Rücksubstitution

$$y(x) = \frac{1}{x} + \frac{1}{z(x)} = \frac{1}{x} + \frac{1}{1 - x + ce^{-x}}$$

Eine relativ einfache Lösung - meist ist es komplizierter, wie Experimentieren mit der Maple^{TM} -Funktion `riccatisol` zeigt.

```
> ricattisol(diff(y(x),x)=cos(x)*y(x)-y(x)^2-sin(x));
```

$$y(x) = \frac{e^{-\sin x}}{c + \int e^{-\sin x}\,\mathrm{d}x} + \cos x$$

---

[2]Naheliegender ist zunächst die Substitution $y = y_p + z$, die zu einer Bernoullischen Differentialgleichung führt.

6.15   Verfolgung auf hoher See ⋆

Ein Schnellboot der Marine verfolgt einen mit 20 Knoten nordwärts unter schwarzer Flagge fahrenden Frachter, kontinuierlich Kurs auf das Ziel nehmend[3]. Nach wievielen Minuten holt das Schnellboot den Frachter ein, wenn es mit doppelter Geschwindigkeit 10 Kilometer ostwärts von dem Frachter gestartet ist?

Verweise: Separable Differentialgleichung, Hyperbelfunktionen

Lösungsskizze

(i) Differentialgleichung für die Fahrtkurve:

$t \mapsto (x(t), y(t))$, $y(t) = f(x(t))$

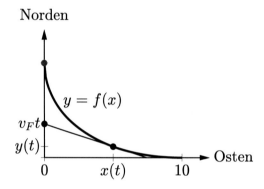

Tangente im Punkt $(x(t), y(t))$ der Fahrtroute des Schnellboots in Richtung der Position $(0, vt)$ des Frachters $\implies$

$$f'(x) = \frac{y - vt}{x - 0} \quad \text{bzw.} \quad f'(x(t))x(t) + vt = f(x(t))$$

Ableiten nach der Zeit t (Verwendung der „Punkt-Notation") $\implies$

$$f''(x)\dot{x}x + f'(x)\dot{x} + v = f'(x)\dot{x} \quad \text{bzw.} \quad f''(x)\dot{x}x = -v$$

konstante Geschwindigkeit $2v$ des Schnellboots, $y(t) = f(x(t))$ $\implies$

$$2v = \sqrt{\dot{x}^2 + \dot{y}^2} = \sqrt{\dot{x}^2 + (f'(x)\dot{x})^2} = -\dot{x}\sqrt{1 + f'(x)^2}$$

Das negative Vorzeichen ist aufgrund der nordwestlichen Fahrtrichtung des Schnellboots notwendig.

Auflösen nach $\dot{x}$ und Einsetzen in die Differentialgleichung $f''(x)\dot{x}x = -v$ ⤳

$$\frac{f''(x)}{\sqrt{1 + f'(x)^2}} = \frac{1}{2x}$$

mit den Anfangsbedingungen

---

[3]ein klassisches Verfolgungsproblem, mit dem sich Pierre Bouguer bereits im 18. Jahrhundert beschäftigt hat

- $f(10) = 0$ (Startposition 10 km in östlicher Richtung)
- $f'(10) = 0$ (Schnellbootkurs beim Start westlich)

(ii) Lösung des Anfangswertproblems:
Substitution $g = f'$ $\rightsquigarrow$ separable Differentialgleichung für $g(x)$,

$$\frac{dg}{\sqrt{1+g^2}} = \frac{1}{2x}\,dx, \quad dg = g'(x)\,dx,$$

die explizit integriert werden kann:

$$\int \frac{dg}{\sqrt{1+g^2}} = \int \frac{1}{2x}\,dx \quad \rightsquigarrow \quad \operatorname{arsinh}(g) = \ln(g + \sqrt{1+g^2}) = \frac{1}{2}\ln x + C$$

Anfangsbedingung $g(10) = f'(10) = 0 \implies$

$$\underbrace{\ln(0 + \sqrt{1+0})}_{=0} = \frac{1}{2}\ln 10 + C, \quad \text{d.h. } C = -\frac{1}{2}\ln 10$$

Auflösen nach g, $\frac{1}{2}\ln x - \frac{1}{2}\ln 10 = \ln(\sqrt{x}/\sqrt{10})$ $\rightsquigarrow$

$$g + \sqrt{1+g^2} = \sqrt{x}/\sqrt{10} \iff (1+g^2) = (\sqrt{x}/\sqrt{10} - g)^2$$

$$\iff g = \frac{1}{2\sqrt{10}}x^{1/2} - \frac{\sqrt{10}}{2}x^{-1/2}$$

nochmalige Integration $\rightsquigarrow$

$$f(x) = \int g(x)\,dx = \frac{1}{3\sqrt{10}}x^{3/2} - \sqrt{10}x^{1/2} + \widetilde{C}$$

Anfangsbedingung $f(10) = 0 \implies$

$$\frac{10}{3} - 10 + \widetilde{C} = 0, \quad \text{d.h. } \widetilde{C} = 20/3$$

(iii) Verfolgungszeit T:
Erreichen des Frachters bei $(0, f(0)) = (0, 20/3)$, d.h. nach einer zurückgelegten Strecke des Frachters von 6.666 km
20 Knoten $\hateq$ 37.04 km/h $\implies$

$$T = \frac{6.666\,\text{km}}{37.04\,\text{km/h}} = 0.1800\,\text{h} \approx 11\,\text{Minuten}$$

7 Differentialgleichungen zweiter Ordnung

Übersicht

© Springer-Verlag GmbH Deutschland, ein Teil von Springer Nature 2023
K. Höllig und J. Hörner, *Aufgaben und Lösungen zur Höheren Mathematik 3*,
https://doi.org/10.1007/978-3-662-68151-0_8

7.1   Linearer Oszillator mit variabler Frequenz

Bestimmen Sie die Lösung $u(t)$ des Anfangswertproblems

$$u'' + \omega_0^2 u = \cos(3t), \quad u(0) = 1, \ u'(0) = 4$$

in Abhängigkeit von der Frequenz $\omega_0 > 0$.

Verweise: Linearer Oszillator

Lösungsskizze

linearer Oszillator

$$u'' + \omega_0^2 u = c \cos(\omega t)$$

mit $c = 1$, $\omega = 3$

(i) $\omega_0 \neq 3$ (keine Resonanz):

allgemeine Lösung

$$u = u_h + u_p = [a \cos(\omega_0 t) + b \sin(\omega_0 t)] + C \cos(3t), \quad a, b \in \mathbb{R}$$

Einsetzen in die Differentialgleichung $\rightsquigarrow$

$$-9C \cos(3t) + \omega_0^2 C \cos(3t) = \cos(3t),$$

d.h. $C = 1/(\omega_0^2 - 9)$

Anfangsbedingungen $\Longrightarrow$

$$\begin{aligned} 1 &= u(0) &= a + 1/(\omega_0^2 - 9) \\ 4 &= u'(0) &= \omega_0 b \end{aligned},$$

d.h. $a = (\omega_0^2 - 10)/(\omega_0^2 - 9)$, $b = 4/\omega_0$ und

$$u(t) = \frac{\omega_0^2 - 10}{\omega_0^2 - 9} \cos(\omega_0 t) + \frac{4}{\omega_0} \sin(\omega_0 t) + \frac{1}{\omega_0^2 - 9} \cos(3t)$$

(ii) $\omega_0 = 3$ (Resonanz):

allgemeine Lösung

$$u = u_h + u_p = [a \cos(\omega_0 t) + b \sin(\omega_0 t)] + Ct \sin(3t)$$

Einsetzen in die Differentialgleichung $\rightsquigarrow$

$$2C \cdot 3 \cos(3t) - 9Ct \sin(3t) + 9Ct \sin(3t) = \cos(3t),$$

d.h. $C = 1/6$

Anfangsbedingungen $\Longrightarrow$

$1 = u(0) = a$, $4 = u'(0) = 3b$, also $a = 1$, $b = 4/3$ und

$$u(t) = \cos(\omega_0 t) + \frac{4}{3} \sin(\omega_0 t) + \frac{t}{6} \sin(3t)$$

7.2 Lineare Differentialgleichung zweiter Ordnung mit verschiedenen rechten Seiten

Bestimmen Sie die allgemeine Lösung $u(t)$ der Differentialgleichung $u'' - 4u = f$ für

a) $f(t) = 0$ b) $f(t) = e^{3t}$ c) $f(t) = e^{2t}$ d) $f(t) = 4e^{3t} + 5e^{2t}$

Verweise: Homogene Differentialgleichung zweiter Ordnung mit konstanten Koeffizienten, Methode der unbestimmten Koeffizienten für lineare Differentialgleichungen zweiter Ordnung

Lösungsskizze

a) Homogene Differentialgleichung $u'' - 4u = 0$:
charakteristisches Polynom

$$p(\lambda) = \lambda^2 - 4$$

Nullstellen: $\lambda_1 = -2$, $\lambda_2 = 2$
⤳   allgemeine Lösung

$$u_h(t) = c_1 e^{-2t} + c_2 e^{2t}$$

alternativ (Bilden von Linearkombinationen):

$$u_h(t) = \tilde{c}_1 \frac{e^{2t} + e^{-2t}}{2} + \tilde{c}_2 \frac{e^{2t} - e^{-2t}}{2} = \tilde{c}_1 \cosh(2t) + \tilde{c}_2 \sinh(2t)$$

b) Inhomogene Differentialgleichung $u'' - 4u = e^{3t}$:
allgemeine Lösung: $u = u_h + u_p$ mit einer partikulären Lösung u_p
Ansatz $u_p = c\,e^{3t}$ ⤳

$$9c\,e^{3t} - 4c\,e^{3t} = e^{3t}$$

Koeffizientenvergleich $\implies$ $c = 1/(9 - 4) = 1/5$

c) Inhomogene Differentialgleichung $u'' - 4u = e^{2t}$:
Resonanz: $f(t) = e^{2t}$ löst die homogene Differentialgleichung
modifizierter Ansatz $u_p(t) = c\,t e^{2t}$, Leibniz-Regel $(gh)'' = g''h + 2g'h' + gh''$ ⤳

$$\left((0 + 2(2c\,e^{2t}) + 4c\,t e^{2t}\right) - 4c\,t e^{2t} = e^{2t},$$

d.h. $c = 1/4$

d) Inhomogene Differentialgleichung $u'' - 4u = 4e^{3t} + 5e^{2t}$:
Superposition der partikulären Lösungen u_{pb} aus b) und u_{pc} aus c) mit Berücksichtigung der Faktoren 4 und 5   ⤳

$$\begin{aligned} u(t) &= u_h(t) + 4u_{pb}(t) + 5u_{pc}(t) \\ &= c_1 e^{-2t} + c_2 e^{2t} + \frac{4}{5} e^{3t} + \frac{5}{4} t e^{2t} \end{aligned}$$

7.3   Homogene lineare Differentialgleichung zweiter Ordnung

Bestimmen Sie die Lösung $u(t)$ des Anfangswertproblems

$$u'' - 4u' + 5u = 0, \quad u(0) = 2, \, u'(0) = 3 \, .$$

Verweise: Homogene Differentialgleichung zweiter Ordnung mit konstanten Koeffizienten

Lösungsskizze

homogene Differentialgleichung zweiter Ordnung mit konstanten Koeffizienten

$$u'' + pu' + qu = 0$$

mit $p = -4$, $q = 5$
charakteristisches Polynom

$$\lambda^2 + p\lambda + q = \lambda^2 - 4\lambda + 5$$

Nullstellen $\lambda_{1,2} = 2 \pm \sqrt{2^2 - 5} = 2 \pm \mathrm{i}$
allgemeine Lösung

$$u(t) = a\mathrm{e}^{\lambda_1 t} + b\mathrm{e}^{\lambda_2 t} = \mathrm{e}^{2t} \left(a\mathrm{e}^{\mathrm{i}t} + b\mathrm{e}^{-\mathrm{i}t} \right)$$

reelle Lösungen, $\mathrm{e}^{\pm \mathrm{i}t} = \cos t \pm \mathrm{i} \sin t$ ⤳

$$u_1 = \operatorname{Re} u = \tilde{a}\mathrm{e}^{2t} \cos t, \quad u_2 = \operatorname{Im} u = \tilde{b}\mathrm{e}^{2t} \sin t$$

mit $\tilde{a} = a + b$, $\tilde{b} = a - b$
reelle Form der allgemeinen Lösung

$$u(t) = \mathrm{e}^{2t} \left(\tilde{a} \cos t + \tilde{b} \sin t \right)$$

Anfangswerte   ⤳   lineares Gleichungssystem

$$
\begin{aligned}
2 &= u(0) = & \tilde{a} \\
3 &= u'(0) = & 2\tilde{a} + \tilde{b} \, ,
\end{aligned}
$$

mit der Lösung $\tilde{a} = 2$, $\tilde{b} = -1$
⤳   Lösung des Anfangswertproblems

$$u(t) = \mathrm{e}^{2t}(2 \cos t - \sin t)$$

7.4 Homogene lineare Differentialgleichung zweiter Ordnung mit Parameter

Bestimmen Sie die allgemeine Lösung $u(t)$ der Differentialgleichung

$$u'' - 2u' + \alpha u = 0$$

in Abhängigkeit von dem Parameter $\alpha \in \mathbb{R}$.

Verweise: Homogene Differentialgleichung zweiter Ordnung mit konstanten Koeffizienten

Lösungsskizze

homogene lineare Differentialgleichung zweiter Ordnung mit konstanten Koeffizienten

$$u'' + pu' + qu = 0$$

mit $p = -2$, $q = \alpha$

charakteristisches Polynom

$$\lambda^2 + p\lambda + q = \lambda^2 - 2\lambda + \alpha$$

Typ der Nullstellen $\lambda_{1,2} = 1 \pm \sqrt{1 - \alpha}$ bestimmt Form der allgemeinen Lösung (i)

Zwei reelle Nullstellen:

$\alpha < 1$ ⤳

$$u(t) = c_1 e^{\lambda_1 t} + c_2 e^{\lambda_2 t} = e^t \left(c_1 e^{\varrho t} + c_2 e^{-\varrho t} \right)$$

mit $\varrho = \sqrt{1 - \alpha}$

(ii) Eine doppelte reelle Nullstelle:

$\alpha = 1$ ⤳

$$u(t) = e^t (c_1 + c_2 t)$$

(iii) Komplex konjugierte Nullstellen:

$\alpha > 1$ ⤳ $\lambda_{1,2} = 1 \pm i \sqrt{-(1 - \alpha)}$ und

$$u(t) = e^t \left(c_1 \cos(\varrho t) + c_2 \sin(\varrho t) \right)$$

mit $\varrho = \sqrt{-(1 - \alpha)}$

Alternative Lösung

komplexe Darstellung von (iii) in der Form (i)

$$u(t) = e^t \left(\tilde{c}_1 e^{i\varrho t} + \tilde{c}_2 e^{-i\varrho t} \right)$$

mit $\tilde{c}_1 = (c_1 - ic_2)/2$, $\tilde{c}_2 = (c_1 + ic_2)/2$ aufgrund der Formel von Euler-Moivre

7.5   Randwertproblem für eine lineare Differentialgleichung zweiter Ordnung

Bestimmen Sie die Lösung $u(t)$ des Randwertproblems

$$u'' = u, \quad u(0) = 1,\ u'(1) - pu(1) = a,$$

in Abhängigkeit von den Parametern p und a.

Verweise: Homogene Differentialgleichung zweiter Ordnung mit konstanten Koeffizienten

Lösungsskizze

(i) Allgemeine Lösung der Differentialgleichung:

$u'' = u \quad \Longrightarrow$

$$u(t) = c_1 \mathrm{e}^t + c_2 \mathrm{e}^{-t} \quad \text{bzw.} \quad u(t) = C_1 \cosh t + C_2 \sinh t$$

mit $\cosh t = (\mathrm{e}^t + \mathrm{e}^{-t})/2$, $\sinh t = (\mathrm{e}^t - \mathrm{e}^{-t})/2$

(ii) Einsetzen der Randbedingungen:

$u(0) = 1 \quad \Longrightarrow \quad C_1 = 1$, da $\cosh 0 = 1$ und $\sinh 0 = 0$

$u'(1) - pu(1) = a$ $(\cosh' = \sinh,\ \sinh' = \cosh) \quad \Longrightarrow$

$$\sinh 1 + C_2 \cosh 1 - p(\cosh 1 + C_2 \sinh 1) = a$$

$$\Longleftrightarrow \quad C_2[\cosh 1 - p \sinh 1] = \{p \cosh 1 - \sinh 1 + a\}$$

$\rightsquigarrow$ drei Fälle

- $[\ldots] \neq 0$, d.h. $p \neq \coth 1 = \cosh 1/\sinh 1$: eindeutige Lösung u mit

$$C_2 = \frac{p \cosh 1 - \sinh 1 + a}{\cosh 1 - p \sinh 1}$$

- $[\ldots] = 0$, $\{\ldots\} \neq 0$: keine Lösung
- $[\ldots] = 0$, $\{\ldots\} = 0$, d.h.

$$p = \coth 1, \quad a = \sinh 1 - \coth 1 \cosh 1 = \frac{\sinh^2 1 - \cosh^2 1}{\sinh 1} = -\frac{1}{\sinh 1}$$

unendlich viele Lösungen; C_2 beliebig wählbar

In diesem Fall ist $u(t) = \sinh t$ eine nicht-triviale Lösung der Differentialgleichung, die die homogenen Randbedingungen

$$u(0) = 0, \quad u'(1) - \coth 1\, u(1) = 0,$$

erfüllt.

7.6   Newton-Verfahren bei Randwertproblemen

Lösen Sie das Randwertproblem

$$u'' = -u^2, \quad u(0) = 1, \, u(1) = 0\,,$$

durch Bestimmung der Steigung $s = u'(0)$ (Schießverfahren).

Verweise: Ableitung nach Anfangsbedingungen, Newton-Verfahren

Lösungsskizze

zu lösende Gleichung:

$$f(s) = u(1|s) = 0$$

mit $u(\cdot|s)$ (Die Steigung s wurde als Parameter hinzugefügt.) der Lösung des Anfangswertproblems

$$u'' = -u^2, \quad u(0|s) = 1, \, u'(0|s) = s \tag{1}$$

Berechnung der Ableitung $f'(s) = u_s(1|s)$ durch Differenzieren nach s:

$$u_s'' = -2uu_s, \quad u_s(0|s) = 0, \, u_s'(0|s) = 1 \tag{2}$$

Simultanes Lösen der Anfangswertprobleme (1,2) als Differentialgleichungssystem erster Ordnung

$$v' = F(v), \quad v = (u, u', u_s, u_s')^{\mathrm{t}}$$

⤳   MATLAB® -Implementierung der Newton-Iteration

```
>> % Startwert durch Taylor-Approximation u(t|s) = 1-st+...
>> s = 1;
>> ds = inf; tol = 1.0e-10   % Toleranz
>> while abs(ds) > tol
>>     % Newton-Schritt: s <- s-f/df
>>     [f,df] = newton(s); ds = -f/df; s = s+ds
>> end
       -1.010952717454271
       -0.735859247181814
       -0.729518019725512
       -0.729514730003717
       -0.729514730002833
```

```
function [f,df] = newton(s)
F = @(t,v) [v(2); -v(1)^2; v(4); -2*v(1)*v(3)];
% Loesung des Systems
[t,vt] = ode45(F,[0;1],[1;s;0;1]);   % vt(:,k) = v_k(t(:))
f = vt(end,1); df = vt(end,3);   % u(1|s); u_s(1|s)
```

⤳   Steigung $s \approx -0.729514730002833$

7.7 Inhomogene lineare Differentialgleichung zweiter Ordnung

Bestimmen Sie die allgemeine Lösung $u(t)$ der Differentialgleichung

$$u'' - 6u' + 5u = e^{4t} - 3e^t \,.$$

Verweise: Methode der unbestimmten Koeffizienten für lineare Differentialgleichungen zweiter Ordnung

Lösungsskizze

inhomogene lineare Differentialgleichung zweiter Ordnung mit konstanten Koeffizienten

$$u'' + pu' + qu = f$$

mit $p = -6$, $q = 5$ und $f = e^{4t} - 3e^t$

(i) Homogene Differentialgleichung ($f = 0$):
charakteristisches Polynom

$$\lambda^2 + p\lambda + q = \lambda^2 - 6\lambda + 5$$

Nullstellen $\lambda_{1,2} = 3 \pm \sqrt{3^2 - 5} = 3 \pm 2 \quad \rightsquigarrow$

$$u_h = c_1 e^t + c_2 e^{5t}$$

(ii) Inhomogene Differentialgleichung:
Ansatz für $f_1 = e^{4t}$: $u_{p,1} = ce^{4t}$
Einsetzen $\rightsquigarrow$

$$u'' - 6u' + 5u = 16ce^{4t} - 24ce^{4t} + 5ce^{4t} = e^{4t}$$

Koeffizientenvergleich $\implies$ $c = 1/(16 - 24 + 5) = -1/3$

Ansatz für $f_2 = -3e^t$: $u_{p,2} = cte^t$, denn f_1 löst die homogene Differentialgleichung
(Resonanz $\rightsquigarrow$ zusätzlicher Faktor t)
Einsetzen $\rightsquigarrow$

$$u'' - 6u' + 5u = \left(2ce^t + cte^t\right) - 6\left(ce^t + cte^t\right) + 5\left(cte^t\right) = -3e^t$$

Koeffizient von te^t verschwindet
Vergleich des Koeffizienten von e^t $\implies$ $c = -3/(2 - 6) = 3/4$

Gesamtlösung durch Superposition

$$u(t) = u_h(t) + u_{p,1}(t) + u_{p,2}(t) = c_1 e^{5t} + c_2 e^t - \frac{1}{3}e^{4t} + \frac{3}{4}te^t$$

7.8 Differentialgleichung zweiter Ordnung mit polynomialer rechter Seite

Bestimmen Sie die allgemeine Lösung $u(t)$ der Differentialgleichung

$$u'' - 4u' + 5u = 10t^2 - t - 8$$

sowie die Lösung zu den Anfangswerten $u(0) = -1$, $u'(0) = 3$.

Verweise: Methode der unbestimmten Koeffizienten für lineare Differentialgleichungen zweiter Ordnung

Lösungsskizze

(i) Allgemeine Lösung der homogenen Differentialgleichung:
charakteristisches Polynom

$$p(\lambda) = \lambda^2 - 4\lambda + 5 = (\lambda - 2)^2 + 1$$

Nullstellen $\lambda_\pm = 2 \pm i$ $\rightsquigarrow$ allgemeine Lösung von $u'' - 4u' + 5u = 0$

$$u_h(t) = e^{2t}(c_1 \cos t + c_2 \sin t)$$

(ii) Partikuläre Lösung:
Einsetzen des Ansatzes $u_p(t) = p_0 + p_1 t + p_2 t^2$ (Polynom vom Grad der rechten Seite) $\rightsquigarrow$

$$(2p_2) - 4(p_1 + 2p_2 t) + 5(p_0 + p_1 t + p_2 t^2) = 10t^2 - t - 8$$

Vergleich der Monomkoeffizienten

$$1 \;:\; 10 = 5p_2 \quad \to p_2 = 2$$
$$t \;:\; -1 = -4 \cdot 2p_2 + 5p_1 = -16 + 5p_1 \quad \to p_1 = 3$$
$$t^2 \;:\; -8 = 2p_2 - 4p_1 + 5p_0 = 4 - 12 + 5p_0 \quad \to p_0 = 0$$

$\rightsquigarrow$ $u_p(t) = 2t^2 + 3t$

(iii) Anfangswertproblem:
allgemeine Lösung von $u'' - 4u' + 5u = 10t^2 - t - 8$

$$u(t) = u_h(t) + u_p(t) = e^{2t}(c_1 \cos t + c_2 \sin t) + 2t^2 + 3t$$

$u(0) = -1$, $u'(0) = 3$ $\rightsquigarrow$ lineares Gleichungssystem für c_1, c_2

$$-1 = e^{2t}(c_1 \cos t + c_2 \sin t) + 2t^2 + 3t \big|_{t=0} = c_1$$
$$3 = 2e^{2t}(c_1 \cos t + c_2 \sin t) + e^{2t}(-c_1 \sin t + c_2 \cos t) + 4t + 3 \big|_{t=0}$$
$$= 2c_1 + c_2 + 3 = -2 + c_2 + 3$$

mit der Lösung $c_1 = -1$, $c_2 = 2$, d.h.

$$u(t) = e^{2t}(-\cos t + 2 \sin t) + 2t^2 + 3t$$

7.9 Inhomogene Eulersche Differentialgleichung

Lösen Sie das Anfangswertproblem

$$t^2 u''(t) + t u'(t) + u(t) = 2t \ln t, \ t > 0, \quad u(1) = u'(1) = 0.$$

Verweise: Eulersche Differentialgleichung

Lösungsskizze

(i) Homogene Differentialgleichung $t^2 u_h''(t) + u_h'(t) + u_h(t) = 0$:
Substitution $s = \ln t$, $u_h(t) = v(s)$ $\leadsto$

$$
\begin{aligned}
u_h'(t) &= \frac{\mathrm{d}}{\mathrm{d}t} v(s) = \frac{\mathrm{d}}{\mathrm{d}s} v(s) \frac{\mathrm{d}s}{\mathrm{d}t} = v'(s)\frac{1}{t} \\
u_h''(t) &= \left(\frac{\mathrm{d}}{\mathrm{d}t} v'(s)\right)\frac{1}{t} + v'(s)\left(\frac{\mathrm{d}}{\mathrm{d}t}\frac{1}{t}\right) = \left(\frac{\mathrm{d}}{\mathrm{d}s} v'(s)\frac{\mathrm{d}s}{\mathrm{d}t}\right)\frac{1}{t} + v'(s)\left(-\frac{1}{t^2}\right) \\
&= \frac{1}{t^2}(v''(s) - v'(s))
\end{aligned}
$$

Einsetzen in die Differentialgleichung $\leadsto$ $v'' + v = 0$ mit der Lösung

$$v(s) = c_1 \cos s + c_2 \sin s \quad \text{bzw.} \quad u_h(t) = c_1 \cos \ln t + c_2 \sin \ln t$$

(ii) Partikuläre Lösung $u_p(t)$ für die rechte Seite $2t \ln t$:
Einsetzen des Ansatzes $u_p(t) = (a + b \ln t)t$ (entspricht dem Ansatz $(a + bs)e^s$ für die Differentialgleichung für v) in $t^2 u''(t) + t u'(t) + u(t) = 2t \ln t$ $\leadsto$

$$t^2(b/t) + t(a + b + b \ln t) + (at + bt \ln t) = 2t \ln t$$

Vergleich der Koeffizienten von t und $t \ln t$ $\leadsto$

$$b + a + b + a = 0, \ b + b = 2, \quad \text{d.h.} \ b = 1, \ a = -1$$

und $u_p(t) = t(\ln t - 1)$

(iii) Berücksichtigung der Anfangswerte:
allgemeine Lösung $u = u_p + u_h$:

halblogarithmische Darstellung

$$
\begin{aligned}
u(t) &= t(\ln t - 1) + c_1 \cos \ln t + c_2 \sin \ln t \\
u'(t) &= \ln t - c_1(\sin \ln t)/t + c_2(\cos \ln t)/t
\end{aligned}
$$

$$0 \overset{!}{=} u(1) = -1 + c_1 \quad \Longrightarrow \quad c_1 = 1$$
$$0 \overset{!}{=} u'(1) = c_2 \quad \Longrightarrow \quad c_2 = 0$$

qualitatives Verhalten des abgebildeten Funktionsgraphen:

unendlich viele Nullstellen/Oszillationen in $(0, 1]$, monton wachsend in $[1, \infty)$

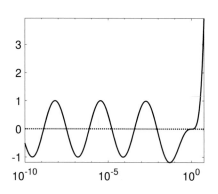

7.10 Differentialgleichungen mit reduzierbarer Ordnung

Bestimmen Sie die Lösungen $u(t)$ folgender Anfangswertprobleme:
a) $tu'' + u' = 3t^2$, $u(1) = 1$, $u'(1) = 2$
b) $u''/u' = 2tu'$, $u(0) = 2$, $u'(0) = -1$

Verweise: Lineare Differentialgleichung erster Ordnung, Separable Differentialgleichung

Lösungsskizze

Differentialgleichung der Form $u'' = f(t, u')$, bei der u nicht explizit auftritt

⤳ Differentialgleichung erster Ordnung nach Substitution von $v = u'$

$$v' = f(t, v), \quad u(t) = \int v(t) \, dt$$

a) $tu'' + u' = 3t^2$, $u(1) = 1$, $u'(1) = 2$

$$v = u' \quad \leadsto \quad tv' + v = 3t^2 \quad \text{(linear)}$$

spezielle Form der linken Seite, $tv' + v = \dfrac{d}{dt}(tv(t))$ ⤳ unmittelbare Integration
(anstatt Lösung der homogenen Differentialgleichung und anschließender Variation der Konstanten)

$$tv(t) = \int 3t^2 \, dt = t^3 + c, \quad v(t) = t^2 + c/t$$

$v(1) = u'(1) = 2 \quad \Longrightarrow \quad 2 = 1 + c$, d.h. $c = 1$
nochmalige Integration ⤳

$$u(t) = \int \underbrace{t^2 + 1/t}_{v(t)} \, dt = \frac{1}{3}t^3 + \ln|t| + C$$

$u(1) = 1 \quad \Longrightarrow \quad 1 = \frac{1}{3} + 0 + C$, d.h. $C = 2/3$

b) $u''/u' = 2tu'$, $u(0) = 2$, $u'(0) = -1$:

$$v = u' \quad \leadsto \quad v'/v^2 = 2t \quad \text{(separabel)}$$

$$v' dt = \frac{dv}{dt} dt = dv \quad \leadsto$$

$$\int \frac{v'(t)}{v(t)^2} \, dt = \int 1/v^2 \, dv = \int 2t \, dt, \quad \text{d.h.} \; -1/v = t^2 + c$$

$v(0) = u'(0) = -1 \quad \Longrightarrow \quad c = 1$ und nochmalige Integration ⤳

$$u(t) = \int \underbrace{-\frac{1}{t^2 + 1}}_{v(t)} \, dt = -\arctan t + C$$

$u(0) = 2 \quad \Longrightarrow \quad 2 = \underbrace{\arctan 0}_{0} + C$, d.h. $C = 2$

7.11   Autonome Differentialgleichungen

Bestimmen Sie die Lösungen $u(t)$ der Differentialgleichungen

$$\text{a)} \quad u'' = (u')^2/u \qquad \text{b)} \quad u'' = u'/u^2$$

zu den Anfangswerten $u(0) = -1$, $u'(0) = 2$.

Verweise: Separable Differentialgleichung

Lösungsskizze

keine explizite t-Abhängigkeit (autonom): $u'' = f(u, u')$

Wahl von u anstatt t als Variable   ⤳

$$u'(t) = v(u), \quad u''(t) = \frac{\mathrm{d}v}{\mathrm{d}u}\frac{\mathrm{d}u}{\mathrm{d}t} = v'(u)v(u)$$

und, falls $v \neq 0$, zwei separable Differentialgleichungen erster Ordnung zur sukzessiven Bestimmung von $v(u)$ und $u(t)$:

$$v'(u) = \frac{1}{v(u)}f(u, v(u)), \quad u'(t) = v(u(t))$$

a) $u'' = (u')^2/u$, $u(0) = -1$, $u'(0) = 2$:

$$v'(u) = \frac{1}{v(u)}v(u)^2/u \quad \text{bzw.} \quad v'(u)/v(u) = 1/u$$

$\int \ldots \mathrm{d}u$, $v'(u)\,\mathrm{d}u = \mathrm{d}v$ ⤳

$$\int \frac{1}{v(u)}\,\mathrm{d}v = \int \frac{1}{u}\,\mathrm{d}u \quad \Longleftrightarrow \quad \ln|v(u)| = \ln|u| + c$$

$u(0) = -1$, $v(0) = 2$ $\Longrightarrow$ $\ln 2 = \ln 1 + c$, d.h. $c = \ln 2$ und $|v(u)| = v(u)$, $|u| = -u$ für $(u, v) \approx (-1, 2)$, also

$$v(u) = \mathrm{e}^{\ln(-u) + \ln 2} = -2u$$

Lösen der zweiten Differentialgleichung $u'(t) = v(u(t)) = -2u(t)$ mit dem Anfangswert $u(0) = -1$ ⤳

$$u(t) = -\mathrm{e}^{-2t}$$

b) $u'' = u'/u^2$, $u(0) = -1$, $u'(0) = 2$:

$$v'(u) = \frac{1}{v(u)}v(u)/u^2 = \frac{1}{u^2} \quad \Longrightarrow \quad v(u) = -\frac{1}{u} + c$$

$u(0) = -1$, $v(0) = 2$ $\Longrightarrow$ $2 = 1 + c$, d.h. $c = 1$

zweite Differentialgleichung

$$u'(t) = -\frac{1}{u(t)} + 1 \quad \Longleftrightarrow \quad u'(t)\left(1 + \frac{1}{u(t) - 1}\right) = 1$$

$\int \ldots \mathrm{d}t$, $u'(t)\,\mathrm{d}t = \mathrm{d}u$ ⤳   implizite Lösungsdarstellung

$$u + \ln|u - 1| = t + C$$

und $u(0) = -1$ $\Longrightarrow$ $-1 + \ln 2 = C$

7.12 Anfangswertproblem für eine Schwingungsdifferentialgleichung

Bestimmen Sie die Lösung $u(t)$ des Anfangswertproblems

$$u'' + 5u' + 6u = \sin(4t), \quad u(0) = -1, \, u'(0) = 2 \,.$$

Verweise: Gedämpfte harmonische Schwingung

Lösungsskizze

(i) Allgemeine Lösung der homogenen Differentialgleichung:
charakteristisches Polynom

$$p(\lambda) = \lambda^2 + 5\lambda + 6$$

Nullstellen $\lambda_1 = -2$, $\lambda_2 = -3$ $\rightsquigarrow$ allgemeine Lösung von $u'' + 5u' + 6u = 0$

$$u_{\mathrm{h}}(t) = c_1 \mathrm{e}^{-2t} + c_2 \mathrm{e}^{-3t}$$

(ii) Partikuläre Lösung der inhomogenen Differentialgleichung:
Einsetzen des Ansatzes

$$u_{\mathrm{p}}(t) = a\cos(4t) + b\sin(4t)$$

in die Differentialgleichung mit rechter Seite $\sin(4t)$ $\rightsquigarrow$

$$(-16aC - 16bS) + 5(-4aS + 4bC) + 6(aC + bS) = S$$

mit $C = \cos(4t)$, $S = \sin(4t)$
Koeffizientenvergleich von Kosinus und Sinus $\rightsquigarrow$

$$C: \ -16a + 20b + 6a = 0, \quad S: \ -16b - 20a + 6b = 1$$

mit der Lösung $a = -1/25$, $b = -1/50$

(iii) Anfangsbedingungen:
Berechnung der Anfangswerte der allgemeinen Lösung

$$u(t) = u_{\mathrm{h}}(t) + u_{\mathrm{p}}(t) = c_1 \mathrm{e}^{-2t} + c_2 \mathrm{e}^{-3t} - \frac{1}{25}\cos(4t) - \frac{1}{50}\sin(4t)$$

$\rightsquigarrow$ lineares Gleichungssystem für die Koeffizienten c_k

$$-1 = u(0) = c_1 + c_2 - \frac{1}{25}, \quad 2 = u'(0) = -2c_1 - 3c_2 - \frac{4}{50}$$

Lösung: $c_1 = -20/25$, $c_2 = -4/25$ und

$$u(t) = -\frac{1}{50}\left(40\mathrm{e}^{-2t} + 8\mathrm{e}^{-3t} + 2\cos(4t) + \sin(4t)\right)$$

7.13   Periodischer Orbit oder Reise ohne Wiederkehr? ★

Nach einer „Fast-Kollision" zweier Raumschiffe, die beide keinen Treibstoff mehr haben, fragen sich die zu Recht sehr besorgten Besatzungen: „Was ist unsere weitere Flugbahn; werden wir unser Sonnensystem verlassen?" Lösen Sie dazu die aus den Newtonschen[1] Gesetzen herleitbare Differentialgleichung

$$\frac{\mathrm{d}^2}{\mathrm{d}\varphi^2}\frac{1}{r(\varphi)} + \frac{1}{r(\varphi)} = C := GM/|r(0) \cdot v_y|^2$$

für den Sonnenabstand r als Funktion des Bahnwinkels φ (Polarkoordinaten) und die Flugdaten

	Sonnenabstand $r(0)$	Geschwindigkeit $(v_x, v_y)^{\mathrm{t}}$
Raumschiff A	$3 \cdot 10^{11}$ m	$(-1,2)^{\mathrm{t}} \cdot 10^4$ m/s
Raumschiff B	$3 \cdot 10^{11}$ m	$(-2,-4)^{\mathrm{t}} \cdot 10^4$ m/s

zum Zeitpunkt ($\varphi = 0$) der „Fast-Kollision". Verwenden Sie die gerundeten Werte $G = 7 \cdot 10^{-11}\ \frac{\mathrm{m}^3}{\mathrm{kg\,s}^2}$ und $M = 2 \cdot 10^{30}$ kg für die Gravitationskonstante und die Sonnenmasse.

Verweise: Lineare Differentialgleichung zweiter Ordnung, Polarkoordinaten

Lösungsskizze

(i) Anfangswerte für $q(\varphi) = 1/r(\varphi)$:
Polarkoordinatendarstellung von Position und Geschwindigkeit

$$p(t) = r(\varphi(t))\begin{pmatrix} \cos\varphi(t) \\ \sin\varphi(t) \end{pmatrix}$$

$$p'(t) = r'(\varphi(t))\varphi'(t)\begin{pmatrix} \cos\varphi(t) \\ \sin\varphi(t) \end{pmatrix} + r(\varphi(t))\begin{pmatrix} -\sin\varphi(t) \\ \cos\varphi(t) \end{pmatrix}\varphi'(t)$$

Einsetzen von $\varphi(0) = 0$, $p(0) = (r(0),0)^{\mathrm{t}}$ und $p'(0) = (v_x, v_y)^{\mathrm{t}}$ ⤳

$$\begin{pmatrix} v_x \\ v_y \end{pmatrix} = r'(0)\varphi'(0)\begin{pmatrix} 1 \\ 0 \end{pmatrix} + r(0)\begin{pmatrix} 0 \\ 1 \end{pmatrix}\varphi'(0),$$

d.h. $\varphi'(0) = v_y/r(0)$, $r'(0) = v_x/\varphi'(0) = v_x r(0)/v_y$
Ableitung des Kehrwerts des Sonnenabstands

$$q'(0) = \frac{\mathrm{d}}{\mathrm{d}\varphi}\frac{1}{r(\varphi)}\bigg|_{\varphi=0} = -\frac{r'(0)}{r(0)^2} = -\frac{v_x}{v_y r(0)}$$

---

[1]Sir Isaac Newton (1571-1630)

(ii) Lösung des Anfangswertproblems für q:

$$q'' + q = C \quad \Longrightarrow$$

$$q(\varphi) = C + c_1 \cos\varphi + c_2 \sin\varphi = C + D\cos(\varphi - \delta), \quad C, D > 0$$

implizite Darstellung eines Kegelschnitts ($C > D$: Ellipse, $C = D$: Parabel, $C < D$: Hyperbel)

Einsetzen der Anfangswerte $\leadsto$

$$1/r(0) - C = q(0) - C = D\cos\delta, \quad -\frac{v_x}{v_y r(0)} = q'(0) = D\sin\delta$$

und folglich

$$D = \sqrt{\left(\frac{1}{r(0)} - C\right)^2 + \left(\frac{v_x}{v_y r(0)}\right)^2}, \quad \tan\delta = \frac{q'(0)}{q(0)} = -\frac{v_x}{v_y(1 - Cr(0))}$$

(iii) Lösung für die angegebenen Daten (Rechnung ohne Einheiten, r in m, v in m/s):

- Raumschiff A: $r(0) = 3 \cdot 10^{11}$, $v_x = -1 \cdot 10^4$, $v_y = 2 \cdot 10^4$

$$\begin{aligned}
C &= GM/|r(0) \cdot v_y|^2 = 7 \cdot 10^{-11} \cdot 2 \cdot 10^{30}/(3 \cdot 10^{11} \cdot 2 \cdot 10^4)^2 \\
&= \frac{7}{18} \cdot 10^{-11} \\
D &= \sqrt{((1/3) \cdot 10^{-11} - (7/18) \cdot 10^{-11})^2 + (-10^4/(2 \cdot 10^4 \cdot 3 \cdot 10^{11}))^2} \\
&= \sqrt{(-1/18)^2 + (-1/6)^2} \cdot 10^{-11} = \frac{\sqrt{10}}{18} \cdot 10^{-11} \\
\tan\delta &= -\frac{-10^4}{2 \cdot 10^4(1 - (7/18) \cdot 10^{-11} \cdot 3 \cdot 10^{11})} = -3, \quad \delta \approx 1.8925
\end{aligned}$$

- Raumschiff B: $r(0) = 3 \cdot 10^{11}$, $v_x = -2 \cdot 10^4$, $v_y = -4 \cdot 10^4$
  analoge Rechnung $\leadsto$ $C = \frac{7}{72} \cdot 10^{-11}$, $D = \frac{\sqrt{433}}{72} \cdot 10^{-11}$, $\tan\delta = -\frac{12}{17}$,
  $\delta \approx -0.6147$

(iv) Bahnkurven:

Die Abbildung (Koordinaten in m, Anfangsgeschwindigkeiten stark vergrößert) zeigt:
Die Flugbahn von A ist eine Ellipse[a] ($D < C$), die von B eine Hyperbel ($D > C$) mit $r(\varphi) \to \infty$ (keine Wiederkehr in unser Sonnensystem).

---

[a]erstes Keplersches Gesetz

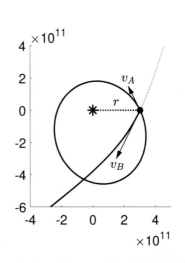

7.14   Allgemeine Lösung und Resonanzfrequenz einer Schwingungsdifferentialgleichung

Bestimmen Sie die allgemeine Lösung $u(t)$ der Schwingungsdifferentialgleichung

$$u'' + 2u' + 10u = \cos(\omega t)$$

sowie die Resonanzfrequenz ω_*, für die die Amplitude des periodischen Anteils maximal wird.

Verweise: Gedämpfte harmonische Schwingung

Lösungsskizze

gedämpfte harmonische Schwingung

$$u'' + 2ru' + \omega_0^2 u = c\cos(\omega t)$$

mit $r = 1$, $\omega_0 = \sqrt{10}$, $c = 1$

(i) Lösung der homogenen Differentialgleichung:
charakteristisches Polynom

$$\lambda^2 + 2r\lambda + \omega_0^2 = \lambda^2 + 2\lambda + 10$$

Nullstellen $\lambda_{1,2} = -1 \pm \sqrt{1^2 - 10} = -1 \pm 3\mathrm{i}$ ⤳

$$u_h(t) = \mathrm{e}^{-t}\left(a\cos(3t) + b\sin(3t)\right)$$

(ii) Partikuläre Lösung:
Ansatz $u_p = C\cos(\omega t + \delta) = \mathrm{Re}\left(C\mathrm{e}^{\mathrm{i}(\omega t + \delta)}\right)$ (periodischer Anteil)
Einsetzen in die Differentialgleichung   ⤳

$$\mathrm{Re}\left(C\mathrm{e}^{\mathrm{i}\delta}\left[-\omega^2 + 2\mathrm{i}\omega + 10\right]\mathrm{e}^{\mathrm{i}\omega t}\right) = \cos(\omega t)$$

$$\mathrm{Re}\,\mathrm{e}^{\mathrm{i}\omega t} = \cos(\omega t) \implies C\mathrm{e}^{\mathrm{i}\delta}\left[-\omega^2 + 2\mathrm{i}\omega + 10\right] = 1\,,$$

d.h.

$$C = |[\ldots]|^{-1} = \left((10 - \omega^2)^2 + (2\omega)^2\right)^{-1/2}$$

$$\delta = \arg\overline{[\ldots]} = \arg(10 - \omega^2 - 2\mathrm{i}\omega)$$

allgemeine Lösung durch Superposition

$$u(t) = u_h(t) + u_p(t) = \mathrm{e}^{-t}\left(a\cos(3t) + b\sin(3t)\right) + C\cos(\omega t + \delta)\,, \; a, b \in \mathbb{R}$$

(iii) Resonanzfrequenz:
C maximal   ⇔

$$(10 - \omega^2)^2 + (2\omega)^2 \to \min$$

Nullsetzen der Ableitung   ⤳

$$0 = 2(10 - \omega^2)(-2\omega) + 8\omega = 4\omega(\omega^2 - 8)\,,$$

d.h. $\omega_* = 2\sqrt{2}$ mit der maximalen Amplitude $C = 1/6$
($\omega = 0$ ⤳   (lokal) minimale Amplitude)

7.15 Taylor-Approximation der Differentialgleichung für ein gedämpftes Pendel

Approximieren Sie die Lösung $u(t)$ des Anfangswertproblems

$$u'' = -\sin(u) - 2u', \quad u(0) = 0, \, u'(0) = 1$$

an der Stelle $t = 1/5$ durch Taylor-Entwicklung bis zu Termen vierter Ordnung einschließlich. Vergleichen Sie mit der Lösung des linearen Problems, das man durch die Näherung $\sin(u) \approx u$ erhält.

Verweise: Taylor-Polynom, Homogene Differentialgleichung zweiter Ordnung mit konstanten Koeffizienten

Lösungsskizze

(i) Taylor-Approximation:
Differentiation der Differentialgleichung

$$
\begin{aligned}
u'' &= -\sin(u) - 2u' \\
u''' &= -\cos(u)u' - 2u'' \\
u'''' &= \sin(u)(u')^2 - \cos(u)u'' - 2u'''
\end{aligned}
$$

Einsetzen der Anfangswerte $u(0) = 0$, $u'(0) = 1$ ⤳

$$
\begin{aligned}
u''(0) &= -0 - 2 \cdot 1 = -2 \\
u'''(0) &= -1 \cdot 1 - 2 \cdot (-2) = 3 \\
u''''(0) &= 0 - 1 \cdot (-2) - 2 \cdot 3 = -4
\end{aligned}
$$

⤳ Taylor-Polynom

$$p(t) = \sum_{k=0}^{4} \frac{u^{(k)}(0)}{k!} t^k = 0 + 1 \cdot t - \frac{2}{2}t^2 + \frac{3}{6}t^3 - \frac{4}{24}t^4$$

und $p(1/5) = 409/2500 = 0.1636$

(ii) Approximation durch eine lineare Differentialgleichung:

$$u'' = -u - 2u'$$

doppelte Nullstelle $\lambda = -1$ des charakteristischen Polynoms $\lambda^2 + 2\lambda + 1$ ⤳ allgemeine Lösung

$$u(t) = (c_1 + c_2 t)e^{-t}$$

Anfangswerte $u(0) = 0$, $u'(0) = 1$ ⤳ $c_1 = 0$, $c_2 = 1$ und

$$u(1/5) = \frac{1}{5}e^{-1/5} = 0.1637461\ldots$$

7.16   Kritische Punkte und Phasendiagramm einer autonomen Differentialgleichung

Bestimmen Sie die kritischen Punkte der Differentialgleichung

$$u'' = \left(1 + (u')^2\right)\cos u$$

und skizzieren Sie die Lösungskurven in der Phasenebene.

Verweise: Phasenebene, Separable Differentialgleichung

Lösungsskizze

autonome Differentialgleichung zweiter Ordnung

$$u'' = f(u, u') \qquad \text{mit } f = (1 + v^2)\cos u\,, \ v = u'$$

(i) Kritische Punkte:

$(u_*, 0)$ mit $f(u_*, 0) = 0 \quad \rightsquigarrow$

$$(1 + 0^2)\cos u_* = 0 \quad \Leftrightarrow \quad u_* = \pm\frac{\pi}{2},\, \pm\frac{3\pi}{2},\, \ldots$$

(ii) Differentialgleichung für $v(u)$:

Kettenregel $\rightsquigarrow$

$$u'' = \frac{dv}{dt} = \frac{dv}{du}\frac{du}{dt} = f(u, v), \qquad \frac{du}{dt} = v\,,$$

im konkreten Fall

$$\frac{dv}{du}v = (1 + v^2)\cos u \quad \Leftrightarrow \quad \frac{dv}{du}\frac{v}{1 + v^2} = \cos u$$

Integration der separablen Differentialgleichung $\rightsquigarrow$

$$\frac{1}{2}\ln(1 + v^2) = \sin u + C$$

bzw. nach Auflösen nach v

$$v = \pm\sqrt{c e^{2\sin u} - 1}\,, \quad c = e^{2C}$$

Skizze

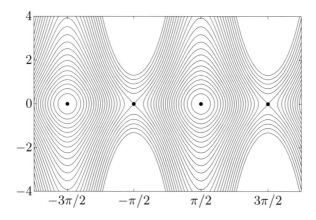

7.17 Eindimensionale Bewegung in einem Potential ★

Skizzieren Sie Lösungskurven der Differentialgleichung

$$u'' = -u\exp(-u^2)$$

in der Phasenebene und ermitteln Sie für die Anfangswerte $u(0) = 0$, $u'(0) = v_0 \geq 0$ die maximale Auslenkung $u(t)$.

Verweise: Phasenebene

Lösungsskizze

Differentialgleichung für eine eindimensionale Bewegung

$$u'' + \Phi'(u) = 0$$

mit $\Phi'(u) = u\exp(-u^2)$

(i) Lösung in der Phasenebene:

Potential

$$\Phi(u) = -\frac{1}{2}\exp(-u^2)$$

Lösungskurven $\widehat{=}$ konstante Energieniveaus

$$E = E_{\text{kin}} + E_{\text{pot}} = \frac{1}{2}v^2 - \underbrace{\frac{1}{2}\exp(-u^2)}_{-\Phi(u)}, \quad v = u'$$

Auflösen nach v $\;\rightsquigarrow$

$$v = \pm\sqrt{2E + \exp(-u^2)}$$

Phasendiagramm

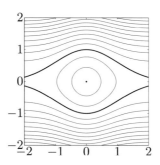

(ii) Maximale Auslenkung:

Startenergie $E = v_0^2/2 - \exp(-u(0)^2)/2 = v_0^2/2 - 1/2$

kritische Startgeschwindigkeit $E = 0 \Leftrightarrow v_0 = \pm 1$;

für $|v_0| \geq 1$: $|u(t)|$ unbeschränkt ($E \geq 0 \implies v(t) > 0 \;\forall t$)

für $|v_0| < 1$: $u_{\max} \widehat{=} v = 0$ $\;\rightsquigarrow$

$$v_0^2/2 - 1/2 = 0 - \exp(-u_{\max}^2)/2 \quad \Leftrightarrow \quad u_{\max} = \sqrt{-\ln(1 - v_0^2)}$$

8 Differentialgleichungssysteme

Übersicht

© Springer-Verlag GmbH Deutschland, ein Teil von Springer Nature 2023
K. Höllig und J. Hörner, *Aufgaben und Lösungen zur Höheren Mathematik 3*,
https://doi.org/10.1007/978-3-662-68151-0_9

8.1   Standardform und Taylor-Approximation

Schreiben Sie das Differentialgleichungssystem

$$x'' = tx + 3y', \quad y'' = x'y + 4t$$

in Standardform $u'(t) = f(t, u(t))$ und bestimmen Sie für die Anfangswerte

$$x(0) = 0, \ x'(0) = 1, \ y(0) = -2, \ y'(0) = 0$$

eine Näherung von $u(1/10)$ durch quadratische Taylor-Approximation.

Verweise: System von Differentialgleichungen erster Ordnung, Taylor-Polynom

Lösungsskizze

(i) Standardform:

Einführung zusätzlicher Variablen

$$u_1 = x, \ u_2 = x', \ u_3 = y, \ u_4 = y'$$

Standardform $\widehat{=}$ Differentialgleichungssystem erster Ordnung

$$
\begin{aligned}
u_1' &= u_2 \\
u_2' &= tu_1 + 3u_4 \\
u_3' &= u_4 \\
u_4' &= u_2u_3 + 4t
\end{aligned}
$$

(ii) Taylor-Approximation:

erste Ableitungen $u_k'(0)$ durch Einsetzen von $u(0) = (0, 1, -2, 0)$

$$u'(0) = (1, \ 0 \cdot 0 + 3 \cdot 0, \ 0, \ 1 \cdot (-2) + 4 \cdot 0)^{\mathrm{t}} = (1, \ 0, \ 0, \ -2)^{\mathrm{t}}$$

zweite Ableitungen durch Differenzieren der Differentialgleichungen

$$
\begin{aligned}
u_1'' &= u_2' = tu_1 + 3u_4 \\
u_2'' &= u_1 + tu_1' + 3u_4' = u_1 + tu_2 + 3(u_2u_3 + 4t) \\
u_3'' &= u_4' = u_2u_3 + 4t \\
u_4'' &= u_2'u_3 + u_2u_3' + 4 = (tu_1 + 3u_4)u_3 + u_2u_4 + 4
\end{aligned}
$$

Auswerten für $t = 0$: $u''(0) = (0, \ -6, \ -2, \ 4)^{\mathrm{t}}$

quadratische Taylor-Approximation: $u(1/10) \approx u(0) + u'(0)\frac{1}{10} + \frac{1}{2}u''(0)\frac{1}{100}$

$$
\begin{pmatrix} 0 \\ 1 \\ -2 \\ 0 \end{pmatrix}
+ \frac{1}{10}
\begin{pmatrix} 1 \\ 0 \\ 0 \\ -2 \end{pmatrix}
+ \frac{1}{200}
\begin{pmatrix} 0 \\ -6 \\ -2 \\ 4 \end{pmatrix}
=
\begin{pmatrix} 0.1 \\ 0.97 \\ -2.01 \\ -0.18 \end{pmatrix}
$$

8.2 Fundamentalmatrix für ein lineares Differentialgleichungssystem

Das Differentialgleichungssystem $u' = Au + (1, t)^{\mathrm{t}}$ hat die Fundamentalmatrix

$$\Gamma(t) = \begin{pmatrix} 1 & t+1 \\ t-1 & t^2 \end{pmatrix} .$$

Bestimmen Sie die Matrix A sowie die Lösung $u(t)$ für den Anfangswert $u(0) = (1, 0)^{\mathrm{t}}$.

Verweise: Lineares Differentialgleichungssystem, Variation der Konstanten

Lösungsskizze

(i) Fundamentalmatrix:

Charakterisierung der Fundamentalmatrix,

$$\Gamma' = A\Gamma, \quad \Gamma(t) = \begin{pmatrix} 1 & t+1 \\ t-1 & t^2 \end{pmatrix}$$

$\Longrightarrow$

$$A = \Gamma'\Gamma^{-1} = \begin{pmatrix} 0 & 1 \\ 1 & 2t \end{pmatrix} \begin{pmatrix} t^2 & -t-1 \\ -t+1 & 1 \end{pmatrix} = \begin{pmatrix} -t+1 & 1 \\ -t^2+2t & t-1 \end{pmatrix}$$

(ii) Anfangswertproblem:

Variation der Konstanten $\rightsquigarrow$ Lösungsdarstellung

$$u(t) = \Gamma(t) \left[\Gamma(t_0)^{-1} u(t_0) + \int_{t_0}^{t} \Gamma(s)^{-1} b(s) \, \mathrm{d}s \right]$$

Einsetzen von $t_0 = 0$, Γ, $u(0)$ und $b(s) = (1, s)^{\mathrm{t}}$ $\rightsquigarrow$

$$[\ldots] = \begin{pmatrix} 0 & -1 \\ 1 & 1 \end{pmatrix} \begin{pmatrix} 1 \\ 0 \end{pmatrix} + \int_0^t \begin{pmatrix} s^2 & -s-1 \\ -s+1 & 1 \end{pmatrix} \begin{pmatrix} 1 \\ s \end{pmatrix} \, \mathrm{d}s$$

$$= \begin{pmatrix} 0 \\ 1 \end{pmatrix} + \begin{pmatrix} -t^2/2 \\ t \end{pmatrix}$$

und

$$u(t) = \underbrace{\begin{pmatrix} 1 & t+1 \\ t-1 & t^2 \end{pmatrix}}_{\Gamma(t)} \begin{pmatrix} -t^2/2 \\ t+1 \end{pmatrix} = \begin{pmatrix} t^2/2 + 2t + 1 \\ t^3/2 + 3t^2/2 \end{pmatrix}$$

8.3   Anfangswertproblem für ein lineares Differentialgleichungssystem

Bestimmen Sie die Lösung $u(t)$ des Anfangswertproblems

$$\begin{aligned}
u_1' &= 3u_2, & u_1(0) &= -1 \\
u_2' &= 3u_1 + 4u_3, & u_2(0) &= 1 \\
u_3' &= 4u_2, & u_3(0) &= 2
\end{aligned}$$

Verweise: Eigenlösungen eines Differentialgleichungssystems, Orthogonale Basis

Lösungsskizze

lineares Differentialgleichungssystem $u' = Au$ mit symmetrischer Matrix

$$A = \begin{pmatrix} 0 & 3 & 0 \\ 3 & 0 & 4 \\ 0 & 4 & 0 \end{pmatrix}$$

charakteristisches Polynom: $-\lambda^3 + (9 + 16)\lambda$

Nullstellen $\rightsquigarrow$ Eigenwerte $\lambda_1 = 0$, $\lambda_2 = 5$, $\lambda_3 = -5$

zugehörige Eigenvektoren

$$v_1 = \begin{pmatrix} 4 \\ 0 \\ -3 \end{pmatrix}, \quad v_2 = \begin{pmatrix} 3 \\ 5 \\ 4 \end{pmatrix}, \quad v_3 = \begin{pmatrix} 3 \\ -5 \\ 4 \end{pmatrix}$$

Superposition von Eigenlösungen $\rightsquigarrow$ allgemeine Lösung

$$u(t) = \sum_{k=1}^{3} c_k e^{\lambda_k t} v_k = c_1 \begin{pmatrix} 4 \\ 0 \\ -3 \end{pmatrix} + c_2 e^{5t} \begin{pmatrix} 3 \\ 5 \\ 4 \end{pmatrix} + c_3 e^{-5t} \begin{pmatrix} 3 \\ -5 \\ 4 \end{pmatrix}$$

Anfangsbedingung: $(-1, 1, 2)^{\mathrm{t}} = u(0) = \sum_k c_k v_k$

Orthogonalität der Eigenvektoren

$\rightsquigarrow$ c_k als Skalarprodukte berechenbar

$$c_1 = \frac{(-1, 1, 2)(4, 0, -3)^{\mathrm{t}}}{|(4, 0, -3)|^2} = -\frac{2}{5}$$

analog $c_2 = (-3 + 5 + 8)/50 = 1/5$, $c_3 = 0$

$$u(t) = \left(-\frac{8}{5} + \frac{3}{5}e^{5t}, \; e^{5t}, \; \frac{6}{5} + \frac{4}{5}e^{5t} \right)^{\mathrm{t}}$$

8.4 Schwingungsdifferentialgleichungen gekoppelter Federn ⋆

Die Differentialgleichungen

$$x'' = -(\alpha + \beta)x + \beta y$$
$$y'' = \beta x - (\beta + \gamma)y$$

beschreiben die Schwingung zweier gekoppelter Federn mit Federkonstanten α, β und γ.

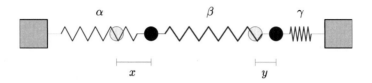

Bestimmen Sie die Auslenkungen $x(t)$ und $y(t)$ aus der Gleichgewichtslage (graue Kreise) für $\alpha = \gamma = 1$, $\beta = 2$ und die Anfangsbedingungen $x(0) = 1$, $y(0) = 2$, $x'(0) = y'(0) = 0$.

Verweise: Eigenlösungen eines Differentialgleichungssystems, Linearer Oszillator

Lösungsskizze

Matrixform des Differentialgleichungssystems

$$\begin{pmatrix} x'' \\ y'' \end{pmatrix} = \underbrace{\begin{pmatrix} -3 & 2 \\ 2 & -3 \end{pmatrix}}_{A} \underbrace{\begin{pmatrix} x \\ y \end{pmatrix}}_{Z}$$

Transformation von $Z'' = AZ$ auf Diagonalform mit Hilfe der Matrix

$$V = \frac{1}{\sqrt{2}} \begin{pmatrix} 1 & -1 \\ 1 & 1 \end{pmatrix}$$

aus Eigenvektoren von A

Substitution $Z = V\tilde{Z}$ ⤳ entkoppeltes System

$$(V\tilde{Z})'' = A(V\tilde{Z}) \quad \Leftrightarrow \quad \tilde{Z}'' = \underbrace{V^{\mathrm{t}} A V}_{\Lambda} \tilde{Z}$$

($V^{\mathrm{t}} = V^{-1}$, da V orthogonal) mit

$$\Lambda = \begin{pmatrix} -1 & 0 \\ 0 & -5 \end{pmatrix}$$

der Diagonalmatrix der Eigenwerte von A

Komponenten des transformierten Systems

$$\tilde{z}_1'' = -\tilde{z}_1$$
$$\tilde{z}_2'' = -5\tilde{z}_2$$

allgemeine Lösung

$$\tilde{z}_1(t) = c_{1,1}\cos t + c_{1,2}\sin t$$
$$\tilde{z}_2(t) = c_{2,1}\cos(\sqrt{5}\,t) + c_{2,2}\sin(\sqrt{5}\,t)$$

bzw. alternativ $\tilde{z}_1(t) = C_1\cos(t-\delta_1)$ und $\tilde{z}_2(t) = C_2\cos(\sqrt{5}\,t-\delta_2)$ $(c_{k,1} = C_k\cos\delta_k,$
$c_{k,2} = C_k\sin\delta_k$ aufgrund des Additionstheorems für Kosinus)
Transformation der Anfangswerte $Z(0) = (x(0),\, y(0))^{\mathrm{t}}$, $Z'(0) = (0,\,0)^{\mathrm{t}}$

$$Z(0) = \begin{pmatrix} 1 \\ 2 \end{pmatrix} \implies \tilde{Z}(0) = \underbrace{\frac{1}{\sqrt{2}}\begin{pmatrix} 1 & 1 \\ -1 & 1 \end{pmatrix}}_{V^{\mathrm{t}}}\begin{pmatrix} 1 \\ 2 \end{pmatrix} = \frac{1}{\sqrt{2}}\begin{pmatrix} 3 \\ 1 \end{pmatrix}$$

$\tilde{Z}'(0) = V^{\mathrm{t}}Z'(0) = (0,\,0)^{\mathrm{t}}$
Einsetzen der Anfangswerte in die allgemeine Lösung $\rightsquigarrow$

$$c_{1,1} = 3/\sqrt{2},\ c_{2,1} = 1/\sqrt{2},\ c_{1,2} = c_{2,2} = 0\,,$$

d.h.

$$\tilde{Z}(t) = \frac{1}{\sqrt{2}}\begin{pmatrix} 3\cos t \\ \cos(\sqrt{5}\,t) \end{pmatrix}$$

Rücktransformation

$$\begin{pmatrix} x(t) \\ y(t) \end{pmatrix} = \underbrace{\frac{1}{\sqrt{2}}\begin{pmatrix} 1 & -1 \\ 1 & 1 \end{pmatrix}}_{V}\tilde{Z}(t) = \frac{1}{2}\begin{pmatrix} 3\cos t - \cos(\sqrt{5}\,t) \\ 3\cos t + \cos(\sqrt{5}\,t) \end{pmatrix}$$

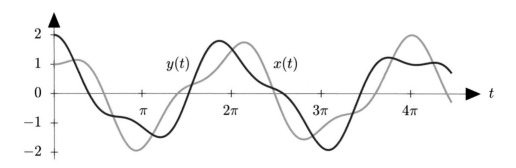

aperiodische Lösung aufgrund des irrationalen Frequenzverhältnisses $(1/(2\pi))$:
$(\sqrt{5}/(2\pi))$ der Summanden $\cos t$ und $\cos(\sqrt{5}\,t)$

8.5 Inhomogenes lineares Differentialgleichungssystem

Bestimmen Sie die allgemeine Lösung $u(t)$ des Differentialgleichungssystems

$$u' = \begin{pmatrix} 1 & 4 \\ 4 & -5 \end{pmatrix} u + \begin{pmatrix} 6t \\ 3t \end{pmatrix}.$$

Verweise: Eigenlösungen eines Dgl.-Systems, Diagonalform hermitescher Matrizen

Lösungsskizze

lineares Differentialgleichungssystem $u' = Au + b$ mit

$$A = \begin{pmatrix} 1 & 4 \\ 4 & -5 \end{pmatrix}, \quad b = \begin{pmatrix} 6t \\ 3t \end{pmatrix}$$

Eigenwerte und orthogonale Matrix aus normierten Eigenvektoren

$$\lambda_1 = 3, \ \lambda_2 = -7, \quad Q = \frac{1}{\sqrt{5}} \begin{pmatrix} 2 & -1 \\ 1 & 2 \end{pmatrix}$$

(i) Diagonalisierung:

Substitution $u = Qv$ und Multiplikation des Differentialgleichungssystems mit $Q^{-1} = Q^{\mathrm{t}} \quad \leadsto$

$$v' = Q^{\mathrm{t}}AQv + Q^{\mathrm{t}}b = \begin{pmatrix} 3 & 0 \\ 0 & -7 \end{pmatrix} v + \frac{1}{\sqrt{5}} \begin{pmatrix} 15t \\ 0 \end{pmatrix}$$

(ii) Lösung der entkoppelten Differentialgleichungen:

■ $v_1' = 3v_1 + 3\sqrt{5}t$

Ansatz $v_{1,p} = \alpha + \beta t \quad \leadsto \quad \beta = 3(\alpha + \beta t) + 3\sqrt{5}t$
und $\beta = -\sqrt{5}$, $\alpha = -\sqrt{5}/3$ nach Koeffizientenvergleich
allgemeine Lösung: $v_1 = c_1 e^{3t} - \sqrt{5}/3 - \sqrt{5}t$

■ $v_2' = -7v_2$

allgemeine Lösung: $v_2 = c_2 e^{-7t}$

(iii) Rücktransformation:

$$u(t) = Qv(t) = \frac{1}{\sqrt{5}} \begin{pmatrix} 2 & -1 \\ 1 & 2 \end{pmatrix} \begin{pmatrix} c_1 e^{3t} - \sqrt{5}/3 - \sqrt{5}t \\ c_2 e^{-7t} \end{pmatrix}$$

$$= \begin{pmatrix} 2\tilde{c}_1 e^{3t} - \tilde{c}_2 e^{-7t} - 2/3 - 2t \\ \tilde{c}_1 e^{3t} + 2\tilde{c}_2 e^{-7t} - 1/3 - t \end{pmatrix}$$

mit $\tilde{c}_k = c_k/\sqrt{5}$

8.6   Jordan-Form eines homogenen Differentialgleichungssystems

Bestimmen Sie die allgemeine Lösung des Differentialgleichungssystems

$$
\begin{aligned}
u_1' &= 2u_1 - 4u_3 \\
u_2' &= u_1 - 3u_2 + u_3 \\
u_3' &= u_1 - u_2 - u_3
\end{aligned}
$$

sowie die Lösung zu dem Anfangswert $u(0) = (-5, 2, 0)^t$. Für welche Anfangswerte bleiben die Lösungen $u(t)$ für $t \to \infty$ beschränkt?

Verweise: Jordan-Form eines Differentialgleichungssystems

Lösungsskizze

Matrixform des Differentialgleichungssystems

$$
u' = Au, \quad A = \begin{pmatrix} 2 & 0 & -4 \\ 1 & -3 & 1 \\ 1 & -1 & -1 \end{pmatrix} u
$$

(i) Jordan-Form:

charakteristisches Polynom der Systemmatrix A

$$
(2 - \lambda)(-3 - \lambda)(-1 - \lambda) + 0 + 4 + (2 - \lambda) + 0 + 4(-3 - \lambda) = -\lambda^3 - 2\lambda^2
$$

Nullstellen $\lambda_{1,2} = 0$, $\lambda_3 = -2$

Rang $A = 2 \quad \Longrightarrow \quad$ nur ein (bis auf Vielfache) Eigenvektor zu $\lambda = 0$

$$
v_1 = (2,\ 1,\ 1)^t
$$

Eigenvektor zu $\lambda_3 = -2$: $v_3 = (1,\ 2,\ 1)^t$

$\leadsto$ Jordan-Form

$$
J = \begin{pmatrix} 0 & 1 & 0 \\ 0 & 0 & 0 \\ 0 & 0 & -2 \end{pmatrix}
$$

Bestimmung eines Hauptvektors v_2 aus $(A - 0E)v_2 = v_1$

$$
\begin{pmatrix} 2 & 0 & -4 \\ 1 & -3 & 1 \\ 1 & -1 & -1 \end{pmatrix} v_2 = \begin{pmatrix} 2 \\ 1 \\ 1 \end{pmatrix} \quad \Longrightarrow \quad v_2 = \begin{pmatrix} 3 \\ 1 \\ 1 \end{pmatrix}
$$

$\leadsto$ Transformationsmatrix

$$
V = (v_1, v_2, v_3) = \begin{pmatrix} 2 & 3 & 1 \\ 1 & 1 & 2 \\ 1 & 1 & 1 \end{pmatrix}
$$

(ii) Allgemeine Lösung:

Transformation $u = V\tilde{u}$

$\rightsquigarrow$ gestaffeltes Differentialgleichungssystem $\tilde{u}' = J\tilde{u}$

$$\tilde{u}_1' = \tilde{u}_2, \quad \tilde{u}_2' = 0, \quad \tilde{u}_3' = -2\tilde{u}_3$$

sukzessives Lösen $\rightsquigarrow$ $\tilde{u}_3 = c_3 e^{-2t}$, $\tilde{u}_2 = c_2$ und

$$\tilde{u}_1' = c_2 \quad \Leftrightarrow \quad \tilde{u}_1 = c_1 + c_2 t$$

Rücktransformation

$$u = V\tilde{u} = \begin{pmatrix} 2 & 3 & 1 \\ 1 & 1 & 2 \\ 1 & 1 & 1 \end{pmatrix} \begin{pmatrix} c_1 + c_2 t \\ c_2 \\ c_3 e^{-2t} \end{pmatrix}$$

$$= c_1 \begin{pmatrix} 2 \\ 1 \\ 1 \end{pmatrix} + c_2 \begin{pmatrix} 2t+3 \\ t+1 \\ t+1 \end{pmatrix} + c_3 \begin{pmatrix} e^{-2t} \\ 2e^{-2t} \\ e^{-2t} \end{pmatrix}$$

(iii) Anfangswertproblem:

$u(0) = (-5, 2, 0)^t$ $\rightsquigarrow$ lineares Gleichungssystem

$$\begin{aligned} -5 &= 2c_1 + 3c_2 + c_3 \\ 2 &= c_1 + c_2 + 2c_3 \\ 0 &= c_1 + c_2 + c_3 \end{aligned}$$

mit der Lösung

$$c_1 = 1, \; c_2 = -3, \; c_3 = 2$$

(iv) Beschränkte Lösungen:

$\sup_{t \geq 0} |u(t)| < \infty \Leftrightarrow c_2 = 0$, d.h.

$$u(0) \in \text{span}\{(2, 1, 1)^t, (1, 2, 1)^t\}$$

$$\Leftrightarrow u(0) \perp (2, 1, 1)^t \times (1, 2, 1)^t = (-1, -1, 3)^t$$

bzw. $u_3(0) = u_1(0) + u_2(0)$

8.7   Differentialgleichungen für Feld- und Äquipotentiallinien

Bestimmen Sie die Feldlinien $(x(t), y(t))^{\mathrm{t}}$ des Vektorfeldes

$$\vec{F} = (x + 2y - 5, \, 2x - 2y - 4)^{\mathrm{t}}$$

durch Lösen der Differentialgleichungen $(x', y')^{\mathrm{t}} = \vec{F}(x, y)$. Geben Sie das Potential des Vektorfeldes an sowie Differentialgleichungen für die Äquipotentiallinien. Fertigen Sie eine Skizze an.

Verweise: Eigenlösungen eines Differentialgleichungssystems, Potential, Vektorfeld

Lösungsskizze

(i) Feldlinien:

inhomogene lineare Differentialgleichung für die Feldlinien $(x(t), y(t))^{\mathrm{t}}$

$$\begin{aligned}
x' &= x + 2y - 5 \\
y' &= 2x - 2y - 4
\end{aligned}$$

bzw. in Matrixform

$$\begin{pmatrix} x' \\ y' \end{pmatrix} = \underbrace{\begin{pmatrix} 1 & 2 \\ 2 & -2 \end{pmatrix}}_{A} \begin{pmatrix} x \\ y \end{pmatrix} - \underbrace{\begin{pmatrix} 5 \\ 4 \end{pmatrix}}_{b}$$

Lösung des linearen Gleichungssystems

$$\vec{F}(x, y) = A \begin{pmatrix} x \\ y \end{pmatrix} - b = \begin{pmatrix} 0 \\ 0 \end{pmatrix} \quad \Leftrightarrow \quad \begin{pmatrix} 1 & 2 \\ 2 & -2 \end{pmatrix} \begin{pmatrix} x \\ y \end{pmatrix} - \begin{pmatrix} 5 \\ 4 \end{pmatrix}$$

$\rightsquigarrow$ Fixpunkt $(x_\star, y_\star)^{\mathrm{t}} = (3, 1)^{\mathrm{t}}$ (konstante Lösung $x(t) = x_\star$, $y(t) = y_\star$ des Differentialgleichungssystems)

allgemeine Lösung

$$\begin{pmatrix} x \\ y \end{pmatrix} = \begin{pmatrix} x_\star \\ y_\star \end{pmatrix} + \begin{pmatrix} x_h \\ y_h \end{pmatrix}$$

mit $(x_h, y_h)^{\mathrm{t}}$ der Lösung des homogenen Differentialgleichungssystems $(x', y')^{\mathrm{t}} = A\,(x, y)^{\mathrm{t}}$

$A = A^{\mathrm{t}}$ (symmetrisch) mit Eigenwerten und Eigenvektoren

$$\lambda = 2, \, u = \begin{pmatrix} 2 \\ 1 \end{pmatrix}, \quad \varrho = -3, \, v = \begin{pmatrix} 1 \\ -2 \end{pmatrix}$$

$\rightsquigarrow$ Linearkombination von Eigenlösungen

$$\begin{pmatrix} x_h(t) \\ y_h(t) \end{pmatrix} = c_1 \mathrm{e}^{2t} \begin{pmatrix} 2 \\ 1 \end{pmatrix} + c_2 \mathrm{e}^{-3t} \begin{pmatrix} 1 \\ -2 \end{pmatrix}$$

(ii) Potential:
$$A = A^{\mathrm{t}} \quad \Longrightarrow \quad \mathrm{rot}\,\vec{F} = 0 \quad \Longrightarrow \quad \exists\, U \text{ mit } \mathrm{grad}\,U = \vec{F}$$

$$U(x,y) = \frac{1}{2} \begin{pmatrix} x & y \end{pmatrix} A \begin{pmatrix} x \\ y \end{pmatrix} - b^{\mathrm{t}} \begin{pmatrix} x \\ y \end{pmatrix} + C$$

verschiedenes Vorzeichen der Eigenwerte λ, ϱ von A $\quad\Longrightarrow\quad$ Hyperbeln als Äquipotentiallinien

(iii) Differentialgleichungen für die Äquipotentiallinien:

$$0 = \frac{\mathrm{d}}{\mathrm{d}t} U(x(t), y(t)) = \underbrace{\mathrm{grad}\,U(x(t), y(t))^{\mathrm{t}}}_{\vec{F}(x(t), y(t))} \begin{pmatrix} x'(t) \\ y'(t) \end{pmatrix},$$

d.h. $(x',\, y')^{\mathrm{t}} \perp \vec{F} = (F_x,\, F_y)^{\mathrm{t}} \quad\Leftrightarrow\quad (x',\, y')^{\mathrm{t}} \parallel (F_y,\, -F_x)^{\mathrm{t}}$ und

$$\begin{pmatrix} x' \\ y' \end{pmatrix} = s \begin{pmatrix} F_y \\ -F_x \end{pmatrix} = s \begin{pmatrix} 2x - 2y - 4 \\ -x - 2y + 5 \end{pmatrix}$$

mit einem Faktor s, der die Orientierung und Länge der Tangentenvektoren bestimmt

Lösung (Berechnung analog zu (i))

$$\begin{pmatrix} x(t) \\ y(t) \end{pmatrix} = \begin{pmatrix} 3 \\ 1 \end{pmatrix} + c_1 e^{s\sqrt{6}\,t} \begin{pmatrix} 2 + \sqrt{6} \\ -1 \end{pmatrix} + c_2 e^{-s\sqrt{6}\,t} \begin{pmatrix} 2 \\ 2 + \sqrt{6} \end{pmatrix}$$

(iv) Skizze:

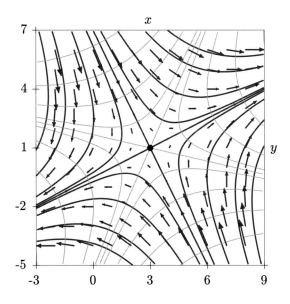

Vektorfeld sowie Feldlinien und dazu orthogonale Äquipotentiallinien

8.8 Eliminationsmethode für ein System von zwei Differentialgleichungen ★

Bestimmen Sie die Lösung $u(t)$ des Anfangswertproblems

$$u_1' - 3u_1 - u_2 = \cos t, \; u_1(0) = -1$$
$$4u_1 + u_2' + 2u_2 = \sin t, \; u_2(0) = 1$$

mit der Eliminationsmethode.

Verweise: Methode der unbestimmten Koeffizienten für lineare Differentialgleichungen zweiter Ordnung

---

Lösungsskizze

(i) Elimination von u_1:
Ausdrücke mit u_1

$$\text{Gleichung 1}: \quad u_1' - 3u_1 = (\mathrm{d}/\mathrm{d}t - 3)u_1$$
$$\text{Gleichung 2}: \quad 4u_1$$

Elimination analog zum Gauß-Verfahren

$$(\mathrm{d}/\mathrm{d}t - 3)\,(\text{Gleichung 2}) - 4\,(\text{Gleichung 1})$$

$\rightsquigarrow$

$$(4u_1' - 12u_1 + u_2'' - 3u_2' + 2u_2' - 6u_2) - (4u_1' - 12u_1 - 4u_2)$$
$$= (\cos t - 3\sin t) - (4\cos t)$$

$\rightsquigarrow$ Differentialgleichung zweiter Ordnung für u_2

$$u_2'' - u_2' - 2u_2 = -3\cos t - 3\sin t$$

(ii) Allgemeine Lösung u_2:
charakteristisches Polynom

$$\lambda^2 - \lambda - 2 = (\lambda + 1)(\lambda - 2)$$

Nullstellen $\lambda_1 = -1$, $\lambda_2 = 2$ $\rightsquigarrow$ allgemeine Lösung der homogenen Differentialgleichung $u_2'' - u_2' - 2u_2 = 0$

$$u_{2,\mathrm{h}}(t) = c_1 \mathrm{e}^{\lambda_1 t} + c_2 \mathrm{e}^{\lambda_2 t} = c_1 \mathrm{e}^{-t} + c_2 \mathrm{e}^{2t}$$

Ansatz für eine partikuläre Lösung der inhomogenen Differentialgleichung mit rechter Seite $-3\cos t - 3\sin t$

$$u_{2,\mathrm{p}}(t) = a\cos t + b\sin t$$

Einsetzen ⤳

$$(-a\cos t - b\sin t) - (-a\sin t + b\cos t) - 2(a\cos t + b\sin t) = -3\cos t - 3\sin t$$

Vergleich der Koeffizienten von Kosinus und Sinus
⤳ lineares Gleichungssystem

$$\cos t: \quad -a - b - 2a = -3$$
$$\sin t: \quad -b + a - 2b = -3$$

mit der Lösung $a = 3/5$, $b = 6/5$
allgemeine Lösung der inhomogenen Differentialgleichung

$$u_2(t) = u_{2,\mathrm{h}}(t) + u_{2,\mathrm{p}}(t) = c_1 e^{-t} + c_2 e^{2t} + \frac{3}{5}\cos t + \frac{6}{5}\sin t$$

(iii) Allgemeine Lösung u_1:
Auflösen der zweiten Differentialgleichung des Systems nach u_1 ⤳

$$
\begin{aligned}
u_1(t) &= \frac{1}{4}\left(\sin t - u_2'(t) - 2u_2(t)\right) \\
&= \frac{1}{4}\left(\sin t - (-c_1 e^{-t} + 2c_2 e^{2t} - \frac{3}{5}\sin t + \frac{6}{5}\cos t)\right. \\
&\qquad \left. -2(c_1 e^{-t} + c_2 e^{2t} + \frac{3}{5}\cos t + \frac{6}{5}\sin t)\right) \\
&= -\frac{1}{4}c_1 e^{-t} - c_2 e^{2t} - \frac{3}{5}\cos t - \frac{1}{5}\sin t
\end{aligned}
$$

(iv) Anfangswertproblem:
Anfangswerte $u_1(0) = -1$, $u_2(0) = 1$ ⤳ lineares Gleichungssystem für die Integrationskonstanten c_k

$$-\frac{1}{4}c_1 - c_2 - \frac{3}{5} = -1$$
$$c_1 + c_2 + \frac{3}{5} = 1$$

Lösung $c_1 = 0$, $c_2 = 2/5$

Einsetzen in die Ausdrücke für u_1 und u_2 ⤳

$$
u(t) = \begin{pmatrix} -\dfrac{2}{5}e^{2t} - \dfrac{3}{5}\cos t - \dfrac{1}{5}\sin t \\[2mm] \dfrac{2}{5}e^{2t} + \dfrac{3}{5}\cos t + \dfrac{6}{5}\sin t \end{pmatrix}
$$

8.9   Zweidimensionales System, Typ und allgemeine Lösung

Bestimmen Sie den Typ des Differentialgleichungssystems

$$x' = x + y, \quad y' = x - y$$

und stellen Sie die allgemeine reelle Lösung in parametrischer $(t \mapsto (x(t), y(t))^t)$
und impliziter Form $(F(x, y) = 0)$ dar.

Verweise: Stabilität linearer Differentialgleichungssysteme, Ähnlichkeitsdifferentialgleichung

Lösungsskizze

lineares Differentialgleichungssystem

$$u' = Au, \quad A = \begin{pmatrix} 1 & 1 \\ 1 & -1 \end{pmatrix}$$

(i) Typ:

$\det A = -2 < 0 \quad \Longrightarrow \quad$ instabiler Sattel

(ii) Parametrische Lösungsdarstellung:

Eigenwerte und Eigenvektoren der Matrix A

$$\lambda_{1,2} = \pm\sqrt{2}, \quad v_1 = \begin{pmatrix} 1 + \sqrt{2} \\ 1 \end{pmatrix}, \quad v_2 = \begin{pmatrix} 1 \\ -1 - \sqrt{2} \end{pmatrix}$$

Linearkombination von Eigenlösungen $\rightsquigarrow$ allgemeine Lösung

$$\begin{pmatrix} x(t) \\ y(t) \end{pmatrix} = \sum_k c_k e^{\lambda_k t} v_k = c_1 e^{\sqrt{2}t} \begin{pmatrix} 1 + \sqrt{2} \\ 1 \end{pmatrix} + c_2 e^{-\sqrt{2}t} \begin{pmatrix} 1 \\ -1 - \sqrt{2} \end{pmatrix}$$

(iii) Implizite Lösungsdarstellung:

Division der Differentialgleichungen $x' = x + y$ und $y' = x - y$ $\rightsquigarrow$

$$\frac{dy}{dx} = \frac{dy}{dt} \cdot \frac{dt}{dx} = \frac{y'}{x'} = \frac{x - y}{x + y} = \frac{1 - y/x}{1 + y/x}$$

Ähnlichkeitsdifferentialgleichung

Substitution $y(x) = xw(x)$ $\rightsquigarrow$ separable Differentialgleichung

$$w'x = \frac{1 - w}{1 + w} - w = \frac{1 - 2w - w^2}{1 + w} \quad \Leftrightarrow \quad \frac{1 + w}{1 + 2w - w^2} w' = \frac{1}{x}$$

beidseitige Integration, Kettenregel $(\int g(w(x))w'(x)\,dx = \int g(w)\,dw)$ $\rightsquigarrow$

$$-\frac{1}{2} \int \frac{-2 - 2w}{1 - 2w - w^2}\,dw = \int \frac{1}{x}\,dx \quad \Longrightarrow \quad C - \frac{1}{2}\ln|1 - 2w - w^2| = \ln|x|$$

Anwendung der Exponentialfunktion, Quadrieren und Rücksubstitution $\rightsquigarrow$

$$\frac{e^{2C}}{|1 - 2y/x - y^2/x^2|} = x^2 \quad \text{bzw.} \quad F(x, y) = x^2 - 2xy - y^2 - c = 0,\, c \in \mathbb{R}$$

8.10 Newtonsche Bewegungsgleichung für ein nicht-konservatives Kraftfeld

Lösen Sie das Anfangswertproblem

$$x'' = F_x(x, y),\ y'' = F_y(x, y), \quad x(0) = 1,\ x'(0) = 0,\ y(0) = 0,\ y'(0) = 0$$

für das Kraftfeld $\vec{F}(x, y) = (y, -4x)^{\mathrm{t}}$.

Verweise: Differentialgleichungssystem

Lösungsskizze

(i) Allgemeine Lösung des Differentialgleichungssystems $x'' = y$, $y'' = -4x$:
Elimination von y durch zweifaches Ableiten $\rightsquigarrow$

$$x'''' = y'' = -4x$$

Einsetzen des Ansatzes $x(t) = \mathrm{e}^{\lambda t}$ in $x'''' = -4x$ $\rightsquigarrow$

$$\lambda^4 = -4 \quad \Longleftrightarrow \quad \lambda^2 = \pm 2\mathrm{i} \quad \Longleftrightarrow \quad \lambda \in \{1 + \mathrm{i},\ 1 - \mathrm{i},\ -1 + \mathrm{i},\ -1 - \mathrm{i}\}$$

Bilden von Real- und Imaginärteil der entsprechenden vier linear unabhängigen Lösungen $x(t) = \mathrm{e}^{(\pm 1 \pm \mathrm{i})t} = \mathrm{e}^{\pm t}(\cos t \pm \mathrm{i}\sin t)$ $\rightsquigarrow$ allgemeine Lösung

$$x(t) = \mathrm{e}^t(a\cos t + b\sin t) + \mathrm{e}^{-t}(c\cos t + d\sin t)$$

sowie aufgrund von $y = x''$, $(pq)'' = p''q + 2p'q' + pq''$

$$\begin{aligned} y(t) &= \mathrm{e}^t(a\cos t + b\sin t) + \mathrm{e}^{-t}(c\cos t + d\sin t) \\ &\quad + 2\mathrm{e}^t(-a\sin t + b\cos t) - 2\mathrm{e}^{-t}(-c\sin t + d\cos t) \\ &\quad + \mathrm{e}^t(-a\cos t - b\sin t) + \mathrm{e}^{-t}(-c\cos t - d\sin t) \\ &= 2\mathrm{e}^t(-a\sin t + b\cos t) - 2\mathrm{e}^{-t}(-c\sin t + d\cos t) \end{aligned}$$

(ii) Berücksichtigung der Anfangswerte $x(0) = 1$, $x'(0) = 0$, $y(0) = 0$, $y'(0) = 0$:
$1 = x(0) = a + c$

$$\begin{aligned} x'(t) &= \mathrm{e}^t(a\cos t + b\sin t) - \mathrm{e}^{-t}(c\cos t + d\sin t) \\ &\quad + \mathrm{e}^t(-a\sin t + b\cos t) + \mathrm{e}^{-t}(-c\sin t + d\cos t) \end{aligned}$$

$\Longrightarrow \quad 0 = x'(0) = a - c + b + d$

analog: $0 = y(0) = 2b - 2d$, $0 = y'(0) = 2b + 2d - 2a + 2c$

Lösen des Gleichungssystems für a, b, c, d $\rightsquigarrow$ $a = c = 1/2$, $b = d = 0$, d.h.

$$\begin{aligned} x(t) &= x(t) = \frac{1}{2}\mathrm{e}^t\cos t + \frac{1}{2}\mathrm{e}^{-t}\cos t = \cosh t\cos t \\ y(t) &= -\mathrm{e}^t\sin t + \mathrm{e}^{-t}\sin t = -2\sinh t\sin t \end{aligned}$$

8.11 Jordan-Form eines inhomogenen Differentialgleichungssystems

Bestimmen Sie die allgemeine Lösung des Differentialgleichungssystems

$$u' = \begin{pmatrix} -1 & -1 \\ 1 & -3 \end{pmatrix} u + \begin{pmatrix} t \\ 3 \end{pmatrix}.$$

Verweise: Jordan-Form eines Differentialgleichungssystems

Lösungsskizze

lineares Differentialgleichungssystem $u' = Au + b$ mit

$$A = \begin{pmatrix} -1 & -1 \\ 1 & -3 \end{pmatrix}, \quad b = \begin{pmatrix} t \\ 3 \end{pmatrix}$$

(i) Jordan-Form:

charakteristisches Polynom der Systemmatrix A

$$(-1 - \lambda)(-3 - \lambda) - (-1) = \lambda^2 + 4\lambda + 4 = (\lambda - 2)^2$$

doppelter Eigenwert $\lambda = -2$ mit Eigenvektor $v = (1,1)^t$
Rang$(A - \lambda E) = 1 \implies$ geometrische Vielfachheit 1
bestimme einen Hauptvektor w und eine Transformationsmatrix Q aus

$$AQ = QJ, \quad Q = (v, w), \quad J = \begin{pmatrix} -2 & 1 \\ 0 & -2 \end{pmatrix}$$

Spalte 2

$$\begin{pmatrix} -w_1 - w_2 \\ w_1 - 3w_2 \end{pmatrix} = Aw = v - 2w = \begin{pmatrix} 1 - 2w_1 \\ 1 - 2w_2 \end{pmatrix} \quad \Leftrightarrow \quad w_1 - w_2 = 1,$$

d.h. z.B. $w = (1,0)^t$ und

$$Q = \begin{pmatrix} 1 & 1 \\ 1 & 0 \end{pmatrix}, \quad Q^{-1} = \begin{pmatrix} 0 & 1 \\ 1 & -1 \end{pmatrix}$$

Transformation des Differentialgleichungssystems $u' = Au + b$

$$u = Q\tilde{u} \quad \leadsto \quad \tilde{u}' = J\tilde{u} + \tilde{b}, \quad \tilde{b} = Q^{-1}b = (3, t - 3)^t$$

(ii) Allgemeine Lösung:

gestaffeltes Differentialgleichungssystem

$$\tilde{u}' = \begin{pmatrix} -2 & 1 \\ 0 & -2 \end{pmatrix} \tilde{u} + \begin{pmatrix} 3 \\ t - 3 \end{pmatrix}$$

- zweite Komponente

$$\tilde{u}_2' = -2\tilde{u}_2 + t - 3$$

Ansatz $\tilde{u}_{2,p} = \alpha + \beta t$ für eine partikuläre Lösung $\quad\rightsquigarrow$

$$\beta = -2\alpha - 2\beta t + t - 3$$

und nach Koeffizientenvergleich $\beta = 1/2$ und $\alpha = -7/4$
Addition der allgemeinen Lösung der homogenen Differentialgleichung $\quad\rightsquigarrow$

$$\tilde{u}_2 = c_2 e^{-2t} - 7/4 + t/2$$

mit $c_2 \in \mathbb{R}$

- erste Komponente

$$
\begin{aligned}
\tilde{u}_1' &= -2\tilde{u}_1 + \tilde{u}_2 + 3 \\
&= -2\tilde{u}_1 + c_2 e^{-2t} + 5/4 + t/2
\end{aligned}
$$

Ansatz $\tilde{u}_{1,p} = \gamma t e^{-2t} + \alpha + \beta t$ für eine partikuläre Lösung $\quad\rightsquigarrow$

$$\gamma e^{-2t} + \beta = -2\alpha - 2\beta t + c_2 e^{-2t} + 5/4 + t/2$$

und nach Koeffizientenvergleich $\gamma = c_2, \beta = 1/4$ und $\alpha = 1/2$, also

$$\tilde{u}_{1,p} = c_2 t e^{-2t} + 1/2 + t/4$$

und

$$\tilde{u}_1 = (c_1 + c_2 t)e^{-2t} + 1/2 + t/4$$

mit $c_k \in \mathbb{R}$

Rücktransformation $\quad\rightsquigarrow\quad$ allgemeine Lösung

$$
u(t) = \underbrace{\begin{pmatrix} 1 & 1 \\ 1 & 0 \end{pmatrix}}_{Q} \begin{pmatrix} \tilde{u}_1 \\ \tilde{u}_2 \end{pmatrix} = \begin{pmatrix} (c_1 + c_2 + c_2 t)e^{-2t} - 5/4 + 3t/4 \\ (c_1 + c_2 t)e^{-2t} + 1/2 + t/4 \end{pmatrix}
$$

8.12 Raubtier-Beute-Modell

Bestimmen Sie die kritischen Punkte des Differentialgleichungssystems

$$u' = u(1 - v)$$
$$v' = v(1 + u - 2v)$$

sowie deren Typ und skizzieren Sie das Flussfeld.

Verweise: Stabilität nichtlinearer Differentialgleichungssysteme

Lösungsskizze

autonomes System

$$\begin{pmatrix} u' \\ v' \end{pmatrix} = F(u, v), \quad F = \begin{pmatrix} u(1 - v) \\ v(1 + u - 2v) \end{pmatrix}$$

(i) Kritische Punkte:

$$u' = v' = 0 \quad \Longrightarrow \quad p_1 = (0, 0),\, p_2 = (0, 1/2),\, p_3 = (1, 1)$$

Typbestimmung mit Hilfe der Jacobi-Matrix

$$F' = \begin{pmatrix} 1 - v & -u \\ v & 1 + u - 4v \end{pmatrix}$$

Einsetzen der kritischen Punkte $\rightsquigarrow$

$$F'(p_1) = \begin{pmatrix} 1 & 0 \\ 0 & 1 \end{pmatrix}, \quad F'(p_2) = \begin{pmatrix} 1/2 & 0 \\ 1/2 & -1 \end{pmatrix}, \quad F'(p_3) = \begin{pmatrix} 0 & -1 \\ 1 & -2 \end{pmatrix}$$

$\det(F'(p_1)) = 1 > 0$, $\operatorname{Spur}(F'(p_1)) = 2 > 0 \quad \Longrightarrow \quad$ instabiler Knoten

$\det(F'(p_2)) = -1/2 < 0 \quad \Longrightarrow \quad$ instabiler Sattel

$\det(F'(p_3)) = 1 > 0$, $\operatorname{Spur}(F'(p_3)) = -2 < 0 \quad \Longrightarrow \quad$ stabiler Knoten

(entartet, da $\det = (\operatorname{Spur}/2)^2$)

(ii) Flussfeld:

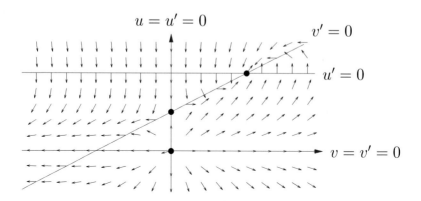

8.13 Typ und Lösungskurven eines zweidimensionalen Differentialgleichungssystems mit Parameter ⋆

Bestimmen Sie für das Differentialgleichungssystem

$$u' = Au, \quad A = \begin{pmatrix} \alpha & -5 \\ 5 & \alpha - 6 \end{pmatrix}$$

die allgemeine Lösung $u(t)$ und deren Typ in Abhängigkeit von dem Parameter $\alpha \in \mathbb{R}$. Skizzieren Sie die Lösungskurven für $\alpha = 3$.

Verweise: Stabilität linearer Differentialgleichungssysteme

Lösungsskizze

(i) Typ:

charakteristisches Polynom

$$\begin{vmatrix} \alpha - \lambda & -5 \\ 5 & \alpha - 6 - \lambda \end{vmatrix} = (\alpha - \lambda)(\alpha - 6 - \lambda) - 5(-5) = (\lambda - (\alpha - 3))^2 + 16$$

Nullstellen $\leadsto$ Eigenwerte $\lambda_\pm = (\alpha - 3) \pm 4\mathrm{i}$ $(\lambda_- = \overline{\lambda_+}$, da A reell)

- $\alpha < 3 \Leftrightarrow \operatorname{Re}\lambda < 0$: stabile Spirale
- $\alpha = 3 \Leftrightarrow \operatorname{Re}\lambda = 0$: neutrales Zentrum
- $\alpha > 3 \Leftrightarrow \operatorname{Re}\lambda > 0$: instabile Spirale

(ii) Allgemeine Lösung:

Eigenvektoren zu $\lambda_\pm$ (ebenfalls komplex konjugiert): nicht-triviale Lösungen von

$$\begin{pmatrix} \alpha - (\alpha - 3) \mp 4\mathrm{i} & -5 \\ 5 & \alpha - 6 - (\alpha - 3) \mp 4\mathrm{i} \end{pmatrix} v_\pm = \begin{pmatrix} 0 \\ 0 \end{pmatrix}$$

wähle (unabhängig von α)

$$v_\pm = \begin{pmatrix} 5 \\ 3 \mp 4\mathrm{i} \end{pmatrix} = \underbrace{\begin{pmatrix} 5 \\ 3 \end{pmatrix}}_{\xi} \pm \mathrm{i} \underbrace{\begin{pmatrix} 0 \\ -4 \end{pmatrix}}_{\eta}$$

$\leadsto$ allgemeine Lösung

$$u(t) = c_+ v_+ \mathrm{e}^{\lambda_+ t} + c_- v_- \mathrm{e}^{\lambda_- t} = \mathrm{e}^{(\alpha-3)t} \underbrace{\left(c_+ v_+ \mathrm{e}^{4\mathrm{i}t} + c_- v_- \mathrm{e}^{-4\mathrm{i}t} \right)}_{u_\star(t)}$$

mit $c_\pm \in \mathbb{C}$ und $u_\star$ dem periodischen Anteil der Lösung

u reell $\Leftrightarrow$ $c_- = \overline{c_+}$, d.h. $c_\pm = a \pm \mathrm{i}b$ mit $a, b \in \mathbb{R}$

Einsetzen, Formel von Euler-Moivre, $C = \cos(4t)$, $S = \sin(4t)$ $\leadsto$

$$u_\star(t) = (a + ib)(\xi + i\eta)(C + iS) + (a - ib)(\xi - i\eta)(C - iS)$$

$$= \underbrace{2(a\xi - b\eta)}_{p}\,C + \underbrace{2(-a\eta - b\xi)}_{q}\,S = \begin{pmatrix} 10aC - 10bS \\ (6a + 8b)C + (8a - 6b)S \end{pmatrix}$$

(iii) Lösungskurven für $\alpha = 3$:

$$u(t) = u_\star(t) = pC + qS = \underbrace{(p,q)}_{2\times 2} \begin{pmatrix} \cos(4t) \\ \sin(4t) \end{pmatrix}$$

$\cos^2 + \sin^2 = 1$ $\implies$

$$1 = |(p,q)^{-1}u|^2 = u^{\mathrm t} \underbrace{((p,q)^{-1})^{\mathrm t}(p,q)^{-1}}_{M} u$$

M symmetrisch, positiv definit $\implies$ u parametrisiert eine Ellipse

bestimme die explizite Form von M

$$(p,q) = (\xi,\eta) \underbrace{\begin{pmatrix} 2a & -2b \\ -2b & -2a \end{pmatrix}}_{R}, \quad R^{\mathrm t} R = \underbrace{(4a^2 + 4b^2)}_{\gamma}\,E \implies R^{-1} = \frac{1}{\gamma}R^{\mathrm t}$$

$$\leadsto \quad M = ((\xi,\eta)^{-1})^{\mathrm t}(R^{-1})^{\mathrm t}R^{-1}(\xi,\eta)^{-1}$$

$$= \frac{1}{\gamma}\begin{pmatrix} 5 & 3 \\ 0 & -4 \end{pmatrix}^{-1}\begin{pmatrix} 5 & 0 \\ 3 & -4 \end{pmatrix}^{-1} = \frac{1}{80\,\gamma}\begin{pmatrix} 5 & -3 \\ -3 & 5 \end{pmatrix}$$

Skizze

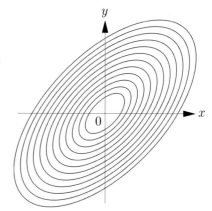

- Halbachsenrichtungen   (Eigenvektoren):
  $(1,1)^{\mathrm t}$, $(-1,1)^{\mathrm t}$
- Halbachsenlängen $(1/\sqrt{\lambda_k})$:
  $\sqrt{80\gamma/(5-3)}$, $\sqrt{80\gamma/(5+3)}$
- Längenverhältnis:
  $\sqrt{1/2} : \sqrt{1/8} = 2 : 1$

9 Laplace-Transformation

Übersicht

© Springer-Verlag GmbH Deutschland, ein Teil von Springer Nature 2023
K. Höllig und J. Hörner, *Aufgaben und Lösungen zur Höheren Mathematik 3*,
https://doi.org/10.1007/978-3-662-68151-0_10

9.1　Laplace-Transformation trigonometrischer Funktionen

Bestimmen Sie die Laplace-Transformierten folgender Funktionen.

a) $e^{3t} \cos(2t)$　　　b) $\sin^2 t \, \cos(3t)$　　　c) $(2t + 3) \sin t$　　　d) $e^{2t} t \sin(3t)$

Verweise:　Laplace-Transformation von Exponentialfunktionen, Laplace-Transformation

Lösungsskizze

Laplace-Transformierte von Kosinus und Sinus

$$e^{\lambda t} \cos(\omega t) \xrightarrow{\mathcal{L}} \frac{s - \lambda}{(s - \lambda)^2 + \omega^2}, \quad e^{\lambda t} \sin(\omega t) \xrightarrow{\mathcal{L}} \frac{\omega}{(s - \lambda)^2 + \omega^2}$$

a)　$f(t) = e^{3t} \cos(2t)$:

$$F(s) = \frac{s - 3}{(s - 3)^2 + 4}$$

b)　$f(t) = \sin^2 t \, \cos(3t)$:

Formel von Euler-Moivre, $\sin \varphi = \frac{e^{i\varphi} - e^{-i\varphi}}{2i}$, $\cos \varphi = \frac{e^{i\varphi} + e^{-i\varphi}}{2}$　　⤳

$$\begin{aligned}
f(t) &= -\frac{1}{4} \left(e^{it} - e^{-it} \right)^2 \frac{1}{2} \left(e^{3it} + e^{-3it} \right) \\
&= -e^{5it}/8 + e^{3it}/4 - e^{it}/8 - e^{-it}/8 + e^{-3it}/4 - e^{-5it}/8 \\
&= -\frac{1}{4} \cos(5t) + \frac{1}{2} \cos(3t) - \frac{1}{4} \cos(t)
\end{aligned}$$

⤳

$$F(s) = -\frac{s/4}{s^2 + 25} + \frac{s/2}{s^2 + 9} - \frac{s/4}{s^2 + 1}$$

c)　$f(t) = (2t + 3) \sin t$:

Multiplikation mit t

$$t u(t) \xrightarrow{\mathcal{L}} -U'(s)$$

⤳

$$F(s) = -2 \frac{d}{ds} \frac{1}{s^2 + 1} + 3 \frac{1}{s^2 + 1} = \frac{4s + 3(s^2 + 1)}{(s^2 + 1)^2}$$

d)　$f(t) = e^{2t} t \sin(3t)$:

$$t \sin(3t) \longrightarrow -\frac{d}{ds} \frac{3}{s^2 + 9} = \frac{6s}{(s^2 + 9)^2}$$

Multiplikation mit $e^{\lambda t}$

$$e^{\lambda t} u(t) \xrightarrow{\mathcal{L}} U(s - \lambda)$$

⤳

$$F(s) = \frac{6(s - 1)}{\left((s - 1)^2 + 9 \right)^2}$$

9.2 Laplace-Transformierte von Exponentialfunktionen

Bestimmen Sie die Laplace-Transformierten von

$$\text{a)} \quad (1 - 2t)\,\mathrm{e}^{3t} \qquad \text{b)} \quad \frac{\mathrm{e}^{2t} - \mathrm{e}^{3t}}{t} \qquad \text{c)} \quad \mathrm{e}^{2t}\cos^3 t$$

Verweise: Laplace-Transformation von Exponentialfunktionen, Laplace-Transformation, Differentiation und Integration bei Laplace-Transformation

Lösungsskizze

a) $f(t) = (1 - 2t)\,\mathrm{e}^{3t}$:

Transformationsregel $t^n\,\mathrm{e}^{\lambda t} \overset{\mathcal{L}}{\to} \dfrac{n!}{(s - \lambda)^{n+1}}$ mit $n = 0, 1$ und $\lambda = 3$ $\rightsquigarrow$

$$F(s) = \frac{1}{s - 3} - \frac{2}{(s - 3)^2} = \frac{s - 5}{(s - 3)^2}$$

b) $f(t) = \dfrac{\mathrm{e}^{2t} - \mathrm{e}^{3t}}{t}$:

Umkehrung der Transformationsregel $g(t) = tf(t) \overset{\mathcal{L}}{\to} G(s) = -F'(s)$ $\implies$

$$f(t) = \frac{g(t)}{t} \overset{\mathcal{L}}{\longrightarrow} F(s) = -\int G(s)\,\mathrm{d}s$$

für Funktionen g mit $g(0) = 0$ und mit der Integrationskonstante so gewählt, dass $\lim_{s \to \infty} F(s) = 0$ im Einklang mit dem Grenzwert des definierenden Integrals $F(s) = \int_0^\infty f(t)\mathrm{e}^{-st}\,\mathrm{d}t$

Anwendung mit $g(t) = \mathrm{e}^{2t} - \mathrm{e}^{3t}$ $\rightsquigarrow$

$$F(s) = -\int \frac{1}{s - 2} - \frac{1}{s + 3}\,\mathrm{d}s = \ln\left|\frac{s + 3}{s - 2}\right| + C$$

mit $C = 0$, da $\lim_{s \to \infty}|(s + 3)/(s - 2)| = 1$ und $\ln 1 = 0$ c) $f(t) = \mathrm{e}^{2t}\cos^3 t$:
Darstellung von $\cos^3 t$ als Linearkombination von $\cos(kt)$ mit Hilfe der Additionstheoreme für Kosinus und Sinus

$$\begin{aligned}
\cos(2t) &= \cos^2 t - \sin^2 t = 2\cos^2 t - 1 \\
&\to \cos^2 t = \tfrac{1}{2} + \tfrac{1}{2}\cos(2t) \\
\cos(3t) &= \cos(2t)\cos t - \sin(2t)\sin t = 2\cos^3 t - \cos t - 2\cos t\,\underbrace{\sin^2 t}_{1 - \cos^2 t} \\
&= -3\cos t + 4\cos^3 t \\
&\to \cos^3 t = \tfrac{3}{4}\cos t + \tfrac{1}{4}\cos(3t)
\end{aligned}$$

Transformationsregel $\mathrm{e}^{\lambda t}\cos(\omega t) \overset{\mathcal{L}}{\longrightarrow} \dfrac{s - \lambda}{(s - \lambda)^2 + \omega^2}$ mit $\omega = 1, 3$ und $\lambda = 2$ $\rightsquigarrow$

$$F(s) = \frac{3(s - 2)/4}{(s - 2)^2 + 1} + \frac{(s - 2)/4}{(s - 2)^2 + 9}$$

9.3 Inverse Laplace-Transformierte rationaler Funktionen

Bestimmen Sie die inversen Laplace-Transformierten folgender Funktionen.

$$\text{a) } \frac{s + i\omega}{(s - i\omega)^2} \qquad \text{b) } \frac{3}{s^2 - 4} \qquad \text{c) } \frac{s + 3}{s^2 + 4s + 5}$$

Verweise: Laplace-Transformation von Exponentialfunktionen, Laplace-Transformation

Lösungsskizze

Laplace-Transformation von Exponentialfunktionen

$$u(t) = t^n \exp(at) \xrightarrow{\mathcal{L}} U(s) = n! \, / \, (s - a)^{n+1}$$

a) $U(s) = (s + i\omega)/(s - i\omega)^2$:

Anpassung des Zählers

$$U(s) = \frac{(s - i\omega) + 2i\omega}{(s - i\omega)^2} = \frac{1}{s - i\omega} + \frac{2i\omega}{(s - i\omega)^2}$$

Transformationsregeln mit $n = 0, 1$ und $a = i\omega$ ↝

$$u(t) = e^{i\omega t} + 2i\omega t e^{i\omega t} = (1 + 2i\omega t)\, e^{i\omega t}$$

b) $U(s) = 3/(s^2 - 4)$:

Partialbruchzerlegung

$$U(s) = \frac{3}{(s + 2)(s - 2)} = \frac{3}{4}\left(\frac{1}{s - 2} - \frac{1}{s + 2} \right)$$

Transformationsregeln mit $n = 0$, $a = \pm 2$ ↝

$$u(t) = \frac{3}{4}\left(e^{2t} - e^{-2t} \right) = \frac{3}{2}\sinh(2t)$$

c) $U(s) = (s + 3)/(s^2 + 4s + 5)$:

quadratische Ergänzung des Nenners und Anpassen des Zählers

$$U(s) = \frac{(s + 2) + 1}{(s + 2)^2 + 1^2}$$

Transformationsregeln

$$e^{at}\cos(\omega t) \xrightarrow{\mathcal{L}} \frac{s - a}{(s - a)^2 + \omega^2}, \qquad e^{at}\sin(\omega t) \xrightarrow{\mathcal{L}} \frac{\omega}{(s - a)^2 + \omega^2}$$

↝   inverse Laplace-Transformierte

$$u(t) = e^{-2t}\left(\cos t + \sin t \right)$$

9.4   Laplace-Transformierte periodischer Funktionen

Bestimmen Sie die Laplace-Transformierten von den abgebildeten Funktionen sowie von deren 2-periodischen Fortsetzungen.

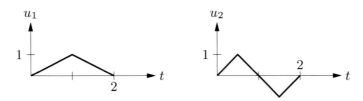

Verweise: Verschiebung und Skalierung bei Laplace-Transformation

Lösungsskizze

(i) Hut-Funktion $u_1(t) = 1 - |t - 1|$, $0 \leq t \leq 2$:

Laplace-Transformierte

$$U_1(s) = \int_0^1 t e^{-st} \, \mathrm{d}t + \int_1^2 (2 - t) e^{-st} \, \mathrm{d}t$$

partielle Integration $\leadsto$

$$U_1(s) = \left[\frac{t e^{-st}}{-s} \right]_{t=0}^1 + \int_0^1 \frac{e^{-st}}{s} \, \mathrm{d}t + \left[\frac{(2 - t) e^{-st}}{-s} \right]_{t=1}^2 - \int_1^2 \frac{e^{-st}}{s} \, \mathrm{d}t$$

$$= \frac{(1 - e^{-s})^2}{s^2}$$

Transformierte der T-periodischen ($T = 2$) Fortsetzung $\tilde{u}_1$ $\leadsto$

$$\tilde{U}_1(s) = \frac{1}{1 - e^{-Ts}} \int_0^T e^{-st} u_1(t) \, \mathrm{d}t = \frac{1}{1 - e^{-2s}} U_1(s) = \frac{e^s - 1}{s^2(e^s + 1)}$$

(ii) Zusammengesetzte Funktion $u_2(t)$:

Darstellung mit Hilfe von u_1

$$v(t) = u_1(2t), \quad u_2(t) = v(t) - v(t - 1)$$

Anwendung der Regeln für Skalierung und Verschiebung,

$$u(at) \xrightarrow{\mathcal{L}} U(s/a)/a, \quad u(t - b) \xrightarrow{\mathcal{L}} e^{-bs} U(s),$$

auf $U_1(s) = (1 - e^{-s})^2/s^2$ mit $a = 2$, $b = 1$ $\leadsto$

$$V(s) = \frac{(1 - e^{-s/2})^2}{2(s/2)^2}, \quad U_2(s) = (1 - e^{-s}) V(s) = \frac{(1 - e^{-s/2})^2(1 - e^{-s})}{s^2/2}$$

Transformierte der 2-periodischen Fortsetzung $\tilde{u}_2$

$$\tilde{U}_2(s) = \frac{1}{1 - e^{-2s}} U_2(s) = \frac{(e^{s/2} - 1)^2 e^{-s}(1 - e^{-s})}{(1 + e^{-s})(1 - e^{-s}) s^2/2} = \frac{(e^{s/2} - 1)^2}{s^2(e^s + 1)/2}$$

9.5 Laplace-Transformation eines Anfangswertproblems erster Ordnung

Bestimmen Sie die Lösung $u(t)$ des Anfangswertproblems

$$u' - 3u = t^2 e^{3t} - \cos(2t), \quad u(0) = 1.$$

Verweise: Laplace-Transformation linearer Differentialgleichungen erster Ordnung

Lösungsskizze

Anwendung der Transformationsregel für Ableitungen,

$$u'(t) \xrightarrow{\mathcal{L}} sU(s) - u(0),$$

auf das Anfangswertproblem

$$u' - 3u = f, \quad u(0) = 1,$$

$\rightsquigarrow$ Laplace-Transformierte der Lösung

$$(sU(s) - 1) - 3U(s) = F(s) \quad \Leftrightarrow \quad U(s) = \frac{1}{s-3}(F(s) + 1)$$

Benutzung der Regeln

$$t^n e^{\lambda t} \xrightarrow{\mathcal{L}} \frac{n!}{(s-\lambda)^{n+1}}, \quad e^{\lambda t}(\alpha \cos(\omega t) + \beta \sin(\omega t)) \xrightarrow{\mathcal{L}} \frac{\alpha(s-\lambda) + \beta\omega}{(s-\lambda)^2 + \omega^2}$$

zur Transformation von $f(t) = t^2 e^{3t} - \cos(2t)$ $\rightsquigarrow$

$$F(s) = \frac{2}{(s-3)^3} - \frac{s}{s^2 + 4}$$

Partialbruchzerlegung der Laplace-Transformierten $(F(s) + 1)/(s-3)$

$$\begin{aligned}
U(s) &= \frac{2}{(s-3)^4} - \frac{s}{(s-3)(s^2+4)} + \frac{1}{s-3} \\
&= \frac{2}{(s-3)^4} + \frac{10}{13(s-3)} + \frac{3s-4}{13(s^2+4)}
\end{aligned}$$

Rücktransformation der einzelnen Terme

$$u(t) = \frac{1}{3}t^3 e^{3t} + \frac{10}{13}e^{3t} + \frac{3}{13}\cos(2t) - \frac{2}{13}\sin(2t)$$

9.6 Laplace-Transformation von Anfangswertproblemen erster Ordnung

Bestimmen Sie die Lösungen $u(t)$ der Differentialgleichungen

a) $\quad u' + u = 3e^{2t} - 4e^t$ b) $\quad u' - u = 3t^2 - 4t$

zu dem Anfangswert $u(0) = 0$.

Verweise: Laplace-Transformation linearer Differentialgleichungen erster Ordnung, Laplace-Transformation von Exponentialfunktionen

Lösungsskizze

Ableitungsregel $u'(t) \overset{\mathcal{L}}{\to} sU(s) - u(0)$ mit $u(0) = 0$ $\quad\Longrightarrow$

$$u'(t) + pu(t) = f(t) \overset{\mathcal{L}}{\to} U(s) = \frac{1}{s+p} F(s)$$

Rücktransformation durch Zerlegung in elementare Terme $\quad\rightsquigarrow\quad u(t)$

a) $\quad u'(t) + u(t) = 3e^{2t} - 4e^t$:

$p = 1$ und Transformationsregel für Exponentialfunktionen $e^{\lambda t} \overset{\mathcal{L}}{\to} 1/(s - \lambda)$ $\quad\rightsquigarrow$

$$U(s) = \frac{1}{s+1} \left(\frac{3}{s-2} - \frac{4}{s-1} \right)$$

Partialbruchzerlegung

$$\frac{1}{(s-a)(s-b)} = \frac{1/(a-b)}{s-a} + \frac{1/(b-a)}{s-b}$$

mit $a = -1$, $b = 2$ bzw. $a = -1$, $b = 1$ $\quad\rightsquigarrow$

$$U(s) = \frac{3/(-3)}{s+1} + \frac{3/3}{s-2} - \frac{4/(-2)}{s+1} - \frac{4/2}{s-1} = \frac{1}{s+1} + \frac{1}{s-2} - \frac{2}{s-1}$$

und nach Rücktransformation

$$u(t) = e^{-t} + e^{2t} - 2e^t$$

b) $\quad u'(t) - u(t) = 3t^2 - 4t$:

$p = -1$ und Transformationsregel für Monome $t^n \overset{\mathcal{L}}{\to} n!/s^{n+1}$ $\quad\rightsquigarrow$

$$U(s) = \frac{1}{s-1} \left(\frac{6}{s^3} - \frac{4}{s^2} \right) = \frac{6 - 4s}{(s-1)s^3}$$

Ansatz für die Partialbruchzerlegung

$$\frac{6 - 4s}{(s-1)s^3} = \frac{a}{s^3} + \frac{b}{s^2} + \frac{c}{s} + \frac{d}{s-1}$$

Vergleich der Koeffizienten von 1, s, s^2, s^3 nach Multiplikation mit $(s-1)s^3$ $\quad\rightsquigarrow$

$$6 = -a, \quad -4 = a - b, \quad 0 = b - c, \quad 0 = c + d,$$

d.h. $a = -6$, $b = -2$, $c = -2$, $d = 2$ und Rücktransformation $\quad\rightsquigarrow$

$$u(t) = -3t^2 - 2t - 2 + 2e^t$$

9.7 Laplace-Transformation eines Anfangswertproblems erster Ordnung mit stückweise konstanter rechter Seite

Bestimmen Sie die Lösung $u(t)$ des Anfangswertproblems

$$u' - 2u = 4\chi_{[3,\infty)}, \quad u(0) = 1$$

mit χ_D der charakteristischen Funktion des Intervalls D ($= 1$ in D und 0 sonst).

Verweise: Laplace-Transformation linearer Differentialgleichungen erster Ordnung, Verschiebung und Skalierung bei Laplace-Transformation

---

Lösungsskizze

Ableitungsregel $u'(t) \overset{\mathcal{L}}{\to} sU(s) - u(0)$ $\rightsquigarrow$

$$(sU(s) - 1) - 2U(s) = 4F_3(s) \quad \Leftrightarrow \quad U(s) = \frac{1}{s-2} + \frac{4}{s-2}F_3(s)$$

mit F_3 der Laplace-Transformierten von $f_3 = \chi_{[3,\infty)}$
Verschiebungsregel

$$g(t-a) \overset{\mathcal{L}}{\to} e^{-as}G(s)$$

für $a \geq 0$ und Funktionen g mit $g(t) = 0$ für $t \leq 0$
Anwendung mit $a = 3$ auf $f_3(t) = f_0(t-3)$, $f_0 = \chi_{[0,\infty)}$ $\implies$

$$F_3(s) = e^{-3s}F_0(s) = e^{-3s}\frac{1}{s}$$

Einsetzen in die Laplace-Transformation der Differentialgleichung und Partialbruchzerlegung $\rightsquigarrow$

$$U(s) = \frac{1}{s-2} + e^{-3s}\frac{4}{s(s-2)} = \frac{1}{s-2} + \left\{ e^{-3s}\left[\frac{2}{s-2} - \frac{2}{s}\right] \right\}$$

Rücktransformation von $\{\dots\}$: um 3 verschobene Rücktransformation von $[\dots]$, d.h.
$[\dots] \overset{\mathcal{L}^{-1}}{\to} 2e^{2t} - 2$ $\implies$

$$\{\dots\} \overset{\mathcal{L}^{-1}}{\to} \begin{cases} 0 & \text{für } 0 \leq t \leq 3 \\ 2e^{2(t-3)} - 2 & \text{für } 3 \leq t \end{cases}$$

Addition der Rücktransformation von $1/(s-2)$ $\rightsquigarrow$ Fallunterscheidung

$$u(t) = \begin{cases} e^{2t} & \text{für } 0 \leq t \leq 3 \\ e^{2t} + 2e^{2(t-3)} - 2 = (1 + 2/e^6)e^{2t} - 2 & \text{für } 3 \leq t \end{cases}$$

Alternative Lösung

Anwendung der Integraldarstellung der Lösung:

$$u(t) = u(0)e^{2t} + \int_0^t e^{2(t-\tau)} \cdot 4\chi_{[3,\infty)}(\tau)\,d\tau$$

(Integrand $= 0$ für $0 \leq t \leq 3$ und $= 4e^{2(t-\tau)}$ für $t \geq 3$)

9.8 Laplace-Transformation eines Anfangswertproblems zweiter Ordnung

Bestimmen Sie die Lösung $u(t)$ des Anfangswertproblems

$$u'' - 3u' + 2u = t - e^{2t}, \quad u(0) = 1, \, u'(0) = 3 \,.$$

Verweise: Laplace-Transformation linearer Differentialgleichungen zweiter Ordnung

Lösungsskizze

Anwendung der Transformationsregeln für Ableitungen,

$$u'(t) \quad \xrightarrow{\mathcal{L}} \quad sU(s) - u(0)$$
$$u''(t) \quad \xrightarrow{\mathcal{L}} \quad s^2 U(s) - su(0) - u'(0) \,,$$

auf das Anfangswertproblem

$$u'' - 3u' + 2u = f, \quad u(0) = 1, \, u'(0) = 3 \,,$$

$\rightsquigarrow$

$$(s^2 U(s) - s - 3) - 3(sU(s) - 1) + 2U(s) = F(s)$$

Auflösen nach der Laplace-Transformierten der Lösung

$$U(s) = \frac{1}{s^2 - 3s + 2} \left(F(s) + s \right)$$

Verwendung der Regel

$$t^n e^{\lambda t} \quad \xrightarrow{\mathcal{L}} \quad \frac{n!}{(s - \lambda)^{n+1}}$$

zur Transformation von $f(t) = t - e^{2t} \quad \rightsquigarrow$

$$F(s) = \frac{1}{s^2} - \frac{1}{s - 2}$$

Partialbruchzerlegung der Laplace-Transformierten

$$U(s) = \frac{1}{(s - 1)(s - 2)} \left(\frac{1}{s^2} - \frac{1}{s - 2} + s \right)$$
$$= \frac{1}{2s^2} + \frac{3}{4s} - \frac{1}{(s - 2)^2} + \frac{13}{4(s - 2)} - \frac{3}{s - 1}$$

Rücktransformation der einzelnen Terme

$$u(t) = \frac{1}{2}t + \frac{3}{4} - te^{2t} + \frac{13}{4}e^{2t} - 3e^t$$

9.9   Laplace-Transformation einer Integralgleichung

Bestimmen Sie die Lösung u der Integralgleichung

$$u(t) - \int_0^t \sin(t - \tau)u(\tau)\,\mathrm{d}\tau = 9te^{3t}\,.$$

Verweise: Faltung und Laplace-Transformation

Lösungsskizze

Anwendung der Regeln für die Faltung von Funktionen,

$$\varphi \star \psi \xrightarrow{\mathcal{L}} \Phi \cdot \Psi, \quad (\varphi \star \psi)(t) = \int_0^t \varphi(t - \tau)\psi(\tau)\,\mathrm{d}\tau\,,$$

und die Transformation von Exponentialfunktionen,

$$\sin(\omega t) \xrightarrow{\mathcal{L}} \frac{\omega}{s^2 + \omega^2}, \quad t^n e^{\lambda t} \xrightarrow{\mathcal{L}} \frac{n!}{(s - \lambda)^{n+1}}\,,$$

mit $\omega = 1,\, n = 1,\, \lambda = 3 \quad \rightsquigarrow$

$$u(t) - \int_0^t \sin(t - \tau)u(\tau)\,\mathrm{d}\tau = 9te^{3t}$$

$$\xrightarrow{\mathcal{L}} U(s) - \frac{1}{s^2 + 1}U(s) = \frac{9}{(s - 3)^2}$$

Umformung und Partialbruchzerlegung

$$U(s) = \frac{9(s^2 + 1)}{s^2(s - 3)^2} = \frac{a}{s} + \frac{b}{s^2} + \frac{c}{s - 3} + \frac{d}{(s - 3)^2}$$

$*s^2$ und $s = 0 \implies b = 1$

$*(s - 3)^2$ und $s = 3 \implies d = 10$

Auswertung bei $s = 1, 2 \quad \rightsquigarrow$

$$s = 1: \quad \frac{9}{2} = a + 1 - \frac{c}{2} + \frac{10}{4} \quad \Leftrightarrow \quad a - \frac{c}{2} = 1$$

$$s = 2: \quad \frac{45}{4} = \frac{a}{2} + \frac{1}{4} - c + 10 \quad \Leftrightarrow \quad \frac{a}{2} - c = 1$$

$$\implies \quad a = 2/3,\, c = -2/3$$

Rücktransformation

$$U(s) = \frac{2/3}{s} + \frac{1}{s^2} - \frac{2/3}{s - 3} + \frac{10}{(s - 3)^2}$$

$$\xrightarrow{\mathcal{L}} u(t) = \frac{2}{3} + t - \frac{2}{3}e^{3t} + 10te^{3t}$$

9.10 Laplace-Transformation einer homogenen Differentialgleichung zweiter Ordnung mit Parameter

Lösen Sie das Anfangswertproblem

$$u'' + 2pu' + 25u = 0, \quad u(0) = 1, u'(0) = -3,$$

für die Parameter $p = -5$ und $p = 4$.

Verweise: Laplace-Transformation linearer Differentialgleichungen zweiter Ordnung

Lösungsskizze

Anwendung der Transformationsregeln für Ableitungen,

$$u'(t) \xrightarrow{\mathcal{L}} sU(s) - u(0)$$
$$u''(t) \xrightarrow{\mathcal{L}} s^2U(s) - su(0) - u'(0)$$

$\rightsquigarrow$

$$(s^2U - s + 3) + 2p(sU - 1) + 25U = 0$$

bzw. nach Auflösen nach der Laplace-Transformierten

$$U(s) = \frac{s + (2p - 3)}{(s + p)^2 + (25 - p^2)}$$

(i) $\quad p = -5$:

Laplace-Transformierte von Exponentialfunktionen,

$$t^n \, e^{\lambda t} \xrightarrow{\mathcal{L}} \frac{n!}{(s - \lambda)^{n+1}},$$

mit $\lambda = 5$, $n = 0, 1$ und $s + (2p - 3) = s - 13 \quad \rightsquigarrow$

$$U(s) = \frac{(s - 5) - 8}{(s - 5)^2} \xrightarrow{\mathcal{L}^{-1}} u(t) = e^{5t} - 8te^{5t} = (1 - 8t)e^{5t}$$

(ii) $\quad p = 4$:

Laplace-Transformierte von Kosinus und Sinus,

$$e^{\lambda t} \cos(\omega t) \xrightarrow{\mathcal{L}} \frac{s - \lambda}{(s - \lambda)^2 + \omega^2}$$
$$e^{\lambda t} \sin(\omega t) \xrightarrow{\mathcal{L}} \frac{\omega}{(s - \lambda)^2 + \omega^2}$$

mit $\lambda = -4$, $\omega = 3$ und $s + (2p - 3) = s + 5 \quad \rightsquigarrow$

$$U(s) = \frac{(s + 4) + 1}{(s + 4)^2 + 3^2} \xrightarrow{\mathcal{L}^{-1}} u(t) = e^{-4t}\left(\cos(3t) + \frac{1}{3}\sin(3t)\right)$$

10 Tests

Übersicht

Ergänzende Information Die elektronische Version dieses Kapitels enthält Zusatzmaterial, auf das über folgenden Link zugegriffen werden kann https://doi.org/10.1007/978-3-662-68151-0_11.

10.1 Differentialgleichungen erster Ordnung

Aufgabe 1:

Lösen Sie das Anfangswertproblem

$$y' = 2y, \quad y(3) = 4.$$

Aufgabe 2:

Lösen Sie das Anfangswertproblem

$$y' = \frac{2y}{x+1} + 3, \quad y(4) = 0.$$

Aufgabe 3:

Bestimmen Sie die allgemeine Lösung $y(x)$ der Differentialgleichung

$$y' = 2y + 2e^x + e^{2x}.$$

Aufgabe 4:

Bestimmen Sie die allgemeine Lösung $y(x)$ der Bernoulli-Differentialgleichung

$$y' = y + xy^2.$$

Aufgabe 5:

Lösen Sie das Anfangswertproblem

$$y' = \exp(x+y), \quad y(0) = 0.$$

Aufgabe 6:

Lösen Sie das Anfangswertproblem

$$y' = \frac{1}{x+y} - 1, \quad y(1) = 1.$$

Aufgabe 7:

Lösen Sie das Anfangswertproblem

$$(x + 2y)\,dx + (2x)\,dy = 0, \quad y(2) = 2.$$

Aufgabe 8:

Bestimmen Sie die allgemeine Lösung $y(x)$ der Differentialgleichung

$$y \, dx + (1 + 2x + 3y) \, dy = 0$$

mit Hilfe eines integrierenden Faktors $a(y)$.

Aufgabe 9:

Die Differentialgleichung $y'(x) = f(y(x), x)$ kann mit der Trapezregel approximiert werden:

$$y(x + h) = y(x) + \frac{h}{2}(f(y(x), x) + f(y(x + h), x + h)) + h\Delta(x, h).$$

Zeigen Sie für den Diskretisierungsfehler die Entwicklung $\Delta(x, h) = ch^2 + O(h^3)$.

Aufgabe 10:

Bestimmen Sie numerisch die positive π-periodische Lösung $u(t)$ der Differentialgleichung

$$u' = u(1 - u) + \sin^2 t \quad .$$

Lösungshinweise

Aufgabe 1:

Die allgemeine Lösung der Differentialgleichung $y' = py$ ist $y(x) = ce^{px}$. Die Konstante c wird durch den Anfangswert festgelegt.

Aufgabe 2:

Bestimmen Sie zunächst die allgemeine Lösung y_h der homogenen Differentialgleichung $y' = 2y/(x+1)$. Addieren Sie dann eine partikuläre (spezielle) Lösung y_p der inhomogenen Differentialgleichung $y' = 2y/(x+1) - 3$, die Sie durch Variation der Integrationskonstanten c in der Darstellung von y_h erhalten können: $c \to C(x)$. Berücksichtigen Sie schließlich die Anfangsbedingung $y(4) = 0$, um die Integrationskonstante c in der allgemeinen Lösung $y = y_h + y_p$ festzulegen.

Aufgabe 3:

Die Lösung einer Differentialgleichung $y'(x) = ay(x) + \sum_k f_k(x)$ hat die Form $y(x) = ce^{ax} + \sum_k y_k(x)$ mit y_k einer partikulären (speziellen) Lösung der Differentialgleichung $y'(x) = ay(x) + f_k(x)$ (Superpositionsprinzip). Für $f_k(x) = de^{rx}$ ist $y_k(x) = c_k e^{rx}$ für $r \neq a$ und $y_k(x) = c_k x e^{rx}$ im Resonanzfall $r = a$. Die Konstanten c_k können durch Einsetzen in die Differentialgleichung bestimmt werden.

Aufgabe 4:

Mit der Substitution $y = 1/z$ erhalten Sie eine lineare Differentialgleichung $z' = \lambda z + f$. Eine spezielle Lösung kann mit dem Ansatz $z(x) = a + bx$ gefunden werden. Addieren Sie dazu die allgemeine Lösung der homogenen Differentialgleichung $z' = \lambda z$.

Aufgabe 5:

Die Differentialgleichung ist separabel, d.h. die Variablen lassen sich trennen:

$$f(y)y' = g(x).$$

Nach Bilden der Stammfunktionen mit Anwendung der Kettenregel auf der linken Seite erhält man eine implizite Darstellung der allgemeinen Lösung:

$$F(y(x)) = G(x) + c.$$

Abschließend bestimmt man die Integrationskonstante c durch Einsetzen der Anfangsbedingung und löst nach $y(x)$ auf.

Aufgabe 6:

Mit der Substitution $z = x + y$ erhalten Sie eine separable Differentialgleichung, die Sie elementar integrieren können. Mit $z(1) = 2$ können Sie die Anfangsbedingung unmittelbar berücksichtigen oder, alternativ, erst nach Rücksubstitution.

Aufgabe 7:

Die Differentialgleichung ist exakt, d.h. sie hat die Form $p\,dx + q\,dy = 0$ mit $\partial_y p = \partial_x q$. Damit existiert eine Stammfunktion f mit $\operatorname{grad} f = (p,q)^{\mathrm{t}}$, und die Lösung hat die implizite Darstellung $f(x,y) = c$.

Aufgabe 8:

Der integrierende Faktor $a(y)$ für eine Differentialgleichung wird gewählt, so dass die resultierende Differentialgleichung

$$\underbrace{a(y)y}_{p}\,dx + \underbrace{a(y)(1 + 2x + 3y)}_{q}\,dy = 0$$

exakt ist, d.h. $p_y = q_x$. Damit erhält man eine implizite Lösungsdarstellung $f(x,y) = C$ mit einer Stammfunktion von (p,q), d.h. $(p,q)^{\mathrm{t}} = \operatorname{grad} f$.

Aufgabe 9:

Der Diskretisierungsfehler Δ von Differenzenapproximationen einer Differentialgleichung $y'(x) = f(y(x), x)$ kann durch Einsetzen der Taylor-Entwicklungen

$$y(x + h) = y_0 + y_1 h + \frac{1}{2}y_2 h^2 + \frac{1}{6}y_3 h^3 + \cdots, \quad y_k = y^{(k)}(x)$$

$$y'(x + h) = f(y(x + h), x + h) = y_1 + y_2 h + \frac{1}{2}y_3 h^2 + \cdots$$

der exakten Lösung bestimmt werden.

Aufgabe 10:

Benutzen Sie die MATLAB® -Funktion `[t,u] = ode45(f,[T0,Tend],u0)`, der die rechte Seite $f(t, u)$ der Differentialgleichung, das Zeitintervall und der Anfangswert übergeben wird, zur Bestimmung von $u(\pi)$ als Funktion p von $u(0)$. Lösen Sie dann die Gleichung $p(u(0)) = u(0)$ mit Hilfe der MATLAB® -Funktion `fzero`.

10.2 Differentialgleichungen zweiter Ordnung

Aufgabe 1:

Bestimmen Sie die Lösung $u(t)$ des Anfangswertproblems

$$u'' + 4u = \sin(2t), \quad u(0) = 1, u'(0) = 0.$$

Aufgabe 2:

Bestimmen Sie die allgemeine Lösung $u(t)$ der Differentialgleichung

$$u'' - u' - 2u = 0.$$

Aufgabe 3:

Lösen Sie das Randwertproblem

$$u'' + 2u' + 2u = 0, \quad u(0) = 1, u'(\pi) = 0.$$

Aufgabe 4:

Bestimmen Sie die Lösung $u(t)$ des Anfangswertproblems

$$u'' - 2u' + 5u = 4e^t, \quad u(0) = u'(0) = 0.$$

Aufgabe 5:

Bestimmen Sie die Lösung $u(t)$ des Anfangswertproblems

$$t^2 u'' - 2u = 0, \quad u(1) = u'(1) = 3.$$

Aufgabe 6:

Bestimmen Sie die Lösung $u(t)$ des Anfangswertproblems

$$3u''u' = 2u, \quad u(1) = 1, u'(1) = 1.$$

Aufgabe 7:

Bestimmen Sie die periodische Lösung $u(t)$ der Differentialgleichung

$$u'' + u' + u = \cos(\omega t)$$

sowie die Resonanzfrequenz $\omega_\star$.

Aufgabe 8:

Bestimmen Sie für die Lösung $u(t)$ des Anfangswertproblems

$$u'' = -2u^3, \quad u(0) = 2, \, u'(0) = 0,$$

$v_{\max} = \max_t |u'(t)|.$

Lösungshinweise

Aufgabe 1:
Die allgemeine Lösung der Differentialgleichung hat die Form $u = u_h + u_p$ mit u_h der allgemeinen Lösung der homogenen Differentialgleichung $u'' + 4u = 0$, die zwei Integrationskonstanten c_k enthält, und u_p einer speziellen Lösung der gegebenen inhomogenen Differentialgleichung. Begründen Sie, warum es sich bei der rechten Seite $\sin(2t)$ um einen Resonanz-Term handelt, so dass zur Bestimmung von u_p der Ansatz $u_p = t(d_1 \cos(2t) + d_2 \sin(2t))$ zu wählen ist. Die Konstanten c_1, c_2 werden durch Einsetzen der allgemeinen Lösung u in die Anfangsbedingungen festgelegt.

Aufgabe 2:
Die allgemeine Lösung $u(t)$ der Differentialgleichung

$$u'' + au' + bu = 0$$

kann mit Hilfe des charakteristischen Polynoms $p(\lambda) = \lambda^2 + a\lambda + b$ bestimmt werden. Bei einfachen Nullstellen λ_k ist

$$u(t) = c_1 e^{\lambda_1 t} + c_2 e^{\lambda_2 t} \, .$$

Aufgabe 3:
Bestimmen Sie zunächst die allgemeine Lösung der Differentialgleichung. Legen Sie dann die Integrationskonstanten durch Einsetzen in die Randbedingungen fest.

Aufgabe 4:
Die allgemeine Lösung $u(t)$ der linearen inhomogenen Differentialgleichung

$$u'' - 2u' + 5u = 4e^t$$

hat die Form $u = u_p + u_h$ mit u_p einer partikulären Lösung und u_h der allgemeinen Lösung der homogenen Differentialgleichung $u'' - 2u' + 5u = 0$, die zwei Integrationskonstanten enthält, welche aus den Anfangsbedingungen $u(0) = 0$, $u'(0) = 0$ bestimmt werden können. Verwenden Sie für u_p den Ansatz $u_p(t) = ce^t$. Mit Hilfe der Nullstellen des charakteristischen Polynoms $p(\lambda) = \lambda^2 - 2\lambda + 5$ können Sie u_h bestimmen.

Aufgabe 5:
Die allgemeine Lösung $u(t)$ einer Euler-Differentialgleichung

$$t^2 u'' + atu' + bu = 0$$

kann mit dem Ansatz $u(t) = t^\lambda$ bestimmt werden. Nach Einsetzen erhält man eine quadratische Gleichung für λ. Existieren zwei Lösungen λ_k, so ist $u(t) = c_1 t^{\lambda_1} + c_2 t^{\lambda_2}$ mit Konstanten c_k, die sich aus den Anfangsbedingungen bestimmen lassen.

Aufgabe 6:

Eine autonome Differentialgleichung zweiter Ordnung

$$u'' = f(u, u')$$

kann mit der Substitution $u'(t) = v(u)$ in eine Differentialgleichung erster Ordnung überführt werden:

$$u''(t) = \frac{\mathrm{d}}{\mathrm{d}t} v(u) = \frac{\mathrm{d}v}{\mathrm{d}u} \frac{\mathrm{d}u}{\mathrm{d}t} \quad \Longrightarrow \quad v'(u)v = f(u, v).$$

Lösen Sie diese Differentialgleichung für das gegebene Problem ($f(u, v) = 2u/(3v)$) und anschließend die Differentialgleichung $u'(t) = v(u(t))$ unter Berücksichtigung der Anfangsbedingungen $v(u(1)) = u'(1) = 1$, $u(1) = 1$.

Aufgabe 7:

Die periodische Lösung $u(t) = a\cos(\omega t) + b\sin(\omega t)$ kann nach Einsetzen in die Differentialgleichung durch Vergleich der Koeffizienten von $\cos(\omega t)$ und $\sin(\omega t)$ bestimmt werden. Die Resonanzfrequenz $\omega_\star$ maximiert die Amplitude $c = \sqrt{a^2 + b^2}$.

Aufgabe 8:

Nach Multiplikation der Differentialgleichung $u'' + P'(u) = 0$ mit $v = u'$ folgt durch Integration, dass die Energie

$$E = \frac{1}{2}v^2 + P(u)$$

konstant ist. Damit lässt sich E aus den Anfangsbedingungen berechnen und $v_{\max} = \max_u \sqrt{2(E - P(u))}$.

10.3   Differentialgleichungssysteme

Aufgabe 1:

Approximieren Sie für das Differentialgleichungssystem

$$x' = y^3, \; x(0) = 1, \quad y' = x^4, \; y(0) = 2 \,,$$

$x(0.1)$ und $y(0.1)$ durch eine quadratische Taylor-Approximation.

Aufgabe 2:

Lösen Sie das Anfangswertproblem

$$
\begin{aligned}
u_1' &= 3u_1 - u_2, \; u_1(0) = 0, \\
u_2' &= 4u_1 - 2u_2, \; u_2(0) = 3 \,.
\end{aligned}
$$

Aufgabe 3:

Bestimmen Sie die reelle Darstellung der allgemeinen Lösung des Differentialgleichungssystems

$$u_1' = u_1 + u_2, \quad u_2' = -u_1 + u_2 \,.$$

Aufgabe 4:

Lösen Sie das Differentialgleichungssystem

$$u_1' + 3u_1 - 2u_2 = 1, \quad 2u_1 - u_2' = 0$$

mit der Eliminationsmethode.

Aufgabe 5:

Bestimmen Sie die Feldlinien des Vektorfeldes $\vec{F}$ mit dem Potential $U = x^2 y$.

Aufgabe 6:

Bestimmen Sie die Lösung $u(t)$ des Anfangswertproblems

$$u' = \begin{pmatrix} 1 & 1 & 0 \\ 0 & 1 & 1 \\ 0 & 0 & 1 \end{pmatrix} u, \quad u(0) = \begin{pmatrix} 1 \\ 1 \\ 1 \end{pmatrix} \,.$$

Aufgabe 7:

Bestimmen Sie den Typ des kritischen Punktes $(0,0)$ des Differentialgleichungssystems

$$x' - x - y = 0, \quad y' + 4x + 3y = 0$$

sowie die allgemeine Lösung.

Aufgabe 8:

Bestimmen Sie die stabilen kritischen Punkte des Differentialgleichungssystems

$$u' = -u^3 + v, \ v' = -v^3 + w, \ w' = -w^3 + u \,.$$

Lösungshinweise

Aufgabe 1:

Durch Differenzieren der Differentialgleichungen lassen sich zweite (und höhere) Ableitungen von x und y durch Funktionen von x und y ausdrücken. Die Taylor-Koeffizienten erhalten Sie dann durch Einsetzen der Anfangsbedingungen.

Aufgabe 2:

Besitzt die Matrix A eine Basis aus Eigenvektoren v_k mit Eigenvektoren λ_k, dann ist die allgemeine Lösung des Differentialgleichungssystems $u' = Au$ eine Linearkombination aus Eigenlösungen: $u(t) = \sum_k c_k v_k e^{\lambda_k t}$. Eine Anfangsbedingung $u(t_0) = a$ entspricht einem linearen Gleichungssystem für die Koeffizienten c_k.

Aufgabe 3:

Besitzt die reelle Matrix A eines Differentialgleichungssystems $u' = Au$ komplex konjugierte Eigenwerte $r \pm i\omega$ mit Eigenvektoren $v_\pm$, dann sind Real- und Imaginärteile der Eigenlösungen

$$v_\pm e^{(r \pm i\omega)t} = v_\pm e^r (\cos(\omega t) \pm i \sin(\omega t))$$

linear unabhängige Lösungen, mit denen die reelle allgemeine Lösung dargestellt werden kann.

Aufgabe 4:

Eliminieren Sie analog zum Gauß-Verfahren u_2, indem Sie die erste Differentialgleichung differenzieren und das Zweifache der zweiten Differentialgleichung subtrahieren. Lösen Sie die resultierende Differentialgleichung zweiter Ordnung für u_1 und bestimmen Sie dann u_2 durch Einsetzen in die erste Differentialgleichung.

Aufgabe 5:

Die Feldlinien $t \mapsto (x(t), y(t))$ sind tangential zu dem Vektorfeld $\vec{F} = (F_x, F_y)^t = \operatorname{grad} U$ und können somit durch Lösen des Differentialgleichungssystems

$$x'(t) = F_x(x(t), y(t)), \quad y'(t) = F_y(x(t), y(t))$$

bestimmt werden. Durch Division dieser Differentialgleichungen erhalten Sie eine Differentialgleichung für y als Funktion von x, die Sie in dem betrachteten Fall elementar integrieren können.

Aufgabe 6:

Für das Differentialgleichungssystem in Dreiecksform können Sie sukzessive die Lösungskomponenten u_3, u_2 und u_1 bestimmen. Verwenden Sie dazu die Lösungsansätze

$$u_3(t) = ae^t, \quad u_2(t) = (a + bt)e^t, \quad u_1(t) = (a + bt + ct^2)e^t.$$

Aufgabe 7:

Schreiben Sie das Differentialgleichungssystem in Matrixform:

$$\begin{pmatrix} x' \\ y' \end{pmatrix} = A \begin{pmatrix} x \\ y \end{pmatrix}$$

und entscheiden Sie anhand der Determinante und Spur von A, ob das System stabil ist und um welchen Lösungstyp es sich handelt. Verwenden Sie zur Bestimmung der allgemeinen Lösung die Eliminationsmethode.

Aufgabe 8:

Die kritischen Punkte $x_\star$ eines nichtlinearen Differentialgleichungssystems $x' = F(x)$ ($x = (u, v, w)^t$ im betrachteten Problem) sind die Nullstellen von F. Ein hinreichendes Stabilitätskriterium basiert auf den Eigenwerten λ_k der Jacobi-Matrix $F'(x_\star)$: Ein kritischer Punkt $x_\star$ ist

- stabil, falls $\forall k : \operatorname{Re} \lambda_k < 0$;
- instabil, falls $\exists k : \operatorname{Re} \lambda_k > 0$.

10.4 Laplace-Transformation

Aufgabe 1:
Bestimmen Sie die Laplace-Transformierte $U(s)$ der Funktion $u(t) = e^{2t} \cos^2 t$.

Aufgabe 2:
Bestimmen Sie die Laplace-Transformierte $U(s)$ der Funktion $u(t) = (t + e^{-3t})^2$.

Aufgabe 3:
Bestimmen Sie die Laplace-Transformierte $U(s)$ der Funktion $u(t) = t \sin(2t) e^{3t}$.

Aufgabe 4:
Bestimmen Sie die inverse Laplace-Transformierte $u(t)$ der Funktion

$$U(s) = \frac{s^2 + s + 1}{s^3 - s^2 + s - 1}.$$

Aufgabe 5:
Bestimmen Sie die Laplace-Transformierte $U(s)$ der Funktion $u(t) = |\sin t|$.

Aufgabe 6:
Bestimmen Sie die Lösung $u(t)$ der Integralgleichung

$$u(t) + \int_0^t e^{2(t-\tau)} u(\tau)\, d\tau = t.$$

Aufgabe 7:
Bestimmen Sie die Lösung $u(t)$ des Anfangswertproblems

$$u' + 3u = e^{-t} \sin(2t), \quad u(0) = 4,$$

mit Hilfe der Laplace-Transformation.

Aufgabe 8:
Bestimmen Sie die Lösung $u(t)$ des Anfangswertproblems

$$u'' - 6u' + 9u = 0, \quad u(0) = 2,\ u'(0) = -3,$$

mit Hilfe der Laplace-Transformation.

Lösungshinweise

Aufgabe 1:
Formen Sie $u(t)$ mit Hilfe der Identitäten $\cos(2t) = \cos^2 t - \sin^2 t$, $\cos^2 t + \sin^2 t = 1$ um, so dass die Formel

$$e^{\lambda t} \cos(\omega t) \quad \xrightarrow{\mathcal{L}} \quad \frac{s - \lambda}{(s - \lambda)^2 + \omega^2}$$

anwendbar ist.

Aufgabe 2:
Formen Sie $u(t)$ mit Hilfe der binomischen Formel um, so dass die Formel

$$t^n e^{\lambda t} \quad \xrightarrow{\mathcal{L}} \quad \frac{n!}{(s - \lambda)^{n+1}}$$

anwendbar ist.

Aufgabe 3:
Benutzen Sie die Formeln

$$e^{\lambda t} \sin(\omega t) \quad \xrightarrow{\mathcal{L}} \quad \frac{\omega}{(s - \lambda)^2 + \omega^2}, \quad tv(t) \quad \xrightarrow{\mathcal{L}} \quad -\frac{\mathrm{d}}{\mathrm{d}s} V(s).$$

Aufgabe 4:
Zerlegen Sie $U(s)$ mit Partialbruchzerlegung in elementare Terme und benutzen Sie zur Rücktransformation die Formeln

$$\frac{n!}{(s - \lambda)^{n+1}} \quad \xrightarrow{\mathcal{L}^{-1}} \quad t^n e^{\lambda t}, \quad \frac{a(s - \lambda) + b\omega}{(s - \lambda)^2 + \omega^2} \quad \xrightarrow{\mathcal{L}^{-1}} \quad e^{\lambda t}(a \cos(\omega t) + b \sin(\omega t)).$$

Aufgabe 5:
Wenden Sie die Formel

$$U(s) = \frac{1}{1 - e^{-Ts}} V(s)$$

für die Laplace-Transformierte der T-periodischen Fortsetzung u einer auf $[0, T]$ definierten Funktion v mit $v(t) = \sin t$ und $T = \pi$ an.

Aufgabe 6:
Bilden Sie durch Anwendung der Formel

$$v(t) = \underbrace{\int_0^t f(t - \tau) u(\tau) \, \mathrm{d}\tau}_{(f \star u)(t)} \quad \xrightarrow{\mathcal{L}} \quad V(s) = F(s) U(s)$$

die Laplace-Transformation der Integralgleichung und bestimmen Sie die Laplace-Transformierte $U(s)$ der Lösung $u(t)$. Sie erhalten eine rationale Funktion, die Sie mit Hilfe von Partialbruchzerlegung rücktransformieren können.

Aufgabe 7:

Transformieren Sie die Differentialgleichung mit Hilfe der Formeln

$$u'(t) \quad \overset{\mathcal{L}}{\longrightarrow} \quad sU(s) - u(0)$$

$$e^{\lambda t}(a\cos(\omega t) + b\sin(\omega t)) \quad \overset{\mathcal{L}}{\longrightarrow} \quad \frac{as + b\omega}{(s-\lambda)^2 + \omega^2}.$$

Die Lösung $U(s)$ der transformierten Gleichung ist eine rationale Funktion, die Sie zur Rücktransformation, $U(s) \to u(t)$, mit Partialbruchzerlegung in elementare Terme zerlegen können.

Aufgabe 8:

Transformieren Sie die Differentialgleichung mit Hilfe der Formeln

$$u'(t) \quad \overset{\mathcal{L}}{\longrightarrow} \quad sU(s) - u(0)$$

$$u''(t) \quad \overset{\mathcal{L}}{\longrightarrow} \quad s^2U(s) - su(0) - u'(0).$$

Die Lösung $U(s)$ der transformierten Gleichung ist eine rationale Funktion, die Sie nach Partialbruchzerlegung mit Hilfe der Formel

$$t^n e^{\lambda t} \quad \overset{\mathcal{L}}{\longrightarrow} \quad \frac{n!}{(s-\lambda)^{n+1}}$$

rücktransformieren können.

Teil III

Fourier-Analysis

11 Reelle und komplexe Fourier-Reihen

Übersicht

K. Höllig und J. Hörner, *Aufgaben und Lösungen zur Höheren Mathematik 3*,
https://doi.org/10.1007/978-3-662-68151-0_12

11.1   Orthogonalität von Sinus und Kosinus

Welche Paare der Funktionen $\cos(kx)$, $\sin(jx)$, $k \geq 0$, $j > 0$, sind auf dem Intervall $[0, \pi/2]$ orthogonal?

Verweise: Reelle Fourier-Reihe

Lösungsskizze

Additionstheorem $\sin(\alpha \pm \beta) = \sin\alpha\cos\beta \pm \cos\alpha\sin\beta$ $\rightsquigarrow$

$$\sin\alpha\cos\beta = \frac{1}{2}(\sin(\alpha+\beta) + \sin(\alpha-\beta))$$

Einsetzen in das Skalarprodukt $s = \int_0^{\pi/2} \sin(jx)\cos(kx)\,\mathrm{d}x$ $\rightsquigarrow$

$$
\begin{aligned}
s &= \frac{1}{2}\int_0^{\pi/2} \sin((j+k)x) + \sin((j-k)x)\,\mathrm{d}x \\
&= -\frac{1}{2}\left[\frac{\cos((j+k)x)}{j+k} + \frac{\cos((j-k)x)}{j-k}\right]_0^{\pi/2} \\
&= -\frac{1}{2}\left(\frac{c_+ - 1}{j+k} + \frac{c_- - 1}{j-k}\right), \quad c_\pm = \cos((j\pm k)\pi/2)
\end{aligned}
$$

(zweiter Term entfällt für $j = k$)

$\cos(\ell\pi/2) \in \{-1, 0, 1\}$ $\rightsquigarrow$ mehrere Fälle

- $j = k$: orthogonal, falls $c_+ = 1$, d.h. $j + k = 0 \bmod 4$
- $j \neq k \wedge c_+ = 1$: orthogonal, falls ebenfalls $c_- = 1$, d.h. $j + k = 0 \bmod 4 = j - k$

$s \neq 0$ in den anderen Fällen

- $j \neq k \wedge c_+ = 0$ $\implies$ $j + k$ ungerade $\implies$ $j - k$ ungerade und

$$c_- = 0, \quad s = \frac{1}{2}\frac{(j-k)+(j+k)}{j^2-k^2} = \frac{j}{j^2-k^2} \neq 0$$

- $j \neq k \wedge c_+ = -1$ $\implies$ $j + k = 2 \bmod 4$ und $s = 0$ falls
  (i) $c_- = -1$ und $j + k = -(j-k)$ (Widerspruch zu $j > 0$)
  oder
  (ii) $c_- = 0$ und $j + k = 2(k-j)$ bzw. $k = 3j$ (Widerspruch zu $j+k = 2\bmod 4$)

insgesamt folgt (äquivalente Formulierung der ersten beiden Bedingungen)

$$s = 0 \quad \Leftrightarrow \quad j = 2\ell, \; k = j + 4m$$

mit $\ell > 0$ und $m \geq -j/4$

11.2 Sinus als Kosinus-Reihe

Stellen Sie $\sin x$ im Intervall $(0, \pi)$ durch eine reine Kosinus-Reihe dar.

Verweise: Reelle Fourier-Reihe, Formel von Euler-Moivre

Lösungsskizze

gerade periodische Fortsetzung von $\sin x$, $0 \le x \le \pi$

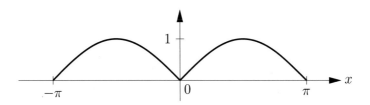

⤳ Kosinus-Reihe für gerade Funktionen

$$\sin x \sim \frac{a_0}{2} + \sum_{k=1}^{\infty} a_k \cos(kx), \quad a_k = \frac{2}{\pi} \int_0^{\pi} \sin x \cos(kx) \, \mathrm{d}x$$

- $k = 0$: $a_0 = \frac{2}{\pi}[-\cos x]_0^{\pi} = \frac{4}{\pi}$
- $k = 1$: Symmetrie bzgl. $x = \pi/2$ ⤳ $a_1 = 0$
- $k > 1$: zweimalige partielle Integration ⤳

$$\frac{\pi}{2} a_k = [-\cos x \cos(kx)]_0^{\pi} - \int_0^{\pi} -\cos x \, (-k \sin(kx)) \, \mathrm{d}x$$

$$= \big((-1)^k + 1\big) - 0 + \underbrace{\int_0^{\pi} \sin x \, (k^2 \cos(kx)) \, \mathrm{d}x}_{(\pi/2)k^2 a_k}$$

Auflösen nach a_k $\implies$ $a_k = 0$ für ungerades k und

$$a_k = \frac{4}{\pi(1 - k^2)} \quad (k \text{ gerade})$$

Alternative Lösung

Formel von Euler-Moivre $\implies$

$$\sin x \cos(kx) = \frac{1}{2\mathrm{i}} \left(\mathrm{e}^{\mathrm{i}x} - \mathrm{e}^{-\mathrm{i}x}\right) \frac{1}{2} \left(\mathrm{e}^{\mathrm{i}kx} + \mathrm{e}^{-\mathrm{i}kx}\right)$$

$$= \frac{1}{2} \sin((k+1)x) - \frac{1}{2} \sin((k-1)x)$$

⤳ einfachere Integration

11.3   Reelle Fourier-Reihe einer Treppenfunktion

Bestimmen Sie die reelle Fourier-Reihe der abgebildeten Treppenfunktion

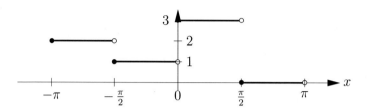

Verweise: Reelle Fourier-Reihe, Fourier-Reihen von geraden und ungeraden Funktionen

Lösungsskizze

(i) Zerlegung in geraden und ungeraden Anteil, $f = f_g + f_u$:

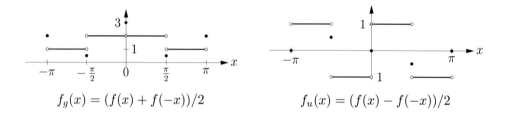

$$f_g(x) = (f(x) + f(-x))/2 \qquad\qquad f_u(x) = (f(x) - f(-x))/2$$

(ii) Kosinus-Reihe (gerader Anteil):

$$f_g(x) \sim \frac{a_0}{2} + \sum_{k=1}^{\infty} a_k \cos(kx), \quad a_k = \frac{2}{\pi} \int_0^{\pi} f_g(x) \cos(kx)\,\mathrm{d}x$$

Einsetzen der Werte von f_g $\rightsquigarrow$ $a_0 = 3$ und für $k > 0$

$$
\begin{aligned}
a_k &= \frac{2}{\pi} \left(\int_0^{\pi/2} 2\cos(kx)\,\mathrm{d}x + \int_{\pi/2}^{\pi} \cos(kx)\,\mathrm{d}x \right) \\
&= \left[\frac{2\sin(kx)}{k\pi/2} \right]_0^{\pi/2} + \left[\frac{\sin(kx)}{k\pi/2} \right]_{\pi/2}^{\pi} = \frac{\sin(k\pi/2)}{k\pi/2}
\end{aligned}
$$

(iii) Sinus-Reihe (ungerader Anteil):

$$f_u(x) \sim \sum_{k=1}^{\infty} b_k \sin(kx), \quad b_k = \frac{2}{\pi} \int_0^{\pi} f_u(x) \sin(kx)\,\mathrm{d}x$$

Einsetzen der Werte von f_u $\rightsquigarrow$

$$
\begin{aligned}
b_k &= \frac{2}{\pi} \left(\int_0^{\pi/2} \sin(kx)\,\mathrm{d}x - \int_{\pi/2}^{\pi} \sin(kx)\,\mathrm{d}x \right) \\
&= \left[-\frac{\cos(kx)}{k\pi/2} \right]_0^{\pi/2} - \left[-\frac{\cos(kx)}{k\pi/2} \right]_{\pi/2}^{\pi} = \frac{1 - 2\cos(k\pi/2) + (-1)^k}{k\pi/2}
\end{aligned}
$$

11.4 Reelle und komplexe Fourier-Reihe einer stückweise linearen Funktion

Skizzieren Sie die Funktion

$$f(x) = \min(\pi, \pi - x), \quad -\pi \leq x < \pi,$$

und bestimmen Sie die komplexen und reellen Fourier-Koeffizienten der 2π-periodischen Fortsetzung.

Verweise: Fourier-Reihe, Zusammenhang komplexer und reeller Fourier-Reihen

Lösungsskizze

(i) Skizze:

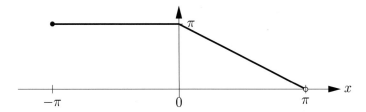

(ii) Komplexe Fourier-Reihe:

$$f(x) \sim \sum_{k \in \mathbb{Z}} c_k \mathrm{e}^{\mathrm{i}kx}, \quad c_k = \frac{1}{2\pi} \int_{-\pi}^{\pi} f(x) \mathrm{e}^{-\mathrm{i}kx} \, \mathrm{d}x$$

$c_0 = (\pi^2 + \pi^2/2)/(2\pi) = 3\pi/4$

für $k \neq 0$, $\int_{-\pi}^{\pi} \mathrm{e}^{-\mathrm{i}kx} \, \mathrm{d}x = 0$, und partielle Integration $\rightsquigarrow$

$$
\begin{aligned}
c_k &= \frac{1}{2\pi} \int_{-\pi}^{\pi} (f(x) - \pi) \mathrm{e}^{-\mathrm{i}kx} \, \mathrm{d}x = \frac{1}{2\pi} \int_{0}^{\pi} (-x) \mathrm{e}^{-\mathrm{i}kx} \, \mathrm{d}x \\
&= \left[\frac{x \mathrm{e}^{-\mathrm{i}kx}}{2\pi \mathrm{i}k} \right]_0^{\pi} - \int_0^{\pi} \frac{\mathrm{e}^{-\mathrm{i}kx}}{2\pi \mathrm{i}k} \, \mathrm{d}x \\
&= \frac{\pi(-1)^k}{2\pi \mathrm{i}k} - \left[\frac{\mathrm{e}^{-\mathrm{i}kx}}{2\pi k^2} \right]_0^{\pi} = \frac{1 - (-1)^k}{2\pi k^2} - \mathrm{i}\frac{(-1)^k}{2k}
\end{aligned}
$$

(iii) Reelle Fourier-Reihe:

$$f(x) \sim \frac{a_0}{2} + \sum_{k=1}^{\infty} a_k \cos(kx) + b_k \sin(kx)$$

Formel von Euler-Moivre, $\mathrm{e}^{\pm \mathrm{i}kx} = \cos(kx) \pm \mathrm{i}\sin(kx) \implies$

$$c_k \mathrm{e}^{\mathrm{i}kx} + c_{-k} \mathrm{e}^{-\mathrm{i}kx} = \underbrace{(c_k + c_{-k})}_{a_k} \cos(kx) + \underbrace{\mathrm{i}(c_k - c_{-k})}_{b_k} \sin(kx)$$

und

$$a_0 = 2c_0 = \frac{3}{2}\pi, \quad a_k = \frac{1 - (-1)^k}{\pi k^2}, \, b_k = \frac{(-1)^k}{\pi k}, \, k > 0$$

11.5   Reelle und komplexe Fourier-Reihe von Hyperbelfunktionen

Bestimmen Sie die komplexe und reelle Fourier-Reihe der 2π-periodischen Fortsetzung von

$$\cosh x, \quad -\pi \le x < \pi$$

sowie der entsprechenden Fortsetzung von $\sinh x$.

Verweise: Fourier-Reihe, Zusammenhang komplexer und reeller Fourier-Reihen

Lösungsskizze

(i) Komplexe Fourier-Reihe:

$$\cosh x \sim \sum_{k \in \mathbb{Z}} c_k e^{ikx}, \quad x \in [-\pi, \pi)$$

Koeffizienten

$$c_k = \frac{1}{2\pi} \int_{-\pi}^{\pi} \frac{e^x + e^{-x}}{2} e^{-ikx} \, dx = \frac{1}{4\pi} \left[\frac{e^{x-ikx}}{1 - ik} + \frac{e^{-x-ikx}}{-1 - ik} \right]_{-\pi}^{\pi}$$

$$= \frac{(-1)^k}{4\pi} \left(\frac{e^{\pi} - e^{-\pi}}{1 - ik} + \frac{e^{-\pi} - e^{\pi}}{-1 - ik} \right)$$

$(e^{ik\pi} = (-1)^k = e^{-ik\pi})$
Umformung $\rightsquigarrow$

$$c_k = \frac{(-1)^k}{4\pi} \frac{-2e^{\pi} + 2e^{-\pi}}{-1 - k^2)} = \frac{(-1)^k \sinh \pi}{\pi(1 + k^2)}$$

(ii) Reelle Fourier-Reihe:
gerade Funktion $\rightsquigarrow$ Kosinus-Reihe

$$\cosh x \sim \frac{a_0}{2} + \sum_{k=1}^{\infty} a_k \cos(kx), \quad x \in [-\pi, \pi)$$

$e^{\pm ikx} = \cos x \pm i \sin(kx)$ $\rightsquigarrow$ Umrechnungsformel

$$a_k = c_k + c_{-k} = \frac{2(-1)^k \sinh \pi}{\pi(1 + k^2)}$$

(iii) Fourier-Reihe des Sinus-Hyperbolikus:
$\sinh x = \frac{d}{dx} \cosh x$, gliedweise Differentiation $\rightsquigarrow$

$$\sinh x = \frac{d}{dx} \left(\frac{a_0}{2} + \sum_{k=1}^{\infty} a_k \cos(kx) \right) = - \sum_{k=1}^{\infty} \underbrace{\frac{2k(-1)^k \sinh \pi}{\pi(1 + k^2)}}_{-b_k} \sin(kx)$$

Umrechnungsformel $c_{\pm k} = (a_k \mp ib_k)/2$ $\rightsquigarrow$ Fourier-Koeffizienten

$$c_{\pm k} = \pm i \frac{k(-1)^k \sinh \pi}{\pi(1 + k^2)}$$

alternativ: gliedweise Differentiation der komplexen Fourier-Reihe

11.6 Komplexe und reelle Fourier-Entwicklung einer T-periodischen Funktion

Bestimmen Sie die komplexe und reelle Fourier-Reihe der abgebildeten T-periodischen Funktion $f(x) = \sin(\pi x/(2T))$, $x \in [0, T]$.

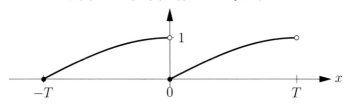

Verweise: Fourier-Reihe, Reelle Fourier-Reihe, Skalierung von Fourier-Reihen

Lösungsskizze

(i) Komplexe Fourier-Reihe:

$$f(x) \sim \sum_{k \in \mathbb{Z}} c_k e^{2\pi i k x/T}, \quad c_k = \frac{1}{T} \int_0^T f(x) e^{-2\pi i k x/T} \, \mathrm{d}x$$

Einsetzen von $f(x) = \sin(\pi x/(2T)) = \frac{1}{2i}(e^{i\pi x/(2T)} - e^{-i\pi x/(2T)})$ $\rightsquigarrow$

$$\begin{aligned}
c_k &= \frac{1}{2Ti} \int_0^T e^{i\pi x/(2T) - 2\pi i k x/T} - e^{-i\pi x/(2T) - 2\pi i k x/T} \, \mathrm{d}x \\
&= \frac{1}{2Ti} \left[\frac{e^{i\pi(1/2 - 2k)x/T}}{i\pi(1/2 - 2k)/T} - \frac{e^{i\pi(-1/2 - 2k)x/T}}{i\pi(-1/2 - 2k)/T} \right]_0^T \\
&= -\frac{e^{i\pi(1/2 - 2k)}}{\pi(1 - 4k)} + \frac{e^{i\pi(-1/2 - 2k)}}{\pi(-1 - 4k)} + \frac{1}{\pi(1 - 4k)} - \frac{1}{\pi(-1 - 4k)}
\end{aligned}$$

$e^{2\pi i} = 1$, $e^{\pm\pi i/2} = \pm i$ $\rightsquigarrow$

$$\begin{aligned}
c_k &= -\frac{i}{\pi(1 - 4k)} + \frac{-i}{\pi(-1 - 4k)} + \frac{1}{\pi(1 - 4k)} - \frac{1}{\pi(-1 - 4k)} \\
&= \frac{i(1 + 4k) - i(1 - 4k) - (1 + 4k) - (1 - 4k)}{\pi(16k^2 - 1)} = \frac{-2 + 8ki}{\pi(16k^2 - 1)}
\end{aligned}$$

(ii) Reelle Fourier-Reihe:

$$f(x) \sim \frac{a_0}{2} + \sum_{k=1}^{\infty} a_k \cos(2\pi k x/T) + b_k \sin(2\pi k x/T)$$

Formel von Euler-Moivre, $e^{\pm i\varphi} = \cos\varphi + i\sin\varphi$ mit $\varphi = 2\pi k x/T$ $\rightsquigarrow$

$$c_k e^{i\varphi} + c_{-k} e^{-i\varphi} = (c_k + c_{-k})\cos\varphi + i(c_k - c_{-k})\sin\varphi$$

$\rightsquigarrow$ Umrechnung der Koeffizienten

$$a_k = c_k + c_{-k} = -\frac{4}{\pi(16k^2 - 1)}, \qquad b_k = i(c_k - c_{-k}) = -\frac{16k}{\pi(16k^2 - 1)}$$

11.7   Reelle Fourier-Reihe und Stammfunktion

Bestimmen Sie die reelle Fourier-Reihe der Funktion

$$f(x) = x(\pi - |x|), \quad |x| \leq \pi,$$

und geben Sie ebenfalls die Fourier-Koeffizienten der Stammfunktion $\int_0^x f(y)\mathrm{d}y$ an.

Verweise: Reelle Fourier-Reihe, Differentiation und Integration von Fourier-Reihen

Lösungsskizze

(i) Reelle Fourier-Reihe von $f(x) = x(\pi - |x|)$:

$f(-x) = -f(x) \quad \Longrightarrow \quad$ ungerade Funktion, reine Sinus-Reihe

$$f(x) \sim \sum_{k=1}^{\infty} b_k \sin(kx), \quad b_k = \frac{2}{\pi} \int_0^{\pi} x(\pi - x) \sin(kx)\,\mathrm{d}x$$

partielle Integration, $f(0) = 0 = f(\pi) \quad \rightsquigarrow$

$$
\begin{aligned}
b_k &= -\frac{2}{\pi} \int_0^{\pi} (\pi - 2x) \left(-\frac{\cos(kx)}{k} \right)\,\mathrm{d}x \\
&= \frac{2}{\pi} \underbrace{\left[(\pi - 2x)\frac{\sin(kx)}{k^2} \right]_0^{\pi}}_{=0} - \frac{2}{\pi} \int_0^{\pi} -2\frac{\sin(kx)}{k^2}\,\mathrm{d}x \\
&= \left[-\frac{4\cos(kx)}{\pi k^3} \right]_0^{\pi} = \frac{4(1 - (-1)^k)}{\pi k^3}
\end{aligned}
$$

(ii) Reelle Fourier-Reihe der Stammfunktion $g(x) = \int_0^x f(y)\,\mathrm{d}y$:

gliedweise Integration der Fourier-Reihe $\sum_{k=1}^{\infty} b_k \sin(kx)$ von $f \quad \rightsquigarrow$

$$
\begin{aligned}
g(x) &\sim \frac{a_0}{2} + \sum_{k=1}^{\infty} b_k \left(-\frac{\cos(kx)}{k} \right) \\
&= \frac{a_0}{2} + \sum_{k=1}^{\infty} \frac{4((-1)^k - 1)}{\pi k^4} \cos(kx)
\end{aligned}
$$

Berechnung von a_0 (erster Fourier-Koeffizient der geraden Funktion g):

$$x \geq 0 : g(x) = \int_0^x y(\pi - y)\,\mathrm{d}y = \frac{\pi}{2}x^2 - \frac{1}{3}x^3$$

$\Longrightarrow$

$$a_0 = \frac{2}{\pi} \int_0^{\pi} \frac{\pi}{2}x^2 - \frac{1}{3}x^3\,\mathrm{d}x = \frac{2}{\pi}\left(\frac{\pi}{2}\frac{\pi^3}{3} - \frac{1}{3}\frac{\pi^4}{4} \right) = \frac{\pi^3}{6}$$

11.8 Reelle Fourier-Reihe einer 1-periodischen Funktion

Entwickeln Sie die Funktion

$$f(t) = t(1-t),\ 0 \le t \le 1, \quad f(t+1) = f(t),$$

in eine Fourier-Reihe. Welche Identität erhalten Sie für $t = 1/2$?

Verweise: Fourier-Reihen T-periodischer Funktionen

Lösungsskizze

(i) Skizze:

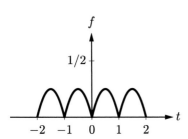

gerade Funktion $(f(-t) = f(t))$

⤳ reine Kosinus-Entwicklung

$$f(t) \sim \frac{a_0}{2} + \sum_{k=1}^{\infty} a_k \cos(2\pi kt)$$

mit $a_k = 2 \int_0^1 f(t) \cos(2\pi kt)\,\mathrm{d}t$

(ii) Koeffizienten:

$$a_0 = 2 \int_0^1 t(1-t)\,\mathrm{d}t = 2 \left[\frac{t^2}{2} - \frac{t^3}{3}\right]_{t=0}^{t=1} = 2\left(\frac{1}{2} - \frac{1}{3}\right) = \frac{1}{3}$$

zweimalige partielle Integration $(\int uv' = uv - \int u'v)$ ⤳

$$
\begin{aligned}
a_k &= 2 \int_0^1 \underbrace{t(1-t)}_{u}\ \underbrace{\cos(2\pi kt)}_{v'}\,\mathrm{d}t \\
&= 2 \underbrace{\left[t(1-t)\frac{\sin(2\pi kt)}{2\pi k}\right]_{t=0}^{t=1}}_{=0} - 2\int_0^1 (1-2t)\frac{\sin(2\pi kt)}{2\pi k}\,\mathrm{d}t \\
&= -2\left[(1-2t)\frac{-\cos(2\pi kt)}{(2\pi k)^2}\right]_{t=0}^{t=1} + 2\underbrace{\int_0^1 (-2)\frac{-\cos(2\pi kt)}{(2\pi k)^2}\,\mathrm{d}t}_{=0} = -\frac{1}{(\pi k)^2}
\end{aligned}
$$

(iii) Identität:

Gleichsetzen von $f(1/2) = 1/4$ mit der Kosinus-Reihe $\implies$

$$\frac{1}{4} = \frac{1}{6} - \sum_{k=1}^{\infty} \frac{1}{(\pi k)^2}\underbrace{\cos(2\pi k(1/2))}_{=(-1)^k} \quad \text{bzw.} \quad \sum_{k=1}^{\infty} \frac{(-1)^{k+1}}{k^2} = \frac{\pi^2}{4} - \frac{\pi^2}{6} = \frac{\pi^2}{12}$$

(iv) Kontrolle mit Maple™ :

```
> assume(k::'integer',k>0)
> 2*int(t*(1-t)*cos(2*Pi*k*t),t=0..1)
> sum((-1)^(k+1)/k^2,k=0..infinity)
```

11.9   Funktionen zu reellen Fourier-Reihen

Welche Funktionen besitzen die folgenden Kosinus- und Sinus-Reihen?

$$f \sim \sum_{k=1}^{\infty} \frac{k\cos(kx)}{2^k}, \qquad g \sim \sum_{k=1}^{\infty} \frac{k\sin(kx)}{2^k}$$

Verweise: Reelle Fourier-Reihe, Differentiation und Integration von Fourier-Reihen

Lösungsskizze

Formel von Euler-Moivre

$$\cos(kx) + \mathrm{i}\sin(kx) = \mathrm{e}^{\mathrm{i}kx}$$

⤳   Darstellung von f und g als Real- und Imaginärteil einer komplexen Fourier-Reihe

$$f + \mathrm{i}g = h(x) = \sum_{k=1}^{\infty} \frac{k}{2^k}\mathrm{e}^{\mathrm{i}kx}$$

gliedweise Integration   ⤳

$$h(x) = \frac{\mathrm{d}}{\mathrm{d}x}H(x), \quad H(x) = \sum_{k=1}^{\infty} -\mathrm{i}2^{-k}\mathrm{e}^{\mathrm{i}kx}$$

Summenformel für die geometrische Reihe,

$$\sum_{k=0}^{\infty} q^k = \frac{1}{1-q} \quad \text{für } |q| < 1\,,$$

mit $q = \mathrm{e}^{\mathrm{i}x}/2$ ⤳

$$H(x) = -\mathrm{i}\left(\frac{1}{1-\mathrm{e}^{\mathrm{i}x}/2} - 1\right) = \frac{\mathrm{i}\mathrm{e}^{\mathrm{i}x}}{\mathrm{e}^{\mathrm{i}x}-2}$$

(Subtraktion von 1 wegen des fehlenden Terms q^0)
rational machen des Nenners durch Erweitern mit $\mathrm{e}^{-\mathrm{i}x} - 2$ ⤳

$$H(x) = \frac{\mathrm{i} - 2\mathrm{i}\mathrm{e}^{\mathrm{i}x}}{1 - 2\mathrm{e}^{\mathrm{i}x} - 2\mathrm{e}^{-\mathrm{i}x} + 4} = \frac{2\sin x}{5 - 4\cos x} + \mathrm{i}\frac{1 - 2\cos x}{5 - 4\cos x}$$

Differentiation von Real- und Imaginärteil, Vereinfachung $\Longrightarrow$

$$f(x) = \frac{\mathrm{d}}{\mathrm{d}x}\operatorname{Re} H(x) = \frac{10\cos x - 8}{(5 - 4\cos x)^2}, \quad g(x) = \frac{\mathrm{d}}{\mathrm{d}x}\operatorname{Im} H(x) = \frac{6\sin x}{(5 - 4\cos x)^2}$$

11.10   Sinus-Reihe und Parseval-Identität

Entwickeln Sie die abgebildete Funktion in eine reelle Fourier-Reihe.

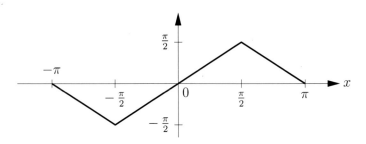

Welche Identität erhalten Sie durch Bilden der Quadratsumme der Fourier-Koeffizienten?

Verweise: Reelle Fourier-Reihe, Parseval-Identität

Lösungsskizze

(i) Fourier-Entwicklung:

f ungerade $\rightsquigarrow$ Sinus-Reihe

$$f(x) \sim \sum_{k=1}^{\infty} b_k \sin(kx), \quad b_k = \frac{2}{\pi} \int_0^{\pi} f(x) \sin(kx)\, \mathrm{d}x$$

partielle Integration, $f(0) = 0 = f(\pi)$, $f'(x) \in \{-1, 1\}$ $\implies$

$$\frac{\pi}{2} b_k = \int_0^{\pi} f'(x) \frac{\cos(kx)}{k}\, \mathrm{d}x = \int_0^{\pi/2} \frac{\cos(kx)}{k}\, \mathrm{d}x - \int_{\pi/2}^{\pi} \frac{\cos(kx)}{k}\, \mathrm{d}x$$

$$= \left[\frac{\sin(kx)}{k^2} \right]_0^{\pi/2} - \left[\frac{\sin(kx)}{k^2} \right]_{\pi/2}^{\pi} = \frac{2}{k^2} \sin(k\pi/2)$$

$\sin((2\ell)\pi/2) = 0$, $\sin((2\ell + 1)\pi/2) = (-1)^{\ell}$ $\rightsquigarrow$ Sinus-Reihe

$$f(x) \sim \frac{4}{\pi} \left(\frac{\sin(x)}{1} - \frac{\sin(3x)}{9} + \frac{\sin(5x)}{25} - \cdots \right)$$

(ii) Parseval-Identität:

$$\int_0^{\pi} f(x)^2\, \mathrm{d}x = \frac{\pi}{2} \sum_{k=1}^{\infty} |b_k|^2$$

linke Seite

$$2 \int_0^{\pi/2} x^2\, \mathrm{d}x = \frac{\pi^3}{12}$$

rechte Seite

$$\frac{\pi}{2} \left[\left(\frac{4}{\pi \cdot 1} \right)^2 + \left(\frac{4}{\pi \cdot 9} \right)^2 + \left(\frac{4}{\pi \cdot 25} \right)^2 + \cdots \right] = \frac{8}{\pi} \sum_{\ell=0}^{\infty} (2\ell + 1)^{-4}$$

Gleichsetzen und Umformung $\rightsquigarrow$ $\frac{1}{1} + \frac{1}{81} + \frac{1}{625} + \cdots = \frac{\pi^4}{96}$

11.11   Differentiation von Fourier-Reihen und Parseval-Identität ★

Entwickeln Sie die 2π-periodische Fortsetzung der Funktion

$$f(x) = x^3 - \pi^2 x, \quad |x| \le \pi,$$

in eine komplexe Fourier-Reihe und bestimmen Sie die Quadratsumme der Beträge der Koeffizienten. Welche Identität ergibt sich?

Verweise: Differentiation und Integration von Fourier-Reihen, Parseval-Identität

Lösungsskizze

entwickle zunächst die (einfachere) zweite Ableitung

$$f''(x) = 6x \sim \sum_{k \in \mathbb{Z}} c_k e^{ikx}, \quad c_k = \frac{1}{2\pi} \int_{-\pi}^{\pi} 6x e^{-ikx} \, dx$$

f'' ungerade $\Longrightarrow$ $c_0 = 0$

partielle Integration, $\int_{-\pi}^{\pi} e^{-ikx} \, dx = 0$ für $k \ne 0$, $e^{\pm i\pi} = -1$ $\leadsto$

$$c_k = -\left[\frac{3x e^{-ikx}}{ik\pi} \right]_{-\pi}^{\pi} + \int_{-\pi}^{\pi} \frac{3 e^{-ikx}}{ik\pi} \, dx$$

$$= \frac{6(-1)^k i}{k}$$

zweifache gliedweise Integration $\Longrightarrow$

$$f(x) = \int \left(\int \sum_{k \ne 0} \frac{6(-1)^k i}{k} e^{ikx} \, dx \right) dx = (\alpha + \beta x) - \sum_{k \ne 0} \frac{6(-1)^k i}{k^3} e^{ikx}$$

$f + \sum \ldots$ ungerade $\Longrightarrow$ $\alpha = 0$

$f + \sum \ldots$ periodisch und stetig (Summe absolut konvergent) $\Longrightarrow$ $\beta = 0$

$\Longrightarrow$ $c_k = 6(-1)^k i / k^3$ sind die Fourier-Koeffizienten von f

Parseval-Identität $\Longrightarrow$

$$\sum_{k \in \mathbb{Z}} |c_k|^2 = \frac{1}{2\pi} \int_{-\pi}^{\pi} |f(x)|^2 \, dx$$

rechte Seite: $\dfrac{1}{2\pi} \displaystyle\int_{-\pi}^{\pi} (x^3 - \pi^2 x)^2 \, dx = 8\pi^6/105$

Vergleich mit linker Seite, $|c_k| = 6/|k|^3$ $\leadsto$ Identität

$$\sum_{k=1}^{\infty} k^{-6} = \frac{1}{2} \frac{1}{36} \frac{8}{105} \pi^6 = \frac{\pi^6}{945}$$

11.12 Konvergenz der Fourier-Projektion

Zeigen Sie für die Fourier-Projektion

$$f = \sum_{k=-\infty}^{\infty} c_k e_k \mapsto p_n = \sum_{|k| \leq n} c_k e_k, \quad e_k(t) = e^{ikt},$$

die Fehlerabschätzung

$$\|f - p_n\|_{2\pi} \leq (n+1)^{-m} \|f^{(m)}\|_{2\pi}$$

für 2π-periodische Funktionen mit m quadrat-integrierbaren Ableitungen. Illustrieren Sie durch ein Beispiel, dass diese Ungleichung bestmöglich ist.

Verweise: Konvergenzrate der Fourier-Projektion, Parseval-Identität

Lösungsskizze

(i) Fehlerabschätzung:
Orthonormalität der Basis-Funktionen e_k bzgl. der Skalarprodukt-Norm $\|f\|_{2\pi} = \left(\frac{1}{2\pi} \int_0^{2\pi} |f|^2 \right)^{1/2}$ $\rightsquigarrow$

$$\|f - p_n\|_{2\pi}^2 = \| \sum_{|k|>n} c_k e_k \|_{2\pi}^2 \underset{(\star)}{=} \sum_{|k|>n} |c_k|^2$$

$1 \leq |ik|^{2m}/(n+1)^{2m}$ für $|k| > n$ und nochmalige Anwendung der „Parseval-Identität" $(\star)$ $\rightsquigarrow$ Abschätzung der rechten Seite durch

$$\frac{1}{(n+1)^{2m}} \sum_{|k|>n} | \underbrace{(ik)^m c_k}_{d_k} |^2 \underset{(\star)}{=} \frac{1}{(n+1)^{2m}} \|f^{(m)}\|_{2\pi}^2,$$

da d_k die Fourier-Koeffizienten der m-ten Ableitung von f sind

(ii) Beispiel:
Berechnung beider Seiten der Ungleichung für $f = e_{n+1}$ mit $p_n = 0$ aufgrund der Orthonormalität der Basis-Funktionen e_k

- $\|f - p_n\|_{2\pi} = \|f\|_{2\pi} = \left(\frac{1}{2\pi} \int_0^{2\pi} \left| e^{i(n+1)t} \right|^2 dt \right)^{1/2} = 1$
- $f^{(m)} = (i(n+1))^m e_{n+1}$ $\rightsquigarrow$ $\|f^{(m)}\|_{2\pi} = (n+1)^m \|e_{n+1}\|_{2\pi} = (n+1)^m$

$\rightsquigarrow$ Übereinstimmung beider Seiten der Ungleichung ($= 1$)

11.13   Multiplikation von Fourier-Reihen mit trigonometrischen Funktionen ⋆

Wie ändern sich die komplexen und reellen Fourier-Koeffizienten bei Multiplikation der Fourier-Reihe mit $\cos x$?

Verweise: Fourier-Reihe, Reelle Fourier-Reihe, Formel von Euler-Moivre

Lösungsskizze

(i) Komplexe Fourier-Koeffizienten:

Formel von Euler-Moivre $\implies$ $\cos x = (e^{ix} + e^{-ix})/2$ und

$$\cos x \sum_{k \in \mathbb{Z}} c_k e^{ikx} = \frac{1}{2} \sum_k c_k \left(e^{i(k+1)x} + e^{i(k-1)x} \right)$$

Indexverschiebungen $k \leftarrow k - 1$ und $k \leftarrow k + 1$ in den Summen   ⤳

$$\frac{1}{2} \sum_k (c_{k-1} + c_{k+1}) e^{ikx}$$

komplexe Fourier-Koeffizienten des Produktes: $c_k' = (c_{k-1} + c_{k+1})/2$

Umrechnungsformeln

⤳   entsprechende Formeln für die reellen Fourier-Koeffizienten

(ii) Reelle Fourier-Koeffizienten (direkte Berechnung):

Additionstheoreme $\implies$

$$\cos x \cos(kx) = (\cos((k+1)x) + \cos((k-1)x))/2$$
$$\cos x \sin(kx) = (\sin((k+1)x) + \sin((k-1)x))/2$$

setze $c_k = \cos(kx)$, $s_k = \sin(kx)$ ⤳

$$\cos x \left(\frac{a_0}{2} + \sum_{k>0} a_k c_k + b_k s_k \right)$$
$$= \frac{a_0}{2} c_1 + \sum_{k>0} \frac{a_k}{2} (c_{k+1} + c_{k-1}) + \frac{b_k}{2} (s_{k+1} + s_{k-1})$$

Indexverschiebungen in den Summen und Berücksichtigung des Summationsanfangs
⤳   reelle Fourier-Koeffizienten des Produktes

$$a_0' = a_1$$
$$a_k' = (a_{k-1} + a_{k+1})/2 \quad (k > 0)$$
$$b_1' = b_2/2$$
$$b_k' = (b_{k-1} + b_{k+1})/2 \quad (k > 1)$$

11.14 Laplace-Gleichung auf der Einheitskreisscheibe

Lösen Sie das Randwertproblem

$$\Delta u(r,\varphi) = 0,\ r < 1,\quad u(1,\varphi) = f(\varphi) = \begin{cases} 1/(2a) & \text{für } |\varphi| < a \\ 0 & \text{sonst} \end{cases}$$

mit Hilfe der Fourier-Enwicklung $u(r,\varphi) = \sum_{n=-\infty}^{\infty} c_n r^n e^{in\varphi}$. Bestimmen Sie ebenfalls den Grenzwert für $a \to 0$ ($f \to$ „Delta-Funktion", z.B. elektrisches Potential einer Punktladung bei $(r,\varphi) = (1,0)$).

Verweise: Fourier-Reihen von geraden Funktionen, Differentialoperatoren in Zylinderkoordinaten

Lösungsskizze

(i) Überprüfung der Differentialgleichung:
Formel für den Laplace-Operator $\Delta = \partial_x^2 + \partial_y^2$ in Polarkoordinaten $x = r\cos\varphi$, $y = r\sin\varphi$ $\rightsquigarrow$

$$\begin{aligned}
\Delta(r^n e^{in\varphi}) &= \frac{1}{r}\partial_r(r\partial_r(r^n e^{in\varphi})) + \frac{1}{r^2}\partial_\varphi^2(r^n e^{in\varphi}) \\
&= \frac{1}{r}\partial_r(nr^n e^{in\varphi}) + \frac{1}{r^2}\partial_\varphi(r^n(in)e^{in\varphi}) \\
&= \frac{1}{r}n^2 r^{n-1} e^{in\varphi} + \frac{1}{r^2}(r^n(-n^2)e^{in\varphi}) = 0 \quad \checkmark
\end{aligned}$$

(ii) Berechnung der Fourier-Koeffizienten:
f gerade $\rightsquigarrow$ reine Kosinus-Reihe

$$u(1,\varphi) = \frac{a_0}{2} + \sum_{n=1}^{\infty} a_n \cos(n\varphi),\quad a_n = \frac{1}{\pi}\int_{-\pi}^{\pi} f(\varphi)\cos(n\varphi)\,d\varphi$$

Einsetzen des „Rechteck-Impulses" f $\rightsquigarrow$

$$a_0 = \frac{1}{\pi}\frac{1}{2a}\int_{-a}^{a} d\varphi = \frac{1}{\pi}$$

$$\begin{aligned}
a_n &= \frac{1}{\pi}\frac{1}{2a}\int_{-a}^{a}\cos(n\varphi)\,d\varphi = \frac{1}{2a\pi}\left[\frac{\sin(n\varphi)}{n}\right]_{\varphi=-a}^{\varphi=a} \\
&= \frac{1}{2na\pi}(\sin(na) - \sin(-na)) = \frac{\sin(na)}{na\pi}
\end{aligned}$$

$\rightsquigarrow$ Reihendarstellung der Lösung des Randwertproblems

$$u(r,\varphi) = \frac{1}{2\pi} + \frac{1}{\pi}\sum_{n=1}^{\infty} r^n \frac{\sin(na)}{na}\cos(n\varphi)$$

(iii) Grenzwert $f \to \delta$:

$$\lim_{a\to 0}\frac{\sin(na)}{na} = 1 \quad\Longrightarrow$$

$$u_\delta(r,\varphi) = \frac{1}{2\pi} + \frac{1}{\pi}\sum_{n=1}^{\infty} r^n \cos(n\varphi)$$

11.15 Fourier-Entwicklung für eine Wärmeleitungsgleichung

Lösen Sie das Anfangsrandwertproblem

$$u_t(x,t) = u_{xx}(x,t), \quad 0 \le x \le 1, \, t \ge 0$$
$$u(0,t) = 0 = u(1,t), \, u(x,0) = x(1-x)$$

mit dem Ansatz $u(x,t) = \sum_{n=1}^{\infty} c_n(t) \sin(n\pi x)$.

Verweise: Fourier-Reihen von ungeraden Funktionen, Lineare Differentialgleichung erster Ordnung

---

Lösungsskizze

(i) Einsetzen in die Differentialgleichung:

$$u_t(x,t) = \sum_{n=1}^{\infty} c_n'(t) \sin(n\pi x)$$

$$(\mathrm{d}/\mathrm{d}x)^2 \sin(n\pi x) = (\mathrm{d}/\mathrm{d}x)(n\pi) \cos(n\pi x) = -(n\pi)^2 \sin(n\pi x) \quad \Longrightarrow$$

$$u_{xx}(x,t) = -\sum_{n=1}^{\infty} c_n(t)(n\pi)^2 \sin(n\pi x)$$

Koeffizientenvergleich $\Longrightarrow$ $c_n'(t) = -(n\pi)^2 c_n(t)$, d.h. $c_n(t) = c_n(0)\mathrm{e}^{-(n\pi)^2 t}$

(ii) Einsetzen in die Anfangsbedingung:

$$u(x,0) = \sum_{n=1}^{\infty} c_n(0) \underbrace{\sin(n\pi x)}_{e_n(x)} = \underbrace{x(1-x)}_{f(x)}$$

$e_j \perp e_k$ bzgl. des Skalarprodukts $\langle f,g \rangle = \int_0^1 f(x)g(x)\,\mathrm{d}x$ $\Longrightarrow$

$$c_n(0) = \langle f, e_n \rangle \, / \, \langle e_n, e_n \rangle = \int_0^1 x(1-x)\sin(n\pi x)\,\mathrm{d}x \, / \, (1/2)$$

Berechnung des Integrals mit zweimaliger partieller Integration; keine Randterme, da die auszuwertenden Funktionen für $x=0$ und $x=1$ null sind

$$\int_0^1 2x(1-x)\sin(n\pi x)\,\mathrm{d}x = -\int_0^1 (2-4x)(-\cos(n\pi x)/(n\pi))\,\mathrm{d}x$$

$$= \int_0^1 (-4)(-\sin(n\pi x))/(n\pi)^2 \,\mathrm{d}x = \left[-4\cos(n\pi x)/(n\pi)^3 \right]_{x=0}^{x=1}$$

$$= 4(-(-1)^n + 1)/(n\pi)^3 = \begin{cases} 8/(n\pi)^3 & \text{für } n \text{ ungerade} \\ 0 & \text{für } n \text{ gerade} \end{cases}$$

$\leadsto$ Fourier-Entwicklung $u(x,t) = 8 \sum_{n=1}^{\infty} ((2n-1)\pi)^{-3}\, \mathrm{e}^{-((2n-1)\pi)^2 t} \sin(n\pi x)$

12 Diskrete Fourier-Transformation

Übersicht

© Springer-Verlag GmbH Deutschland, ein Teil von Springer Nature 2023
K. Höllig und J. Hörner, *Aufgaben und Lösungen zur Höheren Mathematik 3*,
https://doi.org/10.1007/978-3-662-68151-0_13

12.1   Diskrete Fourier-Transformation trigonometrischer Vektoren

Berechnen Sie die diskrete Fourier-Transformation der Vektoren $(u_0, \ldots, u_7)^{\mathrm{t}}$ mit

$$\text{a)} \quad u_k = \cos(3\pi k/4) \qquad \text{b)} \quad u_k = \sin^2(5\pi k/2)$$

Verweise: Diskrete Fourier-Transformation, Formel von Euler-Moivre

Lösungsskizze

diskrete Fourier-Transformation $u \mapsto v$

$$v_j = \sum_{k=0}^{n-1} u_k w^{jk}, \quad w = \exp(2\pi \mathrm{i}/n)$$

$u_k = w^{\ell k} \quad \Longrightarrow$

$$v_j = \sum_{k=0}^{n-1} w^{\ell k} w^{jk} = \sum_{k=0}^{n-1} w^{(\ell+j)k} = n\delta_{\ell+j \bmod n}$$

aufgrund der Orthogonalität der Spalten der Fourier-Matrix

Umwandlung der gegebenen Vektoren mit Hilfe der Formel von Euler-Moivre

$$\cos t = \frac{1}{2}\left(\mathrm{e}^{\mathrm{i}t} + \mathrm{e}^{-\mathrm{i}t}\right), \quad \sin t = \frac{1}{2\mathrm{i}}\left(\mathrm{e}^{\mathrm{i}t} - \mathrm{e}^{-\mathrm{i}t}\right)$$

a) $u_k = \cos(3k(2\pi/8))$:

Formel von Euler-Moivre $\leadsto \quad u_k = \frac{1}{2}(w^{3k} + w^{-3k})$

transformierter Vektor (Anwendung obiger Formel mit $\ell = \pm 3$)

$$v_j = \frac{8}{2}(\delta_{3+j \bmod 8} + \delta_{-3+j \bmod 8}),$$

bzw.

$$(v_0, \ldots, v_7) = (0, 0, 0, 4, 0, 4, 0, 0)$$

b) $u_k = \sin^2(10k(2\pi/8))$:

Formel von Euler-Moivre $\leadsto$

$$u_k = \frac{1}{(2\mathrm{i})^2}(w^{10k} - w^{-10k})^2 = -\frac{1}{4}(w^{4k} - 2 + w^{-4k})$$

wegen $w^{\pm 16k} = (w^8)^{\pm 2k} = 1$

transformierter Vektor (Anwendung obiger Formel mit $\ell = 0, \pm 4$)

$$v_j = -\frac{8}{4}(\delta_{4+j \bmod 8} - 2\delta_{j \bmod 8} + \delta_{-4+j \bmod 8})$$

bzw.

$$(v_0, \ldots, v_7) = (4, 0, 0, 0, -4, 0, 0, 0),$$

da $j - 4 \bmod 8 = j + 4 \bmod 8$ (null für $j = 4$)

12.2 Inverse der Sinus-Transformation

Zeigen Sie, dass die durch

$$b_j = \sum_{k=1}^{n-1} a_k \sin(\pi jk/n), \quad 0 < j < n,$$

definierte Sinus-Transformation $b = \mathrm{FST}(a)$ bis auf einen Skalierungsfaktor zu sich selbst invers ist, d.h. $a = (2/n)\mathrm{FST}(\mathrm{FST}(a))$.

Verweise: Diskrete Fourier-Transformation, Formel von Euler-Moivre

Lösungsskizze

Transformationsmatrix

$$S : s_{j,k} = \sin(\pi jk/n)$$

zu zeigen: $S^2 = \frac{n}{2}E$, d.h.

$$p_{j,k} = \sum_{k=1}^{n-1} s_{jk}s_{k\ell} = (n/2)\delta_{j,\ell}$$

Formel von Euler-Moivre $\sin t = \frac{1}{2i}(e^{it} - e^{-it})$ mit $t = 2\pi jk/n$ $\implies$

$$s_{j,k} = \frac{1}{2i}\left(w^{jk} - w^{-jk}\right), \quad w = e^{2\pi i/(2n)}$$

und

$$p_{j,k} = -\frac{1}{4}\sum_{k=1}^{n-1}\left(w^{(j+\ell)k} - w^{-(j-\ell)k} - w^{(j-\ell)k} + w^{-(j+\ell)k}\right)$$

$w^{2n} = 1$ $\rightsquigarrow$ ersetze $-k$ durch $k' = 2n - k$

$$-\frac{1}{4}\sum_{k=1}^{n-1}\left(w^{(j+\ell)k} - w^{(j-\ell)k}\right) - \frac{1}{4}\sum_{k'=n+1}^{2n-1}\left(w^{(j+\ell)k'} - w^{(j-\ell)k'}\right)$$

Hinzufügen von Termen für $k = 0$ und $k = n$ (jeweils 0 wegen $w^0 = 1$ und $w^n = -1$) $\rightsquigarrow$

$$p_{j,k} = -\frac{1}{4}\sum_{k=0}^{2n-1}\left(w^{(j+\ell)k} - w^{(j-\ell)k}\right)$$

Summe über den ersten Summanden null, da $j + \ell \neq 0 \bmod 2n$

Summe über den zweiten Summanden gleich $-2n\delta_{j-\ell}$ aufgrund der Orthogonalität der Spalten der Fourier-Matrix

Vorfaktor $-1/4$ $\rightsquigarrow$ $p_{j,k} = (n/2)\delta_{j,\ell}$

12.3 Rekursion bei diskreter Fourier-Transformation

Bestimmen Sie die diskreten Fourier-Transformationen der Vektoren $(1, 0, 3, 2)^t$ und $(1, 1, 0, 0, 3, 3, 2, 2)^t$.

Verweise: Diskrete Fourier-Transformation, Schnelle Fourier-Transformation

Lösungsskizze

Diskrete Fourier-Transformation: $c \mapsto f = W_n c$ mit der Fourier-Matrix

$$W_n = \begin{pmatrix} w_n^{0 \cdot 0} & \cdots & w_n^{0 \cdot (n-1)} \\ \vdots & & \vdots \\ w_n^{(n-1) \cdot 0} & \cdots & w_n^{(n-1) \cdot (n-1)} \end{pmatrix}, \quad w_n = e^{2\pi i/n}$$

(i) $g = W_4 d$, $d = (1, 0, 3, 2)^t$:

$w_4 = e^{2\pi i/4} = i \quad \rightsquigarrow$

$$\begin{pmatrix} g_0 \\ g_1 \\ g_2 \\ g_3 \end{pmatrix} = \begin{pmatrix} 1 & 1 & 1 & 1 \\ 1 & i & -1 & -i \\ 1 & -1 & 1 & -1 \\ 1 & -i & -1 & i \end{pmatrix} \begin{pmatrix} 1 \\ 0 \\ 3 \\ 2 \end{pmatrix} = \begin{pmatrix} 6 \\ -2 - 2i \\ 2 \\ -2 + 2i \end{pmatrix}$$

(ii) $f = W_8 c$, $c = (1, 1, 0, 0, 3, 3, 2, 2)^t$:

$(c_0, c_2, c_4, c_6) = (c_1, c_3, c_5, c_7) = d = (1, 0, 3, 2)$, Rekursion für die schnelle Fourier-Transformation (mit zwei identischen Vektoren niedrigerer Dimension) $\implies$

$$f_k = \begin{cases} g_k + w_8^k g_k & \text{für } k = 0, \ldots, 3 \\ g_k - w_8^k g_k & \text{für } k = 4, \ldots, 7 \end{cases}$$

mit $g = W_4 d$ und $w_8 = e^{2\pi i/8} = (1 + i)/\sqrt{2}$

$w_8^0 = 1$, $w_8^1 = (1 + i)/\sqrt{2}$, $w_8^2 = i$, $w_8^3 = (-1 + i)/\sqrt{2} \quad \rightsquigarrow$

$$w_8^0 g_0 = 6, \quad w_8^1 g_1 = -2\sqrt{2}i, \quad w_8^2 g_2 = 2i, \quad w_8^3 g_3 = -2\sqrt{2}i$$

Einsetzen in die Rekursion $\rightsquigarrow$

$$\begin{aligned} f = (&12, -2 + (-2 - 2\sqrt{2})i, 2 + 2i, -2 + (2 - 2\sqrt{2})i, \\ &0, -2 + (-2 + 2\sqrt{2})i, 2 - 2i, -2 + (2 + 2\sqrt{2})i)^t \end{aligned}$$

12.4 Ablauf des FFT-Algorithmus

Illustrieren Sie für den Eingabe-Vektor $(0,0,0,0,0,1,0,0)^{\text{t}}$ den Ablauf des FFT-Algorithmus, indem Sie alle nichttrivialen Zwischenergebnisse angeben.

Verweise: Schnelle Fourier-Transformation

Lösungsskizze

(i) Rekursion Level 1, $f = \text{FFT}(0,0,0,0,0,1,0,0)$:

$g_1 = \text{FFT}(0,0,0,0) = (0,0,0,0)$, $h_1 = \text{FFT}(0,0,1,0)$

$w_8 = (1+\text{i})/\sqrt{2}$, $p_1 = (1, w_8, w_8^2, w_8^3) = (1, (1+\text{i})/\sqrt{2}, \text{i}, (-1+\text{i})/\sqrt{2})$

$$f = (g_1 + p_1.*h_1, g_1 - p_1.*h_1)$$

(ii) Rekursion Level 2, $h_1 = \text{FFT}(0,0,1,0)$:

$g_2 = \text{FFT}(0,1)$, $h_2 = \text{FFT}(0,0) = (0,0)$

$w_4 = \text{i}$, $p_2 = (1,\text{i})$

$$h_1 = (g_2 + p_2.*h_2, g_2 - p_2.*h_2)$$

(iii) Rekursion Level 3, $g_2 = \text{FFT}(0,1)$:

direkte Berechnung, $w_2 = -1$, $p = (1)$ $\quad \rightsquigarrow$

$$g_2 = (0 + 1 \cdot 1, 0 - 1 \cdot 1) = (1, -1)$$

(iv) Rückwärtseinsetzen der Ergebnisse:

$p_2 = (1,\text{i})$, $g_2 = (1,-1)$, $h_2 = (0,0)$ $\quad \rightsquigarrow$

$$h_1 = (g_2, g_2) = (1,-1,1,-1)$$

$p_1 = (1, (1+\text{i})/\sqrt{2}, \text{i}, (-1+\text{i})/\sqrt{2})$, $g_1 = (0,0,0,0)$, $h_1 = (1,-1,1,-1)$ $\quad \rightsquigarrow$

$$
\begin{aligned}
f &= (p_1.*h_1, -p_1.*h_1) \\
&= \left(1 \cdot 1, \frac{1+\text{i}}{\sqrt{2}} \cdot (-1), \text{i} \cdot 1, \frac{-1+\text{i}}{\sqrt{2}} \cdot (-1), -1 \cdot 1, \dots \right) \\
&= \left(1, \frac{-1-\text{i}}{\sqrt{2}}, \text{i}, \frac{1-\text{i}}{\sqrt{2}}, -1, \frac{1+\text{i}}{\sqrt{2}}, -\text{i}, \frac{-1+\text{i}}{\sqrt{2}} \right)
\end{aligned}
$$

Ergebnis: Spalte 6 der Fourier-Matrix, d.h.

$$
\begin{aligned}
f &= (1, w_8^5, w_8^{5 \cdot 2}, w_8^{5 \cdot 3}, \dots, w_8^{5 \cdot 7}) \\
&= (w_8^0, w_8^5, w_8^2, w_8^7, w_8^4, w_8^1, w_8^6, w_8^3)
\end{aligned}
$$

mit $w_8 = \exp(2\pi\text{i}/8)$ $\quad \Longrightarrow \quad$ Exponenten modulo 8

12.5 Trigonometrische Interpolation an äquidistanten Stützstellen

Interpolieren Sie die folgenden Daten $(f_0, \dots, f_7)$ an den Stützstellen $x_j = 2\pi j/8$, $j = 0, \dots, 7$, mit trigonometrischen Polynomen durch Anwendung der diskreten Fourier-Transformation.

   a) $f : (0, 0, 0, 0, 1, 0, 0, 0)$ b) $f : (3, 0, 2, 0, 0, 0, -2, 0)$

Verweise: Trigonometrische Interpolation, Diskrete Fourier-Transformation

Lösungsskizze

interpolierendes trigonometrisches Polynom

$$p(x) = \sum_{|k| \le 3} c_k e^{ikx} + c_4 \cos(4x)$$

Berechnung der Koeffizienten c_k mit der diskreten Fourier-Transformation

$$\tilde{c}_k = \frac{1}{8} \sum_{j=0}^{7} f_j w^{-jk}, \quad w = e^{2\pi i/8}$$

und $(\tilde{c}_0, \dots, \tilde{c}_7) = (c_0, \dots, c_4, c_{-3}, c_{-2}, c_{-1})$

a) $f_4 = 1$, $f_j = 0$ für $j \ne 4$:

$$\tilde{c}_k = \frac{1}{8} f_4 w^{-4 \cdot k} = \frac{1}{8} e^{-(2\pi i/8)(4k)} = \frac{(-1)^k}{8}, \quad c_{\pm k} = \frac{(-1)^k}{8}$$

$e^{ikx} + e^{-ikx} = 2\cos(kx) \quad \leadsto$

$$p(x) = \frac{1}{8} - \frac{1}{4}\cos x + \frac{1}{4}\cos(2x) - \frac{1}{4}\cos(3x) + \frac{1}{8}\cos(4x)$$

b) $f_0 = 3$, $f_2 = -f_6 = 2$, $f_j = 0$ für $j \notin \{0, 2, 6\}$:
$w^8 = 1$, $w^\ell + w^{-\ell} = 2\cos(2\pi\ell/8)$, $w^\ell - w^{-\ell} = 2i\sin(2\pi\ell/8) \quad \leadsto$

$$\tilde{c}_k = \frac{1}{8}\left(3w^{-0k} + 2w^{-2k} - 2w^{-6k}\right) = \frac{1}{8}\left(3 + 2w^{-2k} - 2w^{2k}\right)$$

$$= \frac{3}{8} - \frac{i}{2}\sin(\pi k/2)$$

Koeffizienten

$$c_0 = \tilde{c}_0 = \frac{3}{8}, \quad c_1 = \tilde{c}_1 = \frac{3}{8} - \frac{i}{2}, \quad c_2 = \tilde{c}_2 = \frac{3}{8}, \quad c_3 = \tilde{c}_3 = \frac{3}{8} + \frac{i}{2}$$

$$c_4 = \tilde{c}_4 = \frac{3}{8}, \quad c_{-3} = \tilde{c}_5 = \frac{3}{8} - \frac{i}{2}, \quad c_{-2} = \tilde{c}_6 = \frac{3}{8}, \quad c_{-1} = \tilde{c}_7 = \frac{3}{8} + \frac{i}{2}$$

$e^{ikx} + e^{-ikx} = 2\cos(kx)$, $e^{ikx} - e^{-ikx} = 2i\sin(kx) \quad \leadsto$

$$p(x) = \frac{3}{8} + \frac{3}{4}\cos x + \frac{3}{4}\cos(2x) + \frac{3}{4}\cos(3x) + \frac{3}{8}\cos(4x) + \sin x - \sin(3x)$$

12.6 Eigenwerte und Inverse einer zyklischen Matrix

Bestimmen Sie die Eigenwerte und die Inverse der zyklischen Matrix

$$
\begin{pmatrix}
3 & 2 & 0 & 2 \\
2 & 3 & 2 & 0 \\
0 & 2 & 3 & 2 \\
2 & 0 & 2 & 3
\end{pmatrix}.
$$

Verweise: Fourier-Transformation zyklischer Gleichungssysteme

Lösungsskizze

(i) Eigenwerte:

erzeugender Vektor der zyklischen Matrix (erste Spalte)

$$(a_0,\, a_1,\, a_2,\, a_3)^{\mathrm{t}} = (3,\, 2,\, 0,\, 2)^{\mathrm{t}}$$

inverse diskrete Fourier-Transformation von $a \quad \rightarrow \quad (\lambda_0,\, \lambda_1,\, \lambda_2,\, \lambda_3)/4$, d.h.

$$\lambda_j = \sum_{k=0}^{3} a_k w^{-jk} = 3 + 2w^{-j} + 2w^{-3j}, \quad w = \exp(2\pi \mathrm{i}/4) = \mathrm{i}$$

Einsetzen $\quad \rightsquigarrow$

$$
\begin{aligned}
\lambda_0 &= 7 \\
\lambda_1 &= 3 + 2\mathrm{i}^{-1} + 2\mathrm{i}^{-3} = 3 \\
\lambda_2 &= 3 + 2\mathrm{i}^{-2} + 2\mathrm{i}^{-6} = -1 \\
\lambda_3 &= 3 + 2\mathrm{i}^{-3} + 2\mathrm{i}^{-9} = 3
\end{aligned}
$$

(ii) Inverse:

Eigenwerte $\varrho_j = 1/\lambda_j$ der Inversen: $1/7,\ 1/3,\ -1,\ 1/3$

Invertierung der Formel für λ, d.h. diskrete Fourier-Transformation von $(\varrho_0,\, \varrho_1,\, \varrho_2,\, \varrho_3)/4$
$\rightarrow \quad$ erzeugender Vektor b der Inversen

$$b_k = \frac{1}{4} \sum_{j=0}^{3} \varrho_j w^{jk},$$

d.h.

$$
b = \frac{1}{4}
\begin{pmatrix}
1 & 1 & 1 & 1 \\
1 & \mathrm{i} & -1 & -\mathrm{i} \\
1 & -1 & 1 & -1 \\
1 & -\mathrm{i} & -1 & \mathrm{i}
\end{pmatrix}
\begin{pmatrix}
1/7 \\
1/3 \\
-1 \\
1/3
\end{pmatrix}
= \frac{1}{21}
\begin{pmatrix}
-1 \\
6 \\
-8 \\
6
\end{pmatrix}
$$

12.7   Konstruktion einer zyklischen Matrix aus einem Bildvektor

Bestimmen Sie die zyklische Matrix A, die $(3, 5, -1, 5)^t$ auf $(1, 1, 9, 1)^t$ abbildet.

Verweise: Diagonalisierung zyklischer Matrizen, Orthogonale Basis

Lösungsskizze

Eigenvektoren v_k der zyklischen Matrix A: Spalten der Fourier-Matrix

$$W = \begin{pmatrix} 1 & 1 & 1 & 1 \\ 1 & i & -1 & -i \\ 1 & -1 & 1 & -1 \\ 1 & -i & -1 & i \end{pmatrix} = (v_0, v_1, v_2, v_3)$$

Darstellung von $x = (3, 5, -1, 5)^t$ und $y = (1, 1, 9, 1)^t$ bzgl. der (komplexen) orthogonalen Basis $\{v_0, v_1, v_2, v_3\}$, $Av_k = \lambda_k v_k$ $\Longrightarrow$

$$x = \sum_{k=0}^{3} c_k v_k \xrightarrow{A} y = \sum_{k=0}^{3} \underbrace{\lambda_k c_k}_{d_k} v_k$$

mit λ_k den Eigenwerten von A, d.h.

$$\lambda_k = d_k/c_k = \frac{v_k^* y}{v_k^* v_k} \Big/ \frac{v_k^* x}{v_k^* v_k} = \frac{v_k^* y}{v_k^* x}$$

Einsetzen und Berücksichtigen der komplexen Konjugation der Vektoren v_k^* $\rightsquigarrow$

$$\lambda_0 = \frac{v_0^* y}{v_0^* x} = \frac{(1, 1, 1, 1)(1, 1, 9, 1)^t}{(1, 1, 1, 1)(3, 5, -1, 5)^t} = \frac{12}{12} = 1$$

$$\lambda_1 = \frac{v_1^* y}{v_1^* x} = \frac{(1, -i, -1, i)(1, 1, 9, 1)^t}{(1, -i, -1, i)(3, 5, -1, 5)^t} = \frac{-8}{4} = -2$$

und analog $\lambda_2 = -1$, $\lambda_3 = -2$

Berechnung des erzeugenden Vektors $(a_0, a_1, a_2, a_3)^t$ von A aus den Eigenwerten $\lambda = (\lambda_0, \lambda_1, \lambda_2, \lambda_3)^t$ mit Hilfe der diskreten Fourier-Transformation

$$a = \frac{1}{4} W \lambda = (-1, 1/2, 1, 1/2)^t$$

alternativ: Verwendung der allgemein gültigen Formel $A = W \operatorname{diag}(\lambda) W^{-1}$

Probe: $Ax \stackrel{!}{=} y$

$$\begin{pmatrix} -1 & 1/2 & 1 & 1/2 \\ 1/2 & -1 & 1/2 & 1 \\ 1 & 1/2 & -1 & 1/2 \\ 1/2 & 1 & 1/2 & -1 \end{pmatrix} \begin{pmatrix} 3 \\ 5 \\ -1 \\ 5 \end{pmatrix} = \begin{pmatrix} 1 \\ 1 \\ 9 \\ 1 \end{pmatrix} \quad \checkmark$$

12.8 Zyklisches lineares Gleichungssystem

Bestimmen Sie die Lösung x des linearen Gleichungssystems

$$
\begin{pmatrix}
4 & 1 & 2 & 1 \\
1 & 4 & 1 & 2 \\
2 & 1 & 4 & 1 \\
1 & 2 & 1 & 4
\end{pmatrix}
x =
\begin{pmatrix}
0 \\
7 \\
6 \\
-5
\end{pmatrix}
$$

mit Hilfe der diskreten Fourier-Transformation.

Verweise: Fourier-Transformation zyklischer Gleichungssysteme

Lösungsskizze

Fourier-Matrix (4×4): $w_{j,k} = \mathrm{i}^{jk}$, $j, k = 0, 1, 2, 3$, d.h.

$$
W =
\begin{pmatrix}
1 & 1 & 1 & 1 \\
1 & \mathrm{i} & -1 & -\mathrm{i} \\
1 & -1 & 1 & -1 \\
1 & -\mathrm{i} & -1 & \mathrm{i}
\end{pmatrix}, \quad
\overline{W} =
\begin{pmatrix}
1 & 1 & 1 & 1 \\
1 & -\mathrm{i} & -1 & \mathrm{i} \\
1 & -1 & 1 & -1 \\
1 & \mathrm{i} & -1 & -\mathrm{i}
\end{pmatrix},
$$

und $W\overline{W} = nE = \overline{W}W$ mit E der Einheitsmatrix

Diagonalisierung zyklischer Matrizen: $\frac{1}{n}\overline{W}AW = \Lambda = \operatorname{diag}(\lambda_1, \ldots, \lambda_4)$ mit

$$
\lambda = \overline{W}a = (8, 2, 4, 2)^{\mathrm{t}}, \quad a = A(:,1) = (4, 1, 2, 1)^{\mathrm{t}}
$$

⤳ diskrete Fourier-Transformation des zyklischen Systems

$$
Ax = b \quad \Leftrightarrow \quad \underbrace{\overline{W}AW}_{n\Lambda} \underbrace{n^{-1}\overline{W}x}_{y} = \underbrace{\overline{W}b}_{c},
$$

da $Wn^{-1}\overline{W} = E$

⤳ Berechnung der Lösung x in drei Schritten

$$
c = \overline{W}
\begin{pmatrix}
0 \\
7 \\
6 \\
-5
\end{pmatrix}
=
\begin{pmatrix}
8 \\
-6 - 12\mathrm{i} \\
4 \\
-6 + 12\mathrm{i}
\end{pmatrix}, \quad
y = \frac{1}{n}\Lambda^{-1}c =
\begin{pmatrix}
\frac{1}{4} \\
-\frac{3}{4} - \frac{3}{2}\mathrm{i} \\
\frac{1}{4} \\
-\frac{3}{4} + \frac{3}{2}\mathrm{i}
\end{pmatrix}
$$

und $Wn^{-1}\overline{W} = E \implies$

$$
x = Wy =
\begin{pmatrix}
\frac{1}{4} + (-\frac{3}{4} - \frac{3}{2}\mathrm{i}) + \frac{1}{4} + (-\frac{3}{4} + \frac{3}{2}\mathrm{i}) \\
\frac{1}{4} + \mathrm{i}(-\frac{3}{4} - \frac{3}{2}\mathrm{i}) - \frac{1}{4} - \mathrm{i}(-\frac{3}{4} + \frac{3}{2}\mathrm{i}) \\
\frac{1}{4} - (-\frac{3}{4} - \frac{3}{2}\mathrm{i}) + \frac{1}{4} - (-\frac{3}{4} + \frac{3}{2}\mathrm{i}) \\
\frac{1}{4} - \mathrm{i}(-\frac{3}{4} - \frac{3}{2}\mathrm{i}) - \frac{1}{4} + \mathrm{i}(-\frac{3}{4} + \frac{3}{2}\mathrm{i})
\end{pmatrix}
=
\begin{pmatrix}
-1 \\
3 \\
2 \\
-3
\end{pmatrix}
$$

12.9   Approximation von Fourier-Koeffizienten mit Riemann-Summen ⋆

Bestimmen Sie für $f(x) = \sum_{k \in \mathbb{Z}} c_k \mathrm{e}^{ikx}$ mit $\sum_k |c_k| < \infty$ den Fehler der Approximation

$$c_\ell \approx \frac{1}{n} \sum_{j=0}^{n-1} f(x_j) \mathrm{e}^{-i\ell x_j}, \quad x_j = 2\pi j/n,$$

und zeigen Sie, dass die Koeffizienten von trigonometrischen Polynomen vom Grad $< n/2$ exakt berechnet werden.

Verweise: Fourier-Reihe, Diskrete Fourier-Transformation

Lösungsskizze

(i) Fehler für eine absolut konvergente Fourier-Reihe:
Einsetzen von $f(x) = \sum_{k \in \mathbb{Z}} c_k \mathrm{e}^{ikx}$ in die Riemann-Summe   ⤳

$$s_\ell = \frac{1}{n} \sum_{j=0}^{n-1} f(x_j) \mathrm{e}^{-i\ell x_j} = \frac{1}{n} \sum_j \sum_k c_k \mathrm{e}^{i(k-\ell)x_j}$$

Vertauschen der Summation, $x_j = 2\pi j/n$ ⤳

$$s_\ell = \sum_k c_k \left[\frac{1}{n} \sum_{j=0}^{n-1} q^j \right], \quad q = \mathrm{e}^{2\pi i(k-\ell)/n}$$

$k - \ell \bmod n = 0 \implies q = 1$ und $[\ldots] = 1$
andernfalls:

$$\sum_{j=0}^{n-1} q^j = \frac{q^n - 1}{q - 1} = 0$$

nach der Formel für eine geometrische Summe und da $q^n = \mathrm{e}^{2\pi i(k-\ell)} = 1$
insgesamt folgt $s_\ell = c_\ell + c_{\ell-n} + c_{\ell+n} + \cdots$, d.h.

$$s_\ell - c_\ell = \sum_{\alpha \in \mathbb{Z} \setminus \{0\}} c_{\ell + \alpha n}$$

(ii) Spezialfall trigonometrischer Polynome:

$$f(x) = \sum_{|k| < n/2} c_k \mathrm{e}^{ikx}$$

$|\ell| < n/2, \alpha \neq 0 \implies$

$$|\ell + \alpha n| \geq n - |\ell| > n - n/2 = n/2,$$

d.h. alle Koeffizienten $c_{\ell + \alpha n}$ in der Fehlersumme sind null

13 Fourier-Transformation

© Springer-Verlag GmbH Deutschland, ein Teil von Springer Nature 2023

K. Höllig und J. Hörner, *Aufgaben und Lösungen zur Höheren Mathematik 3*,

https://doi.org/10.1007/978-3-662-68151-0_14

13.1   Fourier-Transformierte und Fourier-Reihe einer linearen Funktion

Bestimmen Sie für die abgebildete Funktion

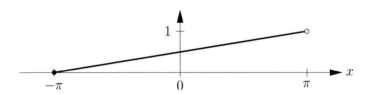

die Fourier-Transformierte $\widehat{f}$ sowie die komplexen Fourier-Koeffizienten c_k der 2π-periodischen Fortsetzung.

Verweise: Fourier-Transformation, Fourier-Reihe

Lösungsskizze

gegebene Funktion

$$f(x) = \begin{cases} \frac{1}{2\pi}(x+\pi) & \text{für } x \in [-\pi, \pi) \\ 0 & \text{sonst} \end{cases}$$

(i) Fourier-Transformierte:

$$\widehat{f}(y) = \int_{-\infty}^{\infty} f(x)\mathrm{e}^{-\mathrm{i}yx}\,\mathrm{d}x = \int_{-\pi}^{\pi} \frac{x+\pi}{2\pi}\mathrm{e}^{-\mathrm{i}yx}\,\mathrm{d}x$$

partielle Integration $\rightsquigarrow$

$$\begin{aligned} \widehat{f}(y) &= \frac{1}{2\pi}\left[-(x+\pi)\frac{\mathrm{e}^{-\mathrm{i}yx}}{\mathrm{i}y}\right]_{x=-\pi}^{\pi} + \frac{1}{2\pi}\int_{-\pi}^{\pi}\frac{\mathrm{e}^{-\mathrm{i}yx}}{\mathrm{i}y}\,\mathrm{d}x \\ &= -\frac{\mathrm{e}^{-\mathrm{i}\pi y}}{\mathrm{i}y} + \frac{\mathrm{e}^{-\mathrm{i}\pi y} - \mathrm{e}^{\mathrm{i}\pi y}}{2\pi y^2} = \frac{\mathrm{i}\pi y\mathrm{e}^{-\mathrm{i}\pi y} - \mathrm{i}\sin(\pi y)}{\pi y^2} \end{aligned}$$

(ii) Fourier-Koeffizienten:

$$c_k = \frac{1}{2\pi}\int_{-\pi}^{\pi}\frac{x+\pi}{2\pi}\mathrm{e}^{-\mathrm{i}kx}\,\mathrm{d}x = \frac{1}{2\pi}\widehat{f}(k) = \frac{\mathrm{i}}{2\pi k}\mathrm{e}^{-\mathrm{i}\pi k} - \frac{\mathrm{i}}{2\pi^2 k^2}\sin(\pi k)$$

$\mathrm{e}^{-\mathrm{i}\pi} = -1,\ \sin(\pi k) = 0$ $\rightsquigarrow$

$$c_k = \frac{\mathrm{i}}{2\pi k}(-1)^k, \quad k \neq 0$$

$k = 0$ $\rightsquigarrow$

$$c_0 = \frac{1}{2\pi}\int_{-\pi}^{\pi}\frac{x+\pi}{2\pi}\,\mathrm{d}x = \frac{1}{4\pi^2}\left[\frac{x^2}{2} + \pi x\right]_{-\pi}^{\pi} = \frac{1}{2}$$

13.2 Fourier-Transformierte einer stückweise linearen Funktion

Berechnen Sie die Fourier-Transformierte der abgebildeten Funktion.

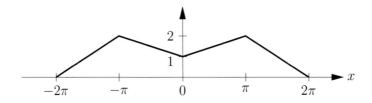

Verweise: Fourier-Transformation, Verschiebung bei Fourier-Transformation

Lösungsskizze

Darstellung von f als Linearkombination von Hut-Funktionen

$$f(x) = 2q(x + \pi) + q(x) + 2q(x - \pi)$$

mit $q(x) = 1 - |x|/\pi$ für $x \in [-\pi, \pi]$ und $q(x) = 0$ sonst

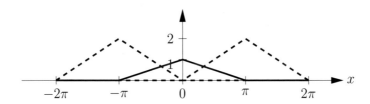

Fourier-Transformierte der Hut-Funktion

$$\widehat{q}(y) = \int_{-\pi}^{\pi} q(x)\mathrm{e}^{-\mathrm{i}xy}\,\mathrm{d}x = 2\int_0^{\pi} (1 - x/\pi)\cos(xy)\,\mathrm{d}x\,,$$

da $q(x) = q(-x)$ und $\mathrm{e}^{-\mathrm{i}xy} + \mathrm{e}^{+\mathrm{i}xy} = 2\cos(xy)$
partielle Integration $\leadsto$

$$
\begin{aligned}
\widehat{q}(y) &= \left[\frac{2(1 - x/\pi)\sin(xy)}{y}\right]_{x=0}^{\pi} - \int_0^{\pi} \frac{(-2/\pi)\sin(xy)}{y}\,\mathrm{d}x \\
&= 0 + \left[\frac{-2\cos(xy)}{\pi y^2}\right]_{x=0}^{\pi} = \frac{2 - 2\cos(\pi y)}{\pi y^2}
\end{aligned}
$$

Verschiebungsregel, $q(x - a) \xrightarrow{\mathcal{F}} \mathrm{e}^{-\mathrm{i}ay}\widehat{q}(y)$ mit $a = \pm\pi$ $\implies$

$$
\begin{aligned}
\widehat{f}(y) &= \left(2\mathrm{e}^{\mathrm{i}\pi y} + 1 + 2\mathrm{e}^{-\mathrm{i}\pi y}\right)\frac{2 - 2\cos(\pi y)}{\pi y^2} \\
&= \frac{2 + 6\cos(\pi y) - 8\cos^2(\pi y)}{\pi y^2}
\end{aligned}
$$

13.3 Fourier-Transformierte und reelle Fourier-Reihe einer Betragsfunktion

Bestimmen Sie die Fourier-Transformierte der Funktion $f(x) = \min(|x|-\pi,0)$ sowie die Kosinus-Koeffizienten a_k der 2π-periodischen Fortsetzung g der Restriktion von f auf $[-\pi,\pi)$. Berechnen Sie ebenfalls $\sum_{k=0}^{\infty} a_k$ und $\sum_{k=0}^{\infty} a_k^2$.

Verweise: Fourier-Transformation, Relle Fourier-Reihe, Parseval-Identität

Lösungsskizze

(i) Fourier-Transformierte:

$$\widehat{f}(y) = \int_{-\pi}^{\pi} f(x)e^{-\mathrm{i}xy}\,\mathrm{d}x = \int_{-\pi}^{\pi} f(x)\cos(xy)\,\mathrm{d}x - \mathrm{i}\int_{-\pi}^{\pi} f(x)\sin(xy)\,\mathrm{d}x$$

f gerade und reell $\implies$ $\mathrm{Im}\,\widehat{f} = 0$, $\widehat{f} = \mathrm{Re}\,\widehat{f}$

partielle Integration $\rightsquigarrow$

$$\begin{aligned}
\widehat{f}(y) &= 2\int_0^{\pi} (x-\pi)\cos(xy)\,\mathrm{d}x \\
&= 2\left[(x-\pi)\frac{\sin(xy)}{y}\right]_{x=0}^{\pi} - 2\int_0^{\pi} \frac{\sin(xy)}{y}\,\mathrm{d}x = 2\,\frac{\cos(\pi y)-1}{y^2}
\end{aligned}$$

(ii) Fourier-Koeffizienten:

g gerade $\implies$ Sinus-Koeffizienten null und

$$g(x) \sim \frac{a_0}{2} + \sum_{k=1}^{\infty} a_k\cos(kx), \quad a_k = \frac{2}{\pi}\int_0^{\pi} g(x)\cos(kx)\,\mathrm{d}x$$

$\implies$ $a_k = \widehat{f}(k)/\pi$, d.h.

$$a_0 = \lim_{y\to 0}\frac{2\cos(\pi y)-2}{\pi y^2} \underset{\text{l'Hospital}}{=} \lim_{y\to 0}\frac{-\sin(\pi y)}{y} = -\pi$$

$$a_k = 2\,\frac{(-1)^k - 1}{\pi k^2}, \quad k > 0$$

(iii) Reihen:

$\cos(kx)_{|x=0} = 1$ $\implies$

$$\sum_{k=0}^{\infty} a_k = \underbrace{g(0)}_{=f(0)} + \frac{a_0}{2} = -\pi - \pi/2 = -3\pi/2$$

Parseval-Identität (Orthogonalität der Kosinus-Funktionen)

$$\int_{-\pi}^{\pi} |f|^2\,\mathrm{d}x = \int_{-\pi}^{\pi} |g|^2\,\mathrm{d}x = \frac{\pi}{2}a_0^2 + \pi\sum_{k=1}^{\infty} a_k^2$$

$\implies$ $\sum_{k=0}^{\infty} a_k^2 = -\frac{1}{2}a_0^2 + \frac{2}{\pi}\int_0^{\pi}(x-\pi)^2\,\mathrm{d}x = -\frac{\pi^2}{2} + \frac{2\pi^2}{3} = \frac{\pi^2}{6}$

13.4 Fourier-Transformierte einer Treppenfunktion

Bestimmen Sie die Fourier-Transformierte der abgebildeten Treppenfunktion sowohl mit der Verschiebungs- als auch mit der Skalierungsregel.

Verweise: Verschiebung bei Fourier-Transformation, Skalierung bei Fourier-Transformation

Lösungsskizze

Benutzung der Fourier-Transformierten der charakteristischen Funktion χ des Intervalls $[0, 1]$

$$\widehat{\chi}(y) = \int_{\mathbb{R}} \chi(x) \mathrm{e}^{-\mathrm{i}xy}\,\mathrm{d}x = \int_0^1 \mathrm{e}^{-\mathrm{i}xy}\,\mathrm{d}x = \left[\frac{\mathrm{e}^{-\mathrm{i}xy}}{-\mathrm{i}y}\right]_{x=0}^{x=1} = \frac{1 - \mathrm{e}^{-\mathrm{i}y}}{\mathrm{i}y}$$

(i) Verschiebungsregel:

$$\chi(x - a) \xrightarrow{\mathcal{F}} \mathrm{e}^{-\mathrm{i}ay}\widehat{\chi}(y)$$

Zerlegung von f als Summe von vier verschobenen charakteristischen Funktionen:

$$f(x) = 4\chi(x) + 3\chi(x - 1) + 3\chi(x - 2) + \chi(x - 3)$$

Anwendung der Verschiebungsregel mit $a = 1, 2, 3 \quad \Longrightarrow$

$$\begin{aligned}
\widehat{f}(y) &= \left(4 + 3\mathrm{e}^{-\mathrm{i}y} + 3\mathrm{e}^{-2\mathrm{i}y} + \mathrm{e}^{-3\mathrm{i}y}\right)\frac{1 - \mathrm{e}^{-\mathrm{i}y}}{\mathrm{i}y} \\
&= \frac{4 - \mathrm{e}^{-\mathrm{i}y} - 2\mathrm{e}^{-3\mathrm{i}y} - \mathrm{e}^{-4\mathrm{i}y}}{\mathrm{i}y}
\end{aligned}$$

(ii) Skalierungsregel:

$$\chi(x/a) \xrightarrow{\mathcal{F}} a\widehat{\chi}(ay), \quad a > 0$$

Zerlegung von f als Summe von drei skalierten charakteristischen Funktionen:

$$f(x) = \chi(x) + 2\chi(x/3) + \chi(x/4)$$

Anwendung der Skalierungsregel mit $a = 3, 4 \quad \Longrightarrow$

$$\begin{aligned}
\widehat{f}(y) &= \widehat{\chi}(y) + 6\widehat{\chi}(3y) + 4\widehat{\chi}(4y) \\
&= \frac{1 - \mathrm{e}^{-\mathrm{i}y}}{\mathrm{i}y} + 6\frac{1 - \mathrm{e}^{-3\mathrm{i}y}}{3\mathrm{i}y} + 4\frac{1 - \mathrm{e}^{-4\mathrm{i}y}}{4\mathrm{i}y} \\
&= \frac{4 - \mathrm{e}^{-\mathrm{i}y} - 2\mathrm{e}^{-3\mathrm{i}y} - \mathrm{e}^{-4\mathrm{i}y}}{\mathrm{i}y}
\end{aligned}$$

13.5 Fourier-Transformation von Produkten mit charakteristischen Funktionen

Bestimmen Sie für die Funktionen

$$\text{a)}\quad f(x) = x^2 \qquad\qquad \text{b)}\quad f(x) = \sin(\pi x)$$

die Fourier-Transformierten der Produkte $f\chi$, wobei χ die charakteristische Funktion des Intervalls $[-1, 1]$ bezeichnet.

Verweise: Fourier-Transformation, Verschiebung bei Fourier-Transformation

Lösungsskizze

Fourier-Transformation der charakteristischen Funktion

$$\widehat{\chi}(y) \;=\; \int_{-1}^{1} e^{-ixy}\,dx = \left[\frac{e^{-ixy}}{-iy}\right]_{x=-1}^{1}$$

$$\;=\; \frac{e^{-iy} - e^{iy}}{-iy} = \frac{2\sin y}{y}$$

a) $g(x) = x^2\chi(x)$:

Regel für Multiplikation mit x,

$$x f(x) \;\xrightarrow{\;\mathcal{F}\;}\; i\frac{d}{dy}\,\widehat{f}(y)\,,$$

und Leibniz-Regel $(\varphi\psi)'' = \varphi''\psi + 2\varphi'\psi' + \varphi\psi''$ mit $\varphi(y) = 2/y$ und $\psi(y) = \sin y$
$\Longrightarrow$

$$\widehat{g}(y) \;=\; i^2\left(\frac{4\sin y}{y^3} - \frac{4\cos y}{y^2} - \frac{2\sin y}{y}\right)$$

$$\;=\; \frac{(2y^2 - 4)\sin y + 4y\cos y}{y^3}$$

b) $g(x) = \sin(\pi x)\chi(x)$:

Verschiebungsregel,

$$e^{iax}f(x) \;\xrightarrow{\;\mathcal{F}\;}\; \widehat{f}(y - a)\,,$$

und Formel von Euler-Moivre, $\sin(\pi x) = \left(e^{i\pi x} - e^{-i\pi x}\right)/(2i)$ $\Longrightarrow$

$$\widehat{g}(y) \;=\; \frac{2\sin(y - \pi)}{2i(y - \pi)} - \frac{2\sin(y + \pi)}{2i(y + \pi)}$$

$$\;=\; \left(\frac{\sin y}{y - \pi} - \frac{\sin y}{y + \pi}\right)i = \frac{2\pi\sin y}{y^2 - \pi^2}\,i$$

wegen $\sin(y \pm \pi) = -\sin y$

13.6   Fourier-Transfomierte von Exponentialfunktionen

Bestimmen Sie die Fourier-Transformierte der Funktion

$$f(x) = \begin{cases} e^{|x|} & \text{für} \quad |x| \leq 1, \\ 0 & \text{sonst} \end{cases}$$

und berechnen Sie $\int_{\mathbb{R}} |\widehat{f}|^2 \, dy$ sowie $\int_{\mathbb{R}} \widehat{f} \, dy$.

Verweise: Fourier-Transformation, Satz von Plancherel

Lösungsskizze

(i) Fourier-Transformierte:

$$\widehat{f}(y) = \int_0^1 e^x e^{-ixy} \, dx + \int_{-1}^0 e^{-x} e^{-ixy} \, dx = \int_0^1 e^x \left(e^{-ixy} + e^{ixy} \right) dx$$

$$= \left[\frac{e^{x-ixy}}{1-iy} + \frac{e^{x+ixy}}{1+iy} \right]_{x=0}^1 = \underbrace{\frac{e^{1-iy}-1}{1-iy}}_{a} + \underbrace{\frac{e^{1+iy}-1}{1+iy}}_{b}$$

$$\overline{u/v} = \overline{u}/\overline{v} \quad \Longrightarrow \quad b = \overline{a} \text{ und } a + b = 2\operatorname{Re} a, \text{ d.h. nach Erweitern mit } 1 + iy$$

$$\widehat{f}(y) = 2\operatorname{Re} \frac{(1+iy)(e^{1-iy}-1)}{1+y^2} = \frac{2e(\cos y + y\sin y) - 2}{1+y^2},$$

da $e^{-iy} = \cos y - i\sin y$

(ii-a) $\int_{\mathbb{R}} |\widehat{f}|^2 \, dy$:
Satz von Plancherel

$$\int_{\mathbb{R}} |\widehat{f}|^2 \, dy = 2\pi \int_{\mathbb{R}} |f|^2 \, dx$$

mit $f(x) = e^{|x|}$ für $|x| < 1$ $\leadsto$

$$\int_{\mathbb{R}} |\widehat{f}|^2 \, dy = 2\pi \cdot 2 \int_0^1 e^{2x} \, dx = 4\pi \left[\frac{1}{2} e^{2x} \right]_0^1 = 2\pi \left(e^2 - 1 \right)$$

(ii-b) $\int_{\mathbb{R}} \widehat{f} \, dy$:
Definition der inversen Fourier-Transformation

$$f(x) = \frac{1}{2\pi} \int_{\mathbb{R}} \widehat{f}(y) e^{ixy} \, dy$$

$\leadsto$

$$\int_{\mathbb{R}} \widehat{f} \, dy = \int_{\mathbb{R}} \widehat{f}(y) e^{ixy} \, dy \Big|_{x=0} = 2\pi \, e^{|x|} \Big|_{x=0} = 2\pi$$

13.7 Fourier-Transformation von Gauß-Funktionen

Bestimmen Sie die Fourier-Transformierten der folgenden Funktionen.

a) $f(x) = (x-1)\exp(-x^2 + 6x)$ b) $g(x) = \left(\dfrac{\mathrm{d}}{\mathrm{d}x}\right)^3 \exp(-5x^2 - 4\mathrm{i}x)$

Verweise: Differentiation, Verschiebung, Skalierung bei Fourier-Transformation

Lösungsskizze

Fourier-Transformierte der Gauß-Funktion

$$\exp(-x^2) \xrightarrow{\mathcal{F}} \sqrt{\pi}\exp(-y^2/4)$$

a) $f(x) = (x-1)\exp(-x^2 + 6x)$:
quadratische Ergänzung

$$-x^2 + 6x = -(x-3)^2 + 9$$

Verschiebungsregel, $u(x+a) \xrightarrow{\mathcal{F}} e^{\mathrm{i}ay}\widehat{u}(y) \implies$

$$\exp(-(x-3)^2)\exp(9) \xrightarrow{\mathcal{F}} \sqrt{\pi}\exp(-3\mathrm{i}y - y^2/4)\exp(9)$$

Ableitungsregel, $xu(x) \xrightarrow{\mathcal{F}} \mathrm{i}\frac{\mathrm{d}}{\mathrm{d}y}\widehat{u}(y) \implies$

$$f(x) \xrightarrow{\mathcal{F}} \left(\mathrm{i}\frac{\mathrm{d}}{\mathrm{d}y} - 1\right)\sqrt{\pi}\exp(-3\mathrm{i}y - y^2/4 + 9)$$
$$= \sqrt{\pi}(2 - \mathrm{i}y/2)\exp(-3\mathrm{i}y - y^2/4 + 9)$$

b) $g(x) = \left(\frac{\mathrm{d}}{\mathrm{d}x}\right)^3 \exp(-5x^2 - 4\mathrm{i}x)$:
Verschiebungs- und Skalierungsregeln,

$$e^{-\mathrm{i}ax}u(x) \xrightarrow{\mathcal{F}} \widehat{u}(y+a), \quad u(sx) \xrightarrow{\mathcal{F}} \widehat{u}(y/s)/|s|$$

mit $a = 4$ und $s = \sqrt{5} \implies$

$$\exp(-4\mathrm{i}x)\exp(-(\sqrt{5}x)^2) \xrightarrow{\mathcal{F}} \sqrt{\pi}\exp(-(y+4)^2/(4\cdot5))/\sqrt{5}$$

Ableitungsregel, $(d/dx)^n u(x) \xrightarrow{\mathcal{F}} (\mathrm{i}y)^n\widehat{u}(y) \implies$

$$\widehat{g}(y) = -\mathrm{i}\sqrt{\pi/5}\,y^3\exp(-(y+4)^2/20)$$

13.8 Regeln für Fourier-Transformationen

Bestimmen Sie die Fourier-Transformierten der Funktionen

$$\text{a)} \quad f(x) = x\mathrm{e}^{-|x+3|} \qquad\qquad \text{b)} \quad g(x) = \sin x\,\mathrm{e}^{-|x|/2}$$

Verweise: Differentiation, Verschiebung, Skalierung bei Fourier-Transformation

Lösungsskizze

Anwendung der Transformationsregeln auf $\varphi(x) = \mathrm{e}^{-|x|}$

φ gerade, $\mathrm{e}^{-\mathrm{i}xy} + \mathrm{e}^{\mathrm{i}xy} = 2\cos(xy) \quad\Longrightarrow$

$$
\begin{aligned}
\widehat{\varphi}(y) \;&=\; 2\int_0^\infty \mathrm{e}^{-x}\cos(xy)\,\mathrm{d}x \\[2mm]
\underset{\text{part. Int.}}{=} \;&\; \underbrace{\left[2\mathrm{e}^{-x}\frac{\sin(xy)}{y}\right]_{x=0}^{\infty}}_{=0} + \int_0^\infty 2\mathrm{e}^{-x}\frac{\sin(xy)}{y}\,\mathrm{d}x \\[2mm]
\underset{\text{part. Int.}}{=} \;&\; \left[-2\mathrm{e}^{-x}\frac{\cos(xy)}{y^2}\right]_{x=0}^{\infty} - \int_0^\infty 2\mathrm{e}^{-x}\frac{\cos(xy)}{y^2}\,\mathrm{d}x = \frac{2}{y^2} - \frac{1}{y^2}\widehat{\varphi}(y)
\end{aligned}
$$

Auflösen nach $\widehat{\varphi}(y) \quad\rightsquigarrow\quad \widehat{\varphi}(y) = \dfrac{2}{1+y^2}$

a) $\quad f(x) = x\mathrm{e}^{-|x+3|}$:

Verschiebungsregel $u(x+a) \xrightarrow{\;\mathcal{F}\;} \mathrm{e}^{\mathrm{i}ay}\widehat{u}(y)$ mit $a = 3 \quad\Longrightarrow$

$$\mathrm{e}^{-|x+3|} \xrightarrow{\;\mathcal{F}\;} \frac{2\mathrm{e}^{3\mathrm{i}y}}{1+y^2}$$

Differentiationsregel $xu(x) \xrightarrow{\;\mathcal{F}\;} \mathrm{i}\dfrac{\mathrm{d}}{\mathrm{d}y}\widehat{u}(y) \quad\Longrightarrow$

$$
\begin{aligned}
\widehat{f}(y) \;&=\; \mathrm{i}\frac{\mathrm{d}}{\mathrm{d}y}\frac{2\mathrm{e}^{3\mathrm{i}y}}{1+y^2} = \mathrm{i}\,\frac{6\mathrm{i}\mathrm{e}^{3\mathrm{i}y}(1+y^2) - 4y\mathrm{e}^{3\mathrm{i}y}}{(1+y^2)^2} \\[2mm]
&=\; -\frac{6 + 6y^2 + 4y\mathrm{i}}{(1+y^2)^2}\mathrm{e}^{3\mathrm{i}y}
\end{aligned}
$$

b) $\quad g(x) = \sin x\,\mathrm{e}^{-|x|/2}$:

Skalierungsregel $u(x/s) \xrightarrow{\;\mathcal{F}\;} |s|\widehat{u}(sy)$ mit $s = 2 \quad\Longrightarrow$

$$\mathrm{e}^{-|x|/2} \xrightarrow{\;\mathcal{F}\;} \frac{4}{1+4y^2}$$

Verschiebungsregel $\mathrm{e}^{\mathrm{i}ax} \xrightarrow{\;\mathcal{F}\;} \widehat{u}(y-a)$ und $\sin x = (\mathrm{e}^{\mathrm{i}x} - \mathrm{e}^{-\mathrm{i}x})/(2\mathrm{i}) \quad\Longrightarrow$

$$
\begin{aligned}
\widehat{g}(y) \;&=\; \frac{1}{2\mathrm{i}}\left(\frac{4}{1+4(y-1)^2} - \frac{4}{1+4(y+1)^2}\right) \\[2mm]
&=\; -\frac{32y}{25 - 24y^2 + 16y^4}\mathrm{i}
\end{aligned}
$$

13.9 Rekursionen für uniforme B-Splines

Bestimmen Sie die Fourier-Transformierten der durch rekursive Mittelung („sliding averages"),

$$
B_n(x) = \int_{x-1/2}^{x+1/2} B_{n-1}(t)\, \mathrm{d}t, \quad B_0 = \chi,
$$

mit χ der charakteristischen Funktion des Intervalls $[-1/2, 1/2)$, definierten B-Splines.

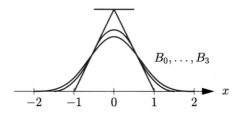

$$
B_0, \dots, B_3
$$

Beweisen Sie die für numerische Zwecke besser geeignete Rekursion[1]

$$
n B_n(x) = (N+x) B_{n-1}(x+1/2) + (N-x) B_{n-1}(x-1/2), \quad N = \frac{n+1}{2},
$$

und schreiben Sie eine MATLAB® -Funktion b = BSpline(x,n), die einen uniformen B-Spline auf diese Weise an gegebenen Punkten $x_1, x_2, \dots$ auswertet.

Verweise: Regeln für die Fourier-Transformation, Rechenoperationen in Maple™ , MATLAB® -Funktionen

Lösungsskizze

(i) Fourier-Transformation:

Definition der Fourier-Transformation und Vereinfachung mit der Formel von Euler-Moivre $\rightsquigarrow$

$$
\begin{aligned}
\widehat{B}_0(y) &= \int_{-1/2}^{1/2} \mathrm{e}^{-\mathrm{i}yx}\, \mathrm{d}x = \left[\frac{\mathrm{e}^{-\mathrm{i}yx}}{-\mathrm{i}y} \right]_{x=-1/2}^{x=1/2} = \frac{\mathrm{e}^{-\mathrm{i}y/2} - \mathrm{e}^{\mathrm{i}y/2}}{-\mathrm{i}y} \\
&= \frac{\sin(y/2)}{y/2} = \operatorname{sinc}(y/2)
\end{aligned}
$$

Umschreiben der definierenden Rekursion für B_n als Faltung,

$$
\begin{aligned}
B_n(x) &= \int_{x-1/2}^{x+1/2} B_{n-1}(t)\, \mathrm{d}t = \int_{-1/2}^{1/2} B_{n-1}(x-t)\, \mathrm{d}t \\
&= \int_{\mathbb{R}} B_{n-1}(x-t)\chi(t)\, \mathrm{d}t = (B_{n-1} \star \chi)(x),
\end{aligned}
$$

---

[1] ein berühmtes Resultat im (etwas komplizierteren) „nicht-uniformen" Fall

und Anwendung der Regel $\widehat{f \star g} = \hat{f}\hat{g} \implies$

$$\widehat{B}_n = \widehat{B}_{n-1}\widehat{\chi} = (\widehat{B}_{n-2}\widehat{\chi})\widehat{\chi} = \cdots = \widehat{\chi}\cdots\widehat{\chi},$$

d.h. $\widehat{B}_n(y) = \widehat{\chi}(y)^{n+1} \operatorname{sinc}(y/2)^{n+1}$

(ii) Rekursion:

Umformung der Rekursion $\rightsquigarrow$

$$nB_n(x) = x(B_{n-1}(x+1/2) - B_{n-1}(x-1/2))$$
$$+(n/2+1/2)(B_{n-1}(x+1/2) + B_{n-1}(x-1/2))$$

Fourier-Transformation mit Anwendung der Transformationsregeln

$$xf(x) \xrightarrow{\mathcal{F}} i\frac{\mathrm{d}}{\mathrm{d}y}\hat{f}(y), \quad f(x-a) \xrightarrow{\mathcal{F}} e^{-iay}$$

für Multiplikation mit x und Verschiebung $\rightsquigarrow$

$$n\widehat{B}_n(y) = i\frac{\mathrm{d}}{\mathrm{d}y}\left((e^{iy/2} - e^{-iy/2})\widehat{B}_{n-1}(y)\right) + \frac{n+1}{2}(e^{iy/2} + e^{-iy/2})\widehat{B}_{n-1}(y)$$

Nach Einsetzen von $\widehat{B}_m(y) = \operatorname{sinc}(y/2)^{m+1}$ mit $m = n, n-1$ ist das Überprüfen dieser Identität nicht schwierig, aber mühsam $\rightsquigarrow$ ein Fall für Maple™!

```
> assume(n::'integer',n>=0)
> S:=sin(y/2)/(y/2); Ep:=exp(I*y/2); Em:=exp(-I*y/2);
> # Vergleich der linken und rechten Seite der Identitaet
> A:=n*S^(n+1)
> B:=I*diff((Ep-Em)*S^n)+(n/2+1/2)*(Ep+Em)*S^n
> simplify(A-B)
  0 !!!
```

(iii) Matlab® -Funktion:

```
function b = BSpline(x,n)
if n==0    % charakteristische Funktion von [-1/2,1/2)
    b = 0*x;
    % b(x_k) = 1 fuer k mit -1/2<=x_k<1/2
    b(-1/2<=x&x<1/2)=1;
else    % Anwendung der Rekursion
    N = n/2+1/2;
    b = ((N+x)*BSpline(x,n-1)+(N-x)*BSpline(x,n-1))/n;
end
```

13.10   Fourier-Transformierte von rationalen Funktionen

Bestimmen Sie die Fourier-Transformierten von

$$
\text{a)}\quad f(x) = \frac{4}{5 - 2x + x^2} \qquad\qquad \text{b)}\quad g(x) = \frac{x^2}{(1 + x^2)^2}
$$

Verweise: Differentiation, Verschiebung, Skalierung bei Fourier-Transformation

Lösungsskizze

bekannte Transformation

$$
\mathrm{e}^{-|x|} \xrightarrow{\;\mathcal{F}\;} \frac{2}{1 + y^2}
$$

$\mathcal{F}\overline{\varphi} = 2\pi\,\overline{\mathcal{F}^{-1}\varphi}$, Linearität von $\mathcal{F} \quad\Longrightarrow$

$$
\varphi(x) = \frac{1}{1 + x^2} = \overline{\varphi}(x) \xrightarrow{\;\mathcal{F}\;} \pi\mathrm{e}^{-|y|}
$$

a) $f(x) = 4/(5 - 2x + x^2)$:

Umformung   ⇝

$$
f(x) = \frac{4}{4 + (x - 1)^2} = \frac{1}{1 + ((x - 1)/2)^2} = \varphi((x - 1)/2)
$$

Regeln für Skalierung und Verschiebung

$$
u(x/s) \xrightarrow{\;\mathcal{F}\;} |s|\widehat{u}(sy), \quad u(x - a) \xrightarrow{\;\mathcal{F}\;} \mathrm{e}^{-iay}\widehat{u}(y)
$$

mit $s = 2$ und $a = 1 \quad\Longrightarrow$

$$
\widehat{f}(y) = \mathrm{e}^{-iy}\,2\pi\mathrm{e}^{-2|y|} = 2\pi\mathrm{e}^{-2|y|-iy}
$$

b) $g(x) = x^2/(1 + x^2)^2$:

Umformung   ⇝

$$
g(x) = -\frac{1}{2}x\,\frac{\mathrm{d}}{\mathrm{d}x}\,\frac{1}{1 + x^2} = -\frac{1}{2}x\varphi'(x)
$$

Regeln für Differentiation

$$
\frac{\mathrm{d}}{\mathrm{d}x}u(x) \xrightarrow{\;\mathcal{F}\;} (iy)\widehat{u}(y), \quad xu(x) \xrightarrow{\;\mathcal{F}\;} i\frac{\mathrm{d}}{\mathrm{d}y}\widehat{u}(y)
$$

und Linearität der Fourier-Transformation $\Longrightarrow$

$$
\widehat{g}(y) = -\frac{1}{2}i\frac{\mathrm{d}}{\mathrm{d}y}\left(iy\,\pi\mathrm{e}^{-|y|}\right) = \frac{\pi}{2}(1 - \operatorname{sign} y)\mathrm{e}^{-|y|}
$$

13.11 Fourier-Transformation einer Wärmeleitungsgleichung

Lösen Sie das Anfangswertproblem

$$u_t(x,t) = u_{xx}(x,t), \quad u(x,0) = xe^{-x^2},$$

$x \in \mathbb{R}$, $t \geq 0$.

Verweise: Regeln für die Fourier-Transformation

Lösungsskizze

Fourier-Transformation der partiellen Differentialgleichung bzgl. der Variablen x mit Anwendung der Transformationsregel

$$\frac{\mathrm{d}}{\mathrm{d}x} f(x) \quad \xrightarrow{\mathcal{F}} \quad \mathrm{i}y\hat{f}(y) \tag{1}$$

⤳ gewöhnliche Differentialgleichung bzgl. der Variablen t mit y als Parameter

$$\hat{u}_t(y,t) = (\mathrm{i}y)^2 \hat{u}(y,t) = -y^2 \hat{u}(y,t) \tag{2}$$

Benutzung der bekannten Transformation

$$e^{-x^2/(2a)} \quad \xrightarrow{\mathcal{F}} \quad \sqrt{2a\pi}\, e^{-ay^2/2} \tag{3}$$

mit $a = 1/2$ und der Transformationsregel $xf(x) \longrightarrow \mathrm{i}\hat{f}'(y)$ ⤳

$$\hat{u}(y,0) = \mathrm{i}\frac{\mathrm{d}}{\mathrm{d}y}\sqrt{\pi}\, e^{-y^2/4} = -(\mathrm{i}/2)\sqrt{\pi}y\, e^{-y^2/4} \tag{4}$$

Lösung des Anfgangswertproblems (2,4)

$$\hat{u}(y,t) = -(\mathrm{i}/2)\sqrt{\pi}y\, e^{-y^2/4}\, e^{-ty^2} = -(\sqrt{\pi}/2)(\mathrm{i}y)\, e^{-(1/4+t)y^2}$$

Rücktransformation mit Hilfe von (3) mit $a = 1/2 + 2t$ und (1) ⤳

$$u(x,t) = -(\sqrt{\pi}/2)\frac{\mathrm{d}}{\mathrm{d}x}\left(\frac{1}{\sqrt{(1+4t)\pi}}\, e^{-x^2/(1+4t)}\right) = \frac{x\, e^{-x^2/(1+4t)}}{(1+4t)^{3/2}}$$

Kontrolle mit Maple™

```
> u := (x,t)->x*exp(-x^2/(1+4*t))/(1+4*t)^(3/2)
> u_t := D[2](u)(x,t)
> u_xx := D[1,1](u)(x,t)
> simplify(u_t-u_xx)
    0
```

13.12   Satz von Plancherel und uneigentliche Integrale

Berechnen Sie

$$\text{a) } \int_{\mathbb{R}} \frac{y^2}{(1+y^2)^2} \, dy \qquad\qquad \text{b) } \int_{\mathbb{R}} \frac{\sin(2y)}{y} \, e^{-|y|} \, dy$$

Verweise: Satz von Plancherel, Differentiation, Skalierung bei Fourier-Transformation

Lösungsskizze

bekannte Transformationen

$$\chi_{[-1,1]}(x) \xrightarrow{\ \mathcal{F}\ } 2\,\frac{\sin y}{y}, \qquad e^{-|x|} \xrightarrow{\ \mathcal{F}\ } \frac{2}{1+y^2}$$

a) $I = \int_{\mathbb{R}} y^2/(1+y^2)^2 \, dy$:

Anwendung des Satzes von Plancherel

$$\int_{\mathbb{R}} |\widehat{f}|^2 \, dy = 2\pi \int_{\mathbb{R}} |f|^2 \, dx$$

mit $\widehat{f}(y) = y/(1+y^2)$

Differentiationsregel $iy\,\widehat{u}(y) \xrightarrow{\ \mathcal{F}^{-1}\ } u'(x) \qquad \Longrightarrow$

$$\widehat{f}(y) = \frac{1}{2i}(iy)\frac{2}{1+y^2} \xrightarrow{\ \mathcal{F}^{-1}\ } \frac{1}{2i}\frac{d}{dx} e^{-|x|} = \frac{i}{2}\, \text{sign}\, x\, e^{-|x|}$$

Einsetzen in die Formel von Plancherel, gerader Integrand $|f(x)|^2 \quad \rightsquigarrow$

$$I = 2\pi \cdot 2 \int_0^\infty \frac{1}{4} e^{-2x} \, dx = \pi \left[-\frac{1}{2} e^{-2x} \right]_0^\infty = \frac{\pi}{2}$$

b) $I = \int_0^\infty \sin(2y) e^{-y}/y \, dy$:

Anwendung des Satzes von Plancherel

$$\int_{\mathbb{R}} \widehat{f}\,\overline{\widehat{g}} \, dy = 2\pi \int_{\mathbb{R}} f\,\overline{g} \, dx$$

mit $\widehat{f}(y) = \sin(2y)/y$ und $\widehat{g}(y) = e^{-|y|}$

Skalierungsregel $\widehat{u}(sy) \xrightarrow{\ \mathcal{F}^{-1}\ } u(x/s)/|s|$ mit $s = 2 \qquad \Longrightarrow$

$$f(x) = \frac{1}{2}\chi_{[-1,1]}(x/2) = \frac{1}{2}\chi_{[-2,2]}(x)$$

f gerade $\Longrightarrow \quad \mathcal{F}^{-1}\widehat{g} = (\mathcal{F}\widehat{g})/(2\pi) \quad$ und

$$g(x) = \frac{1}{2\pi}\frac{2}{1+x^2}$$

Einsetzen in die Formel von Plancherel $\rightsquigarrow$

$$2I = 2\pi \int_{\mathbb{R}} \frac{1}{2}\chi_{[-2,2]}(x)\frac{1}{2\pi}\frac{2}{1+x^2} \, dx = \int_{-2}^{2} \frac{1}{1+x^2} \, dx = 2\arctan 2,$$

d.h. $I = \arctan 2$

13.13 Fourier-Transformation einer Differentialgleichung zweiter Ordnung

Bestimmen Sie eine auf $\mathbb{R}$ quadratisch integrierbare Lösung der Differentialgleichung

$$-u''(x) + 4u(x) = \chi(x),$$

mit χ der charakteristischen Funktion des Intervalls $[2, 3]$.

Verweise: Differentiation bei Fourier-Transformation, Faltung und Fourier-Transformation

Lösungsskizze

Ableitungsregel $\quad u'(x) \xrightarrow{\mathcal{F}} \mathrm{i} y\, \hat{u}(y) \quad \leadsto \quad$ Transformation der Differentialgleichung

$$-\mathrm{i}^2 y^2 \hat{u}(y) + 4\hat{u}(y) = \hat{\chi} \quad \Leftrightarrow \quad \hat{u}(y) = \underbrace{\frac{1}{8} \frac{2}{1 + (y/2)^2}}_{\hat{\varphi}} \hat{\chi}$$

bekannte Transformation

$$\mathrm{e}^{-|x|} \xrightarrow{\mathcal{F}} \frac{2}{1 + y^2}$$

sowie Skalierungs- und Faltungsregeln

$$\hat{f}(y/a) \xrightarrow{\mathcal{F}^{-1}} |a| f(ax), \quad \hat{f}\hat{g} \xrightarrow{\mathcal{F}^{-1}} f \star g$$

$$\Longrightarrow$$

$$u(x) = \varphi \star \chi, \quad \varphi(x) = \frac{1}{4}\mathrm{e}^{-2|x|}$$

Definition der Faltung $\quad \leadsto$

$$u(x) = \int_{\mathbb{R}} \frac{1}{4}\mathrm{e}^{-2|x-y|} \chi(y)\, \mathrm{d}y = \frac{1}{4}\int_2^3 \mathrm{e}^{-2|x-y|}\, \mathrm{d}y$$

Aufspaltung an der Nullstelle der Betragsfunktion $\quad \leadsto \quad$ drei Fälle

- $x \leq 2$:

$$u(x) = \frac{1}{4}\int_2^3 \mathrm{e}^{-2(y-x)}\, \mathrm{d}y = -\frac{\mathrm{e}^{2x}}{8}\left[\mathrm{e}^{-2y}\right]_2^3 = \frac{\mathrm{e}^{-4} - \mathrm{e}^{-6}}{8}\mathrm{e}^{2x}$$

- $2 \leq x \leq 3$:

$$u(x) = \frac{1}{4}\int_2^x \mathrm{e}^{-2(x-y)}\, \mathrm{d}y + \frac{1}{4}\int_x^3 \mathrm{e}^{-2(y-x)}\, \mathrm{d}y = \frac{2 - \mathrm{e}^{4-2x} - \mathrm{e}^{2x-6}}{8}$$

- $3 \leq x$: analog zum ersten Fall

$$u(x) = \frac{\mathrm{e}^6 - \mathrm{e}^4}{8}\mathrm{e}^{-2x}$$

13.14   Reihenberechnung mit der Poisson-Summationsformel ⋆

Berechnen Sie

$$\sum_{k=0}^{\infty} \frac{(-1)^k}{1+k^2} .$$

Verweise: Poisson-Summationsformel, Skalierung und Fourier-Transformation

Lösungsskizze

Symmetrie, $(-1)^k = \cos(\pi k)$ ⤳

$$S = \sum_{k=0}^{\infty} \underbrace{\frac{\cos(\pi k)}{1+k^2}}_{a_k} = \frac{a_0}{2} + \frac{1}{2} \underbrace{\sum_{k=-\infty}^{\infty} a_k}_{\tilde{S}}$$

Anwendung der Poisson-Summationsformel

$$\tilde{S} = \sum_{k\in\mathbb{Z}} \widehat{f}(2\pi k) = \sum_{j\in\mathbb{Z}} f(j)$$

mit

$$\widehat{f}(y) = \frac{\cos(y/2)}{1+(y/(2\pi))^2} = \frac{1}{4}\left(e^{iy/2} + e^{-iy/2}\right)\frac{2}{1+(y/(2\pi))^2}$$

bekannte Transformation $2/(1+y^2) \xrightarrow{\mathcal{F}^{-1}} e^{-|x|}$ sowie Verschiebungs- und Skalierungsregeln

$$\widehat{u}(y/s) \xrightarrow{\mathcal{F}^{-1}} |s|u(sx), \quad e^{iay}\widehat{u}(y) \xrightarrow{\mathcal{F}^{-1}} u(x+a)$$

⤳

$$f(x) = \frac{1}{4}2\pi\left(e^{-2\pi|x+1/2|} + e^{-2\pi|x-1/2|}\right)$$

Einsetzen in die Poisson-Summationsformel   ⤳

$$\tilde{S} = \frac{\pi}{2}\sum_{j=-\infty}^{\infty}\left(e^{-2\pi|j+1/2|} + e^{-2\pi|j-1/2|}\right)$$

Substitution $j \leftarrow j+1$ in der zweiten Summe, Symmetrie und Formel $\sum_{j=0}^{\infty} q^j = 1/(1-q)$ für die geometrische Reihe   ⤳

$$\tilde{S} = \pi\sum_{j=-\infty}^{\infty} e^{-2\pi|j+1/2|} = 2\pi\sum_{j=0}^{\infty} e^{-2\pi(j+1/2)} = \frac{2\pi e^{-\pi}}{1-e^{-2\pi}} = \pi\frac{2}{e^{\pi}-e^{-\pi}}$$

$$\implies \quad S = a_0/2 + \tilde{S}/2 = 1/2 + \pi/(2\sinh\pi)$$

14 Tests

Übersicht

Ergänzende Information Die elektronische Version dieses Kapitels enthält Zusatzmaterial, auf das über folgenden Link zugegriffen werden kann https://doi.org/10.1007/978-3-662-68151-0_15.

14.1   Reelle und komplexe Fourier-Reihen

Aufgabe 1:

Stellen Sie $\cos x$ auf dem Intervall $[0, \pi)$ als eine Sinus-Reihe dar.

Aufgabe 2:

Entwickeln Sie die 2π-periodische Fortsetzung der Funktion $\cos(x/2)$, $-\pi \leq x < \pi$, in eine reelle Fourier-Reihe.

Aufgabe 3:

Entwickeln Sie die abgebildete 2-periodische Funktion in eine reelle Fourier-Reihe.

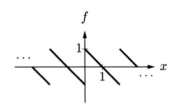

Aufgabe 4:

Bestimmen Sie die komplexe und reelle Fourier-Darstellung der Funktion $f(t) = \cos(2t) \sin^3 t$.

Aufgabe 5:

Welche Funktion f wird durch die Fourier-Reihe

$$f(x) \sim \sum_{k=0}^{\infty} \frac{\cos(2kx)}{3^k}$$

dargestellt?

Aufgabe 6:

Bestimmen Sie mit Hilfe der Fourier-Entwicklung der Funktion $f(x) = 2x$, $-\pi \leq x < \pi$, die Fourier-Entwicklung der Stammfunktion $F(x) = x^2$.

Aufgabe 7:

Welche Identität erhält man aus der Parseval-Identität für die charakteristische Funktion des Intervalls $[0, \pi)$,

$$f(x) = \begin{cases} 0, & -\pi \leq x < 0, \\ 1, & 0 \leq x < \pi \end{cases} ?$$

Aufgabe 8:

Lösen Sie das Anfangsrandwertproblem

$$u_{tt} = c^2 u_{xx}, \quad u(0,t) = u(\pi,t) = 0$$
$$u(x,0) = 3\sin x, \ u_t(x,0) = \sin(3x)$$

durch Fourier-Entwicklung.

Lösungshinweise

Aufgabe 1:

Für $f(x) = \cos x$ können die Koeffizienten der Sinus-Reihe

$$f \sim \sum_{k=1}^{\infty} b_k \, \sin(kx), \quad b_k = \frac{2}{\pi} \int_0^\pi f(x) \sin(kx) \, \mathrm{d}x \,,$$

mit zweimaliger partieller Integration berechnet werden.

Aufgabe 2:

Die Koeffizienten der Fourier-Reihe

$$f(x) \sim \frac{a_0}{2} + \sum_{k=1}^{\infty} a_k \cos(kx), \quad a_k = \frac{2}{\pi} \int_0^\pi f(x) \cos(kx) \, \mathrm{d}x$$

einer geraden Funktion f lassen sich für $f(x) = \cos(x/2)$ durch zweimalige partielle Integration berechnen.

Aufgabe 3:

Die Fourier-Reihe einer ungeraden T-periodischen Funktion ist eine reine Sinus-Reihe:

$$f(t) \sim \sum_{k=1}^{\infty} b_k \sin(2\pi kt/T), \quad b_k = \frac{4}{T} \int_0^{T/2} f(t) \sin(2\pi kt/T) \, \mathrm{d}t \,.$$

Aufgabe 4:

Verwenden Sie die Formeln von Euler-Moivre,

$$\cos\varphi = \frac{\mathrm{e}^{\mathrm{i}\varphi} + \mathrm{e}^{-\mathrm{i}\varphi}}{2}, \quad \sin\varphi = \frac{\mathrm{e}^{\mathrm{i}\varphi} - \mathrm{e}^{-\mathrm{i}\varphi}}{2\mathrm{i}} \,,$$

um Sinus und Kosinus durch Exponentialfunktionen auszudrücken.

Aufgabe 5:

Durch Anwenden der Formel von Euler-Moivre, $\cos t = \mathrm{Re}\, \mathrm{e}^{\mathrm{i}t}$, können Sie die Fourier-Reihe als Realteil einer geometrischen Reihe, $\sum_{k=0}^{\infty} q^k$, schreiben. Damit erhalten Sie $f(x) = \mathrm{Re}\, \frac{1}{1-q}$.

Aufgabe 6:

Die Funktion $f(x) = 2x$, $-\pi \leq x < \pi$, ist ungerade und besitzt folglich die Fourier-Reihe

$$2x \sim \sum_{k=1}^{\infty} b_k \sin(kx) \,,$$

deren Koeffizienten mit partieller Integration bestimmt werden können. Durch gliedweise Integration lässt sich die Fourier-Reihe von x^2 bis auf eine Integrationskonstante angeben, die sich aus dem Vergleich der Integrale über $[0, \pi)$ ergibt.

Aufgabe 7:

Parsevals Identität:

$$f(x) \sim \sum_{k=-\infty}^{\infty} c_k \mathrm{e}^{\mathrm{i}kx} \quad \Longrightarrow \quad \frac{1}{2\pi} \int_{-\pi}^{\pi} |f|^2 = \sum_{k \in \mathbb{Z}} |c_k|^2$$

für quadratintegrierbare Funktionen f.

Aufgabe 8:

Durch Einsetzen des Ansatzes

$$u(x,t) = \sum_{k=1}^{\infty} b_k(t) \sin(kx)$$

in die Differentialgleichung und Koeffizientenvergleich erhält man Differentialgleichungen zweiter Ordnung für die Koeffizienten $b_k(t)$. Die Integrationskonstanten $b_{k,1}$ und $b_{k,2}$ der allgemeinen Lösungen können durch die Anfangsbedingungen bestimmt werden.

14.2   Diskrete Fourier-Transformation

Aufgabe 1:

Bestimmen Sie die diskrete Fourier-Transformierte des Vektors u mit $u_k = \cos(k\pi/2)\sin(3k\pi/4)$, $k = 0, 1, \ldots, 15$.

Aufgabe 2:

Bestimmen Sie mit Hilfe der diskreten Fourier-Transformationen $(0, 1, 0, 2)^t$ und $(3, 0, 4, 0)^t$ der Vektoren g und h die diskrete Fourier-Transformation des Vektors $f = (g_0, h_0, g_1, h_1, g_2, h_2, g_3, h_3)^t$.

Aufgabe 3:

Interpolieren Sie die Daten $f = (0, 1, 0, 0, 0, 0, 0, 1)$ an den Stützstellen $2\pi k/8$, $k = 0, \ldots, 7$, durch ein trigonometrisches Polynom

$$p(x) = \sum_{k=-3}^{3} c_k e^{ikx} + c_4 \cos(4x).$$

Aufgabe 4:

Bestimmen Sie die Eigenwerte der Matrix

$$\begin{pmatrix} 0 & 2 & 1 \\ 1 & 0 & 2 \\ 2 & 1 & 0 \end{pmatrix}.$$

Aufgabe 5:

Lösen Sie das zyklische lineare Gleichungssystem

$$\sum_{k=0}^{3} a_{j-k \bmod 4} x_k = \delta_j, \quad j = 0, 1, 2, 3,$$

für $a = (3, 1, 0, 1)^t$.

Aufgabe 6:

Bestimmen Sie numerisch die ersten 8 Koeffizienten a_k der Kosinus-Entwicklung der Funktion $f(x) = \exp(\cos(\sin(x)))$ mit einem Fehler $< 10^{-10}$.

Lösungshinweise

Aufgabe 1:

Benutzen Sie die Formeln von Euler-Moivre,

$$\cos \varphi = \frac{e^{i\varphi} + e^{-i\varphi}}{2}, \quad \sin \varphi = \frac{e^{i\varphi} - e^{-i\varphi}}{2i},$$

um u_k durch eine Summe von Potenzen der 16-ten Einheitswurzel $w = e^{2\pi i/16}$ auszudrücken. Berechnen Sie dann die diskrete Fourier-Transformierte v von u ($v_j = \sum_{k=0}^{15} u_k w^{jk}$) mit Hilfe der Identität

$$\sum_{k=0}^{15} w^{\ell k} w^{jk} = 16 \, \delta_{j+\ell \bmod 16} \, .$$

Aufgabe 2:

Die diskrete Fourier-Transformation $\hat{f}$ des Vektors

$$f = (g_0, h_0, g_1, h_1, g_2, h_2, g_3, h_3)^{\mathrm{t}}$$

kann mit Hilfe der Rekursion der schnellen Fourier-Transformation aus den diskreten Fourier-Transformationen $\hat{g} = (0, 1, 0, 2)^{\mathrm{t}}$ und $\hat{h} = (3, 0, 4, 0)^{\mathrm{t}}$ von g und h berechnet werden:

$$\hat{f}_k = \hat{g}_k + p_k \hat{h}_k, \quad \hat{f}_{4+k} = \hat{g}_k - p_k \hat{h}_k, \quad k = 0, 1, 2, 3,$$

mit $p = (1, w, w^2, w^3)^{\mathrm{t}}$, $w = e^{2\pi i/8}$.

Aufgabe 3:

Die Koeffizienten des die Daten $(f_0, \ldots f_{2m-1})$ interpolierenden trigonometrischen Polynoms $p(x) = \sum_{k=-m+1}^{m-1} c_k e^{ikx} + c_m \cos(mx)$ können mit der inversen diskreten Fourier-Transformation berechnet werden:

$$\tilde{c}_j = \frac{1}{n} \sum_{k=0}^{n} f_k w^{-jk}, \quad w = e^{2\pi i/n} \quad \text{mit } n = 2m$$

$$\implies \quad \tilde{c} = (c_0, c_1, \ldots, c_m, c_{-m+1}, \ldots, c_{-1}) \, .$$

Durch Zusammenfassen von Termen lässt sich die komplexe Darstellung in eine Summe von Sinus- und Kosinus-Termen umwandeln.

Aufgabe 4:

Die Eigenwerte λ_j einer zyklischen Matrix A mit erzeugendem Vektor $(a_0, a_1, \ldots, a_{n-1})$ (erste Spalte von A) können mit der inversen diskreten Fourier-Transformation berechnet werden:

$$\lambda_j = \sum_{k=0}^{n-1} a_k w^{-jk}, \quad w = \mathrm{e}^{2\pi \mathrm{i}/n} .$$

Aufgabe 5:

Eine zyklische Matrix

$$A : a_{j-k \bmod n}, \quad j, k = 0, \ldots, n-1 ,$$

kann mit der Fourier-Matrix W ($w_{j,k} = w^{jk}$, $j, k = 0, \ldots, n-1$, $w = \mathrm{e}^{2\pi \mathrm{i}/n}$) diagonalisiert werden; Gleiches gilt für die Inverse von A:

$$A^{-1} = W \operatorname{diag}(\lambda_0^{-1}, \ldots, \lambda_{n-1}^{-1}) \underbrace{(W^*/n)}_{W^{-1}}$$

mit $\lambda = W^* a$, dem Vektor der Eigenwerte von A. Folglich löst

$$x = W \operatorname{diag}(\lambda_0^{-1}, \ldots, \lambda_{n-1}^{-1})(W^*/n) b$$

das zyklische Gleichungssystem $Ax = b$.

Aufgabe 6:

Die Fourier-Koeffizienten c_k einer Funktion f können sehr effizient mit der Trapezregel-Approximation,

$$c_k \approx \frac{1}{n} \sum_{j=0}^{n-1} f(2\pi j/n) \exp(-2\pi \mathrm{i} j k/n) ,$$

mit der MATLAB® -Funktion `fft` berechnet werden. Für eine gerade Funktion gilt $c_{-k} = c_k$, und die Fourier-Reihe ist eine Kosinus-Reihe

$$f(x) \sim \frac{a_0}{2} + \sum_{k=1}^{\infty} a_k \cos(kx)$$

mit $a_k = 2c_k = 2 \operatorname{Re} c_k$.

14.3 Fourier-Transformation

Aufgabe 1:

Bestimmen Sie die Fourier-Transformierte der abgebildeten Funktion.

Aufgabe 2:

Bestimmen Sie die Fourier-Transformierte der abgebildeten Funktion.

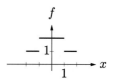

Aufgabe 3:
Bestimmen Sie die Fourier-Transformierte der Funktion $f(x) = \chi(x) \cos^2(x/2)$ mit χ der charakteristischen Funktion des Intervalls $[-\pi, \pi]$.

Aufgabe 4:
Bestimmen Sie die Fourier-Transformierte der Funktion $f(x) = x e^{-x^2 + 2x}$.

Aufgabe 5:
Bestimmen Sie die Fourier-Transformierte der Funktion $f(x) = |x| e^{-|x|}$.

Aufgabe 6:
Bestimmen Sie die Fourier-Transformierte der Funktion $f(x) = x/(x^2 + 2x + 2)$.

Aufgabe 7:
Berechnen Sie: $\int_{\mathbb{R}} \frac{\sin x}{x} e^{-|x|} \, \mathrm{d}x$.

Lösungshinweise

Aufgabe 1:

Bemerken Sie zunächst durch Anwendung der Formel von Euler-Moivre, dass

$$\int_{\mathbb{R}} f(x) e^{-ixy} \, dx = -2i \int_0^{\infty} f(x) \sin(xy) \, dx$$

für eine ungerade reelle Funktion f. Berechnen Sie das resultierende Integral für die gegebene Funktion mit partieller Integration.

Aufgabe 2:

Stellen Sie die Treppenfunktion f als Summe von charakteristischen Funktionen $\chi(ax)$ dar mit χ der charakteristischen Funktion des Intervalls $[-1, 1]$. Bestimmen Sie $\hat{\chi}(y)$ und wenden Sie die Transformationsregel

$$\chi(ax) \quad \xrightarrow{\mathcal{F}} \quad \hat{\chi}(y/a)/|a|$$

an.

Aufgabe 3:

Drücken Sie $\cos^2(x/2)$ mit der Formel von Euler-Moivre durch Exponentialfunktionen aus und wenden Sie die Transformationsregel

$$\chi(x) e^{iax} \quad \xrightarrow{\mathcal{F}} \quad \hat{\chi}(y - a)$$

an mit $\hat{\chi}(y) = 2\sin(\pi y)/y$.

Aufgabe 4:

Wenden Sie die Transformationsregeln

$$f(x - a) \quad \xrightarrow{\mathcal{F}} \quad e^{-iay} \hat{f}(y), \quad x f(x) \quad \xrightarrow{\mathcal{F}} \quad i\hat{f}'(y)$$

auf die bekannte Transformation $e^{-x^2} \xrightarrow{\mathcal{F}} \sqrt{\pi} e^{-y^2/4}$ an.

Aufgabe 5:

Stellen Sie die Funktion f mit Hilfe der Signum-Funktion und den Identitäten $|x| = x \operatorname{sgn}(x)$, $(d/dx)|x| = \operatorname{sgn} x$ in einer Form dar, die die Anwendung der Transformationsregeln

$$f'(x) \quad \xrightarrow{\mathcal{F}} \quad iy\hat{f}(y), \quad x f(x) \quad \xrightarrow{\mathcal{F}} \quad i\hat{f}'(y)$$

auf die Fourier-Transformation $e^{-|x|} \xrightarrow{\mathcal{F}} 2/(1 + y^2)$ gestattet.

Aufgabe 6:

Formen Sie die zu transformierende Funktion so um, dass die Transformationsregeln

$$g(x + a) \xrightarrow{\mathcal{F}} e^{iay}\hat{g}(y), \quad xg(x) \xrightarrow{\mathcal{F}} i\frac{d}{dy}\hat{g}(y)$$

auf die Transformation $1/(x^2 + 1) \xrightarrow{\mathcal{F}} \pi e^{-|y|}$ anwendbar sind.

Aufgabe 7:

Wenden Sie die Formel von Plancherel,

$$\int_{\mathbb{R}} f\bar{g} = \frac{1}{2\pi} \int_{\mathbb{R}} \tilde{f}g,$$

an, und benutzen Sie die Transformationen $\sin(x)/x \xrightarrow{\mathcal{F}} \pi\chi_{[-1,1]}$, $e^{-|x|} \xrightarrow{\mathcal{F}} 2/(1 + y^2)$.

Teil IV

Komplexe Analysis

15 Komplexe Differenzierbarkeit und konforme Abbildungen

Übersicht

© Springer-Verlag GmbH Deutschland, ein Teil von Springer Nature 2023
K. Höllig und J. Hörner, *Aufgaben und Lösungen zur Höheren Mathematik 3*,
https://doi.org/10.1007/978-3-662-68151-0_16

15.1   Reelle Darstellung komplexer Funktionen

Schreiben Sie die Funktionen

$$a) \quad f(z) = z^3 - iz^2 \qquad b) \quad g(z) = \frac{iz}{2 - 3z} \qquad c) \quad h(z) = e^{3z} \cos^2(iz)$$

in der Form $u(x, y) + iv(x, y)$ mit $z = x + iy$.

Verweise: Komplexe Funktion

Lösungsskizze

a) $f(z) = z^3 - iz^2$:

Einsetzen von $z = x + iy$ und binomische Formel   ⤳

$$\begin{aligned}
f(z) &= \left(x^3 + 3ix^2y - 3xy^2 - iy^3\right) - i\left(x^2 + 2ixy - y^2\right) \\
&= \underbrace{x^3 - 3xy^2 + 2xy}_{u(x,y)} + i\underbrace{(3x^2y - y^3 - x^2 + y^2)}_{v(x,y)}
\end{aligned}$$

b) $g(z) = iz/(2 - 3z)$:

Erweitern mit komplex konjugiertem Nenner, dritte binomische Formel   ⤳

$$\begin{aligned}
g(z) &= \frac{i(x + iy)}{2 - 3x - 3iy} = \frac{(ix - y)(2 - 3x + 3iy)}{(2 - 3x - 3iy)(2 - 3x + 3iy)} \\
&= \frac{(-3xy - 2y + 3xy) + i(2x - 3x^2 - 3y^2)}{(2 - 3x)^2 + 9y^2}
\end{aligned}$$

Aufspalten in Real- und Imaginärteil   ⤳

$$u(x, y) = -\frac{2y}{4 - 12x + 9x^2 + 9y^2}, \quad v(x, y) = \frac{2x - 3x^2 - 3y^2}{4 - 12x + 9x^2 + 9y^2}$$

c) $h(z) = e^{3z} \cos^2(iz)$:

Umkehrung der Formel $\cos t = (e^{it} + e^{-it})/2$ von Euler-Moivre mit $t = iz = ix - y$
⤳

$$h(z) = e^{3x+3iy} \left(e^{-x-iy} + e^{x+iy}\right)^2 / 4$$

binomische Formel, Ausmultiplizieren und Formel $e^{it} = \cos t + i \sin t$ von Euler-Moivre mit $t = y, 3y, 5y$ ⤳

$$\begin{aligned}
h(z) &= \frac{1}{4} e^{3x+3iy} \left(e^{-2x-2iy} + 2 + e^{2x+2iy}\right) \\
&= \frac{1}{4} \left(e^{x+iy} + 2e^{3x+3iy} + e^{5x+5iy}\right) \\
&= \frac{e^x}{4}(\cos y + i \sin y) + \frac{e^{3x}}{2}(\cos(3y) + i \sin(3y)) + \frac{e^{5x}}{4}(\cos(5y) + i \sin(5y))
\end{aligned}$$

Aufspaltung in Real- und Imaginärteil   ⤳

$$\begin{aligned}
u(x, y) &= (e^x \cos y + 2e^{3x} \cos(3y) + e^{5x} \cos(5y))/4 \\
v(x, y) &= (e^x \sin y + 2e^{3x} \sin(3y) + e^{5x} \sin(5y))/4
\end{aligned}$$

15.2 Komplexe Ableitung und Jacobi-Matrix

Bestimmen Sie für

$$x + iy = z \mapsto e^{1/z} = w = u + iv$$

die komplexe Ableitung dw/dz und die Jacobi-Matrix $\partial(u,v)/\partial(x,y)$.

Verweise: Komplexe Differenzierbarkeit, Cauchy-Riemannsche Differentialgleichungen

Lösungsskizze

(i) Komplexe Ableitung:

Kettenregel $\leadsto$

$$\frac{d}{dz} e^{1/z} = -\frac{1}{z^2} e^{1/z}$$

reelle Darstellung

$$\frac{1}{z} = \frac{1}{x + iy} = \frac{x - iy}{x^2 + y^2}, \quad \frac{1}{z^2} = \frac{x^2 - y^2 - 2ixy}{(x^2 + y^2)^2}$$

mit $R = x^2 + y^2$ $\leadsto$

$$\frac{dw}{dz} = -\frac{x^2 - y^2 - 2ixy}{R^2} \exp((x - iy)/R)$$

$$\exp((x - iy)/R) = \exp(x/R)\,(\cos(y/R) - i\sin(y/R))$$

(ii) Jacobi-Matrix:

$w = u + iv$, Richtungsunabhängigkeit der komplexen Ableitung $\Longrightarrow$

$$\frac{dw}{dz} = \frac{\partial w}{\partial x} = u_x + iv_x$$

Vergleich mit obigem Ergebnis $\leadsto$

$$u_x = \operatorname{Re}\frac{dw}{dz} = \frac{\exp(x/R)}{R^2}\left((y^2 - x^2)\cos(y/R) + 2xy\sin(y/R)\right)$$

$$v_x = \operatorname{Im}\frac{dw}{dz} = \frac{\exp(x/R)}{R^2}\left((x^2 - y^2)\sin(y/R) + 2xy\cos(y/R)\right)$$

Cauchy-Riemannsche Differentialgleichungen

$$\partial w/\partial x = -i\partial w/\partial y \quad \Leftrightarrow \quad u_x = v_y,\ v_x = -u_y$$

$\leadsto$

$$\frac{\partial(u,v)}{\partial(x,y)} = \begin{pmatrix} u_x & -v_x \\ v_x & u_x \end{pmatrix}$$

Alternative Lösung

partielles Ableiten von

$$\exp(1/z) = \exp((x - iy)/R) = \underbrace{\exp(x/R)\cos(y/R)}_{u(x,y)} - i\underbrace{\exp(x/R)\sin(y/r)}_{v(x,y)}$$

15.3 Komplexe Differenzierbarkeit

Bestimmen Sie die Ableitung der Funktion

$$f(z) = \bar{z}(2 - |z|^2)$$

an allen Stellen $z = x + \mathrm{i}y \in \mathbb{C}$, an denen f komplex differenzierbar ist.

Verweise: Komplexe Differenzierbarkeit, Cauchy-Riemannsche Differentialgleichungen

Lösungsskizze

$$f(z) = f(x,y) = (x - \mathrm{i}y)(2 - x^2 - y^2) = \underbrace{(2x - x^3 - xy^2)}_{=u} + \mathrm{i}\underbrace{(yx^2 + y^3 - 2y)}_{=v}$$

komplex differenzierbar $\quad\Leftrightarrow\quad$ Cauchy-Riemannsche Differentialgleichungen

$$2 - 3x^2 - y^2 = u_x \overset{!}{=} v_y = x^2 + 3y^2 - 2$$

$$-2xy = u_y \overset{!}{=} -v_x = -2xy$$

erste Gleichung nur erfüllt auf dem Kreis

$$C : x^2 + y^2 = 1$$

komplexe Ableitung

$$f'(z) = f_x = u_x + \mathrm{i}v_x = -\mathrm{i}f_y$$

$\rightsquigarrow$

$$f'(z) = (2 - 3x^2 - y^2) + 2\mathrm{i}xy \underset{x^2+y^2=1}{=} -x^2 + y^2 + 2\mathrm{i}xy = -(\bar{z})^2, \quad z \in C$$

Alternative Lösung

Bedingung für komplexe Differenzierbarkeit einer Funktion $f(z, \bar{z})$

$$\frac{\partial f}{\partial \bar{z}} = 0$$

$\rightsquigarrow$

$$0 = \partial_{\bar{z}}[\bar{z}(2 - z\bar{z})] = 2 - 2z\bar{z},$$

$\Leftrightarrow\quad$ Kreisgleichung $1 = z\bar{z} = |z|^2$

komplexe Ableitung

$$f'(z) = \partial_z[2\bar{z} - z\bar{z}^2] = -(\bar{z})^2, \quad z \in C$$

15.4 Komplexes Potential

Entscheiden Sie, welche der Funktionen

$$\text{a)} \quad u(x,y) = y^3 + 3yx^2 - y \qquad \text{b)} \quad u(x,y) = y^3 - 3xy^2 + x$$

ein komplexes Potential besitzt, und bestimmen Sie es gegebenenfalls.

Verweise: Harmonische Funktionen, Cauchy-Riemannsche Differentialgleichungen

Lösungsskizze

notwendig für die Existenz eines komplexen Potentials und bei global definierten Funktionen auch hinreichend:

$$\Delta u = u_{xx} + u_{yy} = 0 \quad \text{(harmonisch)}$$

a) $u(x,y) = y^3 + 3yx^2 - y$:
kein komplexes Potential, da

$$\Delta u = 3y \cdot 2 + 6y \neq 0$$

b) $u(x,y) = x^3 - 3xy^2 + x$:

$$\Delta u = 6x - 3x \cdot 2 = 0$$

$\Longrightarrow \quad \exists$ komplexes Potential

$$f(z) = u(x,y) + \mathrm{i}v(x,y), \quad z = x + \mathrm{i}y$$

Konstruktion der konjugiert harmonischen Funktion v mit Hilfe der Cauchy-Riemannschen Differentialgleichungen

$$v_x = -u_y = 6xy, \quad v_y = u_x = 3x^2 - 3y^2 + 1$$

Integration der ersten Differentialgleichung

$$v = 3x^2 y + \varphi(y)$$

Einsetzen in die zweite Differentialgleichung

$$3x^2 + \varphi'(y) \overset{!}{=} 3x^2 - 3y^2 + 1 \quad \Longrightarrow \quad \varphi(y) = -y^3 + y + c$$

$\rightsquigarrow \quad$ komplexes Potential

$$f(z) = \left(x^3 - 3xy^2 + x\right) + \mathrm{i}\left(3x^2 y - y^3 + y\right) + c$$

komplexe Form durch Einsetzen von $x = (z + \bar{z})/2,\ y = \mathrm{i}(\bar{z} - z)/2$

$$f(z) = z^3 + z + c$$

15.5   Strömung mit komplexem Potential

Das komplexe Potential $f(z) = z + 1/z$ beschreibt eine Strömung um den Kreis C : $|z| = 1$. Bestimmen Sie das Geschwindigkeitsfeld und stellen Sie die Äquipotential- und Stromlinien grafisch dar.

Verweise: Cauchy-Riemannsche Differentialgleichungen, Harmonische Funktionen

Lösungsskizze

(i) Geschwindigkeitsfeld:

$$f(z) = z + \frac{1}{z} = x + iy + \frac{1}{x + iy} = x + iy + \frac{x - iy}{x^2 + y^2} =: u(x, y) + iv(x, y)$$

⤳   (reelles) Potential

$$u(x, y) = \operatorname{Re} f(z) = x + \frac{x}{x^2 + y^2}$$

für das Geschwindigkeitsfeld $\vec{V} = \operatorname{grad} u = (u_x, u_y)^t$ mit

$$u_x(x, y) = 1 + \frac{x^2 + y^2 - x(2x)}{(x^2 + y^2)^2} = 1 + \frac{y^2 - x^2}{(x^2 + y^2)^2}$$

$$u_y(x, y) = -\frac{2xy}{(x^2 + y^2)^2}$$

(ii) Äquipotential- und Stromlinien:

Cauchy-Riemannsche Differentialgleichungen $u_x = v_y$, $u_y = -v_x$ $\Longrightarrow$

$$\operatorname{grad} v = (v_x, v_y)^t = (-u_y, u_x)^t \perp (u_x, u_y)^t = \operatorname{grad} u$$

$\Longrightarrow$ Die Niveaulinien von u und v sind orthogonal.

$\Longrightarrow$ Die Stromlinien sind die Niveaulinien von

$$v(x, y) = \operatorname{Im} f(z) = y - \frac{y}{x^2 + y^2}$$

(iii) Skizze mit MATLAB® :

```
>> [x,y] = meshgrid([-3:0.1:3], ...
      [-2:0.1:2]);
>> z = x+i*y; f = z+1./z;
>> u = real(f); v = imag(f);
>> hold on
>> contour(x,y,u,'b');   % blau
>> contour(x,y,v,'r');   % rot
>> ...
```

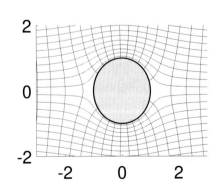

15.6 Möbius-Transformation durch Interpolation dreier Punkte

Bestimmen Sie die Möbius-Transformation, die die Punkte 1, i, -1 auf die Punkte 0, i, ∞ abbildet, und geben Sie die Umkehrtransformation an.

Verweise: Möbius-Transformation

Lösungsskizze

Möbius Transformation

$$z \mapsto w = \frac{az+b}{cz+d}$$

Einsetzen der Interpolationsbedingungen

(i) $1 \mapsto 0$:

$$0 = \frac{a+b}{c+d} \quad \Longrightarrow \quad b = -a$$

und $a = 1$ nach Skalierung

(ii) $-1 \mapsto \infty$:

$$\infty = \left.\frac{z-1}{cz+d}\right|_{z=-1} = \frac{-1-1}{-c+d} \quad \Longrightarrow \quad c = d$$

(iii) $\mathrm{i} \mapsto \mathrm{i}$:

$$\mathrm{i} = \left.\frac{z-1}{cz+c}\right|_{z=\mathrm{i}} = \frac{\mathrm{i}-1}{c\mathrm{i}+c} \quad \Longrightarrow \quad c = \frac{\mathrm{i}-1}{\mathrm{i}(\mathrm{i}+1)} = 1$$

resultierende Transformation

$$z \mapsto w = \frac{z-1}{z+1}$$

Umkehrtransformation durch Auflösen nach z

$$w(z+1) = z - 1 \quad \Leftrightarrow \quad z = \frac{w+1}{1-w}$$

Alternative Lösung

Konstruktion mit Hilfe des Doppelverhältnisses

$$\frac{w-\mathrm{i}}{w-\infty} : \frac{0-\mathrm{i}}{0-\infty} = \frac{z-\mathrm{i}}{z-(-1)} : \frac{1-\mathrm{i}}{1-(-1)}$$

Umformung unter Berücksichtigung von $\infty/\infty = 1$ ⤳

$$\frac{w-\mathrm{i}}{-\mathrm{i}} = \frac{z-\mathrm{i}}{z+1}\frac{2}{1-\mathrm{i}} \quad \Leftrightarrow \quad w = \frac{z-1}{z+1}$$

15.7 Darstellung einer Möbius-Transformation mit Elementarabbildungen

Stellen Sie die Möbius-Transformation

$$z \mapsto w = \frac{z+i}{z+1}$$

als Komposition von Verschiebungen, Drehstreckungen und Inversionen dar. Skizzieren Sie die Transformation des Einheitsquadrates $[0,1]+[0,1]i$ durch die einzelnen Abbildungen.

Verweise: Möbius-Transformation, Elementare konforme Abbildungen

Lösungsskizze

Umformung

$$\frac{z+i}{z+1} = \frac{z+1-1+i}{z+1} = 1 + \frac{i-1}{z+1}$$

⤳   Darstellung

$$z \overset{V}{\mapsto} z_1 = z+1 \overset{I}{\mapsto} z_2 = 1/z_1 \overset{D}{\mapsto} z_3 = (i-1)z_2 \overset{V}{\mapsto} w = z_3+1$$

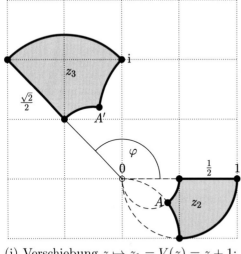

z_1	z_2	z_3
1	1	$i-1$
2	$1/2$	$\dfrac{i-1}{2}$
$2+i$ $A=\dfrac{2-i}{5}$	$A'=\dfrac{3i-1}{5}$	
$1+i$	$\dfrac{1-i}{2}$	i

(i) Verschiebung $z \mapsto z_1 = V(z) = z+1$: $[0,1]+[0,1]i \to [1,2]+[0,1]i$

(ii) Inversion $z_1 \to z_2 = I(z_1) = 1/z_1$:
achsenparallele Geraden (gemeinsamer Punkt ∞)
$\to$ berührende und orthogonale Kreise (in der Abbildung gestrichelt, gemeinsamer Punkt 0)
$\implies$ Rand des Bildes des Quadrates $[1,2]+[0,1]i$ (Geraden- oder Kreissegmente) durch Bilder der Eckpunkte (zweite Spalte in der Tabelle) festgelegt

(iii) Drehstreckung $z_2 \mapsto z_3 = D(z_2) = (i-1)z_2$:
$i-1 = \sqrt{2}\,e^{i(3\pi/4)}$ $\implies$ Streckung mit $\sqrt{2}$, Drehung um $\varphi = 3\pi/4$

(iv) abschließende Verschiebung $z_3 \mapsto w = V(z_3) = z_3 + 1$ um 1 nach rechts

15.8 Fixpunkte einer Möbius-Transformation

Bestimmen Sie die Fixpunkte der gebrochen-linearen Abbildung

$$z \mapsto r(z) = \frac{z + 3i}{iz + 2i + 1}$$

sowie deren Typ. Geben Sie alle Möbius-Transformationen mit den gleichen Fixpunkten an.

Verweise: Möbius-Transformation

Lösungsskizze

(i) Fixpunkte:

$r(z) = z \iff$

$$\frac{z + 3i}{iz + 2i + 1} = z \iff z + 3i = z(iz + 2i + 1) \underset{\cdot(-i)}{\iff} z^2 + 2z - 3 = 0$$

$$\implies z = -1 \pm \sqrt{1^2 + 3}, \text{ d.h. } z_1 = 1, \ z_2 = -3$$

(ii) Typ (anziehend/abstoßend):

$$r(z) - \underbrace{r(z_\star)}_{z_\star} \approx r'(z_\star)(z - z_\star) \implies$$

Ein Fixpunkt $z_\star$ ist anziehend (abstoßend), falls $|r'(z_\star)| < 1 \ (> 1)$.

$$r'(z) = \frac{1 \cdot (iz + 2i + 1) - i \cdot (z + 3i)}{(iz + 2i + 1)^2} = -\frac{2i + 4}{(z + 2 - i)^2}$$

Einsetzen der Fixpunkte $\leadsto$

$$|r'(1)| = \frac{|2i + 4|}{|1 + 2 - i|^2} = \frac{\sqrt{2^2 + 4^2}}{3^2 + 1} = \frac{\sqrt{20}}{10} < 1 \quad \text{(anziehend)}$$

$$|r'(-3)| = \frac{|2i + 4|}{|-3 + 2 - i|^2} = \frac{\sqrt{20}}{2} > 1 \quad \text{(abstoßend)}[1]$$

(iii) Möbius-Transformation mit den gleichen Fixpunkten:

bestimmt durch das Bild eines dritten Punktes, z.B. durch das Bild von ∞

$$\infty \mapsto a \neq 1, -3 \implies r(z) = \frac{az + b}{z + d}$$

$r(1) = 1, \ r(-3) = -3 \quad \leadsto \quad$ lineares Gleichungssystem

$$a + b = 1 + d, \quad -3a + b = -3(-3 + d)$$

mit der Lösung $b = 3, \ d = a + 2$

allgemeine Form einer Möbius-Transformation mit den Fixpunkten z_1, z_2: $r(z) = \dfrac{az - z_1 z_2}{z + a - z_1 - z_2}$

---

[1] $r'(z_1)r'(z_2) = 1$: kein Zufall, sondern allgemein gültig

15.9   Bilder von Kreisen unter einer Möbius-Transformation ★

Bestimmen Sie für die Möbius-Transformation

$$w = \frac{z - \mathrm{i}}{z + \mathrm{i}}$$

die Bilder der Kreise um $z = 0$ sowie der Ursprungsgeraden.

Verweise: Möbius-Transformation

Lösungsskizze

(i) Kreise um $z = 0$ mit Radius r:

Einsetzen der Punkte r, $r\mathrm{i}$, $-r$, $-r\mathrm{i}$

$$r \mapsto \frac{r - \mathrm{i}}{r + \mathrm{i}} = \frac{r^2 - 1 - 2r\mathrm{i}}{r^2 + 1}, \quad r\mathrm{i} \mapsto \frac{r\mathrm{i} - \mathrm{i}}{r\mathrm{i} + \mathrm{i}} = \frac{r - 1}{r + 1} = p$$

$$-r \mapsto \frac{-r - \mathrm{i}}{-r + \mathrm{i}} = \frac{r^2 - 1 + 2r\mathrm{i}}{r^2 + 1}, \quad -r\mathrm{i} \mapsto \frac{-r\mathrm{i} - \mathrm{i}}{-r\mathrm{i} + \mathrm{i}} = \frac{r + 1}{r - 1} = q$$

zwei Punkte auf reeller Achse, zwei Punkte konjugiert komplex

$\rightsquigarrow$ Kreis mit Mittelpunkt $(p + q)/2 = (r^2 + 1)/(r^2 - 1)$ und Radius $|p - q|/2 = 2r/(r^2 - 1)$

Spezialfall $r = 1$ $\rightsquigarrow$ imaginäre Achse als Bild des Einheitskreises, genauer

$$\mathrm{e}^{\mathrm{i}\varphi} \mapsto w_\varphi = \frac{\mathrm{e}^{\mathrm{i}\varphi} - \mathrm{i}}{\mathrm{e}^{\mathrm{i}\varphi} + \mathrm{i}} = \frac{(\mathrm{e}^{\mathrm{i}\varphi} - \mathrm{i})(\mathrm{e}^{-\mathrm{i}\varphi} - \mathrm{i})}{(\mathrm{e}^{\mathrm{i}\varphi} + \mathrm{i})(\mathrm{e}^{-\mathrm{i}\varphi} - \mathrm{i})} = -\mathrm{i}\,\frac{\cos\varphi}{1 + \sin\varphi} \in \mathrm{i}\mathbb{R}$$

(ii) Ursprungsgeraden:

$t\mathrm{e}^{\mathrm{i}\varphi}$, $t \in \mathbb{R}$ enthält 0, ∞ und $\mathrm{e}^{\mathrm{i}\varphi}$

Bilder:

$$0 \mapsto -1, \quad \infty \mapsto 1, \quad \mathrm{e}^{\mathrm{i}\varphi} \mapsto w_\varphi$$

Kreistreue $\rightsquigarrow$ Kreis durch $-1, 1$ und w_φ

(iii) Skizze:

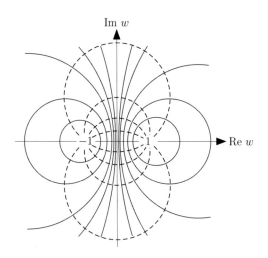

15.10 Bild des Koordinatengitters unter einer Möbius-Transformation

Bestimmen und skizzieren Sie das Bild des Koordinatengitters unter der Möbius-Transformation $z \mapsto w = z/(2-z)$.

Verweise: Möbius-Transformation, Konforme Abbildung

Lösungsskizze

Die Möbius-Transformation

$$z \mapsto w = r(z) = \frac{z}{2-z}$$

bildet Kreise auf Kreise ab (Gerade $\hat{=}$ degenerierter Kreis).

reelle Koeffizienten $\implies$ reelle Achse h_0 ist Fixgerade

Bild des Koordinatengitters enthält $r(\infty) = -1$

(i) Vertikale Geraden $v_a : a + ti$:

Winkeltreue $\implies$ $r(v_a) \perp r(h_0) = h_0$

$r(a) = a/(2-a) \in h_0$ legt Bild von v_a fest $\rightsquigarrow$

$$r(v_a) : \text{Kreis durch} -1 \text{ und } r(a), \text{ orthogonal zu } h_0$$

(ii) Horizontale Geraden $h_b : t + bi$:

Winkeltreue und $r(\infty) = -1$ $\rightsquigarrow$

$$r(h_b) : \text{Kreis durch} -1, \text{ tangential zu } h_0$$

bestimme zweiten Schnittpunkt auf der Geraden $g : -1 + si$ $(g \perp r(h_b))$:

$$-1 + si \overset{!}{=} \frac{t + bi}{2 - t - bi} \quad \Leftrightarrow \quad t - 2 + sb + (s(2-t) + b)i = t + bi$$

$\rightsquigarrow$ $s = 2/b$, d.h. $-1 + (2/b)i \in r(h_b)$ (Radius: $|s|/2$)

(iii) Skizze:

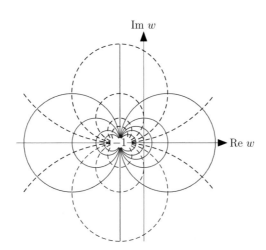

15.11 Winkeltreue der Joukowsky-Transformation

Bestimmen Sie die Bilder der Kreise $C : \varphi \mapsto re^{i\varphi}$ und der Halbgeraden $H : r \mapsto re^{i\varphi}$ ($0 \leq \varphi \leq 2\pi$, $r \geq 1$) unter der konformen Abbildung[2] $z \mapsto w = z + 1/z$; für $0 < r \leq 1$ erhält man die gleiche Schar orthogonaler Kurven.

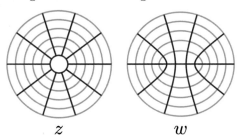

$$z \qquad\qquad\qquad w$$

Verweise: Konforme Abbildung

Lösungsskizze

Beschreibung der Transformation in Polarkoordinaten

$$z = re^{i\varphi} \mapsto w = re^{i\varphi} + \frac{1}{r}e^{-i\varphi} = \underbrace{\left(r + \frac{1}{r}\right)\cos\varphi}_{u} + i\underbrace{\left(r - \frac{1}{r}\right)\sin\varphi}_{v}$$

(i) Bilder der Kreise:

- $r = 1$ (rot): $w = 2\cos\varphi$ $\leadsto$ Segment $[-1, 1]$ auf der reellen Achse
- $r > 1$ (grün): $u^2/a^2 + v^2/b^2 = 1$ mit $a = r + 1/r$, $b = r - 1/r$ $\leadsto$ Ellipse mit Halbachsenlängen a und b

(ii) Bilder der Halbgeraden:

Addition und Subtraktion der Gleichungen

$$u = \left(r + \frac{1}{r}\right)\cos\varphi, \quad v = \left(r - \frac{1}{r}\right)\sin\varphi$$

nach Multiplikation der ersten (zweiten) Gleichung mit $\sin\varphi$ ($\cos\varphi$) $\leadsto$

$$u\sin\varphi + v\cos\varphi = 2r\cos\varphi\sin\varphi, \quad u\sin\varphi - v\cos\varphi = 2\frac{1}{r}\cos\varphi\sin\varphi$$

Multiplikation und Division durch $4\cos^2\varphi\sin^2\varphi$ $\leadsto$

$$\frac{u^2}{4\cos^2\varphi} - \frac{v^2}{4\sin^2\varphi} = 1,$$

d.h. die Bilder der Halbgeraden sind Teile von Hyperbeln mit Halbachsenlängen $|2\cos\varphi|$ und $|2\sin\varphi|$

---

[2] Joukowsky hat diese Transformation zur Modellierung von Tragflügel-Querschnitten im Flugzeugbau verwendet; vgl. Aufgabe 3.6.

15.12 Konforme Abbildung eines Quadranten auf einen Streifen und eine Kreisscheibe

Bestimmen Sie konforme Abbildungen f, g, die die abgebildeten Gebiete und die markierten Punkte ineinander überführen und geben Sie die zusammengesetzte Abbildung $g \circ f$ an.

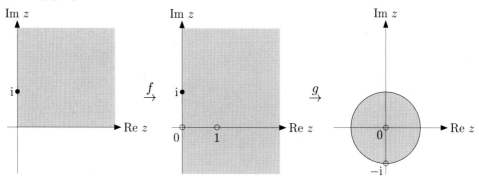

Verweise: Konforme Abbildung, Elementare konforme Abbildungen

Lösungsskizze

(i) Winkelverdopplung und Drehung:

Drehwinkel $-\pi/2$ ⤳

$$f : z \mapsto \xi = sz^2 \mapsto \exp(-\mathrm{i}\pi/2)\xi = -\mathrm{i}\xi\,,$$

d.h. $f(z) = -\mathrm{i}sz^2$

$f(\mathrm{i}) = \mathrm{i} \implies s = 1$

(ii) Möbius-Transformation:

$$g(z) = \frac{az + b}{cz + d}$$

Invarianz von Spiegelpunkten bzgl. des Randes $\implies 1 \mapsto 0$, $-1 \mapsto \infty$, also

$$0 = \frac{a + b}{c + d} \implies b = -a$$

$$\infty = \frac{-a + b}{-c + d} \implies d = c$$

Wahl von $c = 1$ (Skalierung) ⤳

$$g(z) = \frac{az - a}{z + 1}$$

und $-\mathrm{i} = g(0) = -a \implies a = \mathrm{i}$

(iii) Zusammengesetzte Abbildung:

$\xi = f(z) = -\mathrm{i}z^2$, $w = g(\xi) = \mathrm{i}(\xi - 1)/(\xi + 1)$ ⤳

$$w = \mathrm{i}\frac{-\mathrm{i}z^2 - 1}{-\mathrm{i}z^2 + 1} = \frac{z^2 - \mathrm{i}}{1 - \mathrm{i}z^2}$$

15.13 Konforme Abbildung eines Halbstreifens auf eine Halbkreisscheibe

Bilden Sie die abgebildeten Mengen konform aufeinander ab.

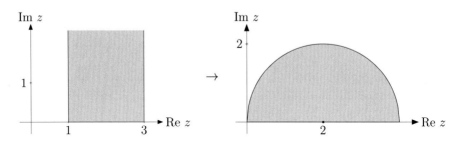

Verweise: Elementare konforme Abbildungen

Lösungsskizze

Benutze:

$w = \mathrm{e}^z$ bildet den Streifen $D : \alpha < \operatorname{Im} z < \beta$ auf den Sektor $S : \alpha < \arg w < \beta$ ab. Konstruktion der Abbildung $z \mapsto w$ durch Hintereinanderschaltung einfacher Teilabbildungen

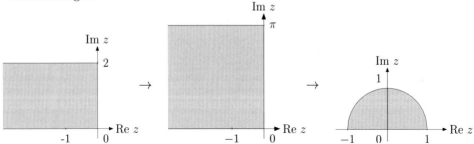

(i) Richtige Positionierung des Halbstreifens ($\rightarrow$ linkes Gebiet):

Verschiebung um -1, Drehung um $\pi/2$

$$\xi = \mathrm{i}(z - 1)$$

(ii) Skalierung des Winkelbereichs ($\rightarrow$ mittleres Gebiet):

$$\eta = \frac{\pi}{2}\xi$$

(iii) Abbildung auf einen Kreissektor mit eingeschränktem Radius ($\rightarrow$ rechtes Gebiet):

$$\zeta = \mathrm{e}^\eta, \quad \operatorname{Re}\eta < 0 \implies 0 < |\zeta| < 1$$

(iv) Skalierung und Verschiebung des Kreises:

$$w = 2\zeta + 2$$

$\rightsquigarrow$ zusammengesetzte Abbildung $w = 2 + 2\exp(\pi\mathrm{i}(z - 1)/2)$

15.14 Konforme Abbildung für ein Dirichlet-Problem

Lösen Sie die Laplace-Gleichung auf der oberen Hälfte der Einheitskreisscheibe mit den abgebildeten Randwerten durch Transformation auf den ersten Quadranten.

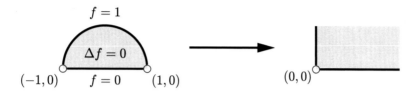

Verweise: Konforme Abbildung, Möbius-Transformation

Lösungsskizze

Invarianz des Laplace-Operators unter einer konformen Abbildung $D \ni (x,y) \hat{=} z = x + \mathrm{i}y \mapsto w(z) = u(x,y) + \mathrm{i}v(x,y)$:

$$\Delta g = 0 \text{ auf } w(D) \quad \Longrightarrow \quad \Delta f = 0 \text{ auf } D \quad \text{mit } f(x,y) = g(u(x,y), v(x,y))$$

⤳ löse das Randwertproblem auf dem einfacheren Gebiet $w(D)$: $u, v > 0$ (Quadrant) und transformiere die Lösung g konform auf die Halbkreisscheibe

(i) Dirichlet-Problem auf $w(D)$ in Polarkoordinaten (r, φ), $r > 0$, $0 < \varphi < \pi/2$:

$$\Delta g = \frac{1}{r} \partial_r (r \partial_r g(r, \varphi)) + \frac{1}{r^2} \partial_\varphi^2 g(r, \varphi) = 0, \quad g(r, 0) = 0, \ g(r, \pi/2) = 1$$

offensichtliche Lösung $g(r, \varphi) = \dfrac{2}{\pi} \varphi = \dfrac{2}{\pi} \arctan \dfrac{v}{u}$

(ii) Möbius-Transformation $w(z) = \dfrac{az + b}{cz + 1}$:

korrespondierende singuläre Punkte (Randbedingungen inkompatibel an Gebietsecken oder im „unendlich fernen" Punkt) $\Longrightarrow$ $w(-1) = 0$, $w(1) = \infty$, d.h. $a = b$, $c = -1$

Wahl des Bildes eines weiteren geeigneten Randpunktes, z.B. $w(\mathrm{i}) = \mathrm{i}$ $\Longrightarrow$
$a(\mathrm{i}+1)/(-\mathrm{i}+1) \overset{!}{=} \mathrm{i}$, d.h. $a = 1$ und

$$w(z) = \frac{1+z}{1-z} = \frac{1+x+\mathrm{i}y}{1-x-\mathrm{i}y} = \frac{1 - x^2 - y^2 + 2\mathrm{i}y}{(1-x)^2 + y^2}$$

(iii) Transformation auf die Halbkreisscheibe:

$$u(x,y) = \operatorname{Re} w(z) = \frac{1 - x^2 - y^2}{(1-x)^2 + y^2}, \ v(x,y) = \operatorname{Im} w(z) = \frac{2y}{(1-x)^2 + y^2} \quad \Longrightarrow$$

$$f(x,y) = \frac{2}{\pi} \arctan \frac{v(x,y)}{u(x,y)} = \frac{2}{\pi} \arctan \frac{2y}{1 - x^2 - y^2}$$

Definition als Grenzwert auf dem Halbkreis: $\displaystyle \lim_{1 - x^2 - y^2 \to 0^+} f(x,y) = \frac{2}{\pi} \frac{\pi}{2} = 1$

16 Komplexe Integration und Residuenkalkül

© Springer-Verlag GmbH Deutschland, ein Teil von Springer Nature 2023
K. Höllig und J. Hörner, *Aufgaben und Lösungen zur Höheren Mathematik 3*,
https://doi.org/10.1007/978-3-662-68151-0_17

16.1   Komplexe Kurvenintegrale über ein Liniensegment

Berechnen Sie die Werte der komplexen Kurvenintegrale

$$\text{a) } \int_C e^z \, dz, \qquad \text{b) } \int_C e^{\bar{z}} \, dz, \qquad \text{c) } \int_C |e^z| \, dz$$

für das Liniensegment $C : (1-t)\, a + tb, \ 0 \le t \le 1$, mit $a, b \in \mathbb{C}$.

Verweise: Komplexes Kurvenintegral, Stammfunktion

Lösungsskizze

a) $\int_C e^z \, dz$:

$\frac{d}{dz} e^z = e^z \quad \leadsto \quad$ Berechnung mit Hilfe einer komplexen Stammfunktion

$$\int_C e^z \, dz = [e^z]_a^b = e^b - e^a$$

b) $\int_C e^{\bar{z}} \, dz$:

$e^{\bar{z}}$ nicht komplex differenzierbar (keine komplexe Stammfunktion)

$\leadsto \quad$ direkte Berechnung

$z(t) = (1-t)a + tb$, $dz = (b-a)dt$

$$\int_C e^{\bar{z}} \, dz = \int_0^1 e^{(1-t)\bar{a}+t\bar{b}} \, (b-a) \, dt = (b-a) e^{\bar{a}} \int_0^1 e^{t(\bar{b}-\bar{a})} \, dt$$

Hauptsatz für reelle Integrale $\implies$

$$\int_C \ldots = (b-a)e^{\bar{a}} \left[\frac{e^{t(\bar{b}-\bar{a})}}{\bar{b}-\bar{a}} \right]_{t=0}^{t=1} = \frac{b-a}{\bar{b}-\bar{a}} \left(e^{\bar{b}} - e^{\bar{a}} \right)$$

c) $\int_C |e^z| \, dz$:

reelles Integral, $|e^z| = e^{\operatorname{Re} z}$, $dz = (b-a)\, dt \quad \leadsto$

$$\int_C |e^z| \, dz \; = \; \int_0^1 e^{(1-t)\operatorname{Re} a + t \operatorname{Re} b}(b-a) \, dt$$

$$= \; (b-a) \left[\frac{e^{(1-t)\operatorname{Re} a + t \operatorname{Re} b}}{\operatorname{Re} b - \operatorname{Re} a} \right]_0^1$$

$$= \; (b-a) \frac{e^{\operatorname{Re} b} - e^{\operatorname{Re} a}}{\operatorname{Re} b - \operatorname{Re} a} ,$$

falls $\operatorname{Re} a \ne \operatorname{Re} b$

$\operatorname{Re} a = \operatorname{Re} b$: Integrand konstant $\quad \leadsto \quad (b-a)|e^a| = (b-a)e^{\operatorname{Re} a}$

16.2 Komplexe Kurvenintegrale über ein Parabel- und ein Kreissegment

Berechnen Sie $\int_C f(z)\,\mathrm{d}z$ für

a) $f(z) = z = x + \mathrm{i}y$

b) $f(z) = x = \mathrm{Re}\,z$

c) $f(z) = y = \mathrm{Im}\,z$

für die abgebildeten Wege von 0 nach $1 + \mathrm{i}$.

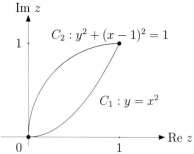

Verweise: Komplexes Kurvenintegral, Stammfunktion

Lösungsskizze

Parametrisierung der Wege:

- Parabelsegment: $t \mapsto z(t) = t + \mathrm{i}t^2$, $0 \leq t \leq 1$, $\mathrm{d}z = z'(t)\,\mathrm{d}t = 1 + 2\mathrm{i}t\,\mathrm{d}t$
- Kreissegment: $t \mapsto z(t) = 1 + \mathrm{e}^{-\mathrm{i}t}$, $\pi \leq t \leq 3\pi/2$, $\mathrm{d}z = -\mathrm{i}\mathrm{e}^{-\mathrm{i}t}\,\mathrm{d}t$

a) $f(z) = z$:

f komplex differenzierbar $\leadsto$ Berechnung mit Hilfe der komplexen Stammfunktion $F(z) = z^2/2$

Wegunabhängigkeit $\implies$ Übereinstimmung der Integrale bei gleichem Anfangs- und Endpunkt

$$\int_{C_1} z^2\,\mathrm{d}z = \int_{C_2} z^2\,\mathrm{d}z = [F]_{z(0)}^{z(1)} = (1+\mathrm{i})^2/2 - 0^2/2 = \mathrm{i}$$

b) $f(z) = \mathrm{Re}\,z = x$:

f nicht komplex differenzierbar $\leadsto$ direkte Berechnung der Integrale

$$\int_{C_1} x\,\mathrm{d}z = \int_0^1 \mathrm{Re}(\underbrace{t + \mathrm{i}t^2}_{z(t)})\,(1 + 2\mathrm{i}t)\,\mathrm{d}t = \int_0^1 t + 2\mathrm{i}t^2\,\mathrm{d}t = \frac{1}{2} + \frac{2}{3}\mathrm{i}$$

$$\int_{C_2} x\,\mathrm{d}z = \int_\pi^{3\pi/2} \mathrm{Re}(1 + \mathrm{e}^{-\mathrm{i}t})\,(-\mathrm{i}\mathrm{e}^{-\mathrm{i}t})\,\mathrm{d}t$$

$$= \int_\pi^{3\pi/2} (1 + \cos t)(-\mathrm{i}\cos t - \sin t)\,\mathrm{d}t = \frac{1}{2} + \frac{4 - \pi}{4}\mathrm{i}$$

c) $f(z) = \mathrm{Im}\,z = y$:

$\int f(z)\,\mathrm{d}z = \int \mathrm{Re}\,f(z)\,\mathrm{d}z + \mathrm{i}\int \mathrm{Im}\,f(z)\,\mathrm{d}z \implies$

$$\int_{C_1} y\,\mathrm{d}z = \left(\int_{C_1} z\,\mathrm{d}z - \int_{C_1} x\,\mathrm{d}z\right)/\mathrm{i} = \left(\mathrm{i} - \left(\frac{1}{2} + \frac{2}{3}\mathrm{i}\right)\right)/\mathrm{i} = \frac{1}{3} + \frac{1}{2}\mathrm{i}$$

analog

$$\int_{C_2} y\,\mathrm{d}z = \left(\mathrm{i} - \left(\frac{1}{2} + \frac{4 - \pi}{4}\mathrm{i}\right)\right)/\mathrm{i} = \frac{\pi}{4} + \frac{1}{2}\mathrm{i}$$

16.3 Stammfunktionen mit Hilfe der Kettenregel und komplexe Kurvenintegrale

Bestimmen Sie Stammfunktionen für die folgenden Funktionen f und berechnen Sie $\int_\Gamma f(z)\,dz$ für die angegebenen Wege Γ.

a) $f(z) = z\exp(z^2)$, $\Gamma : 1 - i \to 1 + i$ b) $f(z) = \sin(2z)\cos^2 z$, $\Gamma : 0 \to i$

Verweise: Komplexes Kurvenintegral, Stammfunktion, Kettenregel

Lösungsskizze

Integration mit Hilfe einer Stammfunktion: $F' = f$, $\Gamma : a \to b$ $\Longrightarrow$

$$I(f,\Gamma) = \int_\Gamma f(z)\,dz = F(b) - F(a)$$

Kettenregel: $f(z) = c\,g(w(z))\,w'(z)$ $\Longrightarrow$

$$F(z) = c\,G(w(z)),\quad G' = g$$

a) $f(z) = z\exp(z^2) = (1/2)\exp(z^2)\,(2z)$, $\Gamma : 1 - i \to 1 + i$:
Kettenregel mit $c = 1/2$, $g(w) = \exp(w)$, $w(z) = z^2$ $\Longrightarrow$ $G(w) = \exp(w)$, d.h.

$$F(z) = \frac{1}{2}\exp(z^2)$$

$(1 \pm i)^2 = 1 \pm 2i - 1 = \pm 2i$ $\rightsquigarrow$

$$I(f,\Gamma) = F(1 + i) - F(1 - i) = \frac{1}{2}\left(e^{2i} - e^{-2i}\right)$$

Vereinfachung mit der Euler-Moivre-Darstellung des Sinus

$$\sin t = \frac{1}{2i}\left(e^{it} - e^{-it}\right)$$

$\rightsquigarrow$ $I(f,\Gamma) = i\sin 2 \approx 0.9092i$
b) $f(z) = \sin(2z)\cos^2 z$, $\Gamma : 0 \to i$:
Additionstheorem für Sinus $\Longrightarrow$

$$f(z) = (2\sin z\cos z)\cos^2 z = (-1/2)(4\cos^3 z)(-\sin z)$$

Kettenregel mit $c = -1/2$, $g(w) = 4w^3$, $w(z) = \cos z$ $\Longrightarrow$ $G(w) = w^4$, d.h.

$$F(z) = -\frac{1}{2}\cos^4 z$$

Euler-Moivre-Darstellung des Kosinus, $\cos t = \frac{1}{2}(e^{it} + e^{-it})$, und Definition des hyperbolischen Kosinus, $\cosh(t) = \frac{1}{2}(e^t + e^{-t})$ $\rightsquigarrow$

$$I(f,\Gamma) = F(i) - F(0) = -\frac{1}{2}\left(\cos^4 i - \cos^4 0\right)$$

$$= -\frac{1}{2}\left(\left(\frac{e^{-1} + e^1}{2}\right)^4 - 1\right) = \frac{1 - \cosh(1)^4}{2} \approx -2.3348$$

16.4 Stammfunktionen und komplexe Kurvenintegrale

Berechnen Sie $\int_C f(z)\,\mathrm{d}z$ für folgende Funktionen f und Wege C:

$$a)\ f(z) = \frac{3 + 4\sin(z)}{\exp(2z)},\ C : 0 \to \pi\mathrm{i} \qquad b)\ f(z) = \frac{2z + 1}{z^4 + 2z^3 + z^2},\ C : 1 \to \mathrm{i}$$

Verweise: Komplexes Kurvenintegral, Stammfunktion

Lösungsskizze

$F'(z) = f(z),\ C : z_0 \to z_1 \quad \Longrightarrow$

$$\int_C f(z)\,\mathrm{d}z = [F(z)]_{z_0}^{z_1} = F(z_1) - F(z_0)$$

a) Formel von Euler-Moivre $\sin z = (\mathrm{e}^{\mathrm{i}z} - \mathrm{e}^{-\mathrm{i}z})/(2\mathrm{i})$ $\rightsquigarrow$

$$f(z) = 3\mathrm{e}^{-2z} + \frac{2}{\mathrm{i}}\left(\mathrm{e}^{(-2+\mathrm{i})z} - \mathrm{e}^{(-2-\mathrm{i})z}\right)$$

Stammfunktion $\mathrm{e}^{\lambda z}/\lambda$ von $\mathrm{e}^{\lambda z}$, $\mathrm{e}^{2\pi\mathrm{i}} = 1$ $\rightsquigarrow$

$$\int_C \frac{3 + 4\sin z}{\exp(2z)}\,\mathrm{d}z = \left[-\frac{3}{2}\mathrm{e}^{-2z} + \frac{2\mathrm{e}^{(-2+\mathrm{i})z}}{-2\mathrm{i} - 1} - \frac{2\mathrm{e}^{(-2-\mathrm{i})z}}{-2\mathrm{i} + 1}\right]_0^{\pi\mathrm{i}}$$

$$= \left(-\frac{3}{2} + \frac{2\mathrm{e}^{-\pi}}{-2\mathrm{i} - 1} - \frac{2\mathrm{e}^{\pi}}{-2\mathrm{i} + 1}\right)$$

$$- \left(-\frac{3}{2} + \frac{2}{-2\mathrm{i} - 1} - \frac{2}{-2\mathrm{i} + 1}\right)$$

$$= \cdots = \frac{4}{5}\left(1 - \cosh(\pi) - 2\mathrm{i}\sinh(\pi)\right)$$

b) Partialbruchzerlegung

$$f(z) = \frac{2z + 1}{z^2(z + 1)^2} = \frac{a}{z^2} + \frac{b}{z} + \frac{c}{(z + 1)^2} + \frac{d}{z + 1}$$

■ Multiplikation mit z^2 und Setzen von $z = 0$ $\Longrightarrow$ $a = 1$
■ Multiplikation mit $(z + 1)^2$ und Setzen von $z = -1$ $\Longrightarrow$ $c = -1$
■ Subtraktion der so bestimmten Terme $\rightsquigarrow$ $b = d = 0$ (Zufall!)

Stammfunktion

$$f(z) = \frac{1}{z^2} - \frac{1}{(z + 1)^2} \quad \rightsquigarrow \quad F(z) = -\frac{1}{z} + \frac{1}{z + 1}$$

$\rightsquigarrow$

$$\int_C f(z)\,\mathrm{d}z = \left[-\frac{1}{z} + \frac{1}{z + 1}\right]_1^{\mathrm{i}}$$

$$= \left(-\frac{1}{\mathrm{i}} + \frac{1}{\mathrm{i} + 1}\right) - \left(-1 + \frac{1}{2}\right) = 1 + \frac{\mathrm{i}}{2}$$

16.5   Berechnung von Residuen

Bestimmen Sie die Residuen der Funktionen

$$\text{a)}\quad f(z) = \frac{1 + z^3}{z^2 + z^4} \qquad\qquad \text{b)}\quad f(z) = \frac{1}{(z^2 - 4)^3}$$

Verweise: Residuum

Lösungsskizze

Formel für das Residuum an einer Polstelle n-ter Ordnung

$$\operatorname*{Res}_{a} f = \lim_{z \to a} \frac{1}{(n-1)!} \left[\left(\frac{\mathrm{d}}{\mathrm{d}z} \right)^{n-1} ((z - a)^n f(z)) \right]$$

Grenzwertbildung entfällt im Allgemeinen nach Kürzen des Linearfaktors

a) $f(z) = (1 + z^3)/(z^2 + z^4)$:

Polstellen $z_1 = 0$ (doppelt), $z_{2,3} = \pm\mathrm{i}$ (einfach) $\rightsquigarrow$

$$f(z) = \frac{1 + z^3}{z^2(z - \mathrm{i})(z + \mathrm{i})}$$

■   Residuum bei $z_1 = 0$ (Formel mit $n = 2$)

$$\operatorname*{Res}_{0} f = \lim_{z \to 0} \frac{\mathrm{d}}{\mathrm{d}z} \frac{1 + z^3}{1 + z^2} = \left. \frac{3z^2(1 + z^2) - (1 + z^3)(2z)}{(1 + z^2)^2} \right|_{z=0} = 0$$

■   Residuum bei $z_2 = \mathrm{i}$ (Formel mit $n = 1$)

$$\operatorname*{Res}_{\mathrm{i}} f = \left. \frac{1 + z^3}{z^2(z + \mathrm{i})} \right|_{z=\mathrm{i}} = \frac{1 - \mathrm{i}}{-2\mathrm{i}} = \frac{1 + \mathrm{i}}{2}$$

■   analog: $\operatorname{Res}_{-\mathrm{i}} f = (1 - \mathrm{i})/2$

b) $f(z) = 1/(z^2 - 4)^3$:

Polstellen $z_{1,2} = \pm 2$ (dreifach) $\rightsquigarrow$

$$f(z) = \frac{1}{(z - 2)^3(z + 2)^3}$$

■   Residuum bei $z_1 = 2$ (Formel mit $n = 3$)

$$\operatorname*{Res}_{2} f = \lim_{z \to 2} \frac{1}{2} \left(\frac{\mathrm{d}}{\mathrm{d}z} \right)^2 \frac{1}{(z + 2)^3} = \left. \frac{1}{2}(-3)(-4)(z + 2)^{-5} \right|_{z=2} = \frac{3}{512}$$

■   analog: $\operatorname{Res}_{-2} f = -3/512$

16.6 Komplexe Integration einer rationalen Funktion über einen Kreis

Berechnen Sie

$$\int_C \frac{dz}{z^3 - 4z}$$

für den entgegen dem Uhrzeigersinn orientierten Kreis $C: |z - 1| = 2$.

Verweise: Residuensatz, Residuum

Lösungsskizze

Residuensatz

$$\int_C f(z)\, dz = 2\pi i \sum_{|z_k - 1| < 2} \operatorname*{Res}_{z_k} f, \quad f(z) = \frac{1}{z^3 - 4z}$$

(nur Punkte z_k innerhalb des Integrationsweges C relevant)

Polstellen des Integranden

$$z_1 = 0, \quad z_2 = 2, \quad z_3 = -2$$

z_3 nicht relevant, da $|z_3 - 1| = 3 > 2$

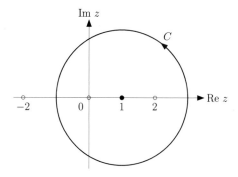

Residuen: $\operatorname{Res}_{z_k} f = \lim_{z \to z_k} (z - z_k) f(z)$

$z_1 = 0$:

$$\operatorname*{Res}_{0} f = \frac{1}{z^2 - 4} \bigg|_{z=0} = -\frac{1}{4}$$

$z_2 = 2$:

$$\operatorname*{Res}_{2} f = \lim_{z \to 2} \frac{z - 2}{z^3 - 4z} = \lim_{z \to 2} \frac{1}{z(z + 2)} = \frac{1}{8}$$

⤳   Wert des Integrals

$$\int_C f(z)\, dz = 2\pi i \left(-\frac{1}{4} + \frac{1}{8} \right) = -\frac{\pi i}{4}$$

16.7   Residuensatz für Integranden mit trigonometrischen Funktionen

Berechnen Sie $\int_C f(z)\,dz$ für

$$\text{a)}\quad f(z) = \frac{\sin z}{z^2} \qquad\qquad \text{b)}\quad f(z) = \frac{z}{\cos(2z)}$$

und C, dem entgegen dem Uhrzeigersinn durchlaufenen Kreis um 0 mit Radius $n\pi$, $n \in \mathbb{N}$.

Verweise: Residuensatz, Residuum

Lösungsskizze

Residuensatz $\Longrightarrow$

$$I_n = \int_C f(z)\,dz = 2\pi i \sum_{|z_k| < n\pi} \operatorname*{Res}_{z_k} f$$

mit z_k den Polstellen von f in $D_n : |z| < n\pi$

a) $f(z) = \sin z / z^2$:

einzige Polstelle $z_0 = 0$

Taylor-Entwicklung des Sinus bei 0

$$f(z) = \frac{z - z^3/6 + \cdots}{z^2} = \frac{1}{z} - \frac{1}{6}z + \cdots$$

$\Longrightarrow \quad \operatorname*{Res}_{0} f = 1$ (Koeffizient von $1/z$) und $I_n = 2\pi i\ \forall n$

b) $f(z) = z/\cos(2z)$:

Nullstellen von $\cos(2z)$:

$$2z \overset{!}{=} \frac{\pi}{2} + k\pi \quad \Leftrightarrow \quad z_k = \frac{\pi}{4} + k\frac{\pi}{2} \quad \text{mit } k \in \mathbb{Z}$$

$\Longrightarrow \quad$ einfache Polstellen von f bei z_k und

$$\operatorname*{Res}_{z_k} f = \lim_{z \to z_k}(z - z_k)f(z) = \lim_{z \to z_k}\frac{(z - z_k)z}{\cos(2z)} \underset{\text{l'Hospital}}{=} \lim_{z \to z_k}\frac{z + (z - z_k)}{-2\sin(2z)}$$

$$= -\frac{z_k}{2\sin(2z_k)} = -\frac{\pi/4 + k\pi/2}{2(-1)^k} = \frac{\pi}{8}(-1)^{k+1}(1 + 2k)$$

in D_n enthalten: $z_{-2n} = \pi/4 - n\pi, \ldots, = -\pi/4 + n\pi = z_{2n-1}$

$4n$ relevante Residuen $R_k = \operatorname*{Res}_{z_k} f$

$$R_0 = R_{-1} = -\frac{\pi}{8}, \ R_1 = R_{-2} = \frac{\pi}{8} \cdot 3, \ \ldots, \ R_{2n-1} = R_{-2n} = \frac{\pi}{8} \cdot (4n - 1)$$

Summation der $2n$ Paare von Residuen unter Berücksichtigung des alternierenden Vorzeichens $\rightsquigarrow$

$$I_n = 2\pi i \frac{\pi}{8}\big(2(-1 + 3) + 2(-5 + 7) + \cdots\big) = \frac{\pi^2 i}{4}(2 \cdot 2n) = n\pi^2 i$$

16.8 Residuensatz für uneigentliche rationale Integrale

Berechnen Sie

$$\int_{-\infty}^{\infty} \frac{\mathrm{d}x}{(x^2+2)^2(x^2+2x+2)}$$

mit Hilfe komplexer Integration.

Verweise: Residuensatz, Rationale Integranden

Lösungsskizze

rationaler Integrand ohne reelle Polstellen mit Nennergrad $\geq$ Zählergrad $+2$

$$f(x) = \frac{1}{(x^2+2)^2(x^2+2x+2)}$$

$\rightsquigarrow$ Residuenkalkül anwendbar: $\int_{-\infty}^{\infty} f \, \mathrm{d}x = 2\pi\mathrm{i} \sum_{\mathrm{Im}\, z > 0} \operatorname{Res}_z f$

(i) Polstellen z_k:

Faktorisierung des Nenners

$$((x - \mathrm{i}\sqrt{2})(x + \mathrm{i}\sqrt{2}))^2 \, (x + 1 - \mathrm{i})(x + 1 + \mathrm{i})$$

$\rightsquigarrow$ $z_{1,2} = -1 \pm \mathrm{i}$ (jeweils einfach), $z_{3,4} = \pm\mathrm{i}\sqrt{2}$ (jeweils doppelt)

(ii) Residuen in der oberen Halbebene ($\mathrm{Im}\, z_k > 0$):

- einfache Polstelle

$$\operatorname*{Res}_{-1+\mathrm{i}} f = \lim_{z \to -1+\mathrm{i}} (z + 1 - \mathrm{i}) f(z) = \left. \frac{1}{(z^2+2)^2(z+1+\mathrm{i})} \right|_{z=-1+\mathrm{i}} = \frac{1}{16}$$

- doppelte Polstelle

$$\operatorname*{Res}_{\mathrm{i}\sqrt{2}} f = \lim_{z \to \mathrm{i}\sqrt{2}} \left[\frac{\mathrm{d}}{\mathrm{d}z} \left((z - \mathrm{i}\sqrt{2})^2 f(z) \right) \right]$$

$$= \left. \frac{\mathrm{d}}{\mathrm{d}z} \frac{1}{\left\{ (z + \mathrm{i}\sqrt{2})^2 (z^2 + 2z + 2) \right\}} \right|_{z=\mathrm{i}\sqrt{2}}$$

$$= \left. -\frac{2(z + \mathrm{i}\sqrt{2})(z^2 + 2z + 2) + (z + \mathrm{i}\sqrt{2})^2(2z + 2)}{\{\ldots\}^2} \right|_{z=\mathrm{i}\sqrt{2}}$$

$$= -\frac{1}{16} - \frac{\sqrt{2}}{32}\mathrm{i}$$

(iii) Anwendung des Residuensatzes:

$$\int_{-\infty}^{\infty} \ldots = 2\pi\mathrm{i} \left(\operatorname*{Res}_{-1+\mathrm{i}} f + \operatorname*{Res}_{\mathrm{i}\sqrt{2}} f \right) = \frac{\pi}{16}\sqrt{2}$$

16.9   Komplexe Kurvenintegrale längs unterschiedlicher Wege
★

Berechnen Sie

$$\int_C \frac{\mathrm{d}z}{z^4 - 1}$$

über die abgebildeten Wege C.

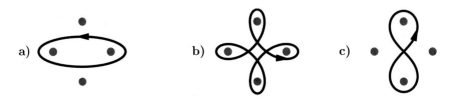

a)   b)   c)

Die markierten Punkte sind die vierten Wurzeln aus 1.

Verweise: Residuensatz, Residuum

Lösungsskizze

Residuensatz:

$$\int_C f(z)\,\mathrm{d}z = 2\pi\mathrm{i} \sum_k \mathrm{Res}_{z_k} f, \quad f(z) = \frac{1}{z^4 - 1}$$

mit z_k den Polstellen von f, die von C umlaufen werden

Polstellen: komplexe Einheitswurzeln

$$z_1 = 1, \quad z_2 = \mathrm{i}, \quad z_3 = -1, \quad z_4 = -\mathrm{i}$$

Residuen: $\mathrm{Res}_{z_k} f = \lim_{z \to z_k}(z - z_k)f(z)$

Regel von L'Hôpital, $z_k^4 = 1 \quad \Longrightarrow$

$$\mathrm{Res}_{z_k} f = \lim_{z \to z_k} \frac{z - z_k}{z^4 - 1} = \lim_{z \to z_k} \frac{1}{4z^3} = \frac{z_k}{4}$$

a) Weg C umläuft z_1 und z_3 je einmal in positiver Richtung $\rightsquigarrow$

$$\int_C f(z)\,\mathrm{d}z = 2\pi\mathrm{i} \left(\mathrm{Res}_{z_1} f + \mathrm{Res}_{z_3} f \right) = 2\pi\mathrm{i} \frac{1 - 1}{4} = 0$$

b) Weg C umläuft jeden der Pole einmal in positiver Richtung $\rightsquigarrow$

$$\int_C f(z)\,\mathrm{d}z = 2\pi\mathrm{i} \sum_{k=1}^4 \mathrm{Res}_{z_k} f = 2\pi\mathrm{i} \frac{z_1 + z_2 + z_3 + z_4}{4} = 0$$

c) Weg C umläuft z_2 einmal in positiver Richtung und z_4 einmal in negativer Richtung $\rightsquigarrow$

$$\int_C f(z)\,\mathrm{d}z = 2\pi\mathrm{i} \left(\mathrm{Res}_{z_2} f - \mathrm{Res}_{z_4} f \right) = 2\pi\mathrm{i} \frac{\mathrm{i} - (-\mathrm{i})}{4} = -\pi$$

16.10 Residuensatz für trigonometrische Integranden

Berechnen Sie

$$\int\limits_0^{2\pi} \frac{3 + 2\cos t}{5 - 4\sin t} \, dt$$

mit Hilfe komplexer Integration.

Verweise: Residuensatz, Residuum, Trigonometrische Integranden

Lösungsskizze

(i) Umformung als komplexes rationales Integral:

Substitution $z = e^{it}$, Formel von Euler-Moivre $\rightsquigarrow$

$$\cos t = \frac{1}{2} \left(z + \frac{1}{z} \right), \quad \sin t = \frac{1}{2i} \left(z - \frac{1}{z} \right)$$

und nach Einsetzen

$$f(t) = \frac{3 + 2\cos t}{5 - 4\sin t} = \frac{3 + z + 1/z}{5 - (2/i)(z - 1/z)} = \frac{z^2 + 3z + 1}{2iz^2 + 5z - 2i} = r(z)$$

$dz = ie^{it} \, dt = iz \, dt \implies$

$$\int_0^{2\pi} f(t) \, dt = \int_{|z|=1} r(z) \, \frac{dz}{iz}$$

(ii) Residuen:

Polstellen z_k des Integranden $q(z) = r(z)/(iz)$: 0, i/2, 2i (jeweils einfach)

Faktorisierung des Nenners

$$q(z) = \frac{z^2 + 3z + 1}{z(-2z^2 + 5iz + 2)} = \frac{z^2 + 3z + 1}{-2z(z - i/2)(z - 2i)}$$

Residuen (bei einfachen Polen): $\operatorname{Res}_{z_k} q = (z - z_k)q(z)|_{z=z_k}$
nur z_k innerhalb des Einheitskreises relevant ($|z_k| < 1$)

$$\operatorname*{Res}_0 q = \left. \frac{z^2 + 3z + 1}{-2z^2 + 5iz + 2} \right|_{z=0} = \frac{1}{2}, \quad \operatorname*{Res}_{i/2} q = \left. \frac{z^2 + 3z + 1}{-2z(z - 2i)} \right|_{z=i/2} = -\frac{1}{2} - i$$

(iii) Anwendung des Residuensatzes:

$$\oint_{|z|=1} q(z) \, dz = 2\pi i \sum_{|z_k| < 1} \operatorname*{Res}_{z_k} q = 2\pi i \left(\frac{1}{2} - \frac{1}{2} - i \right) = 2\pi$$

16.11   Residuenkalkül für transzendente Integranden

Berechnen Sie

$$\int_{-\infty}^{\infty} \frac{\cos x}{4 + x^4}\, \mathrm{d}x$$

mit Hilfe komplexer Integration.

Verweise: Residuum, Transzendente Integranden

Lösungsskizze

Umformung des Integranden

$$f(x) = \frac{\cos x}{4 + x^4} = \operatorname{Re} g(z), \quad g(z) = \frac{\exp(\mathrm{i}z)}{4 + z^4},$$

mit $z = x + \mathrm{i}y$ und $x, y \in \mathbb{R}$

$\rightsquigarrow$ Residuenkalkül für transzendente Integranden anwendbar

$$\int_{-\infty}^{\infty} g(z)\, \mathrm{d}z = 2\pi\mathrm{i} \sum_{\operatorname{Im} z_k > 0} \operatorname{Res}_{z_k} g$$

Nullstellen des Nenners $4 + z^4$:

$$z^2 = \pm 2\mathrm{i} \quad \Longrightarrow \quad z_k = \sqrt{2}\, \exp(\mathrm{i}(\pi/4 + k\pi/2)), \quad k = 0, 1, 2, 3$$

Residuen: $\operatorname{Res}_{z_k} g = \lim_{z \to z_k}(z - z_k)g(z)$ $\rightsquigarrow$

$$
\begin{aligned}
\operatorname{Res}_{z_k} g &= \lim_{z \to z_k} \frac{(z - z_k)\exp(\mathrm{i}z)}{4 + z^4} \overset{\text{L'Hôpital}}{=} \lim_{z \to z_k} \frac{\exp(\mathrm{i}z) + \mathrm{i}(z - z_k)\exp(\mathrm{i}z)}{4z^3} \\
&= \frac{\exp(\mathrm{i}z_k)}{4z_k^3} = \frac{z_k \exp(\mathrm{i}z_k)}{4z_k^4} \underset{4+z_k^4=0}{=} \frac{z_k \exp(\mathrm{i}z_k)}{-16}
\end{aligned}
$$

nur Residuen zu den Polstellen $z_0 = 1 + \mathrm{i}$, $z_1 = -1 + \mathrm{i}$ in der oberen Halbebene relevant

$$
\begin{aligned}
R_0 &= -\frac{1}{16}(1 + \mathrm{i})\exp(\mathrm{i} - 1) \\
R_1 &= -\frac{1}{16}(-1 + \mathrm{i})\exp(-\mathrm{i} - 1)
\end{aligned}
$$

Residuensatz $\Longrightarrow$

$$\int_{-\infty}^{\infty} g\, \mathrm{d}z = 2\pi\mathrm{i}\, (R_0 + R_1) = \cdots = \frac{\pi(\cos 1 + \sin 1)}{4\mathrm{e}}$$

benutzt: $\exp(\mathrm{i}) = \cos 1 + \mathrm{i}\sin 1$

Integral reell $\Longrightarrow$ Übereinstimmung mit $\int_{-\infty}^{\infty} f\, \mathrm{d}x = \operatorname{Re} \int_{-\infty}^{\infty} g\, \mathrm{d}z$

16.12 Fourier-Transformierte einer rationalen Funktion

Berechnen Sie $\quad \hat{f}(y) = \int_{-\infty}^{\infty} \underbrace{\frac{1}{x^4 + 2x^2 + 1}}_{f(x)} e^{-iyx}\, dx, \quad y \in \mathbb{R}.$

Verweise: Residuum, Transzendente Integranden

Lösungsskizze

$$f(z) = \frac{1}{(z^2+1)^2} = \frac{1}{(z-i)^2(z+i)^2}$$

Residuensatz $\implies$

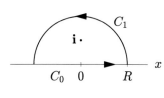

$$\int_C f(z)\underbrace{e^{-iyz}}_{e(z)}\, dz = 2\pi i \operatorname*{Res}_i fe, \ C = C_0 + C_1$$

Berechnung des Residuums bei $z = i$: $f(z)e(z) = \frac{g_{-2}}{(z-i)^2} + \frac{g_{-1}}{z-i} + \cdots \implies$

$$
\begin{aligned}
\operatorname*{Res}_i fe &= g_{-1} = \frac{d}{dz}\left(f(z)e(z)(z-i)^2\right)\Big|_{z=i} = \frac{d}{dz}\frac{e^{-iyz}}{(z+i)^2}\Big|_{z=i}\\
&= \frac{-iye^{-iyz}(z+i)^2 - e^{-iyz}2(z+i)}{(z+i)^4}\Big|_{z=i} = i\frac{y-1}{4}e^y
\end{aligned}
$$

Abschätzung des Teilintegrals $\int_{C_1} f(z)e(z)\, dz$:

- $z \in C_1$ und $|z| = R \geq 2$, $|a \pm b| \geq ||a| - |b|| \implies$

$$|f(z)| = \frac{1}{|z-i|^2|z+i|^2} \leq \frac{1}{||z|-|i||^4} \leq (R - R/2)^{-4} = 16R^{-4}$$

- $z = u + iv \in C_1$ und $y \leq 0 \implies$

$$|e(z)| = |e^{-iy(u+iv)}| = |e^{yv}| \underset{v\geq 0, y\leq 0}{\leq} 1$$

⤳   Abschätzung von $\int_{C_1} \ldots$ für $y \leq 0$:

$$\left|\int_{C_1} f(z)e(z)\, dz\right| \leq (\pi R)(16\, R^{-4} \cdot 1) = O(R^{-3}) \underset{R\to\infty}{\longrightarrow} 0$$

⤳   Fourier-Transformierte für $y \leq 0$:

$$
\begin{aligned}
\hat{f}(y) &= \lim_{R\to\infty} \int_{C_0} f(z)e(z)\, dz = \lim_{R\to\infty} \int_{C_0+C_1} f(z)e(z)\, dz\\
&= (2\pi i) \operatorname*{Res}_i fe = (2\pi i) i\frac{y-1}{4}e^y \underset{y\leq 0}{=} \frac{\pi}{2}(1+|y|)e^{-|y|}
\end{aligned}
$$

Da Symmetrie bei Fourier-Transformation erhalten bleibt ($f(-x) = f(x) \implies \hat{f}(-y) = \hat{f}(y)$), ist dieser Ausdruck auch für $y \geq 0$ richtig.

16.13   Die Kunst der komplexen Integration ★

Berechnen Sie[1] $\int_0^\infty \sqrt[3]{x}/(x^2+1)\,\mathrm{d}x$.

Verweise: Residuensatz, Residuum

Lösungsskizze

Anwendung des Residuensatzes für den abgebildeten Integrationsweg C bestehend aus zwei Geradensegmenten C_1 und C_3 und zwei Kreissegmen-
ten C_2 und C_4 mit Radien R bzw. $1/R$

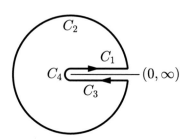

Die Aussparung der reellen Achse ist notwendig,
da auf keinem Kreisring um 0 eine konsistente (stetige) Definition einer Wurzel möglich ist.

konsistente Definition der dritten Wurzel auf dem von C umschlossenen geschlitzten
Gebiet D, $\sqrt[3]{re^{i\varphi}} = \sqrt[3]{r}e^{i\varphi/3}$, $r = |z|$ $\implies$

$$\sqrt[3]{z} \underset{R\to\infty}{\longrightarrow} \sqrt[3]{|z|},\ z \in C_1, \quad \sqrt[3]{z} \underset{R\to\infty}{\longrightarrow} \sqrt[3]{|z|}e^{2\pi i/3},\ z \in C_3$$

einfache Polstellen von $f(z) = \dfrac{\sqrt[3]{z}}{z^2+1} = \dfrac{\sqrt[3]{z}}{(z-i)(z+i)}$ bei $z = \pm i$ mit Residuen

$$\operatorname*{Res}_i f = (z-i)\frac{\sqrt[3]{z}}{z^2+1}\bigg|_{z=i} = \frac{\sqrt[3]{z}}{z+i}\bigg|_{z=i} \underset{i=e^{i\pi/2}}{=} \frac{e^{i\pi/6}}{2i}, \quad \operatorname*{Res}_{-i} f = \ldots = -\frac{e^{i\pi/2}}{2i}$$

Residuensatz $\implies$

$$\int_C f(z)\,\mathrm{d}z = \sum_{k=1}^4 \int_{C_k} f(z)\,\mathrm{d}z = 2\pi i \sum_{z=\pm i} \operatorname{Res}_z f = \pi\left(e^{i\pi/6} - e^{i\pi/2}\right)$$

Bilden der Grenzwerte der Integrale für $R \to \infty$

- $\int_{C_1} f(z)\,\mathrm{d}z \to I = \int_0^\infty \frac{\sqrt[3]{x}}{x^2+1}\,\mathrm{d}x$, da $C_1 \to \mathbb{R}_+$
- $\int_{C_3} f(z)\,\mathrm{d}z \to \int_\infty^0 \frac{\sqrt[3]{x}e^{2\pi i/3}}{x^2+1}\,\mathrm{d}x = -e^{2\pi i/3}\int_0^\infty \frac{\sqrt[3]{x}}{x^2+1} = -e^{2\pi i/3}I$ aufgrund der Definition von $\sqrt[3]{z}$ und der Orientierung von C_3
- $\left|\int_{C_2} f(z)\,\mathrm{d}z\right| \leq 2\pi R \max_{z\in C_2}|f(z)| \leq 2\pi R\sqrt[3]{R}/(R^2-1) \to 0$
- $\left|\int_{C_4} f(z)\,\mathrm{d}z\right| \leq 2\pi/R\sqrt[3]{1/R}\max_{|z|=1/R}\frac{1}{|z^2+1|} \to 0$

Addition der Grenzwerte $\rightsquigarrow$ $I + 0 - e^{2\pi i/3}I + 0 = \pi\left(e^{i\pi/6} - e^{i\pi/2}\right)$ bzw.

$$I = \pi\frac{e^{i\pi/6} - e^{i\pi/2}}{1 - e^{2\pi i/3}} = \pi\frac{e^{-i\pi/6} - e^{i\pi/6}}{e^{-i\pi/3} - e^{i\pi/3}} = \pi\frac{\sin(\pi/6)}{\sin(\pi/3)} = \pi\frac{1/2}{\sqrt{3}/2} = \pi/\sqrt{3}$$

---

[1]Damit sind Sie für jede HM-Klausur „übertrainiert" (versuchen Sie ebenfalls $\ln x$ statt
$\sqrt[3]{x}$), was jedoch kein Nachteil ist!

17 Taylor- und Laurentreihen

Übersicht

© Springer-Verlag GmbH Deutschland, ein Teil von Springer Nature 2023
K. Höllig und J. Hörner, *Aufgaben und Lösungen zur Höheren Mathematik 3*,
https://doi.org/10.1007/978-3-662-68151-0_18

17.1   Taylor-Reihe eines Produktes

Entwickeln Sie

$$f(z) = \frac{z^2 - 1}{\sqrt{5 - 4z}}$$

in eine Taylor-Reihe um $z_0 = 1$ und bestimmen Sie den Konvergenzradius.

Verweise: Taylor-Reihe, Methoden der Taylor-Entwicklung

Lösungsskizze

Taylor-Reihe im Punkt $z_0 = 1$

$$\sum_{n=0}^{\infty} \underbrace{\frac{f^{(n)}(1)}{n!}}_{c_n} (z-1)^n, \quad f(z) = \underbrace{(z^2 - 1)}_{g(z)} \underbrace{(5 - 4z)^{-1/2}}_{h(z)}$$

Berechnung der Ableitungen von h

$$\begin{aligned}
h'(z) &= (-1/2)(-4)(5 - 4z)^{-3/2} \\
h''(z) &= (-1/2)(-4)(-3/2)(-4)(5 - 4z)^{-5/2} \\
&\cdots \\
h^{(n)}(z) &= 2^n \cdot 1 \cdot 3 \cdots (2n - 1)\,(5 - 4z)^{-(2n+1)/2}
\end{aligned}$$

Einsetzen von $z_0 = 1$ $\rightsquigarrow$

$$h^{(n)}(1) = \frac{2^n \cdot 1 \cdot 2 \cdot 3 \cdots 2n}{2 \cdot 4 \cdot 2n} = \frac{(2n)!}{n!}$$

Leibniz-Regel: $(gh)^{(n)} = \sum_k \binom{n}{k} g^{(k)} h^{(n-k)}$ mit $g(1) = 0$, $g'(1) = 2$, $g''(1) = 2$ $\rightsquigarrow$
Taylor-Koeffizienten

$$c_n = \frac{1}{n!} \left(\frac{n}{1} \cdot 2 \cdot \frac{(2n-2)!}{(n-1)!} + \frac{n(n-1)}{2} \cdot 2 \cdot \frac{(2n-4)!}{(n-2)!} \right) = \frac{(9n - 13)(2n - 4)!}{(n-1)!(n-2)!}$$

Konvergenzradius r: Abstand zur nächsten Singularität
Wurzelfunktion bei 0 singulär $\rightsquigarrow$

$$5 - 4z = 0 \quad \Leftrightarrow \quad z = 5/4$$

$\implies$ $r = |1 - 5/4| = 1/4$

Alternative Lösung

Multiplikation der Taylor-Reihen von g und h

$$\left(2(z-1) + (z-1)^2\right) \sum_{n=0}^{\infty} \frac{(2n)!}{(n!)^2} (z-1)^n$$

17.2 Taylor-Reihe einer rationalen Funktion

Entwickeln Sie

$$f(z) = \frac{1}{z^3 + z^2}$$

in eine Taylor-Reihe um $z_0 = 4$ und bestimmen Sie den Konvergenzradius.

Verweise: Taylor-Reihe, Methoden der Taylor-Entwicklung, Geometrische Reihe

Lösungsskizze

Partialbruchzerlegung

$$f(z) = \frac{1}{z^3 + z^2} = \frac{1}{z+1} - \frac{1}{z} + \frac{1}{z^2}$$

- Entwicklung von $1/(z-a)$ mit geometrischer Reihe: $1/(1-q) = \sum_{n=0}^{\infty} q^n$
- Entwicklung von $1/(z-a)^n$ durch Differentiation von $1/(z-a)$

(i) $f_1(z) = 1/(z+1)$:

$$\frac{1}{z+1} = \frac{1}{5 + (z-4)} = \frac{1}{5} \cdot \frac{1}{1-q}, \quad q = -\frac{z-4}{5}$$

⤳

$$f_1(z) = -\sum_{n=0}^{\infty} (-5)^{-n-1} (z-4)^n$$

(ii) $f_2(z) = -1/z$:
analog: $1/z = 1/(4 + z - 4) = 1/(4(1-q))$, $q = (z-4)/(-4)$ ⤳

$$f_2(z) = \sum_{n=0}^{\infty} (-4)^{-n-1} (z-4)^n$$

(iii) $f_3(z) = 1/z^2$:
$f_3 = (f_2)'$ $\Longrightarrow$

$$f_3(z) = \sum_{n=1}^{\infty} (-4)^{-n-1} n(z-4)^{n-1} = \sum_{n=0}^{\infty} (-4)^{-n-2} (n+1)(z-4)^n$$

Addition der Reihen der Partialbruchterme   ⤳ $f(z) = \sum_{n=0}^{\infty} c_n (z-4)^n$ mit

$$\begin{aligned} c_n &= -(-5)^{-n-1} + (-4)^{-n-1} + (-4)^{-n-2}(n+1) \\ &= -(-5)^{-n-1} + (n-3)(-4)^{-n-2} \end{aligned}$$

Konvergenzradius r: Abstand von 4 zur nächsten Polstelle $z = 0$, d.h. $r = 4$

17.3   Taylor-Reihe einer Logarithmus-Funktion

Entwickeln Sie $\mathrm{Ln}(1 - z^2)$ für den Hauptzweig des komplexen Logarithmus ($|\arg \mathrm{Ln}| < \pi$) in eine Taylor-Reihe um $z = \mathrm{i}$ und geben Sie den Konvergenzradius an.

Verweise: Taylor-Reihe, Methoden der Taylor-Entwicklung

Lösungsskizze

$1 - z^2 = (1 + z)(1 - z)$ ⤳

$$f(z) = \mathrm{Ln}(1 - z^2) = \mathrm{Ln}(1 + z) + \mathrm{Ln}(1 - z)$$

erste Ableitungen, Erkennen der Gesetzmäßigkeit   ⤳

$$
\begin{aligned}
f'(z) &= \frac{1}{1 + z} - \frac{1}{1 - z} \\
f''(z) &= -\frac{1}{(1 + z)^2} - \frac{1}{(1 - z)^2} \\
f'''(z) &= \frac{1 \cdot 2}{(1 + z)^3} - \frac{1 \cdot 2}{(1 - z)^3} \\
f^{(4)}(z) &= -\frac{1 \cdot 2 \cdot 3}{(1 + z)^4} - \frac{1 \cdot 2 \cdot 3}{(1 - z)^4} \\
&\quad \cdots \\
f^{(n)}(z) &= -(n - 1)! \left(\frac{(-1)^n}{(1 + z)^n} + \frac{1}{(1 - z)^n} \right)
\end{aligned}
$$

$z = \mathrm{i}$, $1 \pm \mathrm{i} = 2^{1/2}\,\mathrm{e}^{\pm\mathrm{i}\pi/4}$, $-1 = \mathrm{e}^{\mathrm{i}\pi}$, Formel von Euler-Moivre   ⤳   Taylor-Koeffizienten

$$
\begin{aligned}
c_0 &= f(\mathrm{i}) = \mathrm{Ln}(1 - \mathrm{i}^2) = \ln 2 \\
c_n &= \frac{f^{(n)}(\mathrm{i})}{n!} = -\frac{1}{n} \left(\frac{\mathrm{e}^{n\pi\mathrm{i}}}{2^{n/2}\mathrm{e}^{n\pi\mathrm{i}/4}} + \frac{1}{2^{n/2}\mathrm{e}^{-n\pi\mathrm{i}/4}} \right) \\
&= -\frac{2^{-n/2}}{n}\,\mathrm{e}^{n\pi\mathrm{i}/2} \left(\mathrm{e}^{n\pi\mathrm{i}/4} + \mathrm{e}^{-n\pi\mathrm{i}/4} \right) = -\frac{2^{1-n/2}}{n}\,\mathrm{i}^n\,\cos(n\pi/4)
\end{aligned}
$$

für $n = 1, 2, 3, 4, \ldots$

$$\cos(n\pi/4) : \quad \frac{\sqrt{2}}{2}, 0, -\frac{\sqrt{2}}{2}, -1, \ldots$$

⤳   erste Reihenglieder

$$f(z) = \ln 2 - \mathrm{i}(z - \mathrm{i}) - \frac{\mathrm{i}}{6}(z - \mathrm{i})^3 + \frac{1}{8}(z - \mathrm{i})^4 + \cdots$$

nächste Singularität: Argument von Ln null   ⤳ $z = \pm 1$
Abstand vom Entwicklungspunkt   ⤳   Konvergenzradius, d.h.

$$r = |\pm 1 - \mathrm{i}| = \sqrt{2}$$

17.4 Entwicklung der lokalen Umkehrfunktion eines Polynoms

Zeigen Sie, dass das Polynom

$$p(z) = 2 - 5z + z^3$$

an der Stelle $z = 1$ eine lokale Umkehrfunktion q besitzt und entwickeln Sie q bis zu Termen der Ordnung 3 einschließlich.

Verweise: Taylor-Reihe, Methoden der Taylor-Entwicklung

Lösungsskizze

hinreichend für die lokale Invertierbarkeit von $p(z) = 2 - 5z + z^3$, $z \approx 1$:

$$0 \neq p'(1) = -5 + 3z^2|_{z=1} = -2 \quad \checkmark$$

Ableitungen von p

$$p(1) = -2, \quad p'(1) = -2, \quad p''(1) = 6, \quad p'''(1) = 6$$

⤳ Entwicklung

$$p(z) = \sum_{n=0}^{3} \frac{p^{(n)}(1)}{n!} (z-1)^n$$

$$= -2 - 2(z-1) + 3(z-1)^2 + (z-1)^3$$

Entwicklung der lokalen Umkehrfunktion q im Punkt $w = -2$
Ableitungen der Umkehrfunktion durch Differenzieren von $q(p(z)) = z$

$$q'p' = 1$$
$$q''(p')^2 + q'p'' = 0$$
$$q'''(p')^3 + 3q''p'p'' + q'p''' = 0$$

sukzessives Einsetzen der Argumente $z = 1 = q(-2)$ bei $p^{(k)}$ und $w = -2 = p(1)$ bei $q^{(k)}$ unter Verwendung der Ableitungen von p $\implies$

$$q'(-2) = 1/p'(1) = -1/2$$
$$q''(-2) = -(q'(-2)p''(1))/(p'(1))^2$$
$$= -((-1/2) \cdot 6)/(-2)^2 = 3/4$$
$$q'''(-2) = -(3 \cdot (3/4)(-2) \cdot 6 + (-1/2) \cdot 6)/(-2)^3 = -15/4$$

⤳ Entwicklung der lokalen Umkehrfunktion mit Koeffizienten $q^{(k)}(-2)/k!$

$$q(w) = 1 - \frac{1}{2}(w+2) + \frac{3}{8}(w+2)^2 - \frac{5}{8}(w+2)^3 + O\left((w+2)^4\right)$$

17.5   Laurent-Entwicklung einer rationalen Funktion

Entwickeln Sie

$$f(z) = \frac{1}{(z-3)(z^2+4)}$$

in eine Laurent-Reihe, die in dem abgebildeten
Kreisring konvergiert.

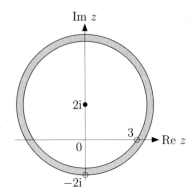

Verweise: Laurent-Reihe, Methoden der Laurent-Entwicklung

Lösungsskizze

(i) Partialbruchzerlegung:

Polstellen bei $z = 3$ und $z = \pm 2\mathrm{i}$

Entwicklung um $z = 2\mathrm{i}$ $\rightsquigarrow$ Abspaltung des entsprechenden Linearfaktors und
Zerlegung des Restterms

$$f(z) = \frac{1}{z-2\mathrm{i}} \frac{1}{(z-3)(z+2\mathrm{i})} = \frac{1}{z-2\mathrm{i}} \frac{1}{3+2\mathrm{i}} \left[\frac{1}{z-3} - \frac{1}{z+2\mathrm{i}} \right]$$

(ii) Entwicklung von $1/(z-3)$:

Konvergenz für $|z - 2\mathrm{i}| > r_- = |3 - 2\mathrm{i}| = \sqrt{13}$

$\rightsquigarrow$ Entwicklung nach negativen Potenzen durch Umformung als geometrische Reihe

$$\frac{1}{z-2\mathrm{i}+2\mathrm{i}-3} = \frac{1}{z-2\mathrm{i}} \frac{1}{1-(3-2\mathrm{i})/(z-2\mathrm{i})} = \frac{1}{z-2\mathrm{i}} \sum_{n=0}^{\infty} \left(\frac{3-2\mathrm{i}}{z-2\mathrm{i}} \right)^n$$

benutzt: $\sum_{n=0}^{\infty} q^n = 1/(1-q)$

(iii) Entwicklung von $1/(z+2\mathrm{i})$:

Konvergenz für $|z - 2\mathrm{i}| < r_+ = |-2\mathrm{i} - 2\mathrm{i}| = 4$

$\rightsquigarrow$ Taylor-Entwicklung durch analoge Umformung

$$\frac{1}{z-2\mathrm{i}+4\mathrm{i}} = \frac{1}{4\mathrm{i}} \frac{1}{1-(z-2\mathrm{i})/(-4\mathrm{i})} = \frac{1}{4\mathrm{i}} \sum_{n=0}^{\infty} \left(\frac{z-2\mathrm{i}}{-4\mathrm{i}} \right)^n$$

(iv) Zusammenfassen der Entwicklungen:

$$f(z) = \frac{1}{(z-2\mathrm{i})(3+2\mathrm{i})} \left[\frac{1}{z-2\mathrm{i}} \sum_{n=0}^{\infty} \left(\frac{3-2\mathrm{i}}{z-2\mathrm{i}} \right)^n - \frac{1}{4\mathrm{i}} \sum_{n=0}^{\infty} \left(\frac{z-2\mathrm{i}}{-4\mathrm{i}} \right)^n \right]$$

$$= \frac{1}{13(3-2\mathrm{i})} \sum_{n=-\infty}^{-2} \left(\frac{z-2\mathrm{i}}{3-2\mathrm{i}} \right)^n - \frac{1}{16(3+2\mathrm{i})} \sum_{n=-1}^{\infty} \left(\frac{z-2\mathrm{i}}{-4\mathrm{i}} \right)^n$$

17.6 Hauptteil und Konvergenzgebiet einer Laurent-Reihe

Bestimmen Sie den Hauptteil und das Konvergenzgebiet D der Laurent-Reihe von

$$f(z) = e^z/(z^3 - 1)^2$$

mit Entwicklungspunkt $z_0 = 1$ und $0 \in D$.

Verweise: Laurent-Reihe, Residuum

Lösungsskizze

doppelte Polstelle $z_0 = 1 \implies$

$$f(z) = \underbrace{\frac{a_{-2}}{(z-1)^2} + \frac{a_{-1}}{z-1}}_{\text{Hauptteil}} + \sum_{n=0}^{\infty} a_n (z-1)^n$$

weitere Polstellen $z_\pm = e^{\pm 2\pi i/3} = -\frac{1}{2} \pm \frac{\sqrt{3}}{2} i \quad \leadsto \quad$ Begrenzung des Konvergenzgebietes

$$D : 0 < |z - 1| < r = |1 - z_\pm| = \left| 1 + \frac{1}{2} \mp \frac{\sqrt{3}}{2} i \right| = \sqrt{9/4 + 3/4} = \sqrt{3}$$

Laurent-Koeffizienten für eine Funktion f auf einer punktierten Kreisscheibe:

$$a_n = \operatorname*{Res}_{z_0} g, \quad g(z) = \frac{f(z)}{(z - z_0)^{n+1}}$$

Anwendung der Formel für die Berechnung von Residuen an einer m-fachen Polstelle z_0,

$$\operatorname*{Res}_{z_0} g = \frac{1}{(m-1)!} \lim_{z \to z_0} \left(\frac{d}{dz} \right)^{m-1} ((z - z_0)^m g(z)),$$

mit $m = 1, 2$ und $z^3 - 1 = (z^2 + z + 1)(z - 1) \implies$

$$a_{-2} \underset{n=-2}{=} \operatorname*{Res}_{z=1} \frac{e^z}{(z^3 - 1)^2 (z - 1)^{-1}} \underset{m=1}{=} \lim_{z \to 1} \frac{e^z (z - 1)}{(z^3 - 1)^2/(z - 1)}$$

$$= \left. \frac{e^z}{(z^2 + z + 1)^2} \right|_{z=1} = \frac{e}{9}$$

$$a_{-1} \underset{n=-1}{=} \operatorname*{Res}_{z=1} \frac{e^z}{(z^3 - 1)^2} \underset{m=2}{=} \lim_{z \to 1} \frac{d}{dz} \frac{e^z (z - 1)^2}{(z^3 - 1)^2}$$

$$= \left. \frac{d}{dz} \frac{e^z}{(z^2 + z + 1)^2} \right|_{z=1} = \left. \frac{e^z (\ldots)^2 - 2e^z (\ldots)(2z + 1)}{(\ldots)^4} \right|_{z=1} = -\frac{e}{9}$$

Alternative Lösung

Taylor-Entwicklung von

$$\frac{e^z}{(z^2 + z + 1)^2} = f(z)(z - 1)^2 = a_{-2} + a_{-1}(z - 1) + \cdots$$

17.7   Verschiedene Konvergenzgebiete von Laurent-Reihen ⋆

Bestimmen Sie alle Laurent-Reihen von $f(z) = 1/(z^3 - z^2)$ im Punkt $z = -1$.

Verweise: Laurent-Reihe, Methoden der Laurent-Entwicklung

Lösungsskizze

Partialbruchzerlegung

$$f(z) = \frac{1}{z-1} - \frac{1}{z} - \frac{1}{z^2} = \frac{1}{u-2} + \frac{1}{1-u} - \frac{1}{(1-u)^2}, \quad u = z + 1$$

⤳   3 Konvergenzgebiete, jeweils begrenzt durch Polstellen

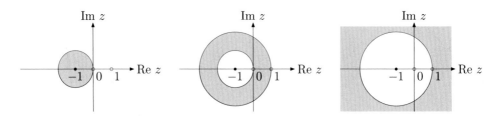

Entwicklung mit der Formel $\sum_{n=0}^{\infty} q^n = 1/(1-q)$ für geometrische Reihen

(i) Kreisscheibe (Taylor-Reihe), $|u| < 1$:

$$\frac{1}{u-2} = -\frac{1/2}{1-u/2} = -\frac{1}{2}\sum_{n=0}^{\infty} 2^{-n} u^n$$

$$\frac{1}{1-u} = \sum_{n=0}^{\infty} u^n, \quad -\frac{1}{(1-u)^2} = -\frac{\mathrm{d}}{\mathrm{d}z}\frac{1}{1-u} = -\sum_{n=0}^{\infty}(n+1)u^n$$

Addition   ⤳   Taylor-Koeffizienten $c_n = -2^{-n-1} - n$

(ii) Kreisring, $1 < |u| < 2$:

gleiche Entwicklung von $1/(u-2)$ wie bei (i)

geometrische Reihe und gliedweise Differentiation $(-\mathrm{d}/\mathrm{d}u)$ ⤳

$$\frac{1}{1-u} = -\frac{1}{u}\frac{1}{1-1/u} = -\sum_{n=0}^{\infty} u^{-n-1}, \quad -\frac{1}{(1-u)^2} = -\sum_{n=0}^{\infty}(n+1)u^{-n-2}$$

Laurent-Koeffizienten von u^n: -2^{-n-1} für $n \geq 0$ und n für $n < 0$

(iii) Kreiskomplement, $2 < |u|$:

$$\frac{1}{u-2} = \frac{1}{u}\frac{1}{1-2/u} = \sum_{n=0}^{\infty} 2^n u^{-n-1} = \sum_{n=-1}^{-\infty} 2^{-n-1} u^n$$

andere Terme wie bei (ii)   ⤳   Koeffizienten $2^{-n-1} + n$, $n < 0$

17.8 Laurent-Entwicklung durch Koeffizientenvergleich

Entwickeln Sie

$$f(z) = \frac{1}{(z^2 - 1)\ln z}$$

in eine Laurent-Reihe um $z = 1$ bis zu Termen der Ordnung $O((z-1)^2)$.

Verweise: Laurent-Reihe, Methoden der Laurent-Entwicklung

Lösungsskizze

Substitution $u = z - 1 \quad \rightsquigarrow$

$$f(z) = \frac{1}{(2u + u^2)\ln(1 + u)} = \frac{1}{q(z)}$$

Pol zweiter Ordnung bei $u = 0 \Leftrightarrow z = 1 \quad \rightsquigarrow \quad$ Laurent-Entwicklung

$$f(z) = c_{-2}u^{-2} + c_{-1}u^{-1} + c_0 + c_1 u + O(u^2)$$

Entwicklung des Logarithmus

$$\ln(1 + u) = u - \frac{1}{2}u^2 + \frac{1}{3}u^3 - \frac{1}{4}u^4 + O(u^5)$$

und Multiplikation mit $2u + u^2 \quad \Longrightarrow$

$$q(z) = 2u^2 + 0 + \frac{1}{6}u^4 - \frac{1}{6}u^5 + O(u^6)$$

Koeffizientenvergleich für $f(z)q(z) = 1 \quad \Longrightarrow$

$$
\begin{aligned}
u^0 &: & 2c_{-2} &= 1 & \Longrightarrow \quad c_{-2} &= \frac{1}{2} \\
u^1 &: & 2c_{-1} + 0 &= 0 & \Longrightarrow \quad c_{-1} &= 0 \\
u^2 &: & 2c_0 + 0 + \tfrac{1}{6}c_{-2} &= 0 & \Longrightarrow \quad c_0 &= -\frac{1}{24} \\
u^3 &: \quad 2c_1 + 0 + \tfrac{1}{6}c_{-1} - \tfrac{1}{6}c_{-2} &= 0 & \Longrightarrow \quad c_1 &= \tfrac{1}{24}
\end{aligned}
$$

erste 4 Terme der Laurent-Entwicklung

$$f(z) = \frac{1}{2}(z-1)^{-2} - \frac{1}{24} + \frac{1}{24}(z-1) + O((z-1)^2)$$

Alternative Lösung

Taylor-Entwicklung von

$$g(z) = \frac{(z-1)^2}{(z^2 - 1)\ln z}$$

und Division durch $(z - 1)^2$

17.9   Laurent-Entwicklung durch Multiplikation und Division von Reihen

Bestimmen Sie die ersten drei Terme der Laurent-Entwicklungen von

a) $\dfrac{\sin(1/z)}{z^2 - 3z}$, $|z| > 3$ b) $\dfrac{\cos(3z)}{\exp(2z) - 1}$, $0 < |z| < \pi$.

Verweise: Laurent-Reihe, Methoden der Laurent-Entwicklung

Lösungsskizze

a) $f(z) = \sin(1/z)/(z^2 - 3z)$:

bekannte Entwicklung der Sinus-Funktion $\sin t = t - t^3/6 + \cdots$ mit $t = 1/z$ und geometrische Reihe $\sum_{k=0}^{\infty} q^k = \frac{1}{1-q}$ mit $q = 3/z$ $\rightsquigarrow$

$$\frac{\sin(1/z)}{z} = \frac{1}{z^2} - \frac{1}{6z^4} + \cdots$$

$$\frac{1}{z-3} = \frac{1}{z}\frac{1}{1 - 3/z} = \frac{1}{z} + \frac{3}{z^2} + \frac{9}{z^3} + \cdots$$

Multiplikation der Reihen, Sortierung nach absteigenden Potenzen $(1/z^3, 1/z^4, \ldots)$ $\rightsquigarrow$

$$f(z) = \frac{1}{z^3} + \frac{3}{z^4} + \underbrace{\left(\frac{9}{z^5} - \frac{1}{6z^5}\right)}_{53/(6z^5)} + \cdots$$

b) $g(z) = \cos(3z)/(\exp(2z) - 1)$:

bekannte Entwicklungen

$$\cos(3z) = 1 - \frac{1}{2}(3z)^2 + \cdots = 1 - \frac{9}{2}z^2 + \cdots$$

$$\exp(2z) - 1 = 2z + \frac{1}{2}(2z)^2 + \frac{1}{6}(2z)^3 + \cdots = 2z + 2z^2 + \frac{4}{3}z^3 + \cdots$$

$\implies$ Pol erster Ordnung bei $z = 0$ und damit

$$g(z) = az^{-1} + b + cz + \cdots$$

bzw. nach Multiplikation mit $\exp(2z) - 1$

$$1 - \frac{9}{2}z^2 = \left(2z + 2z^2 + \frac{4}{3}z^3 + \cdots\right)\left(az^{-1} + b + cz + \cdots\right)$$

Vergleich der Koeffizienten von z^{-1}, 1 und z $\implies$

$$1 = 2a \quad \rightsquigarrow \quad a = 1/2$$

$$0 = 2b + 2a = 2b + 1 \quad \rightsquigarrow \quad b = -1/2$$

$$-\frac{9}{2} = 2c + 2b + \frac{4}{3}a = 2c - 1 + \frac{2}{3} \quad \rightsquigarrow \quad c = -\frac{25}{12}$$

18 Komplexe Differentialgleichungen

Übersicht

© Springer-Verlag GmbH Deutschland, ein Teil von Springer Nature 2023
K. Höllig und J. Hörner, *Aufgaben und Lösungen zur Höheren Mathematik 3*,
https://doi.org/10.1007/978-3-662-68151-0_19

18.1 Taylor-Entwicklung für Anfangswertprobleme erster Ordnung

Bestimmen Sie die Taylor-Entwicklungen der Lösungen $u(z)$ der Anfangswertprobleme

a) $u' = (3 + z^2)u - e^z$, $u(0) = 1$ 　　　　b) $u' = e^z u + 3 - z^2$, $u(0) = 1$

bis zu Termen dritter Ordnung einschließlich und geben Sie eine Rekursion für die Taylor-Koeffizienten der Terme höherer Ordnung an.

Verweise: Taylor-Reihe, Methoden der Taylor-Entwicklung

Lösungsskizze

Ansatz

$$u = u_0 + u_1 z + u_2 z^2 + u_3 z^3 + \cdots$$

mit $u_0 = u(0) = 1$

Entwicklung der Exponentialfunktion

$$e^z = 1 + z + z^2/2 + z^3/6 + \cdots + z^n/n! + \cdots$$

a) $u' = (3 + z^2)u - e^z$, $u(0) = 1$:

$$u_1 + 2u_2 z + 3u_3 z^2 + \cdots =$$
$$(3 + z^2)(1 + u_1 z + u_2 z^2 + \cdots) - (1 + z + z^2/2 + \cdots)$$

Vergleich der Koeffizienten von $1, z, z^2$ ⤳

$$
\begin{aligned}
u_1 &= 3 - 1 = 2 \\
2u_2 &= 3u_1 - 1 = 5 \quad \leadsto \quad u_2 = 5/2 \\
3u_3 &= 3u_2 + 1 - 1/2 = 8 \quad \leadsto \quad u_3 = 8/3
\end{aligned}
$$

Rekursion: $(n + 1)u_{n+1} = 3u_n + u_{n-2} - 1/n!$

b) $u' = e^z u + 3 - z^2$, $u(0) = 1$:

$$u_1 + 2u_2 z + 3u_3 z^2 + \cdots =$$
$$(1 + z + z^2/2 + \cdots)(1 + u_1 z + u_2 z^2 + \cdots) + 3 - z^2$$

Vergleich der Koeffizienten von $1, z, z^2$ ⤳

$$
\begin{aligned}
u_1 &= 1 + 3 = 4 \\
2u_2 &= u_1 + 1 = 5 \quad \leadsto \quad u_2 = 5/2 \\
3u_3 &= u_2 + u_1 + 1/2 - 1 = 6 \quad \leadsto \quad u_3 = 2
\end{aligned}
$$

Rekursion: $(n + 1)u_{n+1} = u_n/0! + u_{n-1}/1! + \cdots + u_1/(n-1)! + 1/n!$

18.2 Potenzreihenansatz im regulären Punkt

Bestimmen Sie die allgemeine Lösung der Differentialgleichung

$$(1 - z^2)u'' + 2u = 0$$

in einer Umgebung von $z = 0$.

Verweise: Regulärer Punkt einer komplexen Differentialgleichung

Lösungsskizze

$z = 0$ regulärer Punkt $\rightsquigarrow$ Lösungsansatz als Taylor-Reihe

$$u = \sum_{n=0}^{\infty} u_n z^n$$

gliedweise Differentiation und Index-Verschiebung $n \leftarrow n + 2$ $\rightsquigarrow$

$$u'' = \sum_{n=0}^{\infty} (n+2)(n+1)u_{n+2}\, z^n$$

$$z^2 u'' = \sum_{n=0}^{\infty} n(n-1)u_n\, z^n$$

Einsetzen in die Differentialgleichung $(1 - z^2)u'' + 2u = 0$ und Vergleich der Koeffizienten von z^n $\implies$

$$(n+2)(n+1)u_{n+2} - n(n-1)u_n + 2u_n = 0, \quad n = 0, 1, \ldots$$

entkoppelte Rekursionen für gerade und ungerade n:

$$u_{n+2} = \frac{n(n-1)-2}{(n+2)(n+1)}u_n = \frac{n-2}{n+2}u_n$$

nach Kürzen des Linearfaktors $(n+1)$ zur Nullstelle $n = -1$ des Zählers

- Anfangswerte $u(0) = 1$, $u'(0) = 0$ $\rightsquigarrow$

$$u_0 = 1, \ u_2 = \frac{0-2}{0+2}u_0 = -1, \ u_4 = \frac{2-2}{2+2}u_2 = 0, \ u_6 = u_8 = \cdots = 0$$

polynomiale Lösung $u^1(z) = 1 - z^2$

- Anfangswerte $u(0) = 0$, $u'(0) = 1$ $\rightsquigarrow$

$$u_1 = 1, \ u_3 = \frac{1-2}{1+2}u_1 = -\frac{1}{3}, \ \ldots, \ u_{2m+1} = -\frac{1}{3}\frac{1}{5}\frac{3}{7}\cdots\frac{2m-3}{2m+1},$$

bzw. nach Kürzen der Faktoren $3, 5, \ldots, 2m - 3$

$$u_{2m+1} = -\frac{1}{(2m-1)(2m+1)}$$

ungerade Taylor-Reihe $u^2(z) = \sum_{m=1}^{\infty} \frac{1}{1-4m^2} z^{2m+1}$

Linearkombination $\rightsquigarrow$

allgemeine Lösung $u(z) = c_1 u^1(z) + c_2 u^2(z)$ mit $c_k \in \mathbb{C}$

18.3   Taylor-Entwicklung für ein Anfangswertproblem zweiter Ordnung

Lösen Sie das Anfangswertproblem

$$u''(z) = zu'(z) + u(z), \quad u(0) = 1, \, u'(0) = 0 \,,$$

mit einer Taylor-Entwicklung und bestimmen Sie eine zweite, linear unabhängige Lösung der Differentialgleichung durch Variation der Konstanten.

Verweise: Regulärer Punkt einer komplexen Differentialgleichung

Lösungsskizze

(i) Anfangswertproblem:

Taylor-Entwicklung $u(z) = \sum_{n=0}^{\infty} u_n z^n$ $\leadsto$

$$zu'(z) = z \sum_{n=1}^{\infty} nu_n z^{n-1} = \sum_{n=0}^{\infty} nu_n z^n$$

$$u''(z) = \sum_{n=2}^{\infty} n(n-1)u_n z^{n-2} = \sum_{n=0}^{\infty} (n+2)(n+1)u_{n+2} z^n$$

Vergleich der Koeffizienten von z^n in der Differentialgleichung $\Longrightarrow$

$$(n+2)(n+1)u_{n+2} = nu_n + u_n \quad \Leftrightarrow \quad u_{n+2} = \frac{1}{n+2} u_n$$

Anfangsbedingungen $u_0 = u(0) = 1, \, u'(0) = 0$ $\leadsto$

$$u_2 = \frac{1}{2} u_0 = \frac{1}{2}, \quad u_3 = \frac{1}{3} u_1 = 0$$

$$u_4 = \frac{1}{4} u_2 = \frac{1}{2 \cdot 4}, \quad u_5 = \frac{1}{5} u_3 = 0$$

$$\cdots$$

$$u_{2n} = \frac{1}{2 \cdot 4 \cdots 2n} = \frac{1}{2^n n!}$$

$\leadsto$ Taylor-Entwicklung

$$u(z) = \sum_{n=0}^{\infty} \frac{1}{2^n n!} z^{2n} = \sum_{n=0}^{\infty} \frac{(z^2/2)^n}{n!} = \exp(z^2/2)$$

(ii) Variation der Konstanten:

Einsetzen des Ansatzes $u(z) = c(z) \, e^{z^2/2}$ in die Differentialgleichung $\leadsto$

$$c''(z) \, e^{z^2/2} + 2c'(z) \, ze^{z^2/2} + c(z) \, (1+z^2)e^{z^2/2}$$
$$= z \left(c'(z) \, e^{z^2/2} + c(z) \, ze^{z^2/2} \right) + c(z) \, e^{z^2/2}$$

$$\Longrightarrow \quad c''(z) \, e^{z^2/2} + 2c'(z) \, ze^{z^2/2} = zc'(z) \, e^{z^2/2} \quad \Leftrightarrow \quad c''(z) = -zc'(z)$$

zweimalige Integration mit spezieller Wahl der Integrationskonstanten $\Longrightarrow$

$$c'(z) = e^{-z^2/2}, \quad c(z) = \int_0^z e^{-\zeta^2/2} \, d\zeta$$

18.4 Polynomiale Lösungen einer Differentialgleichung zweiter Ordnung

Für welche Werte des Parameters λ besitzt die Differentialgleichung

$$(3 + z^2)u'' + zu' = \lambda u$$

polynomiale Lösungen? Geben Sie die Polynome vom Grad ≤ 3 explizit an.

Verweise: Regulärer Punkt einer komplexen Differentialgleichung

Lösungsskizze

Differentiation des Ansatzes $u(z) = \sum_{n=0}^{\infty} c_n z^n$ ⤳

$$u''(z) = \sum_{n=0}^{\infty} c_{n+2}(n + 2)(n + 1) z^n, \quad z^2 u''(z) = \sum_{n=0}^{\infty} c_n n(n - 1) z^n$$

$$zu'(z) = \sum_{n=0}^{\infty} c_n n z^n,$$

Einsetzen in die Differentialgleichung $(3 + z^2)u'' + zu' = \lambda u$ und Vergleich der Koeffizienten von z^n ⤳

$$3(n + 2)(n + 1) c_{n+2} = (\lambda - n^2) c_n, \quad n = 0, 1, \ldots$$

entkoppelte Rekursion für gerade und ungerade Indizes;
Existenz polynomialer Lösungen (nur bis auf einen Skalierungsfaktor eindeutig bestimmt) für Quadratzahlen λ:

$$\lambda = n^2 \quad \Longrightarrow \quad 0 = c_{n+2} = c_{n+4} = \cdots$$

■ $c_0 = 1$, $c_1 = 0$ (gerade):
$\lambda = 0 \quad \Longrightarrow \quad 0 = c_2 = c_4 = \cdots$, d.h. $u(z) = 1$
$\lambda = 4 \quad \Longrightarrow$

$$c_2 = \frac{4 - 0}{3 \cdot 2 \cdot 1} = \frac{2}{3},$$

d.h. $u(z) = 1 + \frac{2}{3} z^2$

■ $c_0 = 0$, $c_1 = 1$ (ungerade):
$\lambda = 1 \quad \Longrightarrow \quad 0 = c_3 = c_5 = \cdots$, d.h. $u(z) = z$
$\lambda = 9 \quad \Longrightarrow$

$$c_3 = \frac{9 - 1}{3 \cdot 3 \cdot 2} = \frac{4}{9},$$

d.h. $u(z) = z + \frac{4}{9} z^3$

18.5   Differentialgleichung zu einer Rekursion der Taylor-Koeffizienten der Lösung

Für welche Differentialgleichung

$$pu'' + qu' + ru = 0$$

erfüllen die Taylor-Koeffizienten $u_n = u^{(n)}(0)/n!$ jeder Lösung u die Rekursion $u_{n+2} = u_{n+1} + 2u_n$ und wie lautet die allgemeine Lösung?

Verweise: Regulärer Punkt einer komplexen Differentialgleichung

Lösungsskizze

(i) Koeffizienten p, q, r der Differentialgleichung:

Differentiation der Taylor-Entwicklung $u = \sum_{n=0}^{\infty} u_n z^n$ ⤳

$$u' = \sum_{n=0}^{\infty}(n+1)u_{n+1} z^n, \quad u'' = \sum_{n=0}^{\infty}(n+2)(n+1)u_{n+2} z^n$$

Vergleich der Koeffizienten von z^n in der Differentialgleichung   ⤳

$$\left(p_0(n+2)(n+1)u_{n+2} + p_1(n+1)nu_{n+1} + p_2 n(n-1)u_n + \cdots\right)$$
$$+ \left(q_0(n+1)u_{n+1} + q_1 n u_n + \cdots\right) + \left(r_0 u_n + \cdots\right) = 0$$

mit p_k, q_k, r_k den Taylor-Koeffizienten von p, q, r

Drei-Term-Rekursion   ⤳ $\operatorname{Grad} p \leq 2$, $\operatorname{Grad} q \leq 1$, r konstant

Skalierung   ⤳ $p_0 = 1$, und nach Umformung folgt

$$u_{n+2} = -\underbrace{\frac{p_1 n + q_0}{n+2}}_{A} u_{n+1} - \underbrace{\frac{p_2 n(n-1) + q_1 n + r_0}{(n+2)(n+1)}}_{B} u_n$$

Vergleich mit der Rekursion

$$A = 1 \quad \Longrightarrow \quad p_1 = -1,\ q_0 = -2$$
$$B = 2 \quad \Longrightarrow \quad p_2 = -2,\ q_1 = -8,\ r_0 = -4$$

(ii) Allgemeine Lösung:

Ansatz $u_n = \lambda^n$ ⤳   linear unabhängige Lösungen der Rekursion

$$v_n = 2^n, \quad w_n = (-1)^n$$

zugehörige Lösungen der Differentialgleichung

$$v(z) = \sum_{n=0}^{\infty}(2z)^n = \frac{1}{1-2z}, \quad w(z) = \sum_{n=0}^{\infty}(-z)^n = \frac{1}{1+z}$$

⤳   allgemeine Lösung $u = c_1 v + c_2 w$

18.6 Anfangswertproblem für eine Eulersche Differentialgleichung

Bestimmen Sie die allgemeine Lösung der Differentialgleichung

$$z^2 u'' - 3zu' + 4u = 0$$

sowie die Lösung mit $u(1) = 2$, $u'(1) = 1$.

Verweise: Singulärer Punkt einer komplexen Differentialgleichung

Lösungsskizze

Einsetzen des Ansatzes $u(z) = z^\lambda$ in die Differentialgleichung

$$z^2 u'' - 3zu' + 4u = 0$$

⤳

$$\left[\lambda(\lambda - 1) - 3\lambda + 4\right] z^\lambda = p(\lambda)\, z^\lambda = 0$$

Nullstelle des charakteristischen Polynoms p

$$\lambda = 2$$

doppelt, Ansatz liefert nur eine Lösung

$$u_1(z) = c_1 z^2$$

zweite, linear unabhängige Lösung:

$$u_2(z) = c_2 z^2 \ln z$$

Linearkombination von u_k ⤳   allgemeine Lösung

$$u(z) = z^2 \left(c_1 + c_2 \ln z\right)$$

Anfangsbedingungen $u(1) = 2$, $u'(1) = 1$ ⤳   lineares Gleichungssystem

$$2 = c_1 + c_2 \cdot 0$$
$$1 = 2z\left(c_1 + c_2 \ln z\right) + z^2\left(c_2/z\right)\big|_{z=1} = 2c_1 + c_2$$

Lösung $c_1 = 2$, $c_2 = -3$, d.h.

$$u(z) = z^2 \left(2 - 3 \ln z\right)$$

18.7   Differentialgleichung mit regulärem singulären Punkt ⋆

Bestimmen Sie für die Differentialgleichung

$$2z^2 u'' + 3zu' - (1+z)u = 0$$

zwei linear unabhängige Lösungen der Form $u(z) = \sum_{n=0}^{\infty} c_n z^{\lambda+n}$.

Verweise: Singulärer Punkt einer komplexen Differentialgleichung

---

Lösungsskizze

Differentiation des Potenzreihenansatzes $u = \sum_{n=0}^{\infty} c_n z^{\lambda+n}$

$$z^2\, u'' = \sum_{n=0}^{\infty} c_n (\lambda + n)(\lambda + n - 1)\, z^{\lambda+n}$$

$$z\, u' = \sum_{n=0}^{\infty} c_n (\lambda + n)\, z^{\lambda+n}$$

Einsetzen in die Differentialgleichung $2z^2 u'' + 3zu' - u = zu$ und Vergleich der Koeffizienten von $z^{\lambda+n}$ $\Longrightarrow$

$$\left[2(\lambda+n)(\lambda+n-1) + 3(\lambda+n) - 1\right] c_n = c_{n-1}, \quad n = 0, 1, \ldots,$$

mit $c_{-1} = 0$ und $c_0 \neq 0$

$n = 0$ $\rightsquigarrow$ charakteristische Gleichung

$$[\ldots] = \varphi(\lambda) = 2\lambda^2 + \lambda - 1 = (2\lambda - 1)(\lambda + 1) = 0$$

$\rightsquigarrow$ mögliche Exponenten $\lambda = 1/2, -1$

■ $\lambda = 1/2$ $\rightsquigarrow$ Rekursion

$$c_n = \frac{c_{n-1}}{\varphi(1/2 + n)} = \frac{c_{n-1}}{(2n)(n + 3/2)} = \frac{c_{n-1}}{n(2n+3)}$$

und mit Wahl von $c_0 = 1$ folgt

$$c_n = \left(\frac{1}{1 \cdot 5}\right)\left(\frac{1}{2 \cdot 7}\right) \cdots \left(\frac{1}{n \cdot (2n+3)}\right) = \frac{3 \cdot 2^{n+1}\, (n+1)!}{n!\, (2n+3)!}$$

■ $\lambda = -1$ $\rightsquigarrow$ Rekursion

$$c_n = \frac{c_{n-1}}{\varphi(-1 + n)} = \frac{c_{n-1}}{(2n-3)n}$$

und mit Wahl von $c_0 = 1$ folgt

$$c_n = \left(\frac{1}{-1 \cdot 1}\right)\left(\frac{1}{1 \cdot 2}\right) \cdots \left(\frac{1}{(2n-3) \cdot n}\right) = -\frac{2^{n-2}\, (n-2)!}{(2n-3)!\, n!}$$

18.8 Potenzreihenansatz und Variation der Konstanten ⋆

Bestimmen Sie für die Differentialgleichung

$$zu'' = u$$

eine Lösung der Form $u(z) = \sum_{n=0}^{\infty} c_n z^{\lambda+n}$ und konstruieren Sie eine zweite linear unabhängige Lösung durch Variation der Konstanten.

Verweise: Singulärer Punkt einer komplexen Differentialgleichung

Lösungsskizze

(i) Potenzreihenansatz:
Differentiation des Ansatzes $u(z) = \sum_{n=0}^{\infty} c_n z^{\lambda+n}$, $c_0 \neq 0$ ⇝

$$zu'' = \sum_{n=0}^{\infty} c_n (\lambda+n)(\lambda+n-1) z^{\lambda+n-1}$$

Einsetzen in die Differentialgleichung $zu'' = u$ und Vergleich der Koeffizienten von $z^{\lambda+n-1}$ ⇝

$$(\lambda+n)(\lambda+n-1) c_n = c_{n-1}$$

mit $c_{-1} = 0$
charakteristische Gleichung ($n = 0$)

$$\lambda(\lambda-1) = 0$$

⇝ mögliche Exponenten $\lambda = 0, 1$
ganzzahlige Differenz $\implies$ Ansatz im Allgemeinen (wie in diesem Fall) nur für den größeren Exponenten geeignet
Rekursion für $\lambda = 1$, $(1+n)n\, c_n = c_{n-1}$, mit $c_0 = 1$ $\implies$

$$c_n = \frac{1}{2\cdot 1} \frac{1}{3\cdot 2} \cdots \frac{1}{(n+1)n} = \frac{1}{(n+1)!\, n!}, \quad u(z) = \sum_{n=0}^{\infty} \frac{z^{n+1}}{(n+1)!\, n!}$$

(ii) Variation der Konstanten:
zweite, linear unabhängige Lösung durch Einsetzen des Ansatzes $v(z) = a(z)u(z)$:

$$z(\underbrace{a''u + 2a'u' + au''}_{v''}) = au$$

Berücksichtigung von $zu'' = u$ $\implies$

$$a'' = -2\frac{u'}{u} a'$$

und nach zweimaliger Integration

$$a' = \gamma_1 u^{-2}, \quad a = \gamma_1 \int u^{-2}(z)\, \mathrm{d}z + \gamma_2$$

19 Tests

Übersicht

Ergänzende Information Die elektronische Version dieses Kapitels enthält Zusatzmaterial, auf das über folgenden Link zugegriffen werden kann https://doi.org/10.1007/978-3-662-68151-0_20.

© Springer-Verlag GmbH Deutschland, ein Teil von Springer Nature 2023

K. Höllig und J. Hörner, *Aufgaben und Lösungen zur Höheren Mathematik 3*,

https://doi.org/10.1007/978-3-662-68151-0_20

19.1   Komplexe Differenzierbarkeit und konforme Abbildungen

Aufgabe 1:
Schreiben Sie die Funktion $f(z) = \sin z$ in der Form $u(x,y) + iv(x,y)$ mit $z = x + iy$.

Aufgabe 2:
Für welche z ist die Funktion $f(z) = |z|^4/(3 - |z|^2)$ komplex differenzierbar?

Aufgabe 3:
Zeigen Sie, dass die Funktion $u(x,y) = (\mathrm{e}^x + \mathrm{e}^{-x})\cos y$ ein komplexes Potential $f = u + iv$ besitzt, und bestimmen Sie die Funktion v.

Aufgabe 4:
Bestimmen Sie die Möbius-Transformation

$$z \mapsto w = \frac{az + b}{cz + d},$$

die $0, i, \infty$ auf $i, \infty, 0$ abbildet.

Aufgabe 5:
Bestimmen Sie den abstoßenden Fixpunkt der Möbius-Transformation

$$z \mapsto w(z) = \frac{2z - i}{z + 1 - i}.$$

Aufgabe 6:
Bestimmen Sie das Bild des Kreises $C : |z| = 1$ unter der Möbius-Transformation

$$z \mapsto w(z) = \frac{1}{2z + i}.$$

Aufgabe 7:
Konstruieren Sie eine konforme Abbildung $z \mapsto w$ mit $w(0) = 1$, die den Streifen $D : 0 < \operatorname{Im} z < 1$ auf die Kreisscheibe $C : |w| < 1$ abbildet.

Lösungshinweise

Aufgabe 1:
Formen Sie $\sin z$ mit Hilfe der Formeln von Euler-Moivre,

$$\sin z = \frac{e^{iz} - e^{-iz}}{2i}, \quad e^{x+iy} = e^x (\cos y + i \sin y),$$

um, und bilden Sie Real- und Imaginärteil des entstehenden Ausdrucks.

Aufgabe 2:
Ersetzen Sie $|z|^2$ durch $z\bar{z}$ und verwenden Sie als Kriterium für komplexe Differenzierbarkeit, dass die partielle Ableitung nach $\bar{z}$ verschwindet.

Aufgabe 3:
Notwendig und hinreichend für die Existenz eines komplexen Potentials $f = u + iv$ für eine global definierte Funktion u ist, dass $\Delta u(x, y) = 0$. Der Imaginärteil v von f kann mit Hilfe der Cauchy-Riemannschen Differentialgleichungen

$$v_x = -u_y, \quad v_y = u_x$$

konstruiert werden. Man integriert zunächst die erste Differentialgleichung und bestimmt dann die von y abhängige Integrationskonstante mit der zweiten Differentialgleichung.

Aufgabe 4:
Durch Einsetzen der Wertepaare $(z, w) = (0, i), (i, \infty), (\infty, 0)$ erhalten Sie Gleichungen zur Bestimmung der Koeffizienten der Transformation $w = (az + b)/(cz + d)$.

Aufgabe 5:
Bestimmen Sie beide Lösungen der quadratischen Gleichung $w(z) = z$. Ein Fixpunkt ist abstoßend (anziehend), falls $|w'(z)| > 1$ ($|w'(z)| < 1$).

Aufgabe 6:
Mit der Umkehrtransformation $z(w)$ der gegebenen Möbius-Transformation erhalten Sie die Darstellung $C_w : |z(w)| = 1$ für die Bildmenge, die sich in der Standardform $C_w : |w - a| = s|w - b|$ ($s \neq 1$) einer Kreisgleichung schreiben lässt. Verwenden Sie zur Bestimmung von Mittelpunkt und Radius die Formeln

$$c = \frac{1}{1 - s^2} a - \frac{s^2}{1 - s^2} b, \quad r = \frac{s}{|1 - s^2|} |b - a|.$$

Aufgabe 7:
Bilden Sie zunächst mit einer Exponentialfunktion den Streifen $D : 0 < \operatorname{Im} z < 1$ auf die Halbebene $H : 0 < \operatorname{Im} \xi$ ab und dann die Halbebene mit einer Möbius-Transformation auf die Kreisscheibe $C : |w| < 1$.

19.2   Komplexe Integration und Residuenkalkül

Aufgabe 1:
Berechnen Sie $\int_C |z|^2 \, \mathrm{d}z$ für einen geradlinigen Weg von i nach 1.

Aufgabe 2:
Berechnen Sie $\int_C \operatorname{Re} z \operatorname{Im} z \, \mathrm{d}z$ für den Viertelkreis $C : t \mapsto z(t) = \mathrm{e}^{\mathrm{i}t}, 0 \leq t \leq \pi/2$.

Aufgabe 3:
Berechnen Sie $\int_C z^2 \, \mathrm{d}z$ für einen Weg C von $1 - \mathrm{i}$ nach $1 + \mathrm{i}$.

Aufgabe 4:
Bestimmen Sie das Residuum der Funktion $f(z) = \dfrac{z^2}{4z - 3}$.

Aufgabe 5:
Bestimmen Sie das Residuum der Funktion $f(z) = \sin(3z)/z^4$.

Aufgabe 6:
Berechnen Sie $\displaystyle\int_C \frac{\mathrm{e}^z}{z^2 + \pi^2} \, \mathrm{d}z$ für den entgegen dem Uhrzeigersinn durchlaufenen Kreis C um i mit Radius 3.

Aufgabe 7:
Berechnen Sie $\displaystyle\int_{\mathbb{R}} \frac{3}{z^2 - 4z + 5} \, \mathrm{d}z$.

Aufgabe 8:
Berechnen Sie $\displaystyle\int_0^{2\pi} \frac{\mathrm{d}t}{2 + \cos t}$.

Aufgabe 9:
Berechnen Sie $\displaystyle\int_{\mathbb{R}} \frac{\sin(2x)}{x^2 + 2x + 2} \, \mathrm{d}x$.

Lösungshinweise

Aufgabe 1:

Für einen geradlinigen Weg $C : t \mapsto z(t) = a + t(b - a)$ ist $dz = (b - a)\, dt$.

Aufgabe 2:

Für die Parametrisierung $t \mapsto z(t) = e^{it}$ eines Kreises ist

$$\operatorname{Re} z(t) = \cos t, \quad \operatorname{Im} z(t) = \sin t, \quad dz = i z(t)\, dt\,.$$

Aufgabe 3:

Besitzt f eine Stammfunktion F, dann gilt $\int_C f(z)\, dz = [F]_a^b$ für einen Weg C von a nach b.

Aufgabe 4:

Für eine Funktion f mit einer einfachen Polstelle bei a ist

$$\operatorname*{Res}_a f = (z - a) f(z)\big|_{z=a}\,.$$

Aufgabe 5:

Das Residuum bei $z = a$ einer Funktion f ist der Koeffizient von $1/(z - a)$ der Laurent-Entwicklung und kann für $f(z) = \sin(3z)/z^4$ und $z = 0$ durch Taylor-Entwicklung der Sinus-Funktion bestimmt werden.

Aufgabe 6:

Wenden Sie den Residuensatz an:

$$\int_C f(z)\, dz = 2\pi i \operatorname*{Res}_a f\,,$$

wobei a die Polstelle in der von C berandeten Kreisscheibe ist.

Aufgabe 7:

Nach dem Residuensatz gilt

$$\int_{\mathbb{R}} \underbrace{\frac{3}{z^2 - 4z + 5}}_{f(z)}\, dz = 2\pi i \operatorname*{Res}_a f$$

mit a der Polstelle von f in der oberen Halbebene.

Aufgabe 8:

Stellen Sie das Integral mit Hilfe der Formel von Euler-Moivre, $\cos t = (z + 1/z)/2$, $z(t) = \mathrm{e}^{\mathrm{i}t}$, als komplexes Integral $\int_C g(z)\,\mathrm{d}z$ über den Einheitskreis $C : t \mapsto z(t) = \mathrm{e}^{\mathrm{i}t}$, $0 \leq t \leq 2\pi$, dar, und wenden Sie den Residuensatz an:

$$\int_C g(z)\,\mathrm{d}z = 2\pi\mathrm{i}\operatorname*{Res}_a g$$

mit a der Polstelle von g innerhalb von C.

Aufgabe 9:

Mit Hilfe der Formel von Euler-Moivre können Sie das Integral als Imaginärteil eines komplexen Integrals darstellen, das sich mit dem Residuensatz berechnen lässt:

$$I = \operatorname{Im} \int_{\mathbb{R}} \underbrace{\frac{\mathrm{e}^{2\mathrm{i}z}}{z^2 + 2z + 2}}_{f(z)}\,\mathrm{d}z = \operatorname{Im}\left(2\pi\mathrm{i}\operatorname*{Res}_a f\right)$$

mit a der Polstelle von f in der oberen Halbebene.

19.3 Taylor- und Laurentreihen

Aufgabe 1:

Entwickeln Sie $f(z) = \dfrac{z^2 - z/2}{e^{-2z}}$ in eine Taylor-Reihe um $z = 0$.

Aufgabe 2:

Entwickeln Sie $f(z) = \dfrac{2}{z(2-z)}$ in eine Taylor-Reihe um $z = 1$.

Aufgabe 3:

Entwickeln Sie $f(z) = \sqrt{1 + 2z}$ um $z = -1$ in eine Taylor-Reihe mit $f(-1) = i$ (Hauptzweig der Wurzelfunktion), und geben Sie den Konvergenzradius an.

Aufgabe 4:

Bestimmen Sie die ersten 4 Terme der Laurent-Entwicklung von $f(z) = \dfrac{1+z}{\sin^2 z}$ in dem Kreisring $D : 0 < |z| < \pi$.

Aufgabe 5:

Bestimmen Sie die Laurent-Entwicklung der Funktion $f(z) = \dfrac{1}{1+z^2}$ in dem Kreisring $D : |z| > 1$.

Aufgabe 6:

Bestimmen Sie den Hauptteil der Funktion $f(z) = 1/(\ln z)^2$ bei $z = 1$.

Aufgabe 7:

Entwickeln Sie die Funktion $f(z) = \dfrac{4z}{z^2 + 2z - 3}$ in eine Laurent-Reihe, die in dem Kreisring $1 < |z| < 3$ konvergiert.

Aufgabe 8:

Bestimmen Sie die ersten drei Terme der Laurent-Entwicklung $\sum_k c_k z^k$ der Funktion $f(z) = \dfrac{1}{e^z - 1 - z}$.

Lösungshinweise

Aufgabe 1:

Verwenden Sie die bekannte Taylor-Reihe $e^t = \sum_{n=0}^{\infty} \frac{1}{n!} t^n$ mit $t = 2z$.

Aufgabe 2:

Nach Partialbruchzerlegung können Sie die entstehenden Terme $a/(1 \pm (z-1))$ mit der Formel für die geometrische Reihe, $\sum_{n=0}^{\infty} q^n = 1/(1-q)$, entwickeln.

Aufgabe 3:

Durch Bestimmen der ersten vier Ableitungen von $f(z)$ und Einsetzen von $z = -1$ ist die allgemeine Form der Taylor-Koeffizienten $f^{(n)}(-1)/n!$ ersichtlich. Der Konvergenzradius ist der Abstand vom Entwicklungspunkt zur nächsten Singularität.

Aufgabe 4:

Erweitern Sie nach Einsetzen der Taylor-Entwicklung der Sinus-Funktion mit $1 + z^2/3$ und benutzen Sie anschließend, dass $c/(1 + \varepsilon) = c + O(\varepsilon)$.

Aufgabe 5:

Formen Sie die Funktion f so um, dass Sie die Formel $1/(1-q) = \sum_{n=0}^{\infty} q^n$ für eine geometrische Reihe anwenden können.

Aufgabe 6:

Die Laurent-Entwicklung einer Funktion f an einer Polstelle a n-ter Ordnung,

$$f(z) = c_{-n}(z-a)^{-n} + c_{-n+1}(z-a)^{-n+1} + \cdots$$

entspricht der Taylor-Entwicklung von $g(z) = f(z)(z-a)^n$, d.h. $c_{-n+k} = g^{(k)}(a)/k!$. Verwenden Sie bei der Berechnung der Ableitungen für das betrachtete Beispiel die Regel von L'Hôpital und die Taylor-Entwicklung der Logarithmus-Funktion.

Aufgabe 7:

Mit Partialbruchzerlegung erhalten Sie eine Summe von Termen der Form $a/(z-b)$, die Sie nach geeigneter Umformung mit Hilfe der Formel $1/(1-q) = \sum_{n=0}^{\infty} q^n$ für eine geometrische Reihe entwickeln können.

Aufgabe 8:

Bestimmen Sie die Koeffizienten c_k der Laurent-Entwicklung von $f(z)$ durch Koeffizientenvergleich in der Identität

$$\left(\sum_k c_k z^k \right) (e^z - 1 - z) = 1$$

nach Einsetzen der Taylor-Entwicklung der Exponentialfunktion.

19.4 Komplexe Differentialgleichungen

Aufgabe 1:

Bestimmen Sie die Lösung $u(z)$ des Anfangswertproblems

$$u' = zu + 1, \quad u(0) = 0,$$

durch Taylor-Entwicklung.

Aufgabe 2:

Bestimmen Sie die allgemeine Lösung $u(z)$ der Differentialgleichung $zu' + (1+z)u = 0$ durch einen Potenzreihenansatz.

Aufgabe 3:

Für welche λ besitzt die Differentialgleichung

$$(1 + 3z^2)u'' = \lambda u$$

polynomiale Lösungen?

Aufgabe 4:

Lösen Sie das Anfangswertproblem

$$(1 + z^2)u'' = 6u, \quad u(0) = 1,\, u'(0) = 0,$$

durch Taylor-Entwicklung.

Aufgabe 5:

Bestimmen Sie die reelle Lösung $u(t)$ des Anfangswertproblems

$$t^2 u'' + tu + u = 0, \quad u(1) = 0,\, u'(1) = 1.$$

Aufgabe 6:

Bestimmen Sie zwei linear unabhängige Lösungen $u(z) = z^\lambda \left(1 + \sum_{n=1}^{\infty} u_n z^n\right)$ der Differentialgleichung

$$z^2 u'' + zu' = (1 + z^4)u.$$

Lösungshinweise

Aufgabe 1:

Setzen Sie die Taylor-Enwicklung

$$u(z) = \sum_{n=0}^{\infty} u_n z^n$$

in die Differentialgleichung ein, und vergleichen Sie die Koeffizienten von z^n.

Aufgabe 2:

Setzen Sie den Potenzreihenansatz $u(z) = \sum_{n=0}^{\infty} u_n z^{\lambda+n}$ in die Differentialgleichung ein, und bestimmen Sie zunächst λ durch Vergleich der Koeffizienten von z^λ. Der Vergleich der Koeffizenten von $z^{\lambda+n}$ für $n > 0$ liefert eine Rekursion, mit der die Koeffizienten u_n berechnet werden können.

Aufgabe 3:

Setzen Sie die Taylor-Entwicklung $u(z) = \sum_{n=0}^{\infty} u_n z^n$ in die Differentialgleichung ein. Durch Vergleich der Koeffizienten von z^n erhalten Sie eine Rekursion $u_{n+2} = f(\lambda, n)\, u_n$. Die resultierende Lösung u ist polynomial, falls $f(\lambda, n) = 0$ für ein $n \in \mathbb{N}$.

Aufgabe 4:

Setzen Sie die Taylor-Entwicklung $u(z) = \sum_{n=0}^{\infty} u_n z^n$ in die Differentialgleichung ein. Durch Vergleich der Koeffizienten von z^n erhalten Sie eine Rekursion, mit der Sie u_n, $n \in \mathbb{N}$, aus den Anfangsbedingungen bestimmen können.

Aufgabe 5:

Bestimen Sie die allgemeine Lösung dieser Euler-Differentialgleichung mit dem Ansatz $u(t) = t^\lambda$. Eine reelle Darstellung erhalten Sie mit der Formel von Euler-Moivre:

$$t^{u+\mathrm{i}v} = t^u \mathrm{e}^{\mathrm{i}v \ln t} = t^u \left(\cos(v \ln t) + \mathrm{i}\sin(v \ln t) \right).$$

Aufgabe 6:

Setzen Sie die Potenzreihe in die Differentialgleichung ein und vergleichen Sie die Koeffizienten von z^λ ($n = 0$), um die zwei möglichen Exponenten λ zu bestimmen. Durch Vergleich der Koeffizienten von $z^{\lambda+n}$ mit $n > 0$ erhalten Sie eine Rekursion, mit der Sie die Entwicklungskoeffizienten der Lösung berechnen können.

Teil V

Anwendungen mathematischer Software

20 Maple™

Übersicht

© Springer-Verlag GmbH Deutschland, ein Teil von Springer Nature 2023
K. Höllig und J. Hörner, *Aufgaben und Lösungen zur Höheren Mathematik 3*,
https://doi.org/10.1007/978-3-662-68151-0_21

20.1   Differentialoperatoren mit Maple™

Bilden Sie für die Vektorfelder

$$\vec{F} = (x^2, y^2, z^2)^{\mathrm{t}}, \qquad \vec{G} = (y, z, x)^{\mathrm{t}}$$

$U := \vec{F} \cdot \vec{G}$, $\vec{H} := \vec{F} \times \vec{G}$ und bestimmen Sie $\operatorname{grad} U$, ΔU, $\operatorname{div} \vec{H}$, $\operatorname{rot} \vec{H}$.

Verweise: Rechenregeln für Differentialoperatoren

Lösungsskizze

(i) Definition der Felder:

```
> with(VectorCalculus):    # Einbinden relevanter Funktionen
> SetCoordinates('cartesian'[x,y,z]):
> F := VectorField(<x^2,y^2,z^2>): G := VectorField(<y,z,x>):
> U := DotProduct(F,G); H := CrossProduct(F,G);
```

$$U := x^2 y + y^2 z + x z^2$$
$$H := (xy^2 - z^3)\vec{e}_x + (-x^3 + yz^2)\vec{e}_y + (x^2 z - y^3)\vec{e}_z$$

(ii) Gradient und Laplace-Operator:

```
> gradU := Gradient(U); DeltaU := Laplacian(U);
```

$$gradU := (2xy + z^2)\vec{e}_x + (x^2 + 2yz)\vec{e}_y + (2xz + y^2)\vec{e}_z$$
$$DeltaU := 2x + 2y + 2z$$

```
> # alternativ (Def. von Delta):
> DeltaU := Divergence(gradU):
```

(iii) Divergenz und Rotation:

```
> divH := Divergence(H); rotH := Curl(H);
```

$$divH := x^2 + y^2 + z^2$$
$$rotH := (-3y^2 - 2yz)\vec{e}_x + (-2xz - 3z^2)\vec{e}_y + (-3x^2 - 2xy)\vec{e}_z$$

```
> # alternativ (Produktregeln fuer Differentialoperatoren):
> rotF := Curl(F); rotG := Curl(G);
```

$$rotF := (0)\vec{e}_x + (0)\vec{e}_y + (0)\vec{e}_z$$
$$rotG := (-1)\vec{e}_x + (-1)\vec{e}_y + (-1)\vec{e}_z$$

```
> divH := DotProduct(G,rotF)-DotProduct(F,rotG):
> # -> gleiches Resultat
```

20.2 Koordinatentransformationen für Skalar- und Vektorfelder mit Maple™

a) Bestimmen Sie grad U und ΔU in Polarkoordinaten (r, φ) für das in kartesischen Koordinaten gegebene Skalarfeld $U(x,y) = xy/(x^2 + y^2)^2$.

b) Bestimmen Sie rot $\vec{F}$ und div $\vec{F}$ in Kugelkoordinaten für das in Zylinderkoordinaten gegebene Vektorfeld $\vec{F} = \varrho\vec{e}_\varrho + \varrho z\vec{e}_\varphi + z\vec{e}_z$.

Verweise: Maple™ -Funktionen, Vektorfelder in Zylinderkoordinaten, Vektorfelder in Kugelkoordinaten

Lösungsskizze

```
> with(VectorCalculus):  # Einbinden relevanter Funktionen
```

a) grad U und ΔU in Polarkoordinaten für $U(x,y) = xy/(x^2 + y^2)^2$:

```
> # Umwandlung des Skalarfeldes in Polarkoordinaten
> U := (x,y)->x*y/(x^2+y^2)^2:
> Up := simplify(changecoords(U,[x,y],polar,[r,phi]));
```

$$Up := \frac{\cos\varphi\sin\varphi}{r^2}$$

```
> # Gradient und Anwendung des Laplace-Operators
> grad_U := Gradient(Up); Delta_U := Laplacian(Up);
```

$$grad\_U := -\frac{2\cos\varphi\sin\varphi}{r^3}\vec{e}_r + \frac{2\cos^2\varphi - 1}{r^3}\vec{e}_\varphi, \quad Delta\_U := 0$$

b) rot $\vec{F}$ und div $\vec{F}$ in Kugelkoordinaten für $\vec{F} = \varrho\vec{e}_\varrho + \varrho z\vec{e}_\varphi + z\vec{e}_z$:

```
> # Definition des Vektorfeldes in Zylinderkoordinaten
> SetCoordinates('cylindrical'[rho,phi,z]):
> F := VectorField(<rho,rho*z,z>):
> # Umwandlung in Kugelkoordinaten
> Fs := MapToBasis(F,'spherical'[r,theta,phi]);
```

$$Fs := r\vec{e}_r + 0\vec{e}_\vartheta + r^2\cos\vartheta\sin\vartheta\vec{e}_\varphi$$

```
> # Rotation und Divergenz
> rot_F := Curl(Fs); div_F := Divergenz(Fs);
```

$$rot\_F := (3r\cos^2\vartheta - r)\vec{e}_r - 3r\cos\vartheta\sin\vartheta\vec{e}_\vartheta + 0\vec{e}_\varphi, \quad div\_F := 3$$

20.3 Visualisierung von Skalar- und Vektorfeldern mit Maple™

Stellen Sie das Potential

$$U(x,y) = r(x+1,y) - r(x-1,y), \quad r(x,y) = \frac{1}{\sqrt{x^2+y^2}},$$

und das Vektorfeld $\vec{F} = \operatorname{grad} U$ grafisch dar.

Verweise: Grafik mit Maple™

Lösungsskizze

```
> with(plots): with(VectorCalculus):
> r := (x,y) -> 1/sqrt(x^2+y^2): U := r(x+1,y) - r(x-1,y):
> # Zeichnen der Aequipotentiallinien U=c, c=-2,-1,...,
> # basierend auf einem 200x200 Auswertungsgitter
> p1 := contourplot(U,x=-2..2,y=-2..2,grid=[200,200],
      color="Blue",contours=[-2,-1,-0.5,-0.2,-0.1,0.1,0.2,0.5,1,2])
> # Pfeildiagramm des Gradientenfeldes auf einem 10x10 Gitter
> # mit logarithmischer Skalierung der Pfeillaengen
> F := Gradient(U):
> fieldplot(F,x=-2..2,y=-2..2,grid=[10,10],color="Red",
      arrows=medium,fieldstrength=log)
> # Simultane Darstellung der Grafiken
> display(p1,p2,axesfont = [Times, Bold, 20])
```

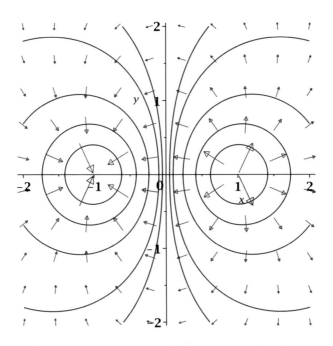

20.4 Potential und Arbeitsintegral mit Maple™

Untersuchen Sie, ob die Vektorfelder

$$\vec{F} = (xy^2, yx^2)^{\mathrm{t}}, \quad \vec{G} = (x^2y, y^2x)^{\mathrm{t}}$$

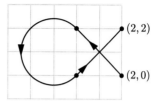

ein Potential besitzen, bestimmen Sie es gegebenenfalls und berechnen Sie für beide Vektorfelder jeweils
das Arbeitsintegral für den abgebildeten Weg.

Verweise: Existenz eines Potentials, Arbeitsintegral

Lösungsskizze

(i) $\vec{F} = (xy^2, yx^2)^{\mathrm{t}}$:

```
> with(VectorCalculus):   # Einbinden relevanter Funktionen
> SetCoordinates('cartesian'[x,y]):
> F := VectorField(<x*y^2,y*x^2>):
> # Pruefen der Integrabilitaetsbedingung
> diff(F[1],y)-diff(F[2],x);
```

$$0 \quad (\Longrightarrow \exists \, \text{Potential} \, U, \quad \vec{F} = \text{grad}\, U)$$

```
> U := ScalarPotential(F);
```

$$U := \frac{x^2 y^2}{2}$$

```
> # Berechnung des Arbeitsintegrals als Potentialdifferenz
> AF := subs(x=2,y=2,U)-subs(x=2,y=0,U);   # U(2,2)-U(2,0)
```

$$AF := 8$$

(ii) $\vec{G} = (x^2y, y^2x)^{\mathrm{t}}$:

```
> G := VectorField(<x^2*y,y^2*x>):
> # Pruefen der Integrabilitaetsbedingung
> diff(G[1],y)-diff(G[2],x);
```

$$x^2 - y^2 \quad (\neq 0 \Longrightarrow \exists \, \text{kein Potential})$$

```
> # Parametrisierung der drei Teilwege
> C1 := Line(<2,0>,<0,2>):   # Geradensegment (2,0)->(0,2)
> # Kreismittelpunkt und Radius
> mx := -1: my := 1: r := sqrt(2):
> C2 := Path(<mx+r*cos(t),my+r*sin(t)>,t=Pi/4..7*Pi/4):
> C3 := Line(<0,0>,<2,2>):
> # Berechnung der entsprechenden drei Arbeitsintegrale
> A1:=LineInt(G,C1); A2:=LineInt(G,C2); A3:=LineInt(G,C3);
```

$$A1 := 0, \quad A2 := -2/3, \quad A3 := 8$$

⤳ gesamtes Arbeitsintegral $AG := A1 + A2 + A3 = 22/3$

20.5   Vektorpotential und Flussintegral mit Maple™

Untersuchen Sie, ob die Vektorfelder

$$\vec{F} = (y^3, z, x^2)^\mathrm{t}, \quad \vec{G} = (x, y^2, z^3)^\mathrm{t}$$

ein Vektorpotential besitzen, bestimmen Sie es gegebenenfalls und berechnen Sie für beide Vektorfelder jeweils den Fluss durch die Halbkugelschale $S: x^2 + y^2 + z^2 = R^2$, $z \geq 0$, nach oben.

Verweise: Vektorpotential, Flussintegral

Lösungsskizze

(i) $\vec{F} = (y^3, z, x^2)^\mathrm{t}$:

```
> with(VectorCalculus):  # Einbinden relevanter Funktionen
> SetCoordinates('cartesian'[x,y,z]):
> F := VectorField(<y^3,z,x^2>):
> # Überpruefung der Divergenzfreiheit (notw. Bed.)
> Divergence(F);
```

$$0 \quad (\implies \exists\, \text{Vektorpotential}\, \vec{A}, \quad \vec{F} = \mathrm{rot}\, \vec{A})$$

```
> A := VectorPotential(F);
```

$$A := (z^2/2 - x^2 y)\vec{e}_x + (-y^3 z)\vec{e}_y + (0)\vec{e}_z$$

Satz von Stokes $\implies$

$$\iint\limits_S \underbrace{\mathrm{rot}\, \vec{A}}_{\vec{F}} \cdot \mathrm{d}\vec{S} = \int_C \vec{A} \cdot \mathrm{d}\vec{r}, \quad C: x^2 + y^2 = R^2,\, z = 0$$

(Fluss nach oben, Kreis entgegen dem Uhrzeigersinn orientiert)

```
> # Randkurve der Hemisphaere -> Kreis in der xy-Ebene
> C := Path(<R*cos(phi),R*sin(phi),0>,phi=0..2*Pi):
> # Berechnung des Flussintegrals als Arbeitsintegral
> Fluss := LineInt(A,C);
```

$$Fluss := \frac{\pi}{4} R^4$$

(ii) $\vec{G} = (x, y^2, z^3)^\mathrm{t}$:

```
> G := VectorField(<x,y^2,z^3>):
> # Überpruefung der Divergenzfreiheit (notw. Bed.)
> Divergence(G);
```

$$1 + 2y + 3z^2 \quad (\neq 0 \implies \exists\, \text{kein Vektorpotential})$$

```
> # Parametrisierung der Hemisphaere
> S := Surface(<R*sin(theta)*cos(phi),R*sin(theta)*sin(phi),
      R*cos(phi)>,theta=0..Pi/2,phi=0..2*Pi):
> Fluss := Flux(G,S);
```

$$Fluss := \frac{2}{5}\pi R^5 + \frac{2}{3}\pi R^3$$

20.6 Differentialgleichungen erster Ordnung mit Maple™

Bestimmen Sie die allgemeinen Lösungen der Differentialgleichungen

$$\text{a)} \quad y' = \frac{y}{x^2 + 1} \qquad\qquad \text{b)} \quad y' = \frac{x}{y^2 + 1}$$

sowie die Lösungen zu dem Anfangswert $y(1) = 2$.

Verweise: Maple™ -Funktionen

Lösungsskizze

```
> with(DEtools):    # Einbinden relevanter Funktionen
```

a) $\quad y' = y/(x^2 + 1), \, y(1) = 2$:

```
> DG := diff(y(x),x) = y(x)/(x^2+1):
> # allgemeine Loesung
> Lsg := dsolve(DG);
```

$$Lsg := y(x) = \_C1\, \mathrm{e}^{\arctan(x)}$$

```
> # Loesung des Anfangswertproblems
> IVPsol(y(1)=2,Lsg);
```

$$y(x) = \frac{2\mathrm{e}^{\arctan(x)}}{\mathrm{e}^{\pi/4}}$$

b) $\quad y' = x/(y^2 + 1), \, y(1) = 2$:

```
> DG := diff(y(x),x) = x/(y(x)^2+1):
> # Typ der Differentialgleichung
> odeadvisor(DG)
```

$$[\_separable]$$

```
> # allgemeine Loesung (implizite Darstellung)
> dsolve(DG,'implicit');
```

$$\frac{x^2}{2} - \frac{y(x)^3}{3} - y(x) + \_C1 = 0$$

```
> # Loesung des Anfangswertproblems
> dsolve({y(1)=2,DG},'implicit');
```

$$\frac{x^2}{2} - \frac{y(x)^3}{3} - y(x) + \frac{25}{6} = 0$$

Etwas schwieriger: Lösen Sie $y' = 1 + x/y$ (ohne `dsolve`); eventuell mit der Hilfe der Funktion `odeadvisor`, die die Klassifizierung

$$[[\_homogeneous, class A], \_rational, [\_Abel, 2nd\ type, class A]]$$

liefert.

20.7   Schwingungsdifferentialgleichung mit Maple™

Bestimmen Sie die allgemeine Lösung der Schwingungsdifferentialgleichung

$$u'' + 4u' + 3u = \cos(\omega t)$$

sowie, für $\omega = 1$, die Lösung u_p zu den Anfangswerten $u(0) = 1$, $u'(0) = 0$. Zeichnen
Sie u_p auf dem Intervall $[0, 4\pi]$.

Verweise: Differentiation mit Maple™

Lösungsskizze

```
> with(DEtools):    # Einbinden relevanter Funktionen
> DG := D^(2)(u)(t)+4*D(u)(t)+3*u(t) = cos(omega*t):
> # allgemeine Loesung
> allg_Lsg := dsolve(DG);
```

$$allg\_Lsg := u(t) = \mathrm{e}^{-3t}\,\_C2 + \mathrm{e}^{-t}\,\_C1 +$$
$$\frac{1}{\omega^4 + 10\omega^2 + 9}\left(-\omega^2\cos(\omega t) + 4\omega\sin(\omega t) + 3\cos(\omega t)\right)$$

```
> # partikuläre Loesung und Grafik
> omega := 1:
> u_p := IVPsol([u(0)=1,D(u)(0)=0],allg_Lsg);
> DEplot(DG,u(t),t=0..4*Pi,[[u(0)=1,D(u)(0)=0]]);
```

$$u_p := u(t) = -\frac{7\mathrm{e}^{-3t}}{20} + \frac{5\mathrm{e}^{-t}}{4} + \frac{\cos(t)}{10} + \frac{\sin(t)}{5}$$

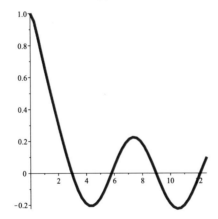

starke Dämpfung $\rightarrow$

schnelles Abklingen des nichtperiodischen Anteils

20.8   Sturm-Liouville-Probleme mit   Maple™

Lösen Sie das Randwertproblem

$$-(pu')' + qu = f, \quad u(0) = 1, \, u'(1) = 0,$$

für

a) $p = q = 1$, $f(t) = e^t$ (linear, konstante Koeffizienten)
b) $p(t) = e^t$, $q(t) = e^{-t}$, $f = 0$ (linear, variable Koeffizienten)
c) $p = 1$, $q(t) = e^{u(t)}$, $f = 0$ (nicht-linear)

Verweise: Maple™ -Funktionen

Lösungsskizze

Alle Probleme können mit der   Maple™ -Funktion `dsolve(DGl,RB,Lsg,options)`
aus dem Paket `DEtools` gelöst werden, dem die Differentialgleichung und die Randbedingungen übergeben werden.

a) $-u'' + u = e^t$, $u(0) = 1$, $u'(1) = 0$:

```
> DGl := -diff(u(t),t$2)+u(t)=exp(t):
> RB  := u(0)=1, D(u)(1)=0:
> Lsg := dsolve({DGl,RB},u(t));
```

$$Lsg := u(t) = e^t - \frac{te^t}{2}$$

b) $-\frac{d}{dt}\left(e^t \frac{d}{dt}u(t)\right) + e^{-t}u(t) = 0, \quad u(0) = 1, \, u'(1) = 0:$

```
> DGl := -diff(exp(t)*diff(u(t),t),t)+exp(-t)*u(t) = 0:
> Lsg := dsolve({DGl,RB},u(t)): Lsg := simplify(Lsg);
```

$$Lsg := u(t) = \frac{\sinh(e^{-1})\sinh(e^{-t}) - \cosh(e^{-1})\cosh(e^{-t})}{\sinh(e^{-1})\sinh(1) - \cosh(e^{-1})\cosh(1)}$$

Ein beeindruckendes   Maple™ -Ergebnis!

c) $-u'' + e^u u = 0$, $u(0) = 1$, $u'(1) = 0$:

```
> DGl := -diff(u(t),t$2)+exp(u(t))*u(t) = 0:
> Lsg := dsolve({DGl,RB},u(t));
```

$$Lsg := ()$$

Keine analytische Lösung möglich - auch   Maple™ hat seine Grenzen! Bei der
numerischen Lösung gibt `dsolve` eine Prozedur zurück, mit der die Lösung ausge-
wertet werden kann.

```
> Lsg := dsolve({DGl,RB},u(t)); Lsg(0.2);
```

$$Lsg := proc(x\_bvp) \ldots end\, proc$$

$$[t = 0.2, \, u(t) = 0.788787785306801, \, \frac{d}{dt}u(t) = -0.855502552743120]$$

20.9   Richtungsfeld und numerische Lösung eines Differentialgleichungssystems mit Maple^{TM}

Zeichnen Sie das Richtungsfeld des Differentialgleichungssystems

$$u' = \cos(u) + \sin(u + v), \quad v' = \sin(v) + \cos(u + v)$$

in $[0, 2\pi]^2$ sowie die Lösungskurve $(u_\star(t), v_\star(t))$, $t \in [0, 10]$, zu den Anfangsbedingungen $u_\star(0) = 4$, $v_\star(0) = 2$. Bestimmen Sie numerisch die Kurvenpunkte für $t = 5, 10$.

Verweise: Differentiation mit Maple^{TM}

Lösungsskizze

```
> with(DEtools):    # Einbinden relevanter Funktionen
> # Differentialgleichungen und Anfangsbedingungen
> DG1 := D(u)(t) = cos(u(t))+sin(u(t)+v(t)):
  DG2 := D(v)(t) = sin(v(t))+cos(u(t)+v(t)):
> AB1 := u(0) = 4: AB2 := v(0) = 2:
> # Richtungsfeld mit Loesungskurve
> DEplot([DG1,DG2],[u(t),v(t)],t=0..10,u=0..2*Pi,v=0..2*Pi,
     [[AB1,AB2]]):
```

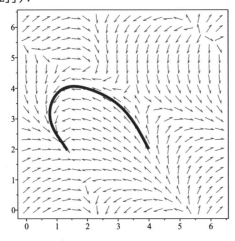

```
> # numerische Loesung fuer t = 5,10
> T := [5,10]:
> dsolve({DG1,DG2,AB1,AB2},numeric,output=Array(T));
```

$$\left[\begin{array}{l} \begin{bmatrix} t & u(t) & v(t) \end{bmatrix} \\[2mm] \begin{bmatrix} 5. & 0.7753 & 3.2729 \\ 10. & 1.3520 & 1.9689 \end{bmatrix} \end{array} \right]$$

20.10 Animation einer inkompressiblen Strömung mit Maple™

Visualisieren Sie die Bewegung eines Bootes in einem Fluss um eine kreisförmige Insel mit Radius R für mehrere Ausgangspositionen. Benutzen Sie dazu für das Geschwindigkeitsfeld V die Approximation („unendliche" Flussbreite, Strömung in x-Richtung)

$$V(x,y) = \operatorname{grad} U(x,y), \quad U(x,y) = \left(1 + \frac{R^2}{x^2 + y^2}\right) x\,.$$

Verweise: Maple™ -Funktionen

Lösungsskizze

```
> with(DEtools): with(plots): with(plottools):
> # Differentialgleichungen fuer den Weg x(t),y(t) des Bootes
> R := 1; U := (1+R^2/(x^2+y^2))*x
> Vx := diff(U,x); Vy := diff(U,y)
> DGx := diff(x(t),t) = subs(x=x(t),y=y(t),Vx)
> DGy := diff(y(t),t) = subs(x=x(t),y=y(t),Vy)
> # Startpositionen
> S := [[x(0)=-2,y(0)=-1],[x(0)=-2,y(0)=1/2],[x(0)=-2,y(0)=3/2]]
> # Zeitintervall und Bildausschnitt
> T := t=0..5; X := x=-2..2; Y := y=-2..2
> # Zeichnen der Insel, des Geschwindigkeitsfeldes
> # und der Loesungskurven
> A := disk([0,0],R,color=green)
> B := DEplot([DGx,DGy],[x(t),y(t)],T,X,Y,S, ...
      ... color=blue,linecolor=black,animatecurves=true)
> display(A,B)
```

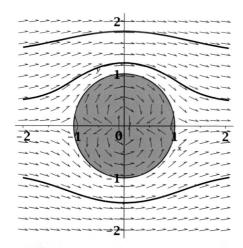

Durch Klicken auf die Grafik und Wählen der Menüoptionen `animation` und `play` werden die Lösungskurven sukzessive gemäß der Geschwindigkeit des Bootes gezeichnet. Links abgebildet ist das letzte Frame dieser Videosequenz[a].

---

[a]Das Geschwindigkeitsfeld innerhalb der Insel lässt sich nicht auf elegante Weise unterdrücken.

20.11   Schnelle Fourier-Transformation mit Maple™

Rekonstruieren Sie das blau gezeichnete periodische Signal

$$p(t) = \frac{a_0}{2} + \sum_{k=1}^{n} (a_k \cos(kt) + b_k \sin(kt))$$

mit $n = 4$ bestmöglich aus $N = 16$ mit einer relativ groben Toleranz gemessenen Werten
(schwarze Punkte) an äquidistanten Stützstellen
$t_j = 2\pi j/N$, $j = 0, \ldots, N - 1$.

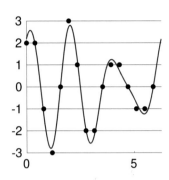

Verweise: Maple™ -Funktionen

Lösungsskizze

Formel von Euler-Moivre, $\cos(kt) = (e^{ikt} + e^{-ikt})/2$, $\sin(kt) = (e^{ikt} - e^{-ikt})/(2i)$
⤳   komplexe Darstellung des Signals:

$$p(t) = \sum_{|k| \leq n} C_k e^{ikt}, \quad a_k = 2\operatorname{Re} C_k, \quad b_k = -2\operatorname{Im} C_k, \quad C_{-k} = \overline{C}_k$$

Interpolationsbedingungen   ⤳   Ausgleichsproblem

$$P_j \stackrel{!}{=} p(t_j) = \sum_{|k| \leq n} C_k \underbrace{e^{2\pi ijk/N}}_{w_{j,k}}, \quad j = 0, \ldots, N - 1$$

Orthogonalität der Spalten der Matrix W (indiziert mit $k = -n, \ldots, n$, Norm =
$\sqrt{N}$)   ⤳   Vereinfachung der Normalengleichungen:

$$\underbrace{W^*W}_{NC}\,C = W^*P, \quad C_k = \frac{1}{N}(W^*P)_k = \frac{1}{N}\sum_{j=0}^{N-1} P_j e^{-2\pi ijk/N}$$

Für eine Zweierpotenz N ($N = 2^4$ im betrachteten Beispiel)[1] lässt sich die Berechnung mit der schnellen Fourier-Transformation (FFT-Algorithmus) durchführen:

```
> with(SignalProcessing)
> P := Vector([2,2,-1,-3,0,3,1,-2,-2,0,1,1,0,-1,-1,0])
> # FFT-Option "normalization" -> Vorfaktor 1/16
> C := FFT(P,normalization=full)
  C := [0.+0.I, 0.1128+0.I, 0.+0.I, 0.9843+0.I, 0.-0.5I, ...]
> # auf 4 Nachkommastellen gerundete Werte
```

rekonstruiertes Signal

$$p(t) = 0.2256 \cos(t) + 1.9686 \cos(3t) + 1.0000 \sin(4t)$$

---

[1] N muss größer als $2n$ gewählt werden, um zu vermeiden, dass verschiedene Funktionen mit
dem gleichen Frequenzbereich ($k \in \{0, ..., n\}$) identische Daten interpolieren (Alias-Effekt).

20.12   Fourier-Analysis mit Maple™

Bestimmen Sie die Fourier-Transformierte der Funktion

$$f(x) = \cos(x)\exp(-|x|)$$

und illustrieren Sie die Gültigkeit des Satzes von Plancherel und der Poisson-Summationsformel.

Verweise: Fourier-Transformation, Satz von Plancherel, Poisson-Summationsformel

Lösungsskizze

(i) Fourier-Transformierte $F(y) = \int_{\mathbb{R}} f(x)\mathrm{e}^{-\mathrm{i}xy}\,\mathrm{d}x$:

```
> with(inttrans):    # Einbinden relevanter Funktionen
> f := x -> cos(x)*exp(-abs(x));
  F := fourier(f(x),x,y);
```

$$f := x \mapsto \cos(x)\mathrm{e}^{-|x|}, \quad F := \frac{2(y^2+2)}{(y^2-2y+2)(y^2+2y+2)}$$

(ii) Satz von Plancherel $2\pi \int_{\mathbb{R}} |f(x)|^2\,\mathrm{d}x = \int_{\mathbb{R}} |F(y)|^2\,\mathrm{d}y$:

```
> If := int(f(x)^2,x=-infinity..infinity);
  IF := int(F^2,y=-infinity..infinity);
```

$$If := \frac{3}{4}, \quad IF := \frac{3\pi}{2} \;\checkmark$$

(iii) Poisson-Summationsformel $\sum_{k=-\infty}^{\infty} f(k) = \sum_{k=-\infty}^{\infty} F(2\pi k)$:

```
> Sf := sum(f(k),k=-infinity..infinity);
  SF := sum(subs(y=2*Pi*k,F),k=-infinity..infinity);
```

$$Sf := \frac{\mathrm{e}^2-1}{(\mathrm{e}^{1+I}-1)(\mathrm{e}^{1-I}-1)}, \quad SF := \frac{\sinh(1/2)\cosh(1/2)}{\cos(1/2)^2 - \cosh(1/2)^2}$$

$Sf - SF = 0! \checkmark$

Sieht (sehr) schwierig aus - aber die Formeln von Euler-Moivre und für die geometrische Reihe machen es leicht:

$$2f(k) \underset{k\geq 0}{=} (\mathrm{e}^{\mathrm{i}k} + \mathrm{e}^{-\mathrm{i}k})\mathrm{e}^{-k} = q_+^k + q_-^k, \quad q_\pm = \mathrm{e}^{\pm\mathrm{i}-1}$$

und $f(k) = f(-k)$, $\sum_{k=0}^{\infty} q_\pm^k = \frac{1}{1-q_\pm}$.

20.13   Residuen und Laurent-Entwicklung mit Maple^{TM}

Bestimmen Sie die Residuen der Funktionen

$$f(z) = \frac{1 + z^4}{z + 2z^3 + z^5}, \qquad g(z) = \frac{\exp(z/2) - \cos(2z)}{\sin(z)^2}$$

(an allen Polstellen) sowie jeweils die ersten drei Terme der Laurent-Entwicklungen in der Umgebung doppelter Polstellen.

Verweise: Residuum, Laurent-Reihe

Lösungsskizze

(i) $f(z) = (1 + z^4)/(z + 2z^3 + z^5)$:

```
> with(numapprox):    # Einbinden relevanter Funktionen
> f := (1+z^4)/(z+2*z^3+z^5):
> # einfache Polstelle bei z=0
> R0 := residue(f,z=0);
```

$$R0 := 1$$

```
> # doppelte Polstellen bei z = -i,i
> LmI := laurent(f,z=-I,4); LpI := laurent(f,z=-I,4);
```

$$LmI := -\frac{I}{2}(z + I)^{-2} + \frac{7I}{8} + O((z + I))$$

$$LpI := \frac{I}{2}(z - I)^{-2} - \frac{7I}{8} + O((z - I))$$

$\implies$ Residuen (Koeffizienten von $(z \pm i)^{-1}$ der Laurent-Entwicklungen): für beide doppelten Polstellen null

(ii) $g(z) = (\exp(z/2) - \cos(2z))/\sin(z)^2$:

```
> g := z -> (exp(z/2)-cos(2*z))/sin(z)^2:
> # einfache Polstelle bei z=0
> R0 := residue(g(z),z=0);
```

$$R0 := 1/2$$

```
> # doppelte Polstellen bei z=k*Pi, k<>0
> assume(k,integer,k<>0)
> Lk := laurent(g(z),z=k*Pi,4):
> Lk := simplify(Lk);    # Vereinfachung
```

$$Lk := \left(e^{k \sim \pi/2} - 1\right)(z - k \sim \pi)^{-2} + \frac{1}{2}e^{k \sim \pi/2}(z - k \sim \pi)^{-1} +$$

$$\frac{11e^{k \sim \pi/2}}{24} + \frac{5}{3} + O((z - k \sim \pi))$$

$\implies$ Residuen: $\frac{1}{2}e^{k \sim \pi/2}$

"$k \sim$" symbolisiert die Einschränkungen an die Variable k ($k \in \mathbb{Z} \backslash \{0\}$)

21 MATLAB®

21.1   Animation mit Matlab®

Illustrieren Sie die Konstruktion einer Hypozykloide, bei der ein Kreis auf der Innenseite eines größeren Kreises abrollt, mit einer Filmsequenz.

Verweise: Bilder und Animationen mit Matlab®

Lösungsskizze

```
>> % Parameter und Grafikfenster
>> R = 3; r = 1; T = 2*pi*r; n_frames = 101;
>> hold on, axis([-R R -R R]), axis equal, axis off
>> % Zeichnen des großen Kreises (gruen)
>> t = linspace(0,2*pi); cx = R*cos(t); cy = R*sin(t);
>> plot(cx,cy,'-g')
>> for k=1:n_frames
       t = (k-1)*T/(n_frames-1);
       % Zeichnen des kleinen Kreises (blau)
       mx = (R-r)*cos(t); my = (R-r)*sin(t);   % Mittelpunkt
       h1 = plot(mx+cx*r/R,my+cy*r/R,'-b');
       % Punkt auf der Hypozykloide, Radien, Kurve (rot)
       px(k) = mx+r*cos(t*R/r); py(k)=my-r*sin(t*R/r);
       h2 = plot([0 mx px(k)],[0 my py(k)],'-ok');
       h3 = plot(px,py,'-r');
       % Speichern und Loeschen des aktuellen Bildes
       M(k) = getframe;
       delete(h1), delete(h2), delete(h3)
   end
>> hold off
>> % zweimaliges Abspielen mit 20 Bildern pro Sekunde
>> movie(M,2,20)
```

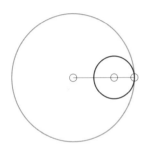

Bild 1

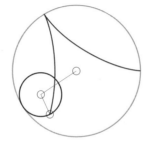

Bild 60

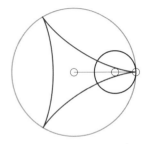

Bild 101

21.2 Grafische Eingabe mit MATLAB®

Schreiben Sie ein Programm[1] zur sukzessiven grafischen Eingabe von „Kontrollpunkten" $(c_{1,0}, c_{2,0})^t, (c_{1,1}, c_{2,1})^t, \ldots \in [0,1]^2$ und Zeichnen der Bézier-Kurven

$$t \mapsto p(t) = \sum_{k=0}^{n} \begin{pmatrix} c_{1,k} \\ c_{2,k} \end{pmatrix} \binom{n}{k} (1-t)^{n-k} t^k, \quad 0 \leq t \leq 1.$$

Ein nachträgliches Verschieben einzelner Kontrollpunkte soll ebenfalls möglich sein.

Verweise: Grafische Eingabe mit MATLAB®

Lösungsskizze

```
>> % Fenster oeffnen und Achsensystem festhalten
>> clf; hold on;
>> set(gca,'xlimmode','manual','ylimmode','manual');
>> % Eingabe des ersten Punktes mit der Maus
>> [x,y] = ginput(1);
>> % Polygon und Kurve zeichnen (zunaechst nur ein Punkt)
>> n_plot = 100;
>> h_polygon = plot(x,y,'-ok');
>> h_curve = plot(x,y,'-b');
>> % Eingabe der weiteren Punkte
>> % Taste 1 neu, Taste 2 verschieben, Taste 3 beenden
>> while 1
>>    [xn,yn,button] = ginput(1);
>>    if button==1  % neuen Punkt hinzufuegen
>>      x(end+1) = xn; y(end+1) = yn;
>>    elseif button==2 % Punkt verschieben
>>      % Punkt mit minimaler Differenz ersetzen
>>      [min_d,ind] = min((x-xn).^2+(y-yn).^2);
>>      x(ind) = xn; y(ind) = yn;
>>    else
>>      break;
>>    end
>>    % Bezier-Kurve berechnen
>>    p = bezier([x;y],linspace(0,1,n_plot));
```

---

[1]eine vereinfachte Version eines Demos aus einem Programmpaket zur geometrischen Modellierung

```
>>     % Daten der Grafik aktualisieren
>>     set(h_polygon,'xdata',x,'ydata',y);
>>     set(h_curve,'xdata',p(1,:),'ydata',p(2,:));
>> end
```

Das Matlab® -Skript nutzt die folgende Matlab® -Funktion zur Berechnung von Bézier-Kurven[2].

```
function p = bezier(points,t)
% Punkte der Bezier-Kurve zu den Parameterwerten t
  n = size(points,2)-1;    % Polynomgrad
  p = points(:,1)*(1-t).^n;
  for k=1:n;
    p = p+points(:,k+1)*nchoosek(n,k)*((1-t).^(n-k).*t.^k);
  end
end
```

Die Abbildungen illustrieren die sukzessive Eingabe von vier Kontrollpunkten sowie ein anschließendes Verschieben eines Kontrollpunktes.

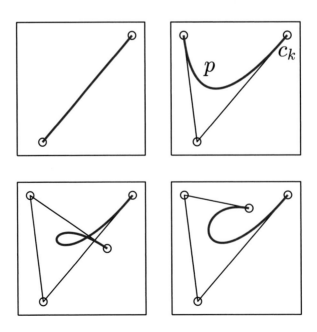

---

[2]Eleganter ist der Algorithmus von de Casteljau (vgl. das zuvor erwähnte Programmpaket), der jedoch zusätzlicher Erläuterungen bedarf.

21.3 Vektorfelder mit MATLAB®

Stellen Sie das Gradientenfeld zu dem Potential

$$U(x,y) = \frac{1}{(x+1)^2 + y^2} - \frac{2}{(x-1)^2 + y^2}, \quad -2 \leq x, y \leq 2,$$

inklusive einiger Feldlinien grafisch dar.

Verweise: Visualisierung von Vektorfeldern mit MATLAB®

Lösungsskizze

```
>> % Auswerten von U auf einem xy-Gitter (dx=dy=1/4)
>> x = [-2:1/4:2]; y = [-2:1/4:2];
>> [X,Y] = meshgrid(x,y);
>> U = 1./(1+(X+1).^2+Y.^2) - 2./(1+(X-1).^2+Y.^2);
>> % numerische Berechnung der Gradienten
>> [Fx,Fy] = gradient(U,x,y);
>> % Visualisierung von (Fx,Fy) durch Vektorpfeile
>> quiver(X,Y,Fx,Fy)
>> % Startpunkte fuer Feldlinien auf einem Kreis um (1,0)
>> for k=1:30
       xs(k) = 0.2*cos(2*pi*k/30)+1;
       ys(k) = 0.2*sin(2*pi*k/30);
   end
>> % Zeichnen der Feldlinien
>> streamline(X,Y,Fx,Fy,xs,ys)
>> % Verwendung zusaetzlicher Grafik-Optionen
>> % Farbe, Linien-/Pfeilstaerke, Fontgroesse, etc.
```

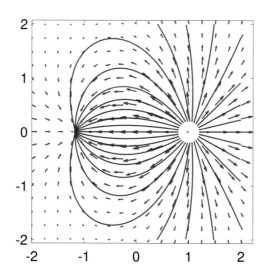

21.4   Differentialgleichungen mit MATLAB®

Zeichnen Sie die Lösungen der Anfangswertprobleme

$$\text{a)}\quad u' = \sin(t+u)u,\ u(0) = 1$$
$$\text{b)}\quad v'' = -tv^3,\qquad v(0) = 0,\ v'(0) = 1$$

auf dem Intervall $[0, 10]$.

Verweise: MATLAB® -Funktionen

Lösungsskizze

a) $u' = \sin(t+u)u,\ u(0) = 1$:

```
>> % Spezifizierung des Anfangswertproblems
>> Du = @(t,u) sin(t+u)*u; u0 = 1;
>> Intervall = [0,10];
>> % ode23: numerische Loesung mit moderater Genauigkeit
>> % output: [t(k),u(t(k))] fuer verwendete Zeitschritte
>> [t,u] = ode23(Du,Intervall,u0);
>> plot(t,u)
```

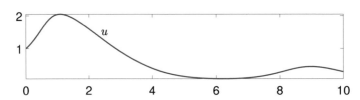

b) $v'' = -tv^3,\ v(0) = 0,\ v'(0) = 1$:

Transformation auf Standardform $u' = f(t, u)$ durch Setzen von $u := (v, v')^{\mathrm{t}}$:

$$u' = \begin{pmatrix} u_1' \\ u_2' \end{pmatrix} = \begin{pmatrix} u_2 \\ -tu_1^3 \end{pmatrix} =: f(t, u)$$

```
>> f = @(t,u) [u(2); -t*u(1)^3];
>> % ode45: numerische Loesung mit guter Genauigkeit
>> [t,u] = ode45(f,[0,10],[0;1]);
>> plot(t,u)
```

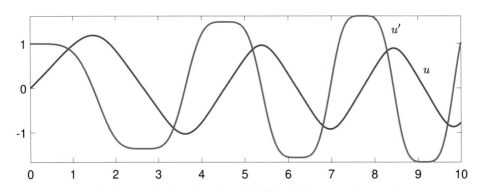

21.5 Finite-Elemente-Approximation mit MATLAB® ⋆

Approximieren Sie die radialsymmetrische Lösung $u(r)$ des Randwertproblems

$$-\Delta u + u = 1 \text{ in } D, \quad u = 0 \text{ auf } \partial D, \quad D : r^2 = x^2 + y^2 < 1$$

mit den abgebildeten Finiten Elementen $B_0, \dots, B_{n-1}, n = 1/h$ („Hut-Funktionen")[3].

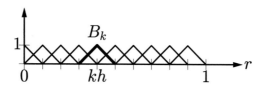

Verweise: Matrix-Operationen in MATLAB® , Differentialoperatoren in Zylinderkoordinaten

Lösungsskizze

Randwertproblem in Polarkoordinaten

$$(Lu)(r) = -\frac{1}{r}\frac{d}{dr}\left(r\frac{d}{dr}u(r)\right) + u(r) = 1, \quad u'(0) = 0, \, u(1) = 0$$

Die erste Randbedingung basiert auf der Symmetrie einer radialsymmetrischen Funktion: $u(x,y) = u(-x,-y) \implies (x,y) = (0,0)$ ist eine lokale Extremalstelle.

Einsetzen der Approximation $u_h = \sum_{k=0}^{n-1} c_k B_k$ und (analog zu der Charakterisierung einer orthogonalen Projektion) fordern, dass die Skalarprodukte mit den Basisfunktionen verschwinden ⤳ lineares Gleichungssystem

$$\int_0^1 B_j(r)\left(L\sum_{k=0}^{n-1} c_k B_k\right)(r)\,r\,dr = \int_0^1 B_j(r)\cdot 1\,r\,dr$$

$(\int_0^1 \dots r\,dr = \frac{1}{2\pi}\iint\limits_D \dots \,dx\,dy)$

Matrix G: $g_{j,k} = \int_0^1 B_j(r)\,(LB_k)(r)\,r\,dr$, rechte Seite f: $f_j = \int_0^1 B_j(r)\,r\,dr$

Vereinfachen der Matrix-Elemente durch partielle Integration

$$g_{j,k} = \int_0^1 B_j(r)\left(-\frac{1}{r}\frac{d}{dr}\left(r\frac{d}{dr}B_k(r)\right) + B_k(r)\right)r\,dr$$

$$= \int_0^1 \left(B_j'(r)B_k'(r) + B_j(r)B_k(r)\right)r\,dr$$

keine Randterme, da $B_j(1) = 0$ und $rB_k'(r)|_{r=0} = 0$

---

[3]Genauere Approximationen können mit B-Splines als Finite Elemente erzielt werden, insbesondere für kompliziertere Probleme in zwei und drei Dimensionen, bei denen nicht, wie für das Modellproblem der Aufgabe, auch eine analytische Lösung möglich ist.

Einsetzen von

$$B_k(r) = \begin{cases} r/h - k + 1, & kh - h \leq r \leq kh \\ -r/h + k + 1, & kh \leq r \leq kh + h \\ 0 & \text{sonst} \end{cases}$$

und mühsame Rechnung (die Verwendung von Maple™ ist empfehlenswert) ↝
Werte für $g_{j,k}$ und f_j in dem folgenden Programmsegment, z.B.

Diagonale von G: $(1/2, 2, 4, \ldots, 2n-2) + (1/8, 1, 2, \ldots, n-1) \cdot (2h^2)/3$

```
>> n = 10; h = 1/n;  % Anzahl der Basisfunktionen und Gitterweite
>> % tridiagonale Matrix mit Diagonale D und Nebendiagonalen d
>> D = [1/2, 2:2:2*n-2]'+[1/8, 1:n-1]'*2*h^2/3;
>> d = -[1/2:n-3/2]'+[1:2:2*n-3]'*h^2/12;
>> G = diag(D)+diag(d,1)+diag(d,-1);  % g_j,k=0 fuer |j-k|>1
>> % rechte Seite
>> f = [1/6, 1:n-1]'*h^2;
>> u = G\f;  % Loesen des linearen Gleichungssystems
```

Kontrolle der Genauigkeit durch Einsetzen der Gitterwerte von u_h in die Differentialgleichung und Verwendung der Approximationen $u'(r) \approx (u(r+h)-u(r-h))/(2h)$, $u''(r) \approx (u(r+h)-2u(r)+u(r-h))/h^2$

```
>> % Differenzenapproximationen der Ableitungen
>> u = [u;0]; du = (u(3:end)-u(1:end-2))/(2*h);
>> ddu = (u(3:end)-2*u(2:end-1)+u(1:end-2))/h^2;
>> % Fehler bei Einsetzen in die Differentialgleichung
>> r = [1:n-1]'*h; error = norm(-ddu-du./r+u(2:end-1)-1,inf);
>> plot([0:n]'*h,u,'-ok');  % Zeichnen der L\"osung
```

error = 0.0016

vergleichbar mit der Genauigkeit der
Differenzenapproximationen

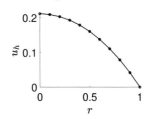

Was sagt Maple™ ?

```
> dsolve({-diff(r*diff(u(r),r),r)/r+u(r)=1,D(u)(0)=0,u(1)=0});
```

$$u(r) = 1 - \frac{\text{BesselI}(0,r)}{\text{BesselI}(0,1)} !^4$$

Das einfache Modellproblem kann somit auch analytisch gelöst werden.

---

[4]Friedrich Wilhelm Bessel (1784-1846)

21.6 Modellierung einer Achterbahnfahrt mit MATLAB® ⋆

Visualisieren Sie die ersten 10 Sekunden einer Fahrt auf der durch

$$h(x) = 10\cos^2(x/20)e^{-x/50}, \quad x \geq 0$$

(Einheiten in Metern) modellierten Bahn, indem Sie die Fahrtpositionen in Intervallen von 0.5 Sekunden auf dem Graph von h markieren. Gehen Sie von einer „Anschubgeschwindigkeit" von $v_0 = 0.1$ m/s aus. Vernachlässigen Sie Reibungskräfte[5].

Verweise: MATLAB® -Funktionen, Energieerhaltung

Lösungsskizze

(i) Differentialgleichung für die Fahrtposition $(x(t), y(t))$:
Gesamtenergie (Summe aus potentieller und kinetischer Energie):

$$E(t) = mgh(x(t)) + \frac{m}{2}|v(t)|^2$$

mit $g = 9.81$ m/s^2 der Erdbeschleunigung, $v(t) = (x'(t), y'(t))$ [m/s] der Geschwindigkeit und m [kg] der Masse des Fahrzeugs

Invarianz von $E \implies E(t) = E(0)$, d.h.

$$\text{(E)} \quad mgh(x(t)) + \frac{m}{2}|v(t)|^2 = mgh(\underbrace{x(0)}_{=0}) + \frac{m}{2}v_0^2$$

$v \parallel$ Tangentenvektor von $h \implies h'(x(t)) = y'(t)/x'(t)$ und folglich

$$|v(t)|^2 = x'(t)^2 + y'(t)^2 = x'(t)^2(1 + h'(x(t))^2)$$

Einsetzen in (E), Division durch $m \rightsquigarrow$

$$gh(x(t)) + \frac{1}{2}x'(t)^2(1 + h'(x(t))^2) = gh(0) + \frac{1}{2}v_0^2$$

bzw. nach Umformung

$$x'(t) = \pm\sqrt{(2gh(0) + v_0^2 - 2gh(x(t)))/(1 + h'(x(t))^2)}$$

Nur die positive Wurzel ist relevant - Sie möchten auf einer Achterbahn nicht rückwärts fahren!

---

[5]Realistischer (aber komplizierter) ist, wenn Sie auch bremsen können; interessanter eine dreidimensionale Bahnkurve, die auch Loops enthält $\rightsquigarrow$ ein Inzentiv, sich genauer mit Differentialgleichungen zu beschäftigen!

(ii) MATLAB® -Implementierung:

```
>> % Parameter
>> g = 9.81; tmax = 10; dt = 0.5;
>> x0 = 0; v0 = 0.1; h0 = 10;
>> E0 = g*h(0)+v0^2/2;
>> % Bahnkurve und Ableitung
>> h = @(x) 10*cos(x/20).^2.*exp(-x/50);
>> dh = @(x) 10*(-cos(x/20).*sin(x/20)/10 ...
      -cos(x/20).^2/50).*exp(-x/50);
>> % rechte Seite der Differentialgleichung
>> dx = @(t,x) sqrt(2*(E0-g*h(x))./(1+dh(x).^2));
>> % t tritt nicht explizit auf, ist aber fuer die Syntax
>> % des Differentialgleichungsloesers notwendig
>> % Loesen des Anfangswertproblems
>> [t,x] = ode45(dx,[0:dt:tmax],x0);
>> % -> t = [0 dt 2*dt ...], dx = [x(0) x(dt) x(2*dt) ...]
>> % Zeichnung der Fahrtpositionen und Bahnkurve
>> hold on
>> plot(x,h(x),'ok'); x = linspace(0,xmax); plot(x,h(x),'-k');
>> hold off
```

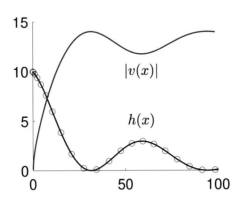

Abgebildet ist die Höhe in Metern und zusätzlich die Geschwindigkeit in Metern/-Sekunde, die jedoch nicht mit obigem Programmsegment berechnet wurde.

$|v| = x'\sqrt{1 + h'(x)^2}$ ist maximal an den Nullstellen/Tiefpunkten $x_\star$ von h

$$E(0) = mgh(0) + \frac{m}{2}v_0^2 = mgh(x_\star) + \frac{m}{2}v(x_\star)^2, \quad h(x_\star) = 0\,\text{m} \quad \Longrightarrow$$

$$v_{\max} = |v(x_\star)| = \sqrt{2gh(0) + v_0^2} = \sqrt{2 \cdot 9.81 \cdot 10 + 0.1^2}\,\text{m/s} = 4.0075\,\text{m/s}$$

⤳   mögliche Kontrolle der Genauigkeit

21.7   Lineare Differentialgleichungssysteme mit $\text{MATLAB}^{®}$

Lösen Sie das Anfangswertproblem

$$
\begin{aligned}
u_1' &= & u_1 & +2u_2 & +2u_3, & \quad u_1(0) &= & 1 \\
u_2' &= & -2u_1 & -3u_2 & +2u_3, & \quad u_2(0) &= & -1 \\
u_3' &= & -4u_1 & -4u_2 & -u_3, & \quad u_3(0) &= & 4
\end{aligned}
$$

und zeichnen Sie die Projektionen der Lösungskurven $u(t)$, $t \in [0,10]$, auf die xy-, xz- und yz-Ebene.

Verweise: Matrix-Operation in $\text{MATLAB}^{®}$

Lösungsskizze

(i) $u' = Au$, $u(0) = b$, analytische Lösung für diagonalisierbares A: spezielle Lösung

$$u(t) = v\mathrm{e}^{\lambda t}$$

mit v einem Eigenvektor zu einem Eigenwert λ von A

Linearkombination für eine Basis aus Eigenvektoren v^k $\rightsquigarrow$ allgemeine Lösung

$$u(t) = \sum_{k=1}^{3} c_k v^k \mathrm{e}^{\lambda_k t}$$

Anfangsbedingung $b = u(0) = \sum_k c_k v^k$ $\implies$

$$
c = V^{-1}b, \quad V = (v^1, v^2, v^3) = \begin{pmatrix} v_{1,1} & \cdots & v_{1,3} \\ \vdots & & \vdots \\ v_{3,1} & \cdots & v_{3,3} \end{pmatrix}
$$

Auswertung der Komponenten u_j zu Zeiten t_ℓ

$$u_j(t_\ell) = \sum_k \underbrace{c_k v_{j,k}}_{w_{j,k}} \underbrace{\mathrm{e}^{\lambda_k t_\ell}}_{e_{k,\ell}} =: (WE)_{j,\ell}$$

(ii) $\text{MATLAB}^{®}$ -Skript:

```
>> A = [1 2 2; -2 -3 2; -4 -4 -1]; b = [1;-1;4];
>> % Eigenvektoren und Diagonalmatrix der Eigenwerte
>> [V,Lambda] = eig(A)
   V = -0.3536-0.3536i  -0.3536+0.3536i   0.7071+0.0000i
        0.3536-0.3536i   0.3536+0.3536i  -0.7071+0.0000i
        0.7071+0.0000i   0.7071+0.0000i   0.0000+0.0000i


   Lambda = -1.0+4.0i   0.0        0.0
             0.0       -1.0-4.0i   0.0
             0.0        0.0       -1.0

>> % Loesung des Gleichungssystems der Anfangsbedingungen
```

```
>> % Skalierung der Spalten von V -> W = (w^1,w^2,w^3)
>> c = V\b, W = V*diag(Lambda)
   c = 2.8284    W = -1.0-1.0i -1.0+1.0i   3
       2.8284         1.0-1.0i  1.0+1.0i  -3
       4.2426         2.0       2.0        0
```

Lösung $u(t) = \sum_{k=1}^{3} w^k e^{\lambda_k t}$, d.h.

$$u(t) = \begin{pmatrix} -1-\mathrm{i} \\ 1-\mathrm{i} \\ 2 \end{pmatrix} e^{(-1+4\mathrm{i})t} + \begin{pmatrix} -1+\mathrm{i} \\ 1+\mathrm{i} \\ 2 \end{pmatrix} e^{(-1-4\mathrm{i})t} + \begin{pmatrix} 3 \\ -3 \\ 0 \end{pmatrix} e^{-t}$$

$$= e^{-t} \begin{pmatrix} -2\cos(4t) + 2\sin(4t) + 3 \\ 2\cos(4t) + 2\sin(4t) - 3 \\ 4\cos(4t) \end{pmatrix}$$

(iii) Zeichnen der Projektionen auf die Koordinatenebenen:

```
>> dt = 0.01; T = [0:dt:10];
>> E = exp(diag(Lambda)*T);
>> uT = W*E;

>> subplot(1,3,1)    % linkes Bild
>> plot(uT(1,:),uT(2,:))
>> subplot(1,3,2)    % mittleres Bild
>> plot(uT(1,:),uT(3,:))
>> subplot(1,3,3)    % rechtes Bild
>> plot(uT(2,:),uT(3,:))
```

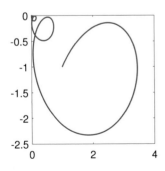 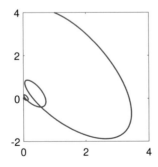 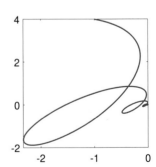

21.8   Grenzzyklus der van der Pol-Gleichung mit MATLAB® ⋆

Nach einer kurzen „Einschwingphase" wird die Lösung u der Differentialgleichung
(Modell eines nichtlinearen Oszillators)

$$u'' + (u^2 - 1)u' + u = 0$$

periodisch.

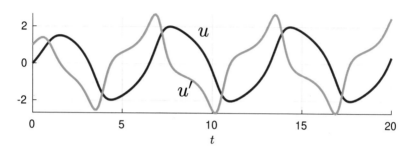

Bestimmen Sie die Periode T und Anfangswerte u_0, u_0' für diesen sogenannten
Grenzzyklus.

Verweise: MATLAB® -Funktionen

Lösungsskizze

Mit der Wahl von $u_0 = 0$ ist für die unbekannte Ableitung $a = u_0'$ und die Periode
T das Gleichungssystem (Periodizitätsbedingung)

$$P(a, T) - (0, a)^{\mathrm{t}} = (0, 0)^{\mathrm{t}} \tag{1}$$

zu lösen, wobei P eine Funktion bezeichnet, die $(u(T), u'(T))^{\mathrm{t}}$ für die Anfangswerte
$(u(0), u'(0))^{\mathrm{t}}$ mit $u(0) = 0$ berechnet.

Transformation der Differentialgleichung auf Standardform (Differentialgleichungssystem erster Ordnung) durch Einführung der Variablen $U = (u, u')^{\mathrm{t}}$,

$$U' = \mathrm{vdP}(U) = \begin{pmatrix} U_2 \\ (1 - U_1^2)U_2 - U_1 \end{pmatrix}$$

⤳   MATLAB® -Implementierung

```
function UT = P(aT)
a = aT(1); T = aT(2);
% Loesung des Differentialgleichungssystems
% auf dem Intervall [0,T] mit den Anfangswerten [0;a]
[t,Ut] = ode45(@vdP,[0;T],[0;a]);
% Ut(k,1) = U_1(t(k)), Ut(k,2) = U_2(t(k))
UT = Ut(end,:)';
end
```

```
function dU = vdP(t,U)
dU = [U(2); (1-U(1)^2)*U(2)-U(1)];
end
```

Lösung von (1) durch numerische Minimierung der Norm des Fehlers

```
>> grafische Bestimmung von Startwerten
>> a = 2    % Steigung von u bei der Nullstelle nahe t = 13
>> T = 6    % Zeitdifferenz bis zur uebernaechsten Nullstelle
>> aT = [a;T];
>> err = @(aT) norm(P(aT)-[0;aT(1)])
>> aT = fminsearch(err,aT)
       2.1733    6.6655
```

Darstellung des Grenzzyklus in der Phasenebene ($u' = U_2$ in Abhängigkeit von $u = U_1$)

```
>> [t,Ut] = ode45(@vdP,[0;aT(2)],[0; aT(1)]);
>> plot(Ut(:,1),Ut(:,2))
```

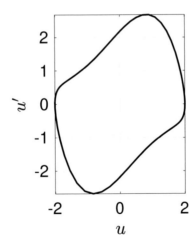

Alternative Lösung

Eleganter wäre, das nichtlineare Gleichungssystem (1) mit dem Newton-Verfahren zu lösen. Die Implementierung ist jedoch wesentlich schwieriger, da zur Berechnung der Jacobi-Matrizen zusätzliche Differentialgleichungssysteme zu lösen sind[6].

---

[6]s. Aufgabe 7.6 für ein einfaches Modellbeispiel

21.9 Tor des Monats mit MATLAB® ★

Unter welchem Winkel φ muss ein Fuß-
ball vom Elfmeterpunkt aus mit einer
Geschwindigkeit von 80 km/h geschossen
werden, um (unhaltbar !) ins linke obere
Toreck zu treffen?

2.44

7.32

Bezeichnet $x_1(t)$ die horizontale Entfernung der Position des Ballmittelpunkts vom
Elfmeterpunkt und $x_2(t)$ deren vertikale Koordinate, so kann die Flugbahn in einem
vereinfachten Modell[7] durch die Differentialgleichung

$$x'' = -\begin{pmatrix} 0 \\ g \end{pmatrix} - \gamma |x'| x', \quad x(0) = \begin{pmatrix} 0 \\ r \end{pmatrix}, \quad x'(0) = v \begin{pmatrix} \cos\varphi \\ \sin\varphi \end{pmatrix}$$

beschrieben werden. Dabei ist $g \approx 9.81$ die Erdbeschleunigung, $\gamma \approx 0.0118$ ein
Proportionalitätsfaktor bei der Modellierung des Luftwiderstands, $r \approx 0.11$ der
Radius des Fußballs, $v = 80 \cdot 1000/60^2$ die Anfangsgeschwindigkeit des Fußballs
(Einheiten: Meter und Sekunden) und $|x'| = \sqrt{(x_1')^2 + (x_2')^2}$.

Verweise: MATLAB® -Funktionen

Lösungsskizze

Durch numerische Lösung der Differentialgleichung erhält man die Ballposition $x(T)$
als Funktion f der Parameter $p = (\varphi, T)^t$ (Abschusswinkel und Flugzeit). Der gesuchte Winkel φ ergibt sich dann durch Lösen des nichtlinearen Gleichungssystems

$$x(T) = f(p) \overset{!}{=} \begin{pmatrix} e_1 \\ e_2 \end{pmatrix} = \begin{pmatrix} \sqrt{11^2 + (7.32/2 - 0.11)^2} \\ 2.44 - 0.11 \end{pmatrix} \approx \begin{pmatrix} 11.56 \\ 2.33 \end{pmatrix}$$

mit e der Position des Ballmittelpunkts in der linken oberen Torecke relativ zum
Elfmeterpunkt.

(i) Standardform der Differentialgleichung für die numerische Lösung:
Einführung zusätzlicher Variablen für die Geschwindigkeit x', $u = (x_1, x_2, x_1', x_2')$
⤳ Differentialgleichungssystem erster Ordnung

$$\begin{pmatrix} u_1' \\ u_2' \\ u_3' \\ u_4' \end{pmatrix} = \begin{pmatrix} u_3 \\ u_4 \\ -\gamma\sqrt{u_3^2 + u_4^2}\, u_3 \\ -g - \gamma\sqrt{u_3^2 + u_4^2}\, u_4 \end{pmatrix}$$

---

[7]T. Wilhelm, F. Zimmermann: *Die Luft beim Fußballflug*, Praxis der Naturwissenschaften
- Physik in der Schule 63, Nr. 1, 2014, S. 28-37.

(ii) MATLAB® -Funktion f:

```
function e = f(p)
% Parameter
gamma = 0.0118; g = 9.81; r = 0.11;
v = 80000/3600;   % Umrechnung km/h -> m/s
phi = p(1); T = p(2);

% rechte Seite der Differentialgleichung, Anfangsbedingung
u_prime = @(t,u) [u(3); u(4); ...
   -gamma*norm(u(3:4))*u(3); -g-gamma*norm(u(3:4))*u(4)];
u_0 = [0; r; v*cos(phi); v*sin(phi)];

% numerische Loesung
[t,u] = ode45(u_prime,[0,T],u_0);
e = u(end,1:2)';   % Endposition des Balls
end
```

(iii) Lösung des nichtlinearen Gleichungssystems:
Startnäherung $p_s = (\varphi_s, T_s)^t$ durch geradlinigen Schuss ohne Erdanziehung und
Luftreibung
Differenzvektor von Ziel- und Abschusspunkt, $d = e - (0, r)^t \approx (11.56, 2.22)^t \quad \leadsto$

$$\varphi_s = \arctan(d_2/d_1) \approx 0.180, \quad T_s = |d|/v = 0.530$$

Lösen von $f(p) = e$ durch Minimierung der Fehlerquadratsumme $\Delta_e = |f(p) - e|^2$
$\leadsto$ MATLAB® -Skript

```
>> % Startnaeherung
>> r = 0.11; v = 80000/3600;
>> e = [sqrt(11^2+(7.32/2-r)^2); 2.44-r]; d = e-[0;r];
>> phi_s = atan(d(2)/d(1)), T_s = norm(d)/v,
>>
>> % Minimierung der Fehlerquadratsumme
>> delta_e = @(p) norm(f(p)-e)^2;
>> p = fminsearch(delta_e,[phi_s;T_s]);
>> phi = p(1), T = p(2)

         phi = 0.3209,   T = 0.5885
```

Der Abschusswinkel φ ist fast doppelt so groß wie der Winkel φ_s bei der geraden
Luftlinie zwischen Elfmeterpunkt und Torecke..

21.10 Rückkehr zur Erde mit MATLAB® ⋆

Die Position $p(t)$ und Geschwindigkeit $v(t)$ eines Raumschiffs kann für $|v| > 0$ durch die Differentialgleichungen

$$p' = v, \quad v' = -Gp/|p|^3 - Av/|v|$$

beschrieben werden mit $G = 3.9860 \cdot 10^{14}$, dem Produkt aus Gravitationskonstante und Erdmasse, und A der Bremsbeschleunigung (Einheiten in Metern und Sekunden).

Schreiben Sie eine MATLAB® -Funktion `space_shuttle(R)` zur Simulation eines Fluges aus einem kreisförmigen Orbit mit Radius $R \gg r = 6.378 \cdot 10^6$ (Erdradius) zurück zur Erde. Dabei soll A durch Drücken der linken und rechten Pfeiltasten stufenweise erhöht bzw. reduziert werden können ($A = n_A A_{min}$, $n_A \in \mathbb{N}_0$).

Verweise: MATLAB® -Funktionen, MATLAB® -Darstellung von Funktionen und Kurven

Lösungsskizze

In der Funktion `space_shuttle(R)` werden zunächst die relevanten Konstanten und Parameter definiert. Dann wird ein Grafikfenster geöffnet, die Erde gezeichnet und eine Funktion `key_action` zur Reaktion auf das Drücken der Pfeiltasten aktiviert. In der anschließenden `while`-Schleife wird jeweils ein Zeitschritt $t \to t + \Delta t$ mit der Euler-Approximation[8] durchgeführt, d.h.

$$\begin{aligned} p(t + \Delta t) &= p(t) + \Delta t\, v(t), \\ v(t + \Delta t) &= v(t) + \Delta t\, (-Gp(t)/|p(t)|^3 - Av(t)/|v(t)|), \end{aligned}$$

und das Segment der Flugbahn für das Intervall $[t, t + \Delta t]$ wird gezeichnet. Eine eventuelle Aktualisierung der Bremsbeschleunigung via `key_action` ($A = n_A A_{min}$, $n_A \to n_A \pm 1$) erfolgt indirekt durch Deklaration von n_A als globale Variable.

```
function space_shuttle(R)
% R: Radius des Startorbits, z.B. 2 x 10^7
global n_A

% Konstanten (Einheiten [m,s]) und Parameter
G = 3.9860e14;   % Gravitationskonstante x Erdmasse
r = 6.378e6; g = G/(r^2);   % Erdradius, Erdbeschleunigung
Amin = g/20; n_A = 0;   % Beschleunigungsinkrement und -Faktor
dt = 2*pi*sqrt(R^3/G)/2000;   % Zeitschritt: Umlaufzeit/2000
dt_s = dt/200;   % Skalierung fuer die Grafik (Zeitraffer)
```

---

[8]gewählt, um das Programm möglichst einfach zu halten

```
p = [R; 0];    % Startposition
v = [0; sqrt(G/R)];    % Startgeschwindigkeit

% Initialisierung der Grafik, Zeichnen der Erde
figure; axis equal; hold on
fill(r*cos(linspace(0,2*pi)),r*sin(linspace(0,2*pi)),'b')

% Einbinden einer Funktion fuer die Tasteneingabe
set(gcf,'KeyPressFcn',@key_action)

while norm(p) > r    % noch nicht gelandet
    p_new = p + dt*v;
    v = v+dt*(-G*p/norm(p)^3-n_A*Amin*v/(10*eps+norm(v)));
    % Die Addition von 10*eps vermeidet ein Teilen durch 0.
    plot([p(1) p_new(1)],[p(2) p_new(2)],'r');
    p = p_new;

    % aktuelle Geschwindigkeit und Bremsbeschleunigung
    vt = num2str(round(norm(v))); At = num2str(n_A*Amin/g);
    xlabel(['|v|: ' vt ', A: ' At 'g'])
    pause(dt_s)
end

function key_action(h,evt)
% h: Grafik-Handle
% evt: Struktur mit dem Feld .Key fuer die gedrueckte Taste
global n_A

switch evt.Key
    case 'leftarrow';    % Erhoehen der Bremsbeschleunigung
        n_A = n_A+1;
    case 'rightarrow';   % Reduzieren der Bremsbeschleunigung
        n_A = max(n_A-1,0);
end
```

Beispiel eines Simulationsverlaufs

Die Abbildung zeigt einen Flugverlauf, bei dem zunächst (25.000s) in einem kreisförmigen Orbit geflogen wird ($n_A = 0$, keine Pfeiltasten gedrückt). Dann wird gebremst, um zu landen. Dabei muss die Bremsbeschleunigung sukzessive an die größer werdende Erdbeschleunigung angepasst werden. Mit einer manuellen Eingabe ist dies **sehr** schwierig. Der gezeigte Landeanflug mit der relativ niedrigen

Aufprallgeschwindigkeit von $2\,\text{m/s}$ ist das Resultat eines „Autopiloten"[9], eines zusätzlichen Programmsegments, das eine Aktualisierung der Bremsbeschleunigung automatisch durchführt.

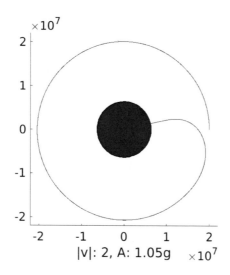

Das nachstehende Balkendiagramm zeigt die Bremsbeschleunigung A in Vielfachen der Erdbeschleunigung g als Funktion der Flugzeit t und dokumentiert damit den genauen Bremsverlauf.

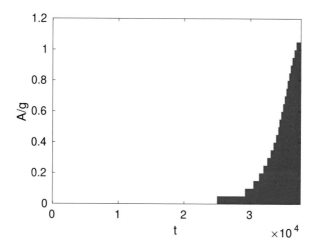

---

[9]Konzipieren Sie ebenfalls eine automatische Steuerung, wenn Sie (wie die Autoren!) mit Ihren Versuchen, manuell „weich" zu landen, unzufrieden sind.

21.11   3-Körper-Problem mit MATLAB® ⋆

Die Bahnkurven $t \mapsto P_k(t) \in \mathbb{R}^3$, $k = 1, 2, 3$, von drei Himmelskörpern unter dem wechselseitigen Einfluss ihrer Gravitationskräfte erfüllen bei geeignet normalisierten Massen m_k die Differentialgleichungen

$$P_k'' = \sum_{j \neq k} m_j \frac{P_j - P_k}{|P_j - P_k|^3} \, .$$

Lösen Sie dieses Differentialgleichungssystem numerisch für $0 \leq t \leq 4$, $m = (10, 10, 1)$ und die beiden (fast identischen) Anfangsbedingungen

$P_1(0)$	$P_2(0)$	$P_3(0)$	$P_1'(0)$	$P_2'(0)$	$P_3'(0)$
$(1,0,0)$	$(-1,0,0)$	$(\mathbf{0},0,0)$	$(0,1,0)$	$(0,-1,0)$	$(0,0,1)$
$(1,0,0)$	$(-1,0,0)$	$(\mathbf{0.1},0,0)$	$(0,1,0)$	$(0,-1,0)$	$(0,0,1)$

Zeichnen Sie in beiden Fällen die Bahnkurven.

Verweise: MATLAB® -Funktionen

Lösungsskizze

(i) Transformation auf Standardform:

Elimination von Ableitungen höherer Ordnung   ⤳   Differentialgleichungssystem erster Ordnung

$$u'(t) = f(t, u(t))$$

($\hat{=}$ Standardform für numerische Löser)

einfachstes Beispiel: $p''(t) = g(t, p(t))$

$$u := (p, p') \quad \leadsto \quad (u_1, u_2)' = (u_2, g(t, u_1)) =: f(t, (u_1, u_2))$$

Elimination der zweiten Ableitung durch Einführung von p' als zusätzliche Variable

analoge Behandlung des 3-Körper-Problems

$$u := (P_1, P_2, P_3, P_1', P_2', P_3') \in \mathbb{R}^{18} \, ,$$

d.h. $(u_1, u_2, u_3) = P_1$, $(u_4, u_5, u_6) = P_2$, ..., und $(u_{10}, u_{11}, u_{12}) = P_1'$, ...

Kopplung von Position P_1 und Geschwindigkeit P_1' ⤳

$$(u_1, u_2, u_3)' = (u_{10}, u_{11}, u_{12}), \quad \ldots$$

Gleichung für $P_1'' = (P_1')'$ ⤳

$$(u_{10}, u_{11}, u_{12})' = m_1 \underbrace{\frac{(u_4, u_5, u_6) - (u_1, u_2, u_3)}{|(u_4, u_5, u_6) - (u_1, u_2, u_3)|^3}}_{=: d21/n21^3} + m_3 \, d31/n31^3$$

analoge Differentialgleichungen für die zweite und dritte Bahnkurve   ⤳

$$(u_1, \ldots, u_{18})' = (f_1(t, u), \ldots, f_{18}(t, u)) \, ,$$

wobei im betrachteten Fall keine explizite t-Abhängigkeit vorhanden ist

(ii) Programmierung:

- rechte Seite f des Differentialgleichungssystems (m-file f_3body.m)

```
function Du = f_3body(t,u)
    m = [10; 10; 1];
    % P_j-P_k und |P_j-P_k|
    d21 = u(4:6)-u(1:3); n21 = norm(d21);
    d31 = u(7:9)-u(1:3); n31 = norm(d31);
    d32 = u(7:9)-u(4:6); n32 = norm(d32);
    % Ableitungen
    Du = [u(10:18); ...
        m(2)*d21/n21^3+m(3)*d31/n31^3; ...
        -m(1)*d21/n21^3+m(3)*d32/n32^3; ...
        -m(1)*d31/n31^3-m(2)*d32/n32^3];
```

- numerisches Lösen und Zeichnen (MATLAB® -Skript)

```
>> % erste Anfangsbedingung
>> u0 = [1,0,0, -1,0,0, 0,0,0, 0,1,0, 0,-1,0, 0,0,1];
>> % numerische Loesung des Differentialgleichungssystems
>> % output: u(k,1:18) = Loesung zur Zeit t(k)
>> [t,u] = ode45(@f_3body,[0,4],u0);
>> % Zeichnen der drei Bahnkurven (blau, gruen, rot)
>> subplot(1,2,1)    % linkes Bild
>> plot3(u(:,1),u(:,2),u(:,3),'-b',u(:,4),u(:,5),u(:,6),'-g', ...
    u(:,7),u(:,8),u(:,9),'-r');
>> % zweite Anfangsbedingung
>> u0 = [1,0,0, -1,0,0, 0.1,0,0, 0,1,0, 0,-1,0, 0,0,1];
    ...
>> subplot(1,2,2)    % rechtes Bild
    ...
```

kleine Störung mit großem Effekt (regelmäßige Auf- und Abbewegung des kleinen Himmelskörpers → chaotischer Orbit) !

21.12 Trigonometrische Interpolation und Tiefpassfilter mit MATLAB® ⋆

Interpolieren Sie $f(x) = 2\exp(\cos(x-1)) + \sin(\exp(x+4))/3$ an den Punkten $x_j = 2\pi j/n$, $j = 0, \ldots, n-1$, $n = 2^5 = 32$, durch ein trigonometrisches Polynom

$$p(x) = \frac{a_0}{2} + \sum_{k=1}^{m} a_k \cos(kx) + b_k \sin(kx), \quad m = n/2, \, b_m = 0\,,$$

und zeichnen Sie eine geglättete Approximation P, bei der die Koeffizienten a_k, b_k für $k > M = 4$ Null gesetzt wurden (Tiefpassfilter).

Verweise: Schnelle Fourier-Transformation, Trigonometrische Interpolation

Lösungsskizze

(i) Interpolation mit Hilfe der schnellen Fourier-Transformation:

zunächst Interpolation mit

$$\tilde{p}(x) = \sum_{k=0}^{n-1} d_k \mathrm{e}^{\mathrm{i}kx}$$

⤳   Anwendung der schnellen Fourier-Transformation[10]

$$f_j \stackrel{!}{=} \tilde{p}(x_j) = \sum_{k=0}^{n-1} d_k \mathrm{e}^{\mathrm{i}kx_j} \quad \Leftrightarrow \quad d_k = \frac{1}{n}\sum_{j=0}^{n-1} f_j \mathrm{e}^{-\mathrm{i}kx_j}, \quad f_j := f(x_j)$$

(Transformation $f \to d \,\hat{=}\,$ MATLAB® -Befehl `d = (1/n)*fft(f)`[11])

„symmetrisiere" $\tilde{p}$ durch folgende Modifikationen

$$d_k \mathrm{e}^{\mathrm{i}kx} \;\to\; d_k \mathrm{e}^{\mathrm{i}(k-n)x} \quad \text{für } k = m+1, \ldots, n-1 \quad (k-n = -m+1, \ldots, -1)$$

$$d_m \mathrm{e}^{\mathrm{i}mx} \;\to\; \frac{d_m}{2}\mathrm{e}^{-\mathrm{i}mx} + \frac{d_m}{2}\mathrm{e}^{\mathrm{i}mx}$$

(gleiche Werte an den Punkten $x_j = 2\pi j/n$, da $\mathrm{e}^{2\pi \mathrm{i} j} = 1$ ⤳   keine Beeinträchtigung der Interpolationseigenschaft)

⤳   interpolierendes trigonometrisches Polynom in Standardform

$$p(x) = \sum_{k=-m}^{m} c_k \mathrm{e}^{\mathrm{i}kx} = \frac{a_0}{2} + \sum_{k=1}^{m} a_k \cos(kx) + b_k \sin(kx)$$

mit $c_k = d_k$ für $k = 0, \ldots, m-1$, $c_k = d_{k+n}$ für $k = -m+1, \ldots, -1$ und $c_{-m} = c_m = d_m/2$ sowie

$$a_k = c_{-k} + c_k, \quad b_k = \mathrm{i}(-c_{-k} + c_k)$$

---

[10]Für Zweierpotenzen $n = 2^\ell$ benötigt der FFT-Algorithmus lediglich $O(\ell n)$ Operationen.

[11]Die Definition der schnellen Fourier-Transformation ist bzgl. des Vorfaktors und des Vorzeichens im Exponenten der Exponentialfunktion nicht einheitlich.

Die Kosinus- und Sinus-Koeffizienten ergeben sich aus der Formel von Euler-Moivre:

$$c_{-k}e^{-ikx} + c_k e^{ikx} = c_{-k}(\cos(kx) - i\sin(kx)) + c_k(\cos(kx) + i\sin(kx))$$

(ii) MATLAB® -Skript zur Berechnung der Fourier-Koeffizienten:

```
>> m = 16; n = 2*m;
>> x = 2*pi*[0:n-1]'/n;
>> % Matlab-Indizierung beginnt mit 1 ->
>> % Verschiebung um 1 gegenueber der Theorie: x_0 -> x(1)
>> f = 2*exp(cos(x-1)) + sin(exp(x+4))/3;

>> % komplexe Fourier-Koeffizienten
>> d = fft(f)/n; c = [d(m+1)/2; d(m+2:n); d(1:m); d(m+1)/2];

>> % reelle Fourier-Koeffizienten
>> a = c(m+1:n+1)+c(m+1:-1:1), b = i*(c(m+1:n+1)-c(m+1:-1:1))
   a =  4.9811    b = 0          % b(1) = 0 irrelevant
        1.2038        1.8825
       -0.3415        0.5351
       -0.2164        0.0486
       -0.0173       -0.0594
         ...            ...

>> % Visualisierung der Koeffizienten als Balkendiagramm
>> bar([0:m],[abs(c(m+1:n+1)) a b])
```

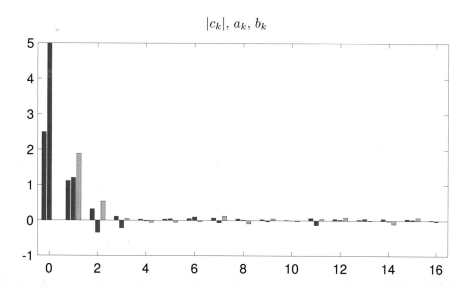

$$|c_k|,\ a_k,\ b_k$$

(iii) Tiefpassfilter und grafische Darstellung:

Glättung: Null setzen der hochfrequenten Terme mit kleinen Fourier-Koeffizienten

$$c_k = 0 \text{ für } |k| > M = 4 \quad \leadsto \quad \text{Koeffizienten } C, A, B \text{ von } P$$

Auswerten an (vielen) Punkten $X_j = 2\pi j/N$, $j = 0, \ldots, N - 1$ $\quad (N \gg n)$

$$P(X_j) = \sum_{k=-M}^{M} C_k e^{ikX_j} \underset{k'=k+M}{=} e^{-iMX_j} \sum_{k'=0}^{2M} C_{k'-M} e^{ik'X_j}$$

zur Anwendung der schnellen Fourier-Transformation setze $C_{M+1}, \ldots, C_{N-1-M}$ Null und summiere bis $k' = N - 1$ (statt $k' = 2M$)

(Auswertung $C \to P \;\widehat{=}\;$ MATLAB® -Befehl `P = N*ifft(C)`)

(iv) MATLAB® -Skript zur Glättung und grafischen Darstellung:

```
>> C = c(m+1-M:m+1+M)
   C = -0.0086-0.0297i    % C_{-4}
       -0.1082+0.0243i
        ...
       -0.1082-0.0243i
       -0.0086+0.0297i    % C_{+4}
>> N = 512;
>> X = 2*pi*[0:N-1]'/N;
>> P = exp(-i*M*X).*(N*ifft([C; zeros(N-2*M-1,1)]));
>> plot(x,f,'-b',x,f,'o',X,P,'-g')    % f blau, P gruen
```

Interpolationsdaten und geglättete Approximation

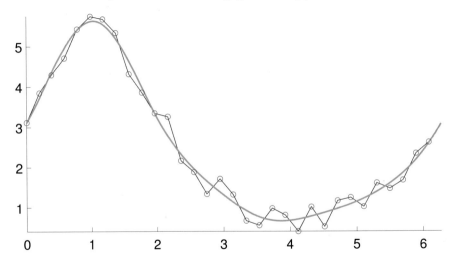

21.13   Fourier-Entwicklung mit Matlab®

Berechnen Sie mit Hilfe der Trapezregel die ersten $2n+1 = 17$ Fourier-Koeffizienten der Funktion

$$f(x) = \frac{1}{\cos(2x) + \sin(3x) + 4}$$

und illustrieren Sie die Konvergenz der Fourier-Reihe.

Verweise: Demo: Fourier Series, Schnelle Fourier-Transformation

Lösungsskizze

(i) Fourier-Koeffizienten:

$f \sim \sum_{k=-\infty}^{\infty} c_k \mathrm{e}^{\mathrm{i}kx} = \frac{a_0}{2} + \sum_{k=1}^{\infty} a_k \cos(kx) + b_k \sin(kx)$ mit

$$c_k = \frac{1}{2\pi} \int_0^{2\pi} f(x)\mathrm{e}^{-\mathrm{i}kx}\,\mathrm{d}x \underset{\text{Trapezregel}}{\approx} \frac{1}{N} \sum_{j=0}^{N-1} f(x_j)\mathrm{e}^{-\mathrm{i}kx_j}, \quad x_j = 2\pi j/N$$

und bei einer reellen Funktion f

$$c_{-k} = \bar{c}_k, \quad a_k = c_k + c_{-k} = 2\,\mathrm{Re}\,c_k, \quad b_k = \mathrm{i}(c_k - c_{-k}) = -2\,\mathrm{Im}\,c_k$$

⤳   nur $c_0, \ldots, c_n$ zu berechnen

Wenden Sie die Trapezregel für $N = 2n, 4n, 8n, \ldots$ an, bis eine vorgegebene Toleranz unterschritten wird, und benutzen Sie die schnelle Fourier-Transformation (Matlab® -Befehl c = fft(f)/N) zur Berechnung der Summen.

```
>> n = 16; N = n; tol = 1.0e-5;
>> f = @(x) 1./(cos(2*x)+sin(3*x)+4);
>> % aufeinanderfolgende Approximationen: C -> c
>> c = ones(n+1,1); C = 0*c;
>> while norm(c-C,inf) > tol
       N = 2*N;
       C = c;
       x = 2*pi*[0:N-1]'/N;
       c = fft(f(x))/N;
       c = c(1:n+1);   % Komponenten c(n+2:N) irrelevant
   end
>> c   % Ausgabe der Fourier-Koeffizienten c_0,...,c_8
   c =   0.2685 + 0.0000i
         0.0000 - 0.0116i
        -0.0371 + 0.0000i

         ...

         0.0021 + 0.0000i   % c(9) <-> c_8
```

(ii) Konvergenz der Fourier-Reihe:

sukzessives Zeichnen der Partialsummen (trigonometrische Polynome vom Grad $m \leq 0, 1, \ldots, 8$)

```
>> % Kosinus- und Sinus-Koeffizienten
>> a = 2*real(c), b = -2*imag(c)
   a =   0.5371    b =   0
         0.0000         -0.0232
        -0.0743         -0.0000
          ...            ...
         0.0042          0
>> x = linspace(0,2*pi,1000);
>> hold on    % Überlagern von Grafiken
>> plot(x,f(x),'-r')    % '-r': rote Linie
>> p = 0*x;
>> a(1) = a(1)/2;    % a_0/2-Term der Fourier-Reihe
>> for m=0:n
       p = p + a(m+1)*cos(m*x) + b(m+1)*sin(m*x);
       h = plot(x,p,'-b');    % '-b': blaue Linie
       pause
       delete(h)    % Loeschen des Graphen mit "handle h"
   end
>> hold off
```

Approximationen mit Grad $m = 0, 2, 4, 6, 8$

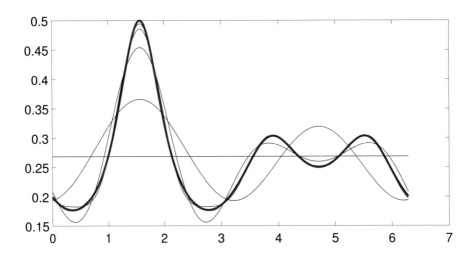

21.14 Visualisierung komplexer Funktionen mit MATLAB®

Visualisieren Sie die Funktion $x + \mathrm{i}y = z \mapsto z^3 = w = u + \mathrm{i}v$, indem Sie den Graph der Funktion $(x, y) \mapsto u$ gemäß dem Imaginärteil v von w einfärben. Wenden Sie diese Methode ebenfalls zur Darstellung der **mehrdeutigen** Umkehrfunktion $w \mapsto z = w^{1/3}$ (3 z-Werte für jede komplexe Zahl $w \neq 0$) an[12].

Verweise: MATLAB® -Darstellung bivariater Funktionen

Lösungsskizze

```
>> view([0.7,0.7,0.3])   % Blickrichtung
>> colormap(jet)   % Farbpalette
>> [x,y] = meshgrid([-1:0.01:1]);   % Auswertungsgitter
>> z = x+i*y; w = z.^3; u = real(w); v = imag(w);
>> % Graph von (x,y)->u, Farbgebung gemaess v
>> % kein Zeichnen der Gitterkanten
>> surf(x,y,u,v,'EdgeColor','none');   % linkes Bild
>> % alternativ: Graph von (x,y)->v, Farbgebung gemaess u
>> surf(x,y,v,u,'EdgeColor','none');   % mittleres Bild
>> % Umkehrfunktion: Graph von (u,v)->y, Farbgebung gemaess x
>> surf(u,v,y,x,'EdgeColor','none')   % rechtes Bild
```

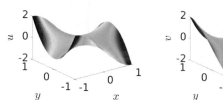 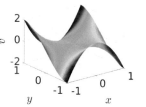 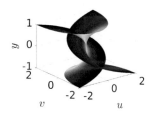

Alternative Lösung
Polarkoordinaten $z = r\mathrm{e}^{\mathrm{i}\varphi}$

```
>> [r,phi] = meshgrid([0:0.01:1], ...
      [-1:0.01:1]*3*pi);
>> u = r.*cos(phi); v = r.*sin(phi);
>> w = r.^(1/3).*exp(i*phi/3);
>> x = real(w); y = imag(w);
>> % Graph: (u,v)->x, Farbe: y
>> surf(u,v,x,y,'EdgeColor','none')
```

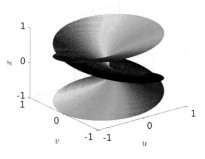

---

[12]Experimentieren Sie mit anderen Funktionen, z.B. $w = \sin z$.

21.15 Visualisierung komplexer Iterationen mit MATLAB®

Ordnen Sie für die Newton-Iteration

$$z \leftarrow g(z) = z - \frac{e^z - 1}{e^z}$$

Startwerten $z = x + iy$ mit $-4 \leq x, y \leq 4$ einen Farbwert entsprechend der zur Konvergenz benötigten Iterationszahl ($\infty \hateq$ Divergenz) zu[13] .

Verweise: Demo: Newton's Method, Darstellung bivariater Funktionen und Flächen mit MATLAB®

Lösungsskizze

```
>> N = 100;   % maximale Iterationszahl (=N: Divergenz)
>> tol = 1.0e-8;   % Toleranz (|z-z_alt|<tol: Konvergenz)
>> % Startwerte im Abstand 0.01 in [-pi,pi]^2
>> [x,y] = meshgrid([-pi:0.01:pi],[-pi:0.01:pi]); z = x+i*y;
>> c = 0*z;   % Farbindex
>> for n=1:N
       z_alt = z;
       % simultane Newton-Iteration
       z = z-1+exp(-z);
       % Farbindex+1 fuer nicht konvergente Punkte
       c = c+(abs(z-z_alt)>tol);
   end
>> % Pixelbild der Farbverteilung (Indexbereich skaliert)
>> imagesc([-4 4],[-4 4],c), colormap(cool), colorbar
```

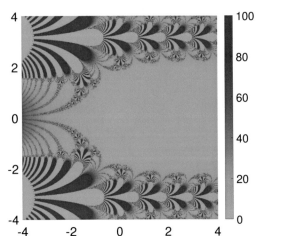

rosa (Farbindex 100)
$\hateq$ keine Konvergenz

blau (kleiner Farbindex)
$\hateq$ schnelle Konvergenz

---

[13]Versuchen Sie ebenfalls $g(z) = z - (z^3 - 1)/(3z^2)$.

21.16 Riemannsche Zeta-Funktion mit MATLAB® ★

Die Riemannsche Zeta-Funktion (MATLAB® -Befehl `w = zeta(z)`) ist für $\mathrm{Re}\, z > 1$ durch

$$\zeta(z) = \sum_{n=1}^{\infty} n^{-z}$$

definiert und kann komplex differenzierbar eindeutig auf $\mathbb{C}\backslash\{1\}$ fortgesetzt werden. Illustrieren Sie die Riemannsche Vermutung[14] [15], dass alle nicht reellen Nullstellen auf der vertikalen Geraden $g : z = 1/2 + i\mathbb{R}$ liegen, durch geeignete Grafiken.

Verweise: Darstellung bivariater Funktionen und Flächen mit MATLAB®

Lösungsskizze

Es werden nur mathematisch essentielle Teile der MATLAB® -Skripte gelistet, ohne auf Details der Grafikeinstellungen einzugehen.

(i) $\zeta(z)$ auf der kritischen Geraden $g : x = \mathrm{Re}\, z = 1/2$:

```
>> % Werte auf g, Symmetrie -> Einschraenkung auf y>0
>> n = 1000; y_max = 40;
>> y = y_max*[0:n_pts]/n; z = 1/2 + i*y;
>> w = zeta(z); u = real(w); v = imag(w);

>> % Graph von |w| (rot), u (gruen), v (blau)
>> plot(t,abs(w),'-r',t,u,'-g',t,v,'-b')    % linkes Bild
>> % Stiloptionen fuer die Grafik ...

>> % Kurve t -> (u,v) (rot) und Ursprung (schwarz)
>> plot(u,v,'-r',0,0,'ok')    % rechtes Bild
>> % Stiloptionen fuer die Grafik ...
```

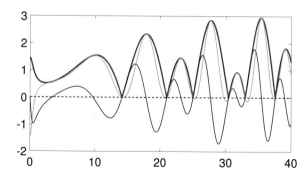 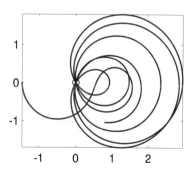

---

[14] HM-relevant? NEIN; aber etwas „Faszination Mathematik" ist legitim!

[15] Das Clay Mathematics Institute hat für einen **Beweis** ein Preisgeld von 1000000 $ ausgesetzt.

(ii) $\zeta(z)$ auf dem kritischen Streifen $D : 0 < x = \operatorname{Re} z < 1$:

```
>> % Gitter fuer D, Symmetrie -> Einschraenkung auf y>0
>> y_max = 40;
>> nx = 50; ny = 200;   % Punkteanzahl in x- bzw. y-Richtung
>> x = [1:nx-1]/nx; y = y_max*[0:ny]/ny;
>> [X,Y] = meshgrid(x,y); Z = X+i*Y;
>> W = zeta(Z); U = real(W); V = imag(W);


>> % Hoehenlinien fuer zeta
>> d = 1/16; w_max = 2;   % Inkrement und obere Schranke
>> contourf(X,Y,abs(W),[[-d/2:d:wmax],inf]); colorbar   % linkes Bild
>> % Stiloptionen fuer die Grafik ...


>> % Visualisierung der (mehrdeutigen) Inversen zeta^(-1)
>> surf(U,V,Y,X); colorbar   % rechtes Bild
>> % Stiloptionen fuer die Grafik ...
```

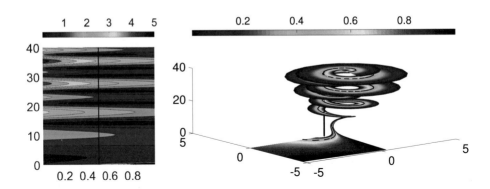

Linkes Bild: Dunkelblaue Bereiche kennzeichnen die Lage von Nullstellen auf der kritischen Geraden ($x = \operatorname{Re} z = 0.5$).

Rechtes Bild: Beispielsweise bedeutet ein gelber ($\hat{=}$ Wert ≈ 0.6) Punkt des Graphen mit horizontalen Koordinaten (u, v) und vertikaler Koordinate y, dass $x \approx 0.6$ und $u + \mathrm{i}v = \zeta(x + \mathrm{i}y)$. Insbesondere parametrisieren die vertikale Koordinate die kritische Gerade g (gestrichelt) und die Farben den Realteil des kritischen Streifens D. Schnittpunkte des Graphen mit der vertikalen Achse $(0, 0, \mathbb{R})$ entsprechen Nullstellen von ζ.

Die Riemannsche Vermutung ist richtig, wenn die vertikale Achse die bis ins Unendliche fortgesetzte „Wendelfläche" nur in Punkten auf der gestrichelten Linie schneidet.

Teil VI

Formelsammlung

22 Vektoranalysis

Übersicht

© Springer-Verlag GmbH Deutschland, ein Teil von Springer Nature 2023
K. Höllig und J. Hörner, *Aufgaben und Lösungen zur Höheren Mathematik 3*,
https://doi.org/10.1007/978-3-662-68151-0_23

22.1 Skalar- und Vektorfelder

Skalarfeld

$P \mapsto U(P) \in \mathbb{R}$ bzw. $(x, y, z) \mapsto U(x, y, z)$ oder $\vec{r} \mapsto U(\vec{r})$ mit $\vec{r}$ dem Ortsvektor des Punktes $P = (x, y, z)$

Vektorfeld

$$P \mapsto \vec{F}(P) = F_x \vec{e}_x + F_y \vec{e}_y + F_z \vec{e}_z, \quad \vec{e}_x = (1, 0, 0)^t, \ldots$$

alternative Schreibweisen: $\vec{F}(x, y, z)$, $\vec{F}(\vec{r})$

■ Feldlinien/Stromlinien: Kurven, die zu dem durch $\vec{F}$ definierten Richtungsfeld tangential verlaufen

Vektorfelder in Zylinderkoordinaten

$x = \varrho \cos\varphi$, $y = \varrho \sin\varphi$, z

$$\vec{F} = F_\varrho(\varrho, \varphi, z) \underbrace{\begin{pmatrix} \cos\varphi \\ \sin\varphi \\ 0 \end{pmatrix}}_{\vec{e}_\varrho} + F_\varphi(\ldots) \underbrace{\begin{pmatrix} -\sin\varphi \\ \cos\varphi \\ 0 \end{pmatrix}}_{\vec{e}_\varphi} + F_z(\ldots) \underbrace{\begin{pmatrix} 0 \\ 0 \\ 1 \end{pmatrix}}_{\vec{e}_z}$$

$F_\varrho = \vec{F} \cdot \vec{e}_\varrho$, $F_\varphi = \vec{F} \cdot \vec{e}_\varphi$, $F_z = \vec{F} \cdot \vec{e}_z$ (Koeffizienten bzgl. einer orthonormalen Basis)

keine z-Komponente $\leadsto$ **Polarkoordinaten** für ebene Vektorfelder

Vektorfelder in Kugelkoordinaten

$x = r \sin\vartheta \cos\varphi$, $y = r \sin\vartheta \sin\varphi$, $z = r \cos\vartheta$

$$\vec{F} = F_r(r, \vartheta, \varphi) \underbrace{\begin{pmatrix} \sin\vartheta \cos\varphi \\ \sin\vartheta \sin\varphi \\ \cos\vartheta \end{pmatrix}}_{\vec{e}_r} + F_\vartheta(\ldots) \underbrace{\begin{pmatrix} \cos\vartheta \cos\varphi \\ \cos\vartheta \sin\varphi \\ -\sin\vartheta \end{pmatrix}}_{\vec{e}_\vartheta} + F_\varphi(\ldots) \underbrace{\begin{pmatrix} -\sin\varphi \\ \cos\varphi \\ 0 \end{pmatrix}}_{\vec{e}_\varphi}$$

$F_r = \vec{F} \cdot \vec{e}_r$, $F_\vartheta = \vec{F} \cdot \vec{e}_\vartheta$, $F_\varphi = \vec{F} \cdot \vec{e}_\varphi$ (Koeffizienten bzgl. einer orthonormalen Basis)

Gradient

$\operatorname{grad} U = (\partial_x U, \partial_y U, \partial_z U)^t$, Richtung des stärksten Anstiegs eines Skalarfeldes:

$$\operatorname{grad} U(P) = \lim_{V \to P} \frac{1}{\operatorname{vol} V} \iint_S U \, d\vec{S}, \quad S = \partial V, \ P = (x, y, z) \in V$$

Vektorgradient[1]: $\operatorname{grad} \vec{F} = (\operatorname{grad} F_x, \operatorname{grad} F_y, \operatorname{grad} F_z)$

---

[1] $(\operatorname{grad} \vec{F})^t = \operatorname{J} \vec{F} = (\partial_x \vec{F}, \partial_y \vec{F}, \partial_z \vec{F})$ (Jacobi-Matrix)

Divergenz

$\operatorname{div} \vec{F} = \partial_x F_x + \partial_y F_y + \partial_z F_z$, Quelldichte eines Vektorfeldes:

$$\operatorname{div} \vec{F}(P) = \lim_{V \to P} \frac{1}{\operatorname{vol} V} \iint_S \vec{F} \cdot \mathrm{d}\vec{S}, \quad P = (x, y, z) \in V$$

Rotation

$\operatorname{rot} \vec{F} = (\partial_y F_z - \partial_z F_y, \partial_z F_x - \partial_x F_z, \partial_x F_y - \partial_y F_x)^{\mathrm{t}}$, Wirbeldichte eines Vektorfeldes:

$$(\vec{n}^{\circ} \cdot \operatorname{rot} \vec{F})(P) = \lim_{S \to P} \frac{1}{\operatorname{area} S} \int_C \vec{F} \cdot \mathrm{d}\vec{r}, \quad C = \partial S, \ P = (x, y, z) \in S$$

Indexschreibweise mit ε-Tensor: $(\operatorname{rot} \vec{F})_j = \sum_{k,\ell=1}^{3} \varepsilon_{j,k,\ell} \partial_k F_\ell$

Laplace-Operator

$\Delta U = \operatorname{div} \operatorname{grad} U = \partial_x^2 U + \partial_y^2 U + \partial_z^2 U$

komponentenweise Anwendung für ein Vektorfeld $\vec{F}$

Rechenregeln für Differentialoperatoren

$$\text{Skalarfeld} \overset{\operatorname{grad}}{\underset{\operatorname{div}}{\rightleftarrows}} \text{Vektorfeld} \circlearrowright \operatorname{rot}$$

Differentiation von Produkten
- $\operatorname{grad}(UV) = U \operatorname{grad} V + V \operatorname{grad} U$
- $\operatorname{div}(U\vec{F}) = U \operatorname{div} \vec{F} + \vec{F} \cdot \operatorname{grad} U, \quad \operatorname{rot}(U\vec{F}) = U \operatorname{rot} \vec{F} - \vec{F} \times \operatorname{grad} U$
- $\operatorname{div}(\vec{F} \times \vec{G}) = \vec{G} \cdot \operatorname{rot} \vec{F} - \vec{F} \cdot \operatorname{rot} \vec{G}$,
  $\operatorname{rot}(\vec{F} \times \vec{G}) = (\operatorname{grad} \vec{F})^{\mathrm{t}} \cdot \vec{G} - (\operatorname{grad} \vec{G})^{\mathrm{t}} \cdot \vec{F} + \vec{F} \operatorname{div} \vec{G} - \vec{G} \operatorname{div} \vec{F}$

Ableitungen zweiter Ordnung
- $\operatorname{rot}(\operatorname{grad} U) = \vec{0}, \quad \operatorname{div}(\operatorname{grad} U) = \Delta U$
- $\operatorname{div}(\operatorname{rot} \vec{F}) = 0, \quad \operatorname{rot}(\operatorname{rot} \vec{F}) = \operatorname{grad}(\operatorname{div} \vec{F}) - \Delta \vec{F}$

Differentialoperatoren in Zylinderkoordinaten

$x = \varrho \cos \varphi, \ y = \varrho \sin \varphi$

Basis: $\vec{e}_\varrho = (\cos \varphi, \sin \varphi, 0)^{\mathrm{t}}, \ \vec{e}_\varphi = (-\sin \varphi, \cos \varphi, 0)^{\mathrm{t}}, \ \vec{e}_z = (0, 0, 1)^{\mathrm{t}}$

$$\operatorname{grad} U = \partial_\varrho U \vec{e}_\varrho + \frac{1}{\varrho} \partial_\varphi U \vec{e}_\varphi + \partial_z U \vec{e}_z \,,$$

$$\Delta U = \frac{1}{\varrho} \partial_\varrho (\varrho \partial_\varrho U) + \frac{1}{\varrho^2} \partial_\varphi^2 U + \partial_z^2 U$$

$$\operatorname{div} \vec{F} = \frac{1}{\varrho} \partial_\varrho (\varrho F_\varrho) + \frac{1}{\varrho} \partial_\varphi F_\varphi + \partial_z F_z \,,$$

$$\operatorname{rot} \vec{F} = (\frac{1}{\varrho} \partial_\varphi F_z - \partial_z F_\varphi) \vec{e}_\varrho + (\partial_z F_\varrho - \partial_\varrho F_z) \vec{e}_\varphi + \frac{1}{\varrho} (\partial_\varrho (\varrho F_\varphi) - \partial_\varphi F_\varrho) \vec{e}_z$$

Spezialfälle

- $U = u(\varrho)$: $\operatorname{grad} U = u'(\varrho)\vec{e}_\varrho$, $\Delta U = \frac{1}{\varrho}\partial_\varrho(\varrho\partial_\varrho u(\varrho))$
- $\vec{F} = f(\varrho)\vec{e}_\varrho$ (axialsymmetrische Quelle): $\operatorname{div}\vec{F} = \frac{1}{\varrho}\partial_\varrho(\varrho f(\varrho))$, $\operatorname{rot}\vec{F} = \vec{0}$
- $\vec{F} = f(\varrho)\vec{e}_\varphi$ (axialsymmetrischer Wirbel): $\operatorname{div}\vec{F} = 0$, $\operatorname{rot}\vec{F} = \frac{1}{\varrho}\partial_\varrho(\varrho f(\varrho))\vec{e}_\varphi$

Differentialoperatoren in Kugelkoordinaten

$x = r\sin\vartheta\cos\varphi$, $y = r\sin\vartheta\sin\varphi$, $z = r\cos\vartheta$

Basis: $\vec{e}_r = (\sin\vartheta\cos\varphi, \sin\vartheta\sin\varphi, \cos\vartheta)^t$, $\vec{e}_\vartheta = (\cos\vartheta\cos\varphi, \cos\vartheta\sin\varphi, -\sin\vartheta)^t$,
$\vec{e}_\varphi = (-\sin\varphi, \cos\varphi, 0)^t$

$$\operatorname{grad} U = \partial_r U\vec{e}_r + \frac{1}{r}\partial_\vartheta U\vec{e}_\vartheta + \frac{1}{r\sin\vartheta}\partial_\varphi U\vec{e}_\varphi,$$

$$\operatorname{div}\vec{F} = \frac{1}{r^2}\partial_r(r^2 F_r) + \frac{1}{r\sin\vartheta}\partial_\varphi F_\varphi + \frac{1}{r\sin\vartheta}\partial_\vartheta(\sin\vartheta F_\vartheta),$$

$$\operatorname{rot}\vec{F} = \frac{1}{r\sin\vartheta}(\partial_\vartheta(\sin\vartheta F_\varphi) - \partial_\varphi F_\vartheta)\vec{e}_r + \frac{1}{r\sin\vartheta}(\partial_\varphi F_r - \sin\vartheta\partial_r(rF_\varphi))\vec{e}_\vartheta$$
$$+ \frac{1}{r}(\partial_r(rF_\vartheta) - \partial_\vartheta F_r)\vec{e}_\varphi$$

$$\Delta U = \frac{1}{r^2}\partial_r(r^2\partial_r U) + \frac{1}{r^2\sin^2\vartheta}\partial_\varphi^2 U + \frac{1}{r^2\sin\vartheta}\partial_\vartheta(\sin\vartheta\partial_\vartheta U)$$

Spezialfälle

- $U = u(r)$ (radialsymmetrisches Skalarfeld): $\operatorname{grad} U = u'(r)\vec{e}_r$, $\Delta U = \frac{1}{r^2}\partial_r(r^2\partial_r u(r))$
- $\vec{F} = f(r)\vec{e}_r$ (radialsymmetrisches Vektorfeld): $\operatorname{div}\vec{F} = \frac{1}{r^2}\partial_r(r^2 f(r))$, $\operatorname{rot}\vec{F} = \vec{0}$

22.2 Arbeits- und Flussintegral

Kurvenintegral
eines Skalarfeldes U über eine Kurve $C : [a,b] \ni t \mapsto \vec{r}(t)$

$$\int_C U = \int_a^b U(\vec{r}) \, |\vec{r}'(t)| \, \mathrm{d}t$$

unabhängig von der Parametrisierung

Weg
$C : [a,b] \ni t \mapsto \vec{r}(t) = (x(t), y(t), z(t))^{\mathrm{t}}$, Kurve mit festgelegtem Durchlaufsinn,
d.h. $C : \vec{r}(a) \to \vec{r}(b)$

Arbeitsintegral
eines Vektorfeldes $\vec{F}$ entlang eines Weges $[a,b] \ni t \mapsto \vec{r}(t)$

$$\int_C \vec{F} \cdot \mathrm{d}\vec{r} = \int_a^b \vec{F}(\vec{r}(t)) \cdot \vec{r}'(t) \, \mathrm{d}t$$

unabhängig von der Parametrisierung bei gleicher Orientierung des Weges, Vorzeichenänderung bei Umkehrung der Durchlaufrichtung
Komponentenschreibweise:

$$\int_C F_x \, \mathrm{d}x + F_y \, \mathrm{d}y + F_z \, \mathrm{d}z, \quad \mathrm{d}x = x'(t) \, \mathrm{d}t, \ldots$$

Flächenintegral
eines Skalarfeldes U über eine Fläche $S \ni (u,v) \mapsto \vec{r}(u,v) = (x(u,v), y(u,v), z(u,v))^{\mathrm{t}}$

$$\iint_S U = \iint_S U(\vec{r}) \, \mathrm{d}S = \iint_S U(\vec{r}(u,v)) \, |\vec{n}(u,v)| \, \mathrm{d}u\mathrm{d}v, \quad \vec{n} = \partial_u \vec{r} \times \partial_v \vec{r}$$

unabhängig von der Parametrisierung

Flussintegral
eines Vektorfeldes $\vec{F}$ durch eine Fläche $S : D \ni (u,v) \mapsto \vec{r}(u,v) = (x(u,v), y(u,v) \, z(u,v))^{\mathrm{t}}$

$$\iint_S \vec{F}(\vec{r}) \cdot \mathrm{d}\vec{S} = \iint_S \vec{F}(\vec{r}) \cdot \vec{n}^\circ \mathrm{d}S = \iint_S \vec{F}(\vec{r}(u,v)) \cdot \vec{n}(u,v) \, \mathrm{d}u\mathrm{d}v \,,$$

$\vec{n} = \partial_u \vec{r} \times \partial_v \vec{r}$
Vorzeichenänderung bei Umkehrung der Normalenrichtung

Fluss durch einen Funktionsgraph

$S : z = f(x,y),\ (x,y) \in D,\ \vec{r} = (x,y,z)^t$

$$\iint\limits_S \vec{F}(\vec{r}) \cdot \mathrm{d}\vec{S} = \iint\limits_D -F_x(\vec{r})\partial_x f(x,y) - F_y(\vec{r})\partial_y f(x,y) + F_z(\vec{r})\,\mathrm{d}x\mathrm{d}y$$

Fluss in Zylinderkoordinaten

eines Vektorfeldes $F_\varrho \vec{e}_\varrho + F_\varphi \vec{e}_\varphi + F_z \vec{e}_z$ durch eine Mantelfläche $S\ :\ (\varphi, z) \mapsto$ $(\varrho \cos\varphi,\ \varrho \sin\varphi,\ z)^t$ nach außen

- $\varrho(z)$, Rotationskörper:

$$\int_0^{2\pi} \int_{z_{\min}}^{z_{\max}} F_\varrho(\varrho(z), \varphi, z)\varrho(z) - F_z(\varrho(z), \varphi, z)\varrho(z)\varrho'(z)\,\mathrm{d}z\mathrm{d}\varphi$$

- $\varrho(\varphi)$, winkelabhängige Profilkurve:

$$\int_0^{2\pi} \int_{z_{\min}}^{z_{\max}} F_\varrho(\varrho(\varphi), \varphi, z)\varrho(\varphi) - F_\varphi(\varrho(\varphi), \varphi, z)\varrho'(\varphi)\,\mathrm{d}z\mathrm{d}\varphi$$

- $\varrho = R$, Kreiszylinder:

$$R \int_0^{2\pi} \int_{z_{\min}}^{z_{\max}} F_\varrho(R, \varphi, z)\,\mathrm{d}z\mathrm{d}\varphi$$

$$= 2\pi R(z_{\max} - z_{\min})f(R) \text{ für ein axialsymmetrisches Vektorfeld } \vec{F} = f(\varrho)\vec{e}_\varrho$$

Fluss in Kugelkoordinaten

eines Vektorfeldes $F_r \vec{e}_r + F_\vartheta \vec{e}_\vartheta + F_\varphi \vec{e}_\varphi$ durch eine Sphäre mit Radius R nach außen

$$\int_0^\pi \int_0^{2\pi} F_r(R\sin\vartheta\cos\varphi, R\sin\vartheta\sin\varphi, R\cos\vartheta)\,R^2\sin\vartheta\,\mathrm{d}\varphi\mathrm{d}\vartheta$$

$$= 4\pi R^2 f(R) \text{ für ein radiales Vektorfeld } f(r)\vec{e}_r$$

22.3 Integralsätze von Gauß, Stokes und Green

Orientierter Rand

C einer Fläche S: „Das Kreuzprodukt aus der Normalen der Fläche und dem Tangentenvektor der Kurve zeigt ins Innere der Fläche."

- Ebene Fläche, $\vec{n} = (0,0,1)^{\mathrm{t}}$: „Die Fläche liegt links (Orientierung entgegen dem Uhrzeigersinn)."

Satz von Gauß

für ein Volumen V mit Randfläche S und nach außen zeigender Flächennormalen $\vec{n}$

$$\iiint\limits_V \operatorname{div}\vec{F}\,\mathrm{d}V = \iint\limits_S \vec{F}\cdot\mathrm{d}\vec{S}, \quad \mathrm{d}\vec{S} = \vec{n}^{\circ}\mathrm{d}S$$

$$\vec{F}(\vec{r}) = \vec{r} \quad \rightsquigarrow \quad \operatorname{vol}V = \tfrac{1}{3}\iint\limits_S \vec{r}\cdot\mathrm{d}\vec{S}$$

Satz von Gauß in der Ebene, Satz von Green

für eine ebene Fläche A mit entgegen dem Uhrzeigersinn orientierter Randkurve $C: t \mapsto \vec{r}(t) = (x(t), y(t))^{\mathrm{t}},\ a \le t \le b$

- $$\iint\limits_A \operatorname{div}\vec{F}\,\mathrm{d}A = \int\limits_C \vec{F}\times\mathrm{d}\vec{r} = \int_a^b F_x(x(t),y(t))y'(t) - F_y(x(t),y(t))x'(t)\,\mathrm{d}t,$$
  $\operatorname{div}\vec{F} = \partial_x F_x + \partial_y F_y,\ \vec{F}\times\mathrm{d}\vec{r} = F_x\,\mathrm{d}y - F_y\,\mathrm{d}x$

- $$\iint\limits_A \operatorname{rot}\vec{F}\,\mathrm{d}A = \int\limits_C \vec{F}\cdot\mathrm{d}\vec{r} = \int_a^b F_x(x(t),y(t))x'(t) + F_y(x(t),y(t))y'(t)\,\mathrm{d}t,$$
  $\operatorname{rot}\vec{F} = \partial_x F_y - \partial_y F_x$

Satz von Stokes

für eine Fläche S mit orientiertem Rand C

$$\iint\limits_S \operatorname{rot}\vec{F}\cdot\mathrm{d}\vec{S} = \int\limits_C \vec{F}\cdot\mathrm{d}\vec{r}$$

22.4   Potentialtheorie

Potential

eines Vektorfeldes $\vec{F}$: Skalarfeld U mit $\operatorname{grad} U = \vec{F}$ ⤳ Wegunabhängigkeit des Arbeitsintegrals

$$\int_C \vec{F} \cdot \mathrm{d}\vec{r} = [U]_P^Q = U(Q) - U(P)$$

für jeden Weg $C : [a, b] \ni t \mapsto \vec{r}(t)$ von $P = \vec{r}(a)$ nach $Q = \vec{r}(b)$

■ $\int_C \vec{F} \cdot \mathrm{d}\vec{r} = 0$ für geschlossene Wege

Existenz eines Potentials

U für ein Vektorfeld $\vec{F}$ auf einem Gebiet D

notwendig: $\operatorname{rot} \vec{F} = \vec{0}$ ($\partial_x F_y = \partial_y F_x$ für ebene Vektorfelder)

hinreichend, falls zusätzlich D einfach zusammenhängend ist [2]

U ist bis auf Addition einer Konstanten eindeutig.

Konstruktion eines Potentials

U für ein Vektorfeld $\vec{F}$

■ Wegunabhängigkeit des Arbeitsintegrals   ⤳

$$U(P) = \underbrace{U(Q)}_{\text{Integrationskonstante}} + \int_{C_P} \vec{F} \cdot \mathrm{d}\vec{r}$$

mit C_P einem Weg, der P mit dem fest gewählten Punkt Q verbindet

achsenparalleler Weg   ⤳   Hakenintegral

$$U(P) = U(Q) + \int_{q_1}^{p_1} F_x(x, q_2, q_3)\, \mathrm{d}x + \int_{q_2}^{p_2} F_y(p_1, y, q_3)\, \mathrm{d}y + \int_{q_3}^{p_3} F_z(p_1, p_2, z)\, \mathrm{d}z$$

■ sukzessive Integration

$$F_x = \partial_x U \implies U = \int F_x\, \mathrm{d}x = U_1(x, y, z) + \underbrace{C_1(y, z)}_{\text{Integrationskonstante}}$$

$$F_y = \partial_y \underbrace{(U_1 + C_1)}_{U} \implies C_1(y, z) = \int F_y - \partial_y U_1\, \mathrm{d}y = U_2(y, z) + C_2(z)$$

$$F_z = \partial_z (U_1 + U_2 + C_2) \implies C_2(z) = \int F_z - \partial_z U_1 - \partial_z U_2\, \mathrm{d}z = U_3(z) + c$$

⤳ $U = U_1 + U_2 + U_3 + c$

---

[2] Jeder Weg in D lässt sich auf einen Punkt zusammenziehen.

Vektorpotential
eines Vektorfeldes $\vec{F}$: Vektorfeld $\vec{A}$ mit rot $\vec{A} = \vec{F}$

Existenz eines Vektorpotentials
$\vec{A}$ für ein Vektorfeld $\vec{F}$ auf einem Gebiet D
notwendig: div $\vec{F} = 0$
hinreichend, falls zusätzlich D einfach zusammenhängend ist
$\vec{A}$ ist bis auf Addition eines Gradientenfeldes eines beliebigen Skalarfeldes U eindeutig.

■ Eichung: $\vec{A} \to \vec{B} = \vec{A} + \operatorname{grad} U$ mit $\Delta U = -\operatorname{div} \vec{A}$ ⇝ quellenfreies Vektorpotential

Konstruktion eines Vektorpotentials
$\vec{A}$ für ein Vektorfeld $\vec{F}$

■ Achsenparallele Integration

$$\vec{A}(x,y,z) = \begin{pmatrix} \int\limits_{z_0}^{z} F_y(x,y,\zeta)\,\mathrm{d}\zeta - \int\limits_{y_0}^{y} F_z(x,\eta,z_0)\,\mathrm{d}\eta \\ -\int\limits_{z_0}^{z} F_x(x,y,\zeta)\,\mathrm{d}\zeta \\ 0 \end{pmatrix}$$

■ Bilden von Stammfunktionen

$$A_z = 0 \quad \text{(gewählt zur Vereinfachung)}$$
$$A_x(x,y,z) = \int F_y(x,y,z)\,\mathrm{d}z = \underbrace{U(x,y,z)}_{\text{Stammfunktion}} + \underbrace{u(x,y)}_{\text{Integrationskonstante}}$$
$$A_y(x,y,z) = -\int F_x(x,y,z)\,\mathrm{d}z = V(x,y,z) + v(x,y),$$

wobei U und V beliebig gewählte Stammfunktionen sind und u und v anschließend aus der Identität $F_z \overset{!}{=} \partial_x(V+v) - \partial_y(U+u)$ bestimmt werden

entsprechende Formeln bei Nullsetzen der x- oder y-Komponente von $\vec{A}$

23 Differentialgleichungen

Übersicht

© Springer-Verlag GmbH Deutschland, ein Teil von Springer Nature 2023
K. Höllig und J. Hörner, *Aufgaben und Lösungen zur Höheren Mathematik 3*,
https://doi.org/10.1007/978-3-662-68151-0_24

23.1   Differentialgleichungen erster Ordnung

Differentialgleichung erster Ordnung

$$y'(x) = f(x, y(x))$$

Festlegung der Integrationskonstante in der allgmeinen Lösung $x \to y(x)$ durch einen Anfangswert $y(x_0) = y_0$

Existenz einer eindeutigen Lösung des Anfangswertproblems auf einem Intervall $(x_0 - \delta, x_0 + \delta)$, falls f stetig differenzierbar ist

Lineare Differentialgleichung erster Ordnung

■ homogen: $y'(x) = p(x)y(x)$, allgemeine Lösung

$$y_h(x) = c \exp(P(x)), \quad P(x) = \int p(x)\, \mathrm{d}x$$

$$y(x_0) = y_0 \quad \Longrightarrow \quad c = y_0 \exp(-P(x_0))$$

■ inhomogen: $y'(x) = p(x)y(x) + q(x)$, allgemeine Lösung

$$y(x) = y_h(x) + y_p(x) = c \exp(P(x)) + \underbrace{\int_{x_0}^{x} \exp(P(x) - P(\xi))q(\xi)\, \mathrm{d}\xi}_{\text{partikuläre Lösung}}$$

$$y(x_0) = y_0 \quad \Longrightarrow \quad c = y_0 \exp(-P(x_0))$$

Spezialfall $p(x) = p$: $y_h(x) = ce^{p(x-x_0)}$, $y_p(x) = \int_{x_0}^{x} e^{p(x-\xi)}q(\xi)\, \mathrm{d}\xi$, $c = y(x_0)$

Bernoullische Differentialgleichung

$u' + pu = qu^k$, $k \neq 0, 1$

Lösung mit Hilfe der Substitution $y = u^{1-k}$ ($\rightsquigarrow$ lineare Differentialgleichung)

Spezialfall p und q konstant: $u(x) = \left(\dfrac{q}{p} + c \exp(p(k-1)x) \right)^{\frac{1}{1-k}}$

Methode der unbestimmten Koeffizienten

Lösungsansätze für spezielle rechte Seiten der linearen Differentialgleichung $y'(x) - py(x) = f(x)$

$f(x)$	partikuläre Lösung $y_p(x)$
$\sum\limits_{k=0}^{n} a_k x^k$, $p \neq 0$	$\sum\limits_{k=0}^{n} \tilde{a}_k x^k$
$ae^{\lambda x}$, $\lambda \neq p$	$\dfrac{a}{\lambda - p}e^{\lambda x}$
ae^{px}	axe^{px}
$a\cos(\omega x) + b\sin(\omega x)$	$\tilde{a}\cos(\omega x) + \tilde{b}\sin(\omega x)$

allgemeine Lösung: $y(x) = y_p(x) + ce^{px}$

Separable Differentialgleichung

$g(y(x))y'(x) = f(x)$

Trennung der Variablen $\rightsquigarrow$ implizite Lösungsdarstellung durch separates Bilden von Stammfunktionen

$$\int g(y)\,\mathrm{d}y = \int f(x)\,\mathrm{d}x \quad \rightsquigarrow \quad G(y(x)) = F(x) + c$$

Ähnlichkeitsdifferentialgleichung

$y'(x) = f(y(x)/x)$

Substitution $xz(x) = y(x)$ $\quad \rightsquigarrow \quad xz'(x) = f(z(x)) - z(x)$ (separabel)

Exakte Differentialgleichung

$$q(x,y)y' + p(x,y) = 0 \text{ bzw. } p\,\mathrm{d}x + q\,\mathrm{d}y = 0, \quad p = \partial_x F,\ q = \partial_y F$$

$\rightsquigarrow$ implizite Lösungsdarstellung $F(x,y) = c$

Integrabilitätsbedingung: $\partial_y p = \partial_x q$ (notwendig für die Existenz einer Stammfunktion F, hinreichend bei einem einfach zusammenhängenden Definitionsgebiet

Integrierender Faktor

$a(x,y)$

$$p\,\mathrm{d}x + q\,\mathrm{d}y = 0 \quad \overset{\cdot a}{\longrightarrow} \quad \underbrace{(ap)\,\mathrm{d}x + (aq)\,\mathrm{d}y = 0}_{\text{exakte Diff.-Gl.}}, \quad \partial_y(ap) = \partial_x(aq)$$

23.2   Differentialgleichungen zweiter Ordnung

Linearer Oszillator

$u''(t) + \omega_0^2 u(t) = c\cos(\omega t),\ \omega_0 > 0$

Superposition einer freien und einer erzwungenen Schwingung: $u = u_h + u_p$ mit

$$u_h(t) = a\cos(\omega_0 t) + b\sin(\omega_0 t)$$

$$u_p(t) = \begin{cases} \dfrac{c}{\omega^2 - \omega_0^2}\,(\cos(\omega_0 t) - \cos(\omega t)), & \omega \neq \omega_0 \\[2mm] \dfrac{c}{2\omega}\,t\sin(\omega t), & \omega = \omega_0 \quad \text{(Resonanz)} \end{cases}$$

Anfangsbedingungen $\rightsquigarrow$ Festlegung der Konstanten: $a = u(0),\ b = u'(0)/\omega_0$

Homogene Differentialgleichung zweiter Ordnung mit konstanten Koeffizienten

$u''(t) + pu'(t) + qu(t) = 0$

Lösungstyp bestimmt durch die Nullstellen des charakteristischen Polynoms $\lambda^2 + p\lambda + q$

- zwei reelle Nullstellen $\lambda_1 \neq \lambda_2$: $u(t) = ae^{\lambda_1 t} + be^{\lambda_2 t}$
- eine doppelte Nullstelle λ: $u(t) = (a + bt)e^{\lambda t}$
- zwei komplex konjugierte Nullstellen $-p/2 \pm \varrho i$: $u(t) = e^{-pt/2}(a\cos(\varrho t) + b\sin(\varrho t))$

Anfangsbedingungen $u(0) = u_0$, $u'(0) = u_0'$ $\rightsquigarrow$ lineares Gleichungssystem für die Konstanten a und b

Methode der unbestimmten Koeffizienten

Lösungsansätze für spezielle rechte Seiten der Differentialgleichung $u''(t) + pu'(t) + qu(t) = f(t)$

- Polynome $f(t) = \sum_{k=0}^{n} a_k t^k$ $\rightsquigarrow$ $u_p(t) = \sum_{k=0}^{n} b_k t^k$, falls $q \neq 0$
  Multiplikation von u_p mit t (t^2), falls $q = 0$ $(q = p = 0)$
- Exponentialfunktionen $f(t) = e^{\lambda t}$ $\rightsquigarrow$ $u_p(t) = ce^{\lambda t}$, falls $\lambda^2 + p\lambda + q \neq 0$
  Multiplikation von u_h mit t (t^2), falls λ eine einfache (doppelte) Nullstelle des charakteristischen Polynoms ist ($f(t)$ löst in diesem Fall die homogene Differentialgleichung $u'' + pu' + qu = 0$)
- Trigonometrische Funktionen $f(t) = e^{\alpha t}(a\sin(\omega t) + b\cos(\omega t))$ $\rightsquigarrow$ $u_p(t) = e^{\alpha t}(\tilde{a}\sin(\omega t) + \tilde{b}\cos(\omega t))$
  Multiplikation von u_h mit t, falls $\alpha \pm i\omega$ die Nullstellen des charakteristischen Polynoms sind

Superposition der Ansätze bei gemischten Termen

Gedämpfte harmonische Schwingung

$u''(t) + 2ru'(t) + \omega_0^2 u(t) = c\cos(\omega t)$, $r > 0$

qualitatives Verhalten bestimmt durch die Lösungen u_h der homogenen Differentialgleichung ($c = 0$)

- starke Dämpfung ($r > \omega_0$): $u_h = a e^{\lambda_1 t} + b e^{\lambda_2 t}$, $\lambda_{1,2} = -r \pm \sqrt{r^2 - \omega_0^2}$
- kritische Dämpfung ($r = \omega_0$): $u_h = (a + bt) e^{-rt}$
- schwache Dämpfung ($r < \omega_0$): $u_h = e^{-rt}(a\cos(\lambda t) + b\sin(\lambda t))$, $\lambda = \sqrt{\omega_0^2 - r^2}$

partikuläre Lösung

$$u_p(t) = C\cos(\omega t + \delta)$$

mit Amplitude $C = c/\sqrt{(\omega_0^2 - \omega^2)^2 + (2r\omega)^2}$ und Phase $\delta = \arg(\omega_0^2 - \omega^2 - \mathrm{i}2r\omega)$
allgemeine Lösung: $u = u_p + u_h$

Resonanzfrequenz (maximiert C): $\omega_\star = \sqrt{\omega_0^2 - 2r^2}$ für $r < \omega_0/\sqrt{2}$

Phasenebene

einer autonomen Differentialgleichung $u'' = f(u, u')$
Kurven: $t \mapsto (u(t), u'(t))$, eindeutig bestimmt durch
Anfangswerte (u_0, u_0')
kritische Punkte (konstante Lösungen $u(t) \equiv u_0$, die
nur als Grenzwerte erreicht werden)
⤳ „Kreuzungen" von Lösungskurven sind nur dort
möglich
Differentialgleichung für $v(u)$, $v = u'$

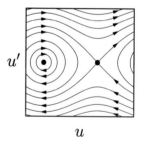

$$\frac{\mathrm{d}v}{\mathrm{d}u} v = f(u, v)$$

Energieerhaltung bei der Differentialgleichung $u'' + P'(u) = 0$ für eine eindimensionale Bewegung in einem durch ein Potential P induzierten Kraftfeld:
konstante Summe

$$E(u, v) = \frac{1}{2} v^2 + P(u), \quad v = u',$$

aus kinetischer und potentieller Energie ⤳ Kurven $E(u, v) = c$

23.3   Differentialgleichungssysteme

System von Differentialgleichungen erster Ordnung

$$u'(t) = f(t, u(t)), \, u(t_0) = a, \quad u = (u_1, \ldots, u_n)^{\mathrm{t}}, \, f : \mathbb{R} \times \mathbb{R}^n \to \mathbb{R}^n$$

Transformation auf diese Standardform durch Einführen zusätzlicher Variablen
(z.B. $u_1 = y$, $u_2 = y'$, $u_3 = y''$, etc.)

Lösbarkeit des Anfangswertproblems $u'(t) = f(t, u(t))$, $u(t_0) = a$, auf einer
offenen Umgebung von (t_0, a)

- **Existenz** (Satz von Peano) für stetiges f
- **Eindeutigkeit** (Picard-Iteration) für Lipschitz-stetiges f, d.h.

$$|f(t, u) - f(t, \tilde{u})| \le L|u - \tilde{u}|$$

Ableitung nach Anfangsbedingungen
für das Anfangswertproblem $u'(t) = f(t, u(t))$, $u(t_0) = (a_1, \ldots, a_n)^{\mathrm{t}}$

$$u'_a(t) = f_u(t, u(t)) u_a(t), \quad u_a(t_0) = E,$$

mit der Jacobi-Matrix $u_a = (\partial u / \partial a_1, \ldots, \partial u / \partial a_n)$, der Jacobi-Matrix f_u von f
bzgl. des zweiten Arguments und E der $(n \times n)$-Einheitsmatrix
⤳   simultanes System von $n + n^2$ Differentialgleichungen für u und u_a

Lineares Differentialgleichungssystem

$$u'(t) = \underbrace{A(t)}_{n \times n} u(t) + b(t) \quad \leadsto \quad \underbrace{u(t) = u_p(t) + \Gamma(t)c}_{\text{allgemeine Lösung}}$$

mit einer partikulären Lösung u_p und einer **Fundamentalmatrix** Γ, deren Spalten
n linear unabhängige Lösungen des homogenen Differentialgleichungssystems $u' = Au$ enthalten
Anfangsbedingung $u(t_0) = a \quad \leadsto \quad c = \Gamma(t_0)^{-1}(u(t_0) - u_p(t_0))$

Wronski-Determinante
einer Fundamentalmatrix Γ: $\Gamma' = A\Gamma \quad \implies$

$$(\det \Gamma)' = \operatorname{Spur} A \, (\det \Gamma), \quad \text{d.h. } \det \Gamma(t) = \det \Gamma(t_0) \exp\left(\int_{t_0}^{t} \operatorname{Spur} A(s) \, \mathrm{d}s\right)$$

Variation der Konstanten

für ein Differentialgleichungssystem $u'(t) = A(t)u(t) + b(t)$: Ansatz $u(t) = \Gamma(t)c(t)$
mit einer Fundamentalmatrix Γ $\leadsto$

$$u(t) = u_h(t) + u_p(t) = \Gamma(t)\left(\Gamma(t_0)^{-1}u(t_0) + \int_{t_0}^{t}\Gamma(s)^{-1}b(s)\,ds\right)$$

Eigenlösungen eines linearen Differentialgleichungssystems

$$Av = \lambda v,\ u(t) = e^{\lambda t}v \quad \Longrightarrow \quad u'(t) = Au(t)$$

Diagonalisierung von A bei Existenz einer Basis aus Eigenvektoren v_k, d.h.
$Q^{-1}AQ = \text{diag}(\lambda_1,\ldots,\lambda_n)$ mit $Q = (v_1,\ldots,v_n)$ $\leadsto$ Entkopplung des inhomogenen Differentialgleichungssystems $u'(t) = Au(t) + b(t)$:

$$d_k'(t) = \lambda_k d_k(t) + c_k(t), \quad u(t) = Qd(t),\ c = Q^{-1}b$$

mit den Lösungen $d_k(t) = e^{\lambda_k t}\left(e^{-\lambda_k t_0}d_k(t_0) + \int_{t_0}^{t}e^{-\lambda_k s}c_k(s)\,ds\right)$

Jordan-Form eines Differentialgleichungssystems
$u'(t) = Au(t) + b(t)$
Transformation $A \to J = Q^{-1}AQ$, $u(t) = Qv(t)$, $c(t) = Q^{-1}b(t)$ $\leadsto$

$$\begin{aligned}
v_n'(t) &= \lambda_n v_n(t) + c_n(t) \\
v_{n-1}'(t) &= \lambda_{n-1}v_{n-1}(t) + \varrho_n v_n(t) + c_{n-1}(t) \\
&\vdots \\
v_1'(t) &= \lambda_1 v_1(t) + \varrho_2 v_2(t) + c_1(t)
\end{aligned}$$

mit λ_k den Eigenwerten von A (Diagonalelemente von J) und $\varrho_k \in \{0,1\}$
sukzessive Lösung, beginnend mit der n-ten Komponente

Stabilität linearer Differentialgleichungssysteme
$u'(t) = Au(t)$, charakterisiert mit Hilfe der Eigenwerte λ_k der Matrix A

- stabil, d.h. $\lim_{t\to\infty}|u(t)| = 0$ für alle Anfangswerte $u(0)$
  $\Longleftrightarrow$ $\text{Re}\,\lambda_k < 0$[1]
- neutral stabil, d.h. $u(t) \leq c$, und es gibt Startwerte, für die $|u(t)| \not\to 0$
  $\Longleftrightarrow$ $\text{Re}\,\lambda_k \leq 0$, $\exists \lambda_\ell$ mit $\text{Re}\,\lambda_\ell = 0$, $\text{Re}\,\lambda_\ell = 0 \Longrightarrow$ Übereinstimmung von
  algebraischer und geometrischer Vielfachheit

---

[1] die einfachste und wichtigste Bedingung

- instabil, d.h. $\lim_{t\to\infty} |u(t)| = \infty$ für einen Anfangswert $u(0)$
  $\iff$ $\exists \lambda_\ell$ mit $\operatorname{Re}\lambda_\ell > 0$ oder mit $\operatorname{Re}\lambda_\ell = 0$ und kleinerer geometrischer als algebraischer Vielfachheit

Spezialfall zweidimensionaler Differentialgleichungssysteme ($A : 2 \times 2$)

Stabilität $\iff$ $\det A > 0 \wedge \operatorname{Spur} A < 0$

stabiler Knoten (bzw. stabile Spirale), falls $\det A \le ((\operatorname{Spur} A)/2)^2$ (bzw. $\ldots > \ldots$)

Abgebildet sind typische Beispiele der qualitativ verschiedenen nicht degenerierten Fälle (kein Eigenwert null), die anhand der Jordan-Form von A,

$$J = \begin{pmatrix} \lambda & s \\ 0 & \varrho \end{pmatrix}, \quad s \in \{0, 1\},$$

klassifiziert werden können.

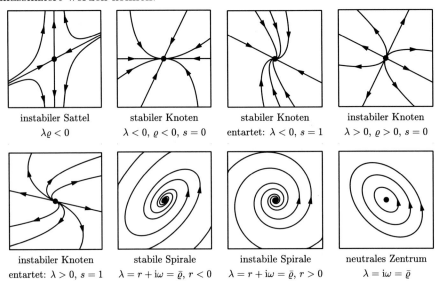

instabiler Sattel	stabiler Knoten	stabiler Knoten	instabiler Knoten
$\lambda\varrho < 0$	$\lambda < 0,\ \varrho < 0,\ s = 0$	entartet: $\lambda < 0,\ s = 1$	$\lambda > 0,\ \varrho > 0,\ s = 0$

instabiler Knoten	stabile Spirale	instabile Spirale	neutrales Zentrum
entartet: $\lambda > 0,\ s = 1$	$\lambda = r + \mathrm{i}\omega = \bar{\varrho},\ r < 0$	$\lambda = r + \mathrm{i}\omega = \bar{\varrho},\ r > 0$	$\lambda = \mathrm{i}\omega = \bar{\varrho}$

Stabilität autonomer Differentialgleichungssysteme

$u' = f(u)$ in einem kritischen Punkt $u_\star$ ($f(u_\star) = (0, \ldots, 0)^{\mathrm{t}}$), charakterisiert mit Hilfe der Linearisierung

$$v' = f'(u_\star)v, \quad v(t) = u(t) - u_\star$$

Stabilität von $u_\star$, d.h. $\lim_{t\to\infty} u(t) = u_\star$ für alle Anfangswerte in einer Umgebung von $u_\star$ $\iff$ $\operatorname{Re}\lambda < 0$ für alle Eigenwerte der Jacobi-Matrix $f'(u_\star)$

Typeneinteilung (stabiler Knoten oder Spirale) analog zu der des approximierenden linearen Differentialgleichungssystems

23.4 Laplace-Transformation

Laplace-Transformation

$\mathcal{L} : u \mapsto U = \mathcal{L}u$

$$U(s) = \int_0^\infty u(t)\mathrm{e}^{-st}\,\mathrm{d}t, \quad u(t) = \frac{1}{2\pi\mathrm{i}} \int_{b-\mathrm{i}\infty}^{b+\mathrm{i}\infty} U(s)\mathrm{e}^{st}\,\mathrm{d}s, \quad b \geq a$$

Voraussetzungen: $u(t)\mathrm{e}^{-at}$ absolut integrierbar, $\mathrm{Re}\,s \geq a$, $b \geq a$

Laplace-Transformation von Exponentialfunktionen

$$u(t) = t^n\mathrm{e}^{at} \xrightarrow{\mathcal{L}} U(s) = \frac{n!}{(s-a)^{n+1}}, \quad \mathrm{Re}\,s > \mathrm{Re}\,a$$

$a = \lambda \pm \mathrm{i}\omega$, Formel von Euler-Moivre $\rightsquigarrow$

$$\mathrm{e}^{\lambda t}\cos(\omega t) \longrightarrow \frac{s-\lambda}{(s-\lambda)^2 + \omega^2}, \quad \mathrm{e}^{\lambda t}\sin(\omega t) \longrightarrow \frac{\omega}{(s-\lambda)^2 + \omega^2}$$

Verschiebung und Skalierung bei Laplace-Transformation

- $u(t-a) \xrightarrow{\mathcal{L}} \mathrm{e}^{-as}U(s), \quad a > 0$ und $u(t) = 0$ für $t \leq 0$
- $\mathrm{e}^{at}u(t) \xrightarrow{\mathcal{L}} U(s-a)$
- $u(at) \xrightarrow{\mathcal{L}} a^{-1}U(s/a), \quad a > 0$

Laplace-Transformation periodischer Funktionen

$$u(t) = u(t+T) \quad \Longrightarrow \quad U(s) = \frac{\int_0^T \mathrm{e}^{-st}u(t)\,\mathrm{d}t}{1 - \mathrm{e}^{-Ts}}$$

Differentiation und Integration

$$u^{(n)}(t) \xrightarrow{\mathcal{L}} s^n U(s) - s^{n-1}u(0) - s^{n-2}u'(0) - \cdots - u^{(n-1)}(0)$$
$$t^n u(t) \xrightarrow{\mathcal{L}} (-1)^n U^{(n)}(s)$$
$$v(t) = \int_0^t u(r)\,\mathrm{d}r \xrightarrow{\mathcal{L}} V(s) = U(s)/s$$

- $n = 1$: $u'(t) \xrightarrow{\mathcal{L}} sU(s) - u(0), \quad tu(t) \xrightarrow{\mathcal{L}} -U'(s)$

Faltung

$$(u \star v)(t) = \int_0^t v(t-r)u(r)\,\mathrm{d}r \xrightarrow{\mathcal{L}} U(s)V(s)$$

Laplace-Transformation linearer Differentialgleichungen erster Ordnung

$$u'(t) + pu(t) = f(t),\, u(0) = a \quad \overset{\mathcal{L}}{\longrightarrow} \quad U(s) = \frac{1}{s+p}(F(s)+a)$$

$$\Phi(s) = (s+p)^{-1} \overset{\mathcal{L}^{-1}}{\longrightarrow} \varphi(t) = \mathrm{e}^{-pt} \quad \Longrightarrow \quad u = u_h + u_p = a\varphi + \varphi \star f$$

Laplace-Transformation linearer Differentialgleichungen zweiter Ordnung

$$u''(t) + pu'(t) + qu(t) = f(t),\, u(0) = a,\, u'(0) = b$$

$$\overset{\mathcal{L}}{\longrightarrow} \quad U(s) = \frac{1}{s^2 + ps + q}\,(F(s) + as + ap + b)$$

⤳   Darstellung der Lösung als Faltung:

$$u = \underbrace{a\varphi' + (ap+b)\varphi}_{u_h} + \underbrace{\varphi \star f}_{u_p},\quad \varphi(t) = \begin{cases} \dfrac{\mathrm{e}^{\lambda t} - \mathrm{e}^{\varrho t}}{\lambda - \varrho}\,,\ \lambda \neq \varrho \\[2ex] t\mathrm{e}^{\lambda t},\quad \lambda = \varrho \end{cases}$$

mit λ, ϱ den Nullstellen des charakteristischen Polynoms $\Phi^{-1}(s) = s^2 + ps + q$

24 Fourier-Analysis

Übersicht

© Springer-Verlag GmbH Deutschland, ein Teil von Springer Nature 2023
K. Höllig und J. Hörner, *Aufgaben und Lösungen zur Höheren Mathematik 3*,
https://doi.org/10.1007/978-3-662-68151-0_25

24.1   Reelle und komplexe Fourier-Reihen

Periodische quadratintegrierbare Funktionen
$f : \mathbb{R} \to \mathbb{C}, \; f(t + 2\pi) = f(t)$

$$\langle f, g \rangle_{2\pi} = \frac{1}{2\pi} \int\limits_{-\pi}^{\pi} f(t) \overline{g(t)} \, dt, \quad \|f\|_{2\pi}^2 = \frac{1}{2\pi} \int\limits_{-\pi}^{\pi} |f(t)|^2 \, dt$$

Reelle Fourier-Reihe
Entwicklung bzgl. des Orthogonalsystems $1, \cos(kt), \sin(kt), k > 0$:

$$f(t) \sim \frac{a_0}{2} + \sum_{k=1}^{\infty} (a_k \cos(kt) + b_k \sin(kt))$$

mit $a_k = \frac{1}{\pi} \int\limits_{-\pi}^{\pi} f(t) \cos(kt) \, dt$, $b_k = \frac{1}{\pi} \int\limits_{-\pi}^{\pi} f(t) \sin(kt) \, dt$

- **Gerade Funktionen**: reine Kosinus-Reihe, $a_k = \frac{2}{\pi} \int\limits_{0}^{\pi} f(t) \cos(kt) \, dt$
- **Ungerade Funktionen**: reine Sinus-Reihe, $b_k = \frac{2}{\pi} \int\limits_{0}^{\pi} f(t) \sin(kt) \, dt$

Fourier-Reihe
Entwicklung bzgl. des Orthonormalsystems $e_k(t) = \mathrm{e}^{\mathrm{i}kt}, k \in \mathbb{Z}$:

$$f(t) \sim \sum_{k \in \mathbb{Z}} c_k \, e_k(t), \quad c_k = \langle f, e_k \rangle_{2\pi} = \frac{1}{2\pi} \int\limits_{-\pi}^{\pi} f(t) \overline{e_k(t)} \, dt, \quad \overline{e_k(t)} = \mathrm{e}^{-\mathrm{i}kt}$$

$$\Longleftrightarrow \quad \textbf{Sinus/Kosinus-Reihe } f(t) \sim \frac{a_0}{2} + \sum_{k=1}^{\infty} (a_k \cos(kt) + b_k \sin(kt))$$

$$a_0 = 2c_0, \quad a_k = c_k + c_{-k}, \quad b_k = \mathrm{i}(c_k - c_{-k})$$
$$c_0 = \frac{1}{2} a_0, \quad c_k = \frac{1}{2}(a_k - \mathrm{i}b_k), \quad c_{-k} = \frac{1}{2}(a_k + \mathrm{i}b_k)$$

$a_k, b_k \in \mathbb{R} \quad \Longleftrightarrow \quad c_{-k} = \overline{c_k}$

Differentiation und Integration

$$\int \sum_{k \neq 0} c_k \mathrm{e}^{\mathrm{i}kt} \, dt = C + \sum_{k \neq 0} \frac{c_k}{\mathrm{i}k} \mathrm{e}^{\mathrm{i}kt}, \quad \frac{d}{dt} \sum_{k} c_k \mathrm{e}^{\mathrm{i}kt} = \sum_{k \neq 0} \mathrm{i}k c_k \mathrm{e}^{\mathrm{i}kt}$$

keine periodische Stammfunktion für Fourier-Reihen mit $c_0 \neq 0$

T-periodische Funktionen
$f(t + T) = f(t)$

$$f(t) \sim \sum_{k \in \mathbb{Z}} c_k \, e^{2\pi i k t/T}, \quad c_k = \frac{1}{T} \int_0^T f(t) e^{-2\pi i k t/T} \, dt$$

bzw. $f(t) \sim \dfrac{a_0}{2} + \displaystyle\sum_{k=1}^{\infty} (a_k \cos(2\pi k t/T) + b_k \sin(2\pi k t/T))$ mit

$$a_k = \frac{2}{T} \int_0^T f(t) \cos(2\pi k t/T) \, dt, \quad b_k = \frac{2}{T} \int_0^T f(t) \sin(2\pi k t/T) \, dt$$

Fourier-Projektion
$p_n f = \sum_{|k| \leq n} \langle f, e_k \rangle_{2\pi} e_k, \ e_k(t) = e^{ikt}$

- beste Approximation zu f in der durch das Skalarprodukt $\langle \cdot, \cdot \rangle_{2\pi}$ induzierten Norm
- Integraldarstellung

$$(p_n f)(t) = \frac{1}{2\pi} \int_{-\pi}^{\pi} q_n(t-s) \, f(s) \, ds, \quad \underbrace{q_n(\tau) = \frac{\sin((n+1/2)\tau)}{\sin(\tau/2)}}_{\text{Dirichlet-Kern}}$$

Konvergenz im Mittel
der Fourier-Projektion p_n

$$\|f - p_n f\|_{2\pi}^2 = \frac{1}{2\pi} \int_{-\pi}^{\pi} |f(t) - (p_n f)(t)|^2 \, dt \to 0 \quad (n \to \infty)$$

Parseval-Identität

$$\|f\|_{2\pi}^2 = \frac{1}{2\pi} \int_{-\pi}^{\pi} |f(t)|^2 \, dt = \sum_{k \in \mathbb{Z}} |c_k|^2, \quad f(t) = \sum_{k \in \mathbb{Z}} c_k e^{ikt}$$

bzw. $\|f\|_{2\pi}^2 = \dfrac{a_0^2}{4} + \dfrac{1}{2} \displaystyle\sum_{k=1}^{\infty} (a_k^2 + b_k^2)$ für die Koeffizienten einer Sinus/Kosinus-Reihe

Konvergenzrate der Fourier-Projektion
$p_n(t) = \sum_{|k| \leq n} c_k e^{ikt}$

$$\|f - p_n f\|_{2\pi} \leq (n+1)^{-k} \|f^{(k)}\|_{2\pi}$$

24.2   Diskrete Fourier-Transformation

Diskrete Fourier-Transformation
eines Vektors $(c_0, \ldots, c_{n-1})^{\mathrm{t}}$

$$f_\ell = \sum_{k=0}^{n-1} c_k w_n^{\ell k} \quad \Longleftrightarrow \quad \underbrace{c_k = \frac{1}{n} \sum_{\ell=0}^{n-1} f_\ell w_n^{-k\ell}}_{\text{inverse Transformation}}, \quad w_n = \mathrm{e}^{2\pi\mathrm{i}/n}$$

$\widehat{=}$ Multiplikation mit der Fourier-Matrix $W_n = (w_n^{\ell k})_{\ell,k=0}^{n-1}$: $f = W_n c$ bzw. $c = \frac{1}{n} W_n^* f$

$c \to f \widehat{=}$ Auswertung des trigonometrischen Polynoms $p(t) = \sum_{k=0}^{n-1} c_k \mathrm{e}^{\mathrm{i}kt}$ an den Punkten $t_\ell = 2\pi\ell/n$ $(f_\ell = p(t_\ell))$

$f \to c \widehat{=}$ Riemann-Summe für die Fourier-Koeffizienten $c_k = \frac{1}{2\pi} \int\limits_0^{2\pi} f(t)\mathrm{e}^{-\mathrm{i}kt}\,\mathrm{d}t$

Schnelle Fourier-Transformation[1]
Berechnung von $f_\ell = \sum_{k=0}^{n-1} c_k \mathrm{e}^{2\pi\mathrm{i}\ell k/n}$, $\ell = 0, \ldots, n-1$, für $n = 2^\ell$ mit $2n\ell$-Operationen
rekursiver „Pseudocode"

$f = \mathrm{FFT}(c)$
    $n = \mathrm{length}(c)$
    if $n = 1$, $f = c$, **end**
    else
        $g = \mathrm{FFT}(c_0, c_2, \ldots, c_{n-2})$, $h = \mathrm{FFT}(c_1, c_3, \ldots, c_{n-1})$
        $p = \left(1, w_n, w_n^2, \ldots, w_n^{n/2-1}\right)$
        $f = (g + p.\!* h, \; g - p.\!* h)$ % $(a.\!* b)_k = a_k b_k$
    end

Analog implementiert man die inverse Transformation IFFT, oder man kann die Beziehung $\mathrm{IFFT}(f_0, f_1, \ldots, f_{n-1}) = \mathrm{FFT}(f_0, f_{n-1}, \ldots, f_1)/n$ verwenden.

---

[1] entdeckt von J.W. Cooley and J.W. Tukey (An algorithm for the machine calculation of complex Fourier series, Math. Comp. 19 (1965), 297-301)

Trigonometrische Interpolation

Berechnung der Koeffizienten des Polynoms

$$p(x) = c_m \cos(mx) + \sum_{|k|<m} c_k e^{ikx}, \quad m = n/2 = 2^{\ell-1}$$

aus den Daten $f_\ell = p(2\pi\ell/n)$, $\ell = 0, \ldots, n-1$, mit der inversen schnellen Fourier-Transformation:

$$d := (c_0, \ldots, c_m, c_{-m+1}, \ldots, c_{-1}) = \mathrm{IFFT}(f), \quad d_k = \frac{1}{n} \sum_{\ell=0}^{n-1} f_\ell e^{-2\pi i k \ell/n}$$

Die Permutation der Koeffizienten c_k ist wegen des symmetrischen Indexbereichs bei p $(-m+1, \ldots, m+1$ anstatt $0, 1, \ldots)$ notwendig.

Zyklische Matrizen

$C = (c_{j,k})_{j,k=0}^{n-1}$, $c_{j,k} = a_{j-k \bmod n}$, Anwendung der diskreten (bzw. schnellen) Fourier-Transformation

- Eigenvektoren: Spalten der Fourier-Matrix $W_n = (w_n^{\ell k})_{\ell,k=0}^{n-1}$, $w_n = e^{2\pi i/n}$
- Eigenwerte: $\lambda_\ell = \sum_{k=0}^{n-1} a_k w_n^{-\ell k}$, d.h. $\lambda = W_n^* a$
- Zyklische Gleichungssysteme $Cx = b$: $x = W_n \operatorname{diag}(\lambda)^{-1}(W_n^* b/n)$

24.3   Fourier-Transformation

Fourier-Transformation
$$f \xrightarrow{\mathcal{F}} \hat{f}, \quad \hat{f} \xrightarrow{\mathcal{F}^{-1}} f$$

$$\hat{f}(y) = \int\limits_{-\infty}^{\infty} f(x)\mathrm{e}^{-\mathrm{i}yx}\,\mathrm{d}x, \quad f(x) = \frac{1}{2\pi}\int\limits_{-\infty}^{\infty} \hat{f}(y)\mathrm{e}^{\mathrm{i}yx}\,\mathrm{d}y, \qquad \mathcal{F}\bar{f} = 2\pi\overline{\mathcal{F}^{-1}f}$$

Transformation einiger Grundfunktionen

$$\mathrm{e}^{x^2/(2a)} \to \sqrt{2a\pi}\,\mathrm{e}^{ay^2/2}, \quad \mathrm{e}^{-|ax|} \to \frac{2a}{a^2+y^2}, \quad \chi_{[-a,a]}(x) \to 2a\,\mathrm{sinc}(ay)$$

$a > 0$; χ_D: charakteristische Funktion des Intervalls D, d.h. $\chi_D(x) = 1$ für $x \in D$ und 0 sonst; $\mathrm{sinc}(y) = (\sin y)/y$

Transformationsregeln
$$f(x) \xrightarrow{\mathcal{F}} \hat{f}(y)$$

- **Differentiation** $f'(x) \longrightarrow \mathrm{i}y\hat{f}(y), \quad xf(x) \longrightarrow \mathrm{i}\hat{f}'(y)$
- **Verschiebung** $f(x-a) \longrightarrow \mathrm{e}^{-\mathrm{i}ay}\hat{f}(y), \quad \mathrm{e}^{\mathrm{i}ax}f(x) \longrightarrow \hat{f}(y-a)$
- **Skalierung** $f(ax) \longrightarrow \hat{f}(y/a)/|a|$
- **Faltung** $(f \star g)(x) = \int\limits_{-\infty}^{\infty} f(x-\xi)g(\xi)\,\mathrm{d}\xi \longrightarrow \hat{f}(y)\hat{g}(y)$

Quadratintegrierbare Funktionen
$$f: \mathbb{R} \to \mathbb{C}$$

$$\langle f, g \rangle = \int\limits_{\mathbb{R}} f(x)\overline{g(x)}\,\mathrm{d}x, \quad \|f\|^2 = \langle f, f \rangle = \int\limits_{\mathbb{R}} |f(x)|^2\,\mathrm{d}x < \infty$$

approximierbar durch unendlich oft differenzierbare Funktionen

Satz von Plancherel
$$2\pi\langle f, g \rangle = \langle \hat{f}, \hat{g} \rangle, \quad \sqrt{2\pi}\,\|f\| = \|\hat{f}\|$$

Rekonstruktionssatz
$\hat{f}$ quadratintegrierbar und $\hat{f}(y) = 0$ für $|y| > h$ (Bandbreite h) $\implies$ f aus Werten auf dem Gitter $\ldots, -2\pi/h, -\pi/h, 0, \pi/h, 2\pi/h, \ldots$ rekonstruierbar:

$$f(x) = \sum_{k=-\infty}^{\infty} f(k\pi/h)\,\mathrm{sinc}(hx - k\pi), \quad \mathrm{sinc}(t) = \frac{\sin t}{t}$$

Poisson-Summationsformel

$$\sum_{k \in \mathbb{Z}} f(k) = \sum_{\ell \in \mathbb{Z}} \hat{f}(2\pi\ell)$$

für stetige und quadratintegrierbare Funktionen f, $\hat{f}$

25 Komplexe Analysis

Übersicht

© Springer-Verlag GmbH Deutschland, ein Teil von Springer Nature 2023
K. Höllig und J. Hörner, *Aufgaben und Lösungen zur Höheren Mathematik 3*,
https://doi.org/10.1007/978-3-662-68151-0_26

25.1   Komplexe Differenzierbarkeit und konforme Abbildungen

Gebiet

zusammenhängende offene (nicht leere) Teilmenge des $\mathbb{R}^n$ oder $\mathbb{C}^n$

Komplexe Funktion

$\mathbb{C} \supseteq D \ni z \mapsto w = f(z) \in \mathbb{C}$

reelle Schreibweise: $f(z) = u(x,y) + iv(x,y)$, $z = x + iy$, d.h. $u = \operatorname{Re} f$, $v = \operatorname{Im} f$

Möbius-Transformation

$$z \mapsto w = \frac{az+b}{cz+d},\; ad - bc \neq 0, \quad \underbrace{w \mapsto z = \frac{-dw+b}{cw-a}}_{\text{Umkehrabbildung}}$$

bildet Kreise auf Kreise ab mit Geraden als „entartete Kreise"

eindeutig bestimmt durch die Bilder w_k von drei Punkten z_k

⤳   Konstruktion mit Hilfe des Doppelverhältnisses:

$$\frac{w - w_2}{w - w_3} : \frac{w_1 - w_2}{w_1 - w_3} = \frac{z - z_2}{z - z_3} : \frac{z_1 - z_2}{z_1 - z_3}$$

Komplexe Exponentialfunktion

$e^z = e^x(\cos y + i \sin y)$, $e^{z+2\pi i} = e^z$

Abbildung von

- Streifen $\operatorname{Im} z \in [s, s+2\pi)$ auf die gelochte Gauß-Ebene $\mathbb{C} \backslash \{0\}$
- horizontalen Geraden $z = t + iy$ auf Halbgeraden $w = se^{iy}$, $s \geq 0$
- vertikalen Geraden $z = x + it$ auf Kreise $|w| = e^x$

Komplexer Logarithmus

$w = \operatorname{Ln}(z) \iff z = e^w$, $z = x + iy = re^{i\varphi}$ ⤳

$$\operatorname{Ln} z = \ln(r) + i(\varphi + 2\pi k), \quad r = \sqrt{x^2 + y^2}, \; \varphi = \arctan(y/x) + \sigma\pi \in (-\pi, \pi]$$

mit $k \in \mathbb{Z}$ (Hauptzweig: $k = 0$) und $\sigma \in \{-1, 0, 1\}$ je nach Vorzeichen von x und y

Potenzen

$z^s = r^s e^{is\varphi}$, $z = re^{i\varphi}$

mehrdeutig für $s \notin \mathbb{N}_0$, weitere Potenzen $r^s e^{is\varphi + 2\pi i k s}$ mit $k \in \mathbb{Z}$, insbesondere q

Wurzeln für $s = p/q \in \mathbb{Q}$ ($k = 0, \ldots, q-1$)

Komplexe Differenzierbarkeit,   Cauchy-Riemannsche Differentialgleichungen

$$f'(z) = \lim_{|\Delta z| \to 0} \frac{f(z + \Delta z) - f(z)}{\Delta z}$$

wesentlich stärkere Bedingung als (reelle) Differenzierbarkeit der Funktionen
$u(x, y) = \operatorname{Re} f(x + \mathrm{i}y)$, $v(x, y) = \operatorname{Im} f(x + \mathrm{i}y)$ ($f = u + \mathrm{i}v$), denn

- es gelten die Differentialgleichungen

$$u_x = v_y \quad u_y = -v_x \quad \Longleftrightarrow \quad \partial_x f(x + \mathrm{i}y) = -\mathrm{i}\partial_y f(x + \mathrm{i}y),$$

  insbesondere sind u und v harmonisch, d.h. $u_{xx} + u_{yy} = v_{xx} + v_{yy} = 0$;
- eine komplex differenzierbare Funktion f auf einem Gebiet D (dem Analyzizi-
  tätsgebiet von f) ist **unendlich** oft differenzierbar auf D.

Komplexes Potential

$f(z)$: Zu einer harmonischen Funktion u auf einem einfach zusammenhängenden
Gebiet D existiert eine konjugiert harmonische Funktion v, so dass $f(x + \mathrm{i}y) = u(x, y) + \mathrm{i}v(x, y)$ komplex differenzierbar ist.

Konforme Abbildung

injektive komplex differenzierbare Funktion $D \ni z \mapsto w = f(z)$
isotrope und winkeltreue Abbildung von Kurven $z(t) \mapsto w(t) = f(z(t))$

$$w'(t_0) = f'(z(t_0))z'(t_0)$$

Streckung von Tangenten in $z(t_0)$ um den Faktor $|f'(z_0)|$ und Drehung um den
Winkel $\arg(f'(z(t_0)))$, insbesondere Invarianz des Schnittwinkels zweier Kurven

Elementare konforme Abbildungen

$z \mapsto w = f(z)$

- **Skalierung** mit einem Faktor $s > 0$: $w = sz$
- **Drehung** um einen Winkel φ: $w = \mathrm{e}^{\mathrm{i}\varphi}z$
- **Kreisscheibe** $|z| < 1 \to$ **Halbebene** $\operatorname{Im} w > 0$: $w = (1 - \mathrm{i})\dfrac{z + \mathrm{i}}{z + 1}$
- **Halbebene** $\operatorname{Im} z > 0 \to$ **Kreisscheibe** $|w| < 1$: $w = \dfrac{1 + \mathrm{i} - z}{z + \mathrm{i} - 1}$
- **Quadrant** $\operatorname{Re} z, \operatorname{Im} z > 0 \to$ **Halbebene** $\operatorname{Im} z > 0$: $w = z^2$
- **Streifen** $0 < \operatorname{Im} z < \gamma \leq 2\pi \to$ **Sektor** $0 < \arg w < \gamma$: $w = \mathrm{e}^z$
  $\to$ geschlitzte Ebene $\mathbb{C} \backslash \mathbb{R}_0^+$ für $\gamma = 2\pi$
- **Sektor** $0 < \arg z < \alpha \to$ **Sektor** $0 < \arg w < \beta$: $w = z^{\beta/\alpha}$

Riemannscher Abbildungssatz

Jedes einfach zusammenhängende, echte Teilgebiet der komplexen Ebene kann konform auf die Einheitskreisscheibe abgebildet werden.

25.2   Komplexe Integration und Residuenkalkül

Komplexe Integranden

$$\int \underbrace{(u + \mathrm{i}v)}_{f} := \int u + \mathrm{i} \int v, \quad |\int f| \le \int |f|$$

Komplexes Kurvenintegral

$$\int_C f\,\mathrm{d}z = \int_a^b f(z(t))z'(t)\,\mathrm{d}t, \quad C : t \mapsto z(t),\, t \in [a, b]$$

unabhängig von der Parametrisierung bei gleichbleibender Orientierung, Änderung des Vorzeichens bei Umkehrung der Durchlaufrichtung ($C \to -C$)

- reelle Schreibweise: $z = x + \mathrm{i}y$, $f = u + \mathrm{i}v$ ⤳

$$\int_C f\,\mathrm{d}z = \int_C (u + \mathrm{i}v)\,\mathrm{d}x + \int_C (\mathrm{i}u - v)\,\mathrm{d}y$$

Stammfunktion

$$\int_C f'(z)\,\mathrm{d}z = \left[f\right]_{z_0}^{z_1}, \quad C : z_0 \to z_1$$

$\Longrightarrow$ Wegunabhängigkeit für komplex differenzierbare Funktionen

Singularitäten

von in der Umgebung eines Punktes a komplex differenzierbaren Funktionen f

- schwache Singularität (immer hebbar): $\lim\limits_{z \to a} (z - a)f(z) = 0$
- Pol n-ter Ordnung: $|(z - a)^n f(z)| = O(1),\ z \to a,\ n \in \mathbb{N}$ minimal
- wesentliche Singularität: $(z - a)^n f(z) \ne O(1)\ \forall n \in \mathbb{N}$

Homotope Kurven

$C, \tilde{C} \subset D$: stetig innerhalb von D ineinander überführbar,
homotop zu einem Punkt a: stetig auf a zusammenziehbar

Satz von Cauchy

$\displaystyle\int_C f(z)\,\mathrm{d}z = 0$ mit C der entgegen dem Uhrzeigersinn durchlaufenen Randkurve
eines Analytizitätsgebiets von f

Umlaufzahl

$n(C, a) = \dfrac{1}{2\pi\mathrm{i}} \displaystyle\int_C \dfrac{\mathrm{d}z}{z - a}$ für einen geschlossenen Weg C, der nicht durch a verläuft

Cauchysche Integralformel

f auf D komplex differenzierbar $\implies$

$$f^{(n)}(z) = \frac{n!}{2\pi i} \int_C \frac{f(w)}{(w-z)^{n+1}} \, dw, \quad z \in D$$

mit C der entgegen dem Uhrzeigersinn durchlaufenen Randkurve von D
Spezialfall $C : t \mapsto w(t) = z + re^{it}$ (Kreis um z mit Radius r)

$$f^{(n)}(z) = \frac{n!}{2\pi} \int_0^{2\pi} f(w(t)) e^{-int} \, dt$$

Mittelwerteigenschaft

$f(z) = \dfrac{1}{2\pi} \displaystyle\int_0^{2\pi} f(z + re^{it}) \, dt$ sowohl für komplex differenzierbare als auch für harmonische Funktionen f

Maximumprinzip

$\max_{z \in D} |f(z)| \leq \max_{z \in C} |f(z)|$ mit C dem Rand eines Analytizitätsgebiets D von f

Für harmonische Funktionen u, insbesondere für Real- und Imaginärteil von f, gilt:
$\max_{z \in D} u(x,y) \leq \max_{(x,y) \in C} u(x,y)$.

Satz von Liouville

Eine beschränkte und für alle $z \in \mathbb{C}$ komplex differenzierbare Funktion $f(z)$ ist konstant.

Residuum

einer in der punktierten Kreisscheibe $D : 0 < |z - a| < R$ komplex differenzierbaren Funktion f

$$\operatorname*{Res}_{z=a} f(z) = \operatorname*{Res}_a f = \frac{1}{2\pi i} \int_C f(z) \, dz, \quad D \supset C : t \mapsto a + re^{it}, r < R$$

- keine oder hebbare Singularität: $\operatorname*{Res}_a f = 0$
- einfache Polstelle: $\operatorname*{Res}_a f = \lim_{z \to a} (z - a) f(z)$
- Polstelle n-ter Ordnung: $\operatorname*{Res}_a f = \lim_{z \to a} \dfrac{1}{(n-1)!} \left[(d/dz)^{n-1} \left((z-a)^n f(z) \right) \right]$
- wesentliche Singularität:

  Koeffizient c_{-1} der Laurent-Reihe $f(z) = \displaystyle\sum_{n=-\infty}^{\infty} c_n (z-a)^n$

Residuensatz

Für ein beschränktes Gebiet D mit entgegen dem Uhrzeigersinn durchlaufener Randkurve C und eine bis auf endlich viele Punkte $a_k \in D$ komplex differenzierbare Funktion gilt

$$\int_C f(z)\,\mathrm{d}z = 2\pi\mathrm{i}\sum_k \operatorname*{Res}_{a_k} f\,.$$

Trigonometrische Integrale

$\int_0^{2\pi} r(\cos t, \sin t)\,\mathrm{d}t$ mit rationalen Funktionen r

Substitution $z = \mathrm{e}^{\mathrm{i}t}$, $\cos t = \frac{1}{2}\left(z + \frac{1}{z}\right)$, $\sin t = \frac{1}{2\mathrm{i}}\left(z - \frac{1}{z}\right)$, Integration über den Einheitskreis $C : t \mapsto \mathrm{e}^{\mathrm{i}t}$ und Anwendung des Residuensatzes $\rightsquigarrow$

$$\int_C \underbrace{r\left(\frac{1}{2}\left(z + \frac{1}{z}\right),\ \frac{1}{2\mathrm{i}}\left(z - \frac{1}{z}\right)\right)\frac{1}{\mathrm{i}z}}_{f}\,\mathrm{d}z = 2\pi\mathrm{i}\sum_{|a|<1}\operatorname*{Res}_{a} f$$

Integrale rationaler Funktionen

$\int_{\mathbb{R}} p(x)/q(x)\,\mathrm{d}x$, $\operatorname{Grad} p \le \operatorname{Grad} q - 2$, keine reellen Polstellen

$$\int_{\mathbb{R}} \underbrace{p(x)/q(x)}_{f}\,\mathrm{d}x = 2\pi\mathrm{i}\sum_{\operatorname{Im} a > 0}\operatorname*{Res}_{a} f$$

alternativ: $\int \ldots = -2\pi\mathrm{i}\sum_{\operatorname{Im} a < 0}\operatorname*{Res}_{a} f$ (Residuensumme der unteren Halbebene)

Integrale mit Exponentialfunktionen

$\int_{\mathbb{R}}(p(x)/q(x))\,\mathrm{e}^{\mathrm{i}\lambda x}\,\mathrm{d}x$, $\operatorname{Grad} p < \operatorname{Grad} q$, keine reellen Polstellen, $\lambda > 0$

$$\int_{\mathbb{R}} \underbrace{(p(x)/q(x))}_{f(x)}\,\mathrm{e}^{\mathrm{i}\lambda x}\,\mathrm{d}x = 2\pi\mathrm{i}\sum_{\operatorname{Im} a > 0}\operatorname*{Res}_{z=a}\left(f(z)\mathrm{e}^{\mathrm{i}\lambda z}\right)$$

$\lambda < 0$ $\rightsquigarrow$ negative Residuensumme der unteren Halbebene

25.3 Taylor- und Laurent-Reihen

Taylor-Polynom, Taylor-Reihe

$$f(z) = \sum_{k=0}^{\infty} \frac{f^{(k)}(a)}{k!} (z-a)^k, \quad |z-a| < r$$

mit dem Konvergenzradius $r = (\overline{\lim}_{k \to \infty} |f^{(k)}(a)/k!|^{1/k})^{-1}$, der gleich dem Abstand von a zur nächsten Singularität, d.h. zum Rand des Analytizitätsgebiets D von f, ist

Restglied/Fehler des Taylor-Polynoms $p_n(z) = \sum_{k=0}^{n} \cdots$

$$f(z) - p_n(z) = \frac{1}{2\pi i} \int_C \frac{f(w)\,dw}{(w-a)^{n+1}(w-z)} (z-a)^{n+1} = O\left(|z-a|^{n+1}\right), z \to a$$

mit $C : |w-a| = r' < r, r' > |z-a|$ einem entgegen dem Uhrzeigersinn durchlaufenen Kreis

Methoden der Taylor-Entwicklung

- direkte Berechnung der Ableitungen im Entwicklungspunkt
- gliedweise Differentiation oder Integration bekannter Reihen
- Koeffizientenvergleich
- Produktbildung durch gliedweise Multiplikation
- Hintereinanderschaltung von Funktionen durch Einsetzen einer Reihe als Argument

Laurent-Reihe

einer in einem Kreisring $D : r_1 < |z-a| < r_2$ komplex differenzierbaren Funktion f

$$f(z) = \sum_{n=-\infty}^{\infty} c_n(z-a)^n, \quad c_n = \frac{1}{2\pi i} \int_C \frac{f(w)}{(w-a)^{n+1}} \, dw$$

mit $C \subset D$ einem entgegen dem Uhrzeigersinn durchlaufenen Kreis um a

Methoden der Laurent-Entwicklung

- analoge Anwendung der Techniken für Taylor-Entwicklung
- Substitution von $z \to \frac{1}{z-a}$ in bekannten Taylor-Reihen

25.4   Komplexe Differentialgleichungen

Regulärer Punkt einer Differentialgleichung

$$ru'' + qu' + pu = 0, \quad \frac{q(z)}{r(z)} = \sum_{n=0}^{\infty} q_n(z-a)^n, \quad \frac{p(z)}{r(z)} = \sum_{n=0}^{\infty} p_n(z-a)^n$$

Ansatz $u(z) = \sum_{n=0}^{\infty} u_n(z-a)^n$ $\quad\rightsquigarrow\quad$ Rekursion

$$(n+2)(n+1)u_{n+2} = -(q_n u_1 + \cdots + q_1 n u_n + q_0(n+1)u_{n+1})$$
$$-(p_n u_0 + \cdots + p_1 u_{n-1} + p_0 u_n)$$

$u_2, u_3, \ldots$ sukzessive aus den Anfangsbedingungen $u(0) = u_0$, $u'(0) = u_1$ bestimmbar

Singulärer Punkt einer Differentialgleichung

$ru'' + qu' + pu = 0$ mit

$$\frac{q(z)}{r(z)} = \frac{q_0}{z-a} + q_1 + \cdots, \quad \frac{p(z)}{r(z)} = \frac{p_0}{(z-a)^2} + \frac{p_1}{z-a} + \cdots$$

Ansatz $u(z) = (z-a)^\lambda (u_0 + u_1(z-a) + \cdots)$ mit λ einer der Nullstellen der charakteristischen Gleichung $\varphi(\lambda) = \lambda(\lambda-1) + q_0\lambda + p_0 = 0$ $\quad\rightsquigarrow\quad$ Rekursion

$$\varphi(\lambda+n)u_n = -(\lambda q_n u_0 + (\lambda+1)q_{n-1}u_1 + \cdots + (\lambda+n-1)q_1 u_{n-1})$$
$$-(p_n u_0 + p_{n-1}u_1 + \cdots + p_1 u_{n-1})$$

Die Koeffizienten $u_1, u_2, \ldots$ sind sukzessive nach Wahl von u_0 berechenbar, falls $\varphi(\lambda+n) \neq 0 \; \forall \, n$. Andernfalls, d.h. bei ganzzahliger Differenz der Nullstellen von φ, kann eine zweite linear unabhängige Lösung mit Variation der Konstanten bestimmt werden.

Bessel-Differentialgleichung

$$z^2 u''(z) + z u'(z) + (z^2 - \lambda^2)u(z) = 0$$

$\rightsquigarrow$ Bessel-Funktionen $u(z) = J_{\pm\lambda}(z) = \left(\frac{z}{2}\right)^{\pm\lambda} \sum_{n=0}^{\infty} \frac{(-1)^n}{n!\,\Gamma(\pm\lambda+n+1)} \left(\frac{z}{2}\right)^{2n}$

Für $\pm\lambda \in \mathbb{N}$ ist das Funktionenpaar nicht linear unabhängig; eine zweite linear unabhängige Lösung ist in diesem Fall eine sogenannte Bessel-Funktion zweiter Art.

spezielle Bessel-Funktionen

$$J_0(z) = \sum_{n=0}^{\infty} \frac{(-1)^n}{(n!)^2} \left(\frac{z}{2}\right)^{2n}, \quad J_{1/2}(z) = \sqrt{\frac{2}{\pi}} \frac{\sin z}{\sqrt{z}}, \quad J_{-1/2}(z) = \sqrt{\frac{2}{\pi}} \frac{\cos z}{\sqrt{z}}$$

Integraldarstellung $\quad J_n(x) = \frac{1}{\pi} \int_0^\pi \cos(nt - x\sin t)\, dt, \; n \in \mathbb{N}_0$

Hypergeometrische Differentialgleichung

$$z(1 - z)u''(z) + (c - (a + b + 1)z)u'(z) - abu(z) = 0$$

reguläre Lösung (hypergeometrische Funktion) für $-c \notin \mathbb{N}_0$

$$u(z) = F(a, b, c, z) = \sum_{n=0}^{\infty} \frac{(a)_n (b)_n}{(c)_n (1)_n} z^n, \quad (t)_0 = 1, \ (t)_1 = t, \ (t)_2 = t(t + 1), \ldots$$

Literaturverzeichnis

R. Ansorge, H. J. Oberle, K. Rothe, T. Sonar: *Mathematik für Ingenieure 1*, Wiley-VCH, 4. Auflage, 2010.

R. Ansorge, H.J. Oberle, K. Rothe, T. Sonar: *Mathematik für Ingenieure 2*, Wiley-VCH, 4. Auflage, 2011.

T. Arens, F. Hettlich, C. Karpfinger, U. Kockelkorn, K. Lichtenegger, H. Stachel: *Mathematik*, Springer Spektrum, 4. Auflage, 2018.

V. Arnold: *Gewöhnliche Differentialgleichungen*, Springer, 2. Auflage, 2001.

M. Barner, F. Flohr: *Analysis I*, Walter de Gruyter, 5. Auflage, 2000.

M. Barner, F. Flohr: *Analysis II*, Walter de Gruyter, 3. Auflage, 1995.

H.-J. Bartsch: *Taschenbuch mathematischer Formeln für Ingenieure und Naturwissenschaftler*, Hanser, 23. Auflage, 2014.

G. Bärwolff: *Höhere Mathematik*, Springer-Spektrum, 2. Auflage, 2006.

A. Beutelspacher: *Lineare Algebra*, Springer-Spektrum, 8. Auflage, 2014.

S. Bosch: *Lineare Algebra*, Springer-Spektrum, 5. Auflage, 2014.

W.E. Boyce, R. DiPrima: *Gewöhnliche Differentialgleichungen*, Spektrum Akademischer Verlag, 1995.

W. Brauch, H.-J. Dreyer, W. Haacke: *Mathematik für Ingenieure*, Vieweg und Teubner, 11. Auflage, 2006.

I. Bronstein, K. A. Semendjajew, G. Musiol, H. Mühlig: *Taschenbuch der Mathematik*, Europa-Lehrmittel, 9. Auflage, 2013.

K. Burg, H. Haf, A. Meister, F. Wille: *Höhere Mathematik für Ingenieure Bd. I*, Springer-Vieweg, 10. Auflage, 2013.

K. Burg, H. Haf, A. Meister, F. Wille: *Höhere Mathematik für Ingenieure Bd. II*, Springer-Vieweg, 7. Auflage, 2012.

K. Burg, H. Haf, A. Meister, F. Wille: *Höhere Mathematik für Ingenieure Bd. III*, Springer-Vieweg, 6. Auflage, 2013.

K. Burg, H. Haf, A. Meister, F. Wille: *Vektoranalysis* , Springer-Vieweg, 2. Auflage, 2012.

R. Courant, D. Hilbert: *Methoden der mathematischen Physik*, Springer, 4. Auflage, 1993.

A. Fetzer, H. Fränkel: *Mathematik 2*, Springer, 7. Auflage, 2012.

A. Fetzer, H. Fränkel: *Mathematik 1*, Springer, 11. Auflage, 2012.

K. Graf Finck von Finckenstein, J. Lehn, H. Schellhaas, H. Wegmann: *Arbeitsbuch Mathematik für Ingenieure Band I*, Vieweg und Teubner, 4. Auflage, 2006.

K. Graf Finck von Finckenstein, J. Lehn, H. Schellhaas, H. Wegmann: *Arbeitsbuch Mathematik für Ingenieure Band II*, Vieweg und Teubner, 3. Auflage, 2006.

G. Fischer: *Lineare Algebra*, Springer-Spektrum, 18. Auflage, 2014.

G. Fischer: *Analytische Geometrie*, Vieweg und Teubner, 7. Auflage, 2001.

H. Fischer, H. Kaul: *Mathematik für Physiker, Band 1*, Vieweg und Teubner, 7. Auflage, 2011.

© Springer-Verlag GmbH Deutschland, ein Teil von Springer Nature 2023
K. Höllig und J. Hörner, *Aufgaben und Lösungen zur Höheren Mathematik 3*,
https://doi.org/10.1007/978-3-662-68151-0

H. Fischer, H. Kaul: *Mathematik für Physiker, Band 2*, Springer-Spektrum, 4. Auflage, 2014.

H. Fischer, H. Kaul: *Mathematik für Physiker, Band 3*, Springer-Spektrum, 3. Auflage, 2013.

O. Forster: *Analysis 1*, Vieweg und Teubner, 10. Auflage, 2011.

O. Forster: *Analysis 2*, Vieweg und Teubner, 9. Auflage, 2011.

O. Forster: *Analysis 3*, Vieweg und Teubner, 7. Auflage, 2012.

W. Göhler, B. Ralle: *Formelsammlung Höhere Mathematik*, Harri Deutsch, 17. Auflage, 2011.

N.M. Günter, R.O. Kusmin: *Aufgabensammlung zur Höheren Mathematik 1*, Harri Deutsch, 13. Auflage, 1993.

N.M. Günter, R.O. Kusmin: *Aufgabensammlung zur Höheren Mathematik 2*, Harri Deutsch, 9. Auflage, 1993.

N. Henze, G. Last: *Mathematik für Wirtschaftsingenieure und für naturwissenschaftlich-technische Studiengänge Band 1*, Vieweg und Teubner, 2. Auflage, 2005.

N. Henze, G. Last: *Mathematik für Wirtschaftsingenieure und für naturwissenschaftlich-technische Studiengänge Band 2*, Vieweg und Teubner, 2. Auflage, 2010.

H. Heuser: *Lehrbuch der Analysis Teil 1*, Vieweg und Teubner, 17. Auflage, 2009.

H. Heuser: *Lehrbuch der Analysis Teil 2*, Vieweg und Teubner, 14. Auflage, 2008.

G. Hoever: *Höhere Mathematik Kompakt*, Springer-Spektrum, 2. Auflage, 2014.

D. J. Higham, N. J. Higham: *Matlab Guide*, SIAM, OT 150, 2017.

G. Hoever: *Arbeitsbuch Höhere Mathematik*, Springer-Spektrum, 2. Auflage, 2015.

K. Höllig: *Finite Element Methods with B-Splines*, SIAM, Frontiers in Applied Mathematics 26, 2003.

K. Höllig, J. Hörner: *Approximation and Modeling with B-Splines*, SIAM, Other Titles in Applied Mathematics 132, 2013.

K. Jänich: *Analysis für Physiker und Ingenieure*, Springer, 1995.

K. Jänich: *Funktionentheorie - Eine Einführung*, Springer, 6. Auflage, 2004.

K. Jänich: *Vektoranalysis*, Springer, 5. Auflage, 2005.

K. Königsberger: *Analysis 1*, Springer, 6. Auflage, 2004.

K. Königsberger: *Analysis 2*, Springer, 5. Auflage, 2004.

H. von Mangoldt, K. Knopp: *Einführung in die Höhere Mathematik 1*, S. Hirzel, 17. Auflage, 1990.

H. von Mangoldt, K. Knopp: *Einführung in die Höhere Mathematik 2*, S. Hirzel, 16. Auflage, 1990.

H. von Mangoldt, K. Knopp: *Einführung in die Höhere Mathematik 3*, S. Hirzel, 15. Auflage, 1990.

H. von Mangoldt, K. Knopp: *Einführung in die Höhere Mathematik 4*, S. Hirzel, 4. Auflage, 1990.

Maplesoft: Maple™ *Documentation,*
https://maplesoft.com/documentation_center/maple18/usermanual.pdf, 2014.

MathWorks: Matlab® *Documentation,* https://www.mathworks.com/help/matlab/, 2018.

G. Merziger, G. Mühlbach, D. Wille: *Formeln und Hilfen zur Höheren Mathematik,* Binomi, 7. Auflage, 2013.

G. Merziger, T. Wirth: *Repetitorium der Höheren Mathematik,* Binomi, 6. Auflage, 2010.

K. Meyberg, P. Vachenauer: *Höhere Mathematik 1,* Springer, 6. Auflage, 2001.

K. Meyberg, P. Vachenauer: *Höhere Mathematik 2,* Springer, 4. Auflage, 2001.

C. Moler: *Numerical Computing with Matlab,* SIAM, OT87, 2004.

L. Papula: *Mathematik für Ingenieure und Naturwissenschaftler Band 1,* Springer-Vieweg, 14. Auflage, 2014.

L. Papula: *Mathematik für Ingenieure und Naturwissenschaftler Band 2,* Springer-Vieweg, 14. Auflage, 2015.

L. Papula: *Mathematik für Ingenieure und Naturwissenschaftler Band 3,* Vieweg und Teubner, 6. Auflage, 2011.

L. Papula: *Mathematik für Ingenieure und Naturwissenschaftler - Klausur und Übungsaufgaben,* Vieweg und Teubner, 4. Auflage, 2010.

L. Papula: *Mathematische Formelsammlung,* Springer-Vieweg, 11. Auflage, 2014.

L. Rade, B. Westergren: *Springers Mathematische Formeln,* Springer, 3. Auflage, 2000.

W.I. Smirnow: *Lehrbuch der Höheren Mathematik - 5 Bände in 7 Teilbänden,* Europa-Lehrmittel, 1994.

G. Strang: *Lineare Algebra,* Springer, 2003.

H. Trinkaus: *Probleme? Höhere Mathematik!,* Springer, 2. Auflage, 1993.

W. Walter: *Analysis 1,* Springer, 7. Auflage, 2004.

W. Walter: *Analysis 2,* Springer, 3. Auflage, 1991.

Waterloo Maple Incorporated: *Maple V Learning Guide,* Springer, 1998.

Waterloo Maple Incorporated: *Maple V Programming Guide,* Springer, 1998.

Printed in the United States
by Baker & Taylor Publisher Services